U0176798

VOL. 1

A BOOK SERIES OF
MARINE AFFAIRS STUDIES

韬海论丛

第一辑

主 编／王曙光 执行主编／高 艳

中国海洋大学出版社
·青岛·

图书在版编目(CIP)数据

韬海论丛. 第一辑 / 王曙光主编，高艳执行主编. —
青岛：中国海洋大学出版社，2020.11

ISBN 978-7-5670-2680-3

Ⅰ.①韬… Ⅱ.①王…②高… Ⅲ.①海洋学－文集
Ⅳ.①P7-53

中国版本图书馆 CIP 数据核字(2020)第 240340 号

韬海论丛 / TAOHAILUNCONG

出版发行	中国海洋大学出版社	**网 址**	http://pub.ouc.edu.cn
社 址	青岛市香港东路 23 号	**订购电话**	0532－82032573(传真)
出版人	杨立敏	**邮政编码**	266071
责任编辑	李夕聪 于德荣	**电 话**	0532－85901087
特约编辑	陈嘉楠	**责任校对**	赵孟欣
印 制	青岛国彩印刷股份有限公司	**成品尺寸**	170 mm×240 mm
版 次	2020 年 11 月第 1 版	**印 次**	2020 年 11 月第 1 次印刷
印 张	27.75	**字 数**	490 千
印 数	1～1500	**定 价**	76.00 元

发现印装质量问题，请致电 0532－58700168，由印刷厂负责调换。

序
/
Preface

当今世界正处于大发展、大变局、大调整时期,世界多极化、经济全球化深入发展,新一轮科技革命方兴未艾。

习近平总书记指出,当前中国处于近代以来最好的发展时期,世界处于百年未有之大变局。大变局与海洋有密切的关系。从宏观来看,绝大多数陆地上的生物祖先均来自海洋,人类的未来也要回归海洋,人类在那里获得新的发展。从近代来看,哥伦布发现新大陆伴随着资本主义的产生,"谁控制了海洋,谁就控制了世界",几百年来许多在世界上的优势力量都是以海权为基础的。从现实来看,中国改革开放40年的成就也与海洋密切相关,从第一批沿海开放城市到21世纪海上丝绸之路,从耕海牧渔、油气开发到极地远洋科考、海洋生态文明建设,不断推动着海洋强国建设取得新成就。

而任何事情都有两面性,海洋也是如此。它对一个国家来说,既是发展的有利条件,是人们生产、生活的地方,也是一个国家安全的薄弱之处,是人们生活的危险之地。海洋是今后一些大变革的平台、一些大变革的条件、一些大变革的保障,如何在大变革中充分体现我国海洋的担当,我国如何通过海洋强国建设积极参与全球海洋治理,是我们要共同探讨的新时代命题。

中国海洋发展研究中心是国家海洋局和教育部共建的海洋发展研究机构(智库)。在国家海洋局和教育部的共同领导下,中国海洋发展研究中心以服务于国家海洋事业发展的需要为宗旨,以打造成"高端、综合、开放、实体"的国家海洋智库为目标,围绕海洋战略、海洋权益、海洋资源环境、海洋文化、一带一路、海洋生态文明等方面的重大问题开展研究;以我国海洋方面带有全局性、前瞻性、关键性问题的解决为主攻方向,以为中央和重要部门提供咨询服务为主要任务,以为国家培养海洋科研人才特别是优秀青年学者提供研究平台为特殊使命,已取得了一批重要的研究成果,为我国海洋事业的发展提供了有力的智力支撑。

为了及时地反映专家学者的学术观点和更大程度地发挥研究成果的作用,中国海洋研究发展中心微信公众平台于 2020 年 4 月推出了"韬海论丛"半月刊栏目,以期通过专题形式聚焦中国海洋研究发展中心研究人员的学术观点,共同探讨热点问题,让关心海洋的读者快速了解海洋发展研究领域的最新研究成果。在此基础上,中国海洋研究发展中心秘书处密切关注国家在海洋领域的主要工作部署和各项政策实施情况,对相关领域的最新专家视点和学术成果进行归类整理、择选摘编,形成《韬海论丛》文集,以期反映学界对一些具体海洋问题的多方观点,进一步提升推送文集文章的专家的学术影响力。

2020 年推出的《韬海论丛》第一辑,包括"海洋强国建设""全球海洋治理""海洋命运共同体""蓝色伙伴关系""海洋空间规划""海洋灾害应对"6 个专题,希望能为从事海洋研究的同仁提供最新资讯,同时也便于关心海洋、热爱海洋的读者朋友们了解有关情况。本书的编撰难免有疏漏和不当之处,敬请广大读者提出宝贵意见和建议。

中国海洋发展研究中心主任　王曙光

2020 年 7 月

目　录
Contents

⚓ 全球海洋治理

⚓ 海洋命运共同体

⚓ 蓝色伙伴关系

⚓ 海洋空间规划

海洋灾害应对

海洋强国建设

新时代中国海洋强国战略治理体系论纲

■ 金永明

论点撷萃

我国在处理海洋争议问题时,重要的是应以规则为基础维护海洋秩序和遵循海洋规则,即"依法治海",包括依法主张权利、依法使用权利、依法解决权利争议。为此,我国应根据自身的地位、作用和要求,尤其是全面依法治国包括依法治海的要求,适时地调整和转换角色、定位,主要包括:从海洋规则的遵守者到制定者的角色转换,从海洋规则的"破坏者"到遵循者的角色转换,从海洋规则的维护者到引导者的角色转换,从海洋规则的模糊者到精确者的角色转换,从海洋规则的实施者到监督者的角色转换,从海洋规则的特色者到普通者的角色转换,从海洋规则的承受者到供给者的角色转换。

不可否认,我国在海洋事务上的角色和定位的成功转换并非易事,需要作出长期持续的不懈努力,尤其是我国提出的完善海洋秩序的意见和建议,需要得到其他国家的认可和支持,即需要具有理论上的合理性和实践上的可操作性。当然,我国在海洋事务上的角色和定位的成功转换及其作用的发挥,不仅有利于维护国际海洋秩序、增进共同利益,而且对于消除海洋规范的制度性缺陷,特别是补充完善《联合国海洋法公约》,消除依单一性事项的管理弊端,实现综合管理海洋的目标,构筑和完善以规则为基础的海洋制度,具有重要的影响,同时对于实现加快建设海洋强国、构建人类命运共同体视阈下海洋命运共同体目标也具有重要的促进作用。

作者:金永明,上海社会科学院法学研究所研究员、中国海洋发展研究中心海洋战略研究室主任党的十九大报告指出,经过长期努力,中国特色社会主义进入新时期,这是我国发展的历史方位。为此,系统地梳理自党的十八大报告首次完整提出中国海洋强国战略目标以来的海洋事业发展进程和具体成就,对于构筑和完善新时代我国加快建设海洋强国战略治理体系具有极高的价值和重要的作用。

一、我国海洋强国战略治理体系的演进及内涵

笔者认为,自我国海洋强国战略目标的完整提出到新时代我国海洋强国战略治理体系的成形,主要经历了以下四个阶段。

(一)我国海洋强国战略目标的提出

党的十八大报告首次完整提出了我国海洋强国战略目标,具体包括四个方面的内容,即我国应"提高资源开发能力、发展海洋经济、保护生态环境、坚决维护国家海洋权益,建设海洋强国"。这四个方面构成中国海洋强国战略的基本内容。其中,提高资源开发能力、发展海洋经济是我国建设海洋强国的基本手段和具体路径,而壮大海洋经济、保护生态环境、坚决维护国家海洋权益是我国建设海洋强国的重要目标。

(二)我国海洋强国战略目标的发展

习近平总书记在主持中共中央政治局就建设海洋强国研究进行集体学习时(2013 年 7 月 30 日)强调了建设海洋强国的四个基本要求,即"四个转变",具体内容为:"要提高资源开发能力,着力推动海洋经济向质量效益型转变;要保护海洋生态环境,着力推动海洋开发方式向循环利用型转变;要发展海洋科学技术,着力推动海洋科技向创新引领型转变;要维护国家海洋权益,着力推动海洋权益向统筹兼顾型转变。"[1]这些要求是对我国海洋强国战略目标的发展。

(三)我国海洋强国战略目标的强化

对我国海洋强国战略目标的强化,主要表现在以下两个方面。第一,2018 年 3 月 8 日,习近平总书记在参加第十三届全国人民代表大会第一次会议山东代表团审议时强调,海洋是高质量发展要地,要加快建设世界一流的海洋港口、完善的现代海洋产业体系、绿色可持续的海洋生态环境,为海洋强国建设作出贡献。第二,2018 年 6 月 12 日,习近平总书记在青岛海洋

科学与技术试点国家实验室考察时强调,发展海洋经济、海洋科研是推动我们海洋强国战略很重要的一个方面,一定要抓好;关键的技术要靠我国自主来研发,海洋经济的发展前途无量。[2]这些内容是对我国海洋强国战略目标的进一步强化和提炼。

(四)我国海洋强国战略治理体系的成形

党的十九大报告指出,我国"要坚持陆海统筹,加快建设海洋强国;要以'一带一路'建设为重点,形成陆海内外联动、东西双向互济的开放格局"。其提出了加快建设海洋强国的目标,指明了在加快建设海洋强国的过程中应坚持的原则、重点和方向,从而形成了新时代我国海洋强国战略治理体系。

由上可以看出,建设海洋强国已成为我国的基本国策,必须长期坚持和持续实施,所以重要的是应在关心海洋、认识海洋、经略海洋,尤其是发展海洋经济、加快海洋科技创新步伐方面,采取措施并在发挥其作用上积极施策和谋划,即应切实实施我国海洋强国战略治理体系,以加快实现我国海洋强国战略的终极目标——构建人类命运共同体视阈下的海洋命运共同体。

二、我国加快建设海洋强国的价值取向与目标愿景

习近平新时代中国特色社会主义外交思想是指导我国加快建设海洋强国的行动指南,由此形成习近平新时代中国海洋强国战略思想,而习近平新时代中国特色社会主义外交思想的最核心内容是构建人类命运共同体。

一般认为,人类命运共同体理念的提出发轫于 2013 年 10 月 24～25 日在北京举行的中国周边外交工作座谈会。会上,国家主席习近平指出,要让命运共同体意识在周边国家落地生根。人类命运共同体理念的成形源于习近平主席在联合国大会上的表述。例如,国家主席习近平于 2015 年 9 月 28 日在第 70 届联合国大会一般性辩论时指出,我们要继承和弘扬《联合国宪章》的宗旨和原则,构建以合作共赢为核心的新型国际关系,打造人类命运共同体。人类命运共同体理念的深化,体现在国家主席习近平于 2017 年 1 月 18 日在联合国日内瓦总部的演讲中,表现在 5 个(政治、安全、经济、文化和生态)方面,这 5 个方面构成人类命运共同体理念的基本内涵或体系。

人类命运共同体理念的具体内容及价值取向为:在政治上要运用新型

国际关系,坚持持续发展国家间的伙伴关系,通过平等对话和协商,建设一个持久和平的世界;在安全上要运用新安全观(共同、综合、合作、可持续),坚持共建共享,建设一个普遍安全的世界;在经济上要运用新发展观(创新、协调、绿色、开放、共享),坚持合作共赢,建设一个繁荣的世界;在文化上应坚持包容和交流互鉴的做法,建设一个开放包容的世界;在生态上应坚持绿色低碳的理念,建设一个清洁美丽的世界;同时,在处理各种问题和争议时,应坚持包括正确的义利观和亲诚惠容在内的外交理念及遵循法治的原则,以稳固和发展国家间关系并合理处理争议问题。

鉴于海洋问题和海洋事务的综合性、复杂性和敏感性,习近平新时代中国特色社会主义外交思想所蕴含的原则和精神以及国家治理体系及治理能力现代化所包含的新发展观、新安全观、新合作观、新文明观、新生态观和新治理观完全契合海洋的本质,构成了习近平新时代中国海洋强国战略思想的核心,并为构筑人类命运共同体视阈下的人类海洋命运共同体提供了参考和指导。

为此,对人类海洋命运共同体含义下的我国海洋强国战略目标及愿景可以做如下界定。在政治和安全上的目标是不称霸及和平发展,即坚持总体国家安全观和新安全观,坚决维护国家主权、安全和发展利益。在经济上的目标是运用新发展观发展和壮大海洋经济,共享海洋空间和资源利益,实现合作发展共赢目标。实现这一目标,对外的具体路径是通过构筑新型国际关系,运用"一带一路"倡议尤其是 21 世纪海上丝绸之路建设进程;对内的具体路径为坚持陆海统筹,发展和壮大海洋经济。在文化上的目标是通过弘扬中国特色社会主义文化核心价值观,建构开放、包容、互鉴的海洋文化。在生态上的目标是通过保护海洋环境构建可持续发展的海洋生态环境,实现"和谐海洋"倡导的人海合一目标,进而实现绿色和可持续发展目标。换言之,上述目标是实现人类命运共同体视阈下的海洋命运共同体之愿景,即海洋命运共同体是实现"和谐海洋"理念和我国海洋强国战略的终极目标和最高愿景。[3]

不可否认,2019 年 4 月 23 日,国家主席、中央军委主席习近平在青岛集体会见应邀出席中国人民解放军海军成立 70 周年多国海军活动的外方代表团团长时,从海洋的本质及其地位和作用、构建 21 世纪海上丝绸之路的目标、中国参与海洋治理的作用和海军的贡献以及国家间处理海洋争议的原则等视角,指出了合力构建海洋命运共同体的重要性。[4] 这为我国加快建设海洋强国、21 世纪海上丝绸之路,完善全球海洋治理体系等指明了方向、提供了路径,具有重要的时代价值和现实意义。

应注意的是,海洋命运共同体的构建如同人类命运共同体的构建一样,需要分阶段、有步骤、分层次地推进和实施,以完成阶段性的任务和实现阶段性的目标,特别需要依据海洋的本质和特点对其予以规范和治理,为此,始终遵循上述理念和价值取向就特别关键。

二、我国加快建设海洋强国的内外路径及含义

正如党的十九大报告指出的那样,我国加快建设海洋强国的基本路径是推进"一带一路"倡议中的 21 世纪海上丝绸之路进程,具体行动是发展海洋经济,基础是加快发展海洋科技创新步伐。《政府工作报告》(2018 年 3 月 5 日)指出,我国应壮大海洋经济,坚决维护国家海洋权益。换言之,我国加快建设海洋强国的对外路径是利用 21 世纪海上丝绸之路并与其他国家尤其是与东盟国家之间加强在海洋低敏感领域的合作,以发展海洋经济;对内路径是利用陆海统筹原则或理念,发展和壮大海洋经济,以构建国内统筹协调海洋治理体系和提升海洋治理能力现代化水平,实现海洋综合性管理目标,为实现绿色经济和经济社会的可持续发展作出海洋的独特贡献。

不可否认,"一带一路"倡议自 2013 年 9～10 月提出以来,得到了多数国家的积极响应及参与,已由"倡议"转化为具体的行动和实践并产生了积极的效果,体现了其强大的生命力和影响力。[5] 例如,"首届'一带一路'国际合作高峰论坛"(2017 年 5 月 14～15 日)有 29 个国家的元首和政府首脑出席,140 多个国家和 80 多个国际组织的 1600 多名代表参会,形成了五大类 76 大项 279 项具体成果。现在,这些成果已全部得到落实。[6] 2019 年 4 月 25～27 日在北京举行的以"共建'一带一路',开创美好未来"为主题的"第二届'一带一路'国际合作高峰论坛"上,各国政府、地方、企业等之间达成的各类合作项目共六大类 283 项,成果丰硕。[7]

可见,"一带一路"倡议已成为习近平新时代中国特色社会主义思想在外交上的新举措和新成果,是新时代中国对外开放的新模式,是我国新一轮改革开放的国际化创举,也是践行人类命运共同体的新平台。[8] "一带一路"倡议的成功实践,得益于中国的党和政府对其的不断深化和发展,体现了中国

的智慧和贡献。

我国政府对"一带一路"倡议的深化和发展,主要是通过发布文件和设立平台等措施进行的。关于"一带一路"倡议的重要文件有:经国务院授权,由国家发展和改革委员会、外交部、商务部联合发布的《推动共建丝绸之路经济带和 21 世纪海上丝绸之路的愿景与行动》(2015 年 3 月 28 日);中国推进"一带一路"建设工作领导小组办公室发布的《共建"一带一路":理念、实践和中国的贡献》(2017 年 5 月 10 日);国家发展和改革委员会、国家海洋局联合发布的《"一带一路"建设海上合作设想》(2017 年 6 月 20 日);中共中央办公厅、国务院办公厅发布的《关于建立"一带一路"国际商事争端解决机制和机构的意见》(2018 年 6 月);中国外交部和中国法学会联合发布的《"一带一路"法治合作国际论坛共同主席声明》(2018 年 7 月);中国推进"一带一路"建设工作领导小组办公室发布的《共建"一带一路"倡议:进展、贡献和展望》(2019 年 4 月 22 日)。关于"一带一路"倡议设立的平台主要有亚洲基础设施投资银行、丝路基金、"一带一路"建设工作领导小组、"一带一路"国际合作高峰论坛、"一带一路"新闻合作联盟、"一带一路"智库合作联盟以及中国国际进口博览会等。

上述文件的公布和平台的设立,主要目的是推进"一带一路"倡议的实施并解决"一带一路"建设过程中的各种问题,实现"一带一路"倡议的目标和愿景,即在政治安全上和平、在经济贸易上繁荣、在发展路径上开放、在发展手段上创新、在文化上维系特色和文明。所以,"一带一路"建设是一项系统工程,需要各方相向而行,特别是通过政策沟通、设施联通、贸易畅通、资金融通、民心相通等途径,采取有效措施合力共进,包括坚持共商、共建、共享原则,实现共同发展、共同获益和共同进步的目标。

"一带一路"倡议不仅是国际区域新型合作倡议,也具有整合国内区域发展的含义。例如,《政府工作报告》(2018 年 3 月 5 日)指出,要加大西部、内陆和沿边地区的开放力度,提高边境跨境经济合作区的发展水平,拓展开放合作空间。在这些方面,"一带一路"倡议可以发挥重要的作用。2018 年的《政府工作报告》还指出,我国应壮大海洋经济,坚决维护国家海洋权益。为此,我国应利用"一带一路"倡议特别是 21 世纪海上丝绸之路建设加快发展海洋经济,尤其应坚持陆海统筹的理念拓展蓝色经济空间。例如,习近平总书记在集体会见出席海军成立 70 周年多国海军活动外方代表团团长时指出："中国提出 21 世纪海上丝绸之路倡议,就是希望促进海上互联互通和各领域务实合作,推动蓝色经济发展,推动海洋文化交融,共同增进海洋福祉。"[9]

国内坚持陆海统筹理念发展海洋经济,不仅是由海洋经济在我国国民经济中的地位决定的,而且是我国拓展蓝色经济空间的必然产物。[10]例如,《中国国民经济和社会发展第十三个五年规划纲要》在第 41 章"拓展蓝色经济空间"中指出,我国要坚持陆海统筹,发展海洋经济,科学开发海洋资源,保护海洋生态环境,维护海洋权益,建设海洋强国。

在坚持陆海统筹理念发展和壮大海洋经济的过程中,我国要重点做好以下几个方面的工作。

第一,在顶层设计上,要坚持陆海统筹,即应兼顾陆地和海洋的禀赋和特质,特别是在陆地和海洋的承载度和弥补性上做好顶层设计,包括在战略取向上合理规划。第二,在总体布局上,要坚持陆海统筹,即在国家整体战略包括海洋战略的实施过程中兼顾陆地和海洋的功能性和产业性布局,充分发挥陆地和海洋的独特优势和互补作用。第三,在协调规划上,要坚持陆海统筹,即在实施海洋强国战略的过程中合理分配海洋和陆地的经济效益和特殊作用,避免在陆地和海洋收益上的抵冲效果,发挥乘数效应。第四,在执行实施上,要坚持陆海统筹,即在具体实施海洋领域规划时发挥陆地和海洋各自的特色和优势,发挥陆地和海洋互相支撑和互补作用,争取利益最大化。第五,在保障制度上,要坚持陆海统筹,即为确保海洋强国战略目标的实现,应加强陆地和海洋管理机构之间的协调和衔接,特别应制定明确管理机构职权的组织法以及完善海洋部门法规,以推进中国海洋强国战略目标的实现。

总之,在顶层设计、总体布局、协调规划、执行机构和保障制度上,我国应加强陆地和海洋的联动性和互补性,实行综合性地管理陆地与海洋的空间和资源,合理地开发和利用陆地和海洋的空间与资源,实现经济社会的可持续发展;拓展蓝色经济空间,以强化我国海洋经济发展过程中的国家海洋治理体系,提升海洋治理能力的现代化水平,为加快建设海洋强国作出贡献。

四、中国深化海洋强国战略治理体系的保障措施

我国要加快建设海洋强国实现海洋强国的战略目标,应切实完善国家

海洋治理体系,提升海洋治理能力的现代化水平,特别需要在党和国家机构改革的大背景下进一步完善海洋体制机制以提供保障。自进入新时代以来,我国在海洋体制机制上的改革已经历了两个阶段。

(一)重组国家海洋局阶段

主要文件为 2013 年 3 月 14 日新华社受权发布的《国务院机构改革和职能转变方案》和 2013 年 6 月 9 日国务院办公厅印发的《国家海洋局主要职责内设机构和人员编制规定》。

《国务院机构改革和职能转变方案》的"重新组建国家海洋局"部分指出,为推进海上统一执法,提高执法效能,将现国家海洋局及其中国海监、公安部边防海警、农业部中国渔政、海关总署海上缉私警察的队伍和职责整合,重新组建国家海洋局,由国土资源部管理,主要职责是拟订海洋发展规划,实施海上维权执法,监督管理海域使用、海洋环境保护等;国家海洋局以中国海警局名义开展海上维权执法,接受公安部业务指导;为加强海洋事务的统筹规划和综合协调,设立高层次议事协调机构国家海洋委员会,负责研究制定国家海洋发展战略,统筹协调海洋重大事项;国家海洋委员会的具体工作由国家海洋局承担。[11]

《国家海洋局主要职责内设机构和人员编制规定》的"前言"和"职能转变"部分指出,国家海洋局为国土资源部管理的国家局,其"加强的职责"为:第一,加强海洋综合管理、生态环境保护和科技创新制度机制建设,推动完善海洋事务统筹规划和综合协调机制,促进海洋事业发展;第二,加强海上维权执法,统一规划、统一建设、统一管理、统一指挥中国海警队伍,规范执法行为,优化执法流程,提高海洋维权执法能力,维护海洋秩序和海洋权益。《国家海洋局主要职责内设机构和人员编制规定》的"内设机构"部分指出,国家海洋局内设机构战略规划与经济司承担国家海洋委员会办公室日常工作;国家海洋局内设机构海警司(海警司令部、中国海警指挥中心)组织起草海洋维权执法的制度和措施,拟订执法规范和流程,承担统一指挥、调度海警队伍开展海上维权执法活动具体工作,组织编制并实施海警业务建设规划、计划,组织开展海警队伍业务训练等工作。《国家海洋局主要职责内设机构和人员编制规定》的"其他事项"部分规定了国家海洋局与其他机构(公安部、国土资源部、农业部、海关总署、交通运输部、环境保护部)之间的职责分工。[12]

(二)撤销国家海洋局阶段

主要文件为2018年3月21日中共中央印发的《深化党和国家机构改革方案》和2018年6月22日第十三届全国人民代表大会常务委员会第三次会议通过的《关于中国海警局行使海上维权执法职权的决定》。[13]

《深化党和国家机构改革方案》的第一部分"深化党中央机构改革"第17项指出,为坚决维护国家主权和海洋权益,更好地统筹外交外事与涉海部门的资源和力量,将维护海洋权益工作纳入中央外事工作全局中统一谋划、统一部署,不再设立中央维护海洋权益工作领导小组,中央维护海洋权益工作领导小组的有关职责交由中央外事工作委员会及其办公室承担,在中央外事工作委员会办公室内设维护海洋权益工作办公室;中央外事工作委员会及其办公室在维护海洋权益方面的主要职责是组织协调和指导督促各有关方面落实党中央关于维护海洋权益的决策部署,收集汇总和分析研判涉及国家海洋权益的情报信息,协调应对紧急突发事态,组织研究维护海洋权益重大问题并提出对策建议等。

《深化党和国家机构改革方案》的第三部分"深化国务院机构改革"的第24项指出,为统一行使全民所有自然资源资产所有者职责,统一行使所有国土空间用途管制和生态保护修复职责,着力解决自然资源所有者不到位、空间规划重叠等问题,将国土资源部的职责,国家发展和改革委员会的组织编制主体功能区规划职责,住房和城乡建设部的城乡规划管理职责,水利部的水资源调查和确权登记管理职责,农业部的草原资源调查和确权登记管理职责,国家林业局的森林、湿地等资源调查和确权登记管理职责,国家海洋局的职责,国家测绘地理信息局的职责整合,组建自然资源部,作为国务院组成部门;自然资源部对外保留国家海洋局牌子,主要职责是对自然资源开发利用和保护进行监管,建立空间规划体系并监督实施,履行全民所有各类自然资源资产所有者职责,统一调查和确权登记,建立自然资源有偿使用制度,负责测绘和地质勘查行业管理等;不再保留国土资源部、国家海洋局、国家测绘地理信息局。

《深化党和国家机构改革方案》的第六部分"深化跨军地改革"的第58项指出,按照先移交、后整编的方式,将国家海洋局(中国海警局)领导管理的海警队伍及相关职能全部划归武警部队。

为能使中国海警局依照《深化党和国家机构改革方案》和《武警部队改革实施方案》(2017年12月27日)的决策部署(海警队伍整体划归中国人民武装警察部队领导指挥,调整组建中国人民武装警察部队海警总队,称中国海警局)统一履行海上维权执法职责,第十三届全国人民代表大会常务委员会第三次会议于2018年6月22日通过了《关于中国海警局行使海上维权执法职权的决定》(2018年7月1日起施行)。

依据上述文件,中国海警局行使海上维权执法的职权,主要职权包括以下两个方面。第一,履行海上维权执法职责,包括执行打击海上违法犯罪活动、维护海上治安和安全保卫、海洋资源开发利用、海洋生态环境保护、海洋渔业管理、海上缉私等方面的执法任务以及协调指导地方海上执法工作。第二,执行打击海上违法犯罪活动、维护海上治安和安全保卫等任务,行使法律规定的公安机关相应执法职权;执行海洋资源开发利用、海洋生态环境保护、海洋渔业管理、海上缉私等方面的执法任务,行使法律规定的有关行政机关相应执法职权;中国海警局与公安机关、有关行政机关建立执法协作机制。

可见,在《关于中国海警局行使海上维权执法职权的决定》中规定了中国海警局维权执法的范围或任务以及在执行任务时与其他有关行政机关之间的关系两个方面的内容,从而使中国海警局在隶属中央军委领导和其他行政机关执法之间的职权上得到了协调。其中,中国海警局与其他行政机关(如自然资源部、生态环境部、农业农村部、海关总署等)的执法协作机制需要在以后的法律规章中予以规范,包括修改现存有关海洋领域的法律规章,以适应国家机构改革发展需要;更重要的是,为行使中国海警局在海洋维权执法中的职权,应尽快制定中国海警局组织法,以在较高层次的法律上进一步明确中国海警局的职权和范围或任务。[14]

最后应该指出的是,我国海洋强国战略的加快推进需要海洋体制机制的完善,尤其应符合现今国家机构体制改革发展要求,实施陆海统筹理念。所以,我国必须加快制定综合规范海洋事务的基本法(如海洋基本法),以明确涉海各行政机构的职权,包括综合协调海洋事务的国家海洋委员会的具体职权,为加快建设海洋强国提供制度上的保障。

五、我国加快建设海洋强国的核心任务和身份定位

在加快建设海洋强国的过程中,我国应根据国际和国内形势特别是海洋情势,分阶段有步骤地处置所面临的核心海洋争议问题,如南海问题和东海问题,以实现我国成为区域性海洋强国和世界性海洋大国的目标。换言之,正确处理南海问题和东海问题是我国推进海洋强国战略的核心任务和重要指标。

在应对和处理南海争议问题时,我国尤其应遵守《南海各方行为宣言》及后续在各国间规范的原则和制度,依据包括《联合国海洋法公约》在内的国际法的原则和制度,优先通过和平方法尤其是政治方法或外交方法解决南海问题。为此,我国需要找寻各方利益的共同点和交汇点,在追求自身国家利益的同时,合理照顾其他国家的关切和主张,达成较好的平衡,确保各国开发利用南海的空间和资源利益,实现可持续的良性发展目标。[15]我国应加快中国-东盟海上丝绸之路建设步伐,包括与东盟国家之间积极协商、制定南海行为准则等,以稳妥地处理南海问题;尤其应加强合作步伐,避免持续复杂化、扩大化和国际化,实现积极利用南海的海洋空间和资源、稳定南海区域安全的目标,其政策取向是实现南海空间和资源的功能性和规范性的统一。[16]当然,有关国家在南海岛礁周边海域实施的所谓航行自由行动,也是需要我国重点对待的问题。[17]

针对包括钓鱼岛问题在内的东海问题,我国已初步构建了钓鱼岛及其附属岛屿及周边海空制度。[18]今后我国应努力在完善国内相关法律上进一步采取措施,特别应完善在钓鱼岛及其附属岛屿周边海域的巡航执法管理制度,包括在领海内规范外国船舶的无害通过制度、中国东海防空识别区航空器识别规则实施细则等。此外,针对钓鱼岛问题以外的东海问题,诸如东海海底资源共同开发、合作开发问题,我国应继续与日本展开协商和谈判工作,以切实履行中、日两国外交部门于 2008 年 6 月 18 日公布的《中日关于东海问题原则共识》的要求和义务,以实现共享东海海底资源、安定东海秩序的目标,为稳固和发展中日关系作出贡献。[19]

换言之,我国在处理海洋争议问题时,重要的是应以规则为基础维护海洋秩序,即"依法治海",包括依法主张权利、依法使用权利、依法解决权利争议。我国应根据自身的地位、作用和要求,尤其是全面依法治国包括依法治

海的要求,适时地调整和转换角色、定位。[20]

第一,从海洋规则的遵守者到制定者的角色转换。长期以来因多种原因,我国很少提出有关的规则及见解。我国是忠实的海洋规则遵守者,现今我国应依据实情创造条件和机会努力成为规则的制定者。

第二,从海洋规则的"破坏者"到遵循者的角色转换。所谓的"破坏者"直接表现在对南海仲裁案的应对和处理上。我国应采取多种措施阐释我国针对南海仲裁案的立场和见解,消除"破坏者"的印象及定性,逐步实现由海洋规则的"破坏者"向海洋规则的遵循者的角色转换。[21]

第三,从海洋规则的维护者到引导者的角色转换。我国是国际秩序包括海洋秩序的维护者,这是受到历史和基础条件制约的,而随着我国经济和科技装备的发达及认识海洋程度的加深,我国应就海洋规则的发展和完善提出自己的建议和要求,即培育议题设置和制度创设的能力,实现由海洋规则的维护者到引导者的角色转换。

第四,从海洋规则的模糊者到精确者的角色转换。我国在应对海洋问题时存在一些模糊的表述或用语,如近岸水域、邻近海域、相关海域和历史性权利等。为进一步明确相关术语和权利范围及其具体内涵,我国有必要依据国际海洋法的规则和制度对这些用语和概念予以说明,尽早实现由海洋规则的模糊者到精确者的角色转换。

第五,从海洋规则的实施者到监督者的角色转换。因受经济、意念、技术和能力等的限制,我国不仅很少提出有关的规则和观点,而且虽然对于加入的条约依据其要求不断地丰富和完善国内海洋法制度并加以实施,但所规范的原则和制度受到其他国家的挑战又无暇顾及其他国家的言行。为此,我国应适度地创造条件和机会对其他国家实施的海洋规则和制度予以监督和评估,实现由海洋规则的实施者向监督者的角色转换。

第六,从海洋规则的特色者到普通者的角色转换。我国依据国情和社会发展特点,构筑了中国特色社会主义法律体系包括国内海洋法律体系,如何让国际社会认可我国的相关立场和观点、理解我国的海洋政策,有必要增加解释的机会,使国际社会理解我国的特点和愿望,逐步实现由海洋规则的特色者向普通者的转换,以合理地保护海洋权益、增进共同利益。

第七,从海洋规则的承受者到供给者的角色转换。由于受到多种条件的限制,一直以来我国提供的海洋公共产品并不多,但随着对外开放的深化、经济社会和科学技术的发展,我国具备了提供海洋公共产品的能力及意愿,如索马里海军护航行动、"一带一路"倡议、丝路基金、"一带一路"国际合作高峰论坛等。为此,我国应逐步为提供海洋公共产品作出努力,发挥中国的作用,实现由海洋公共产品的承受者到供给者的角色转换。

不可否认,我国在海洋事务上的角色和定位的成功转换并非易事,需要作出长期的不懈努力;尤其是我国提出的完善海洋秩序的意见和建议,需要得到其他国家的认可和支持,即需要具有理论上的合理性和实践上的可操作性。当然,我国在海洋事务上的角色和定位的成功转换并发挥作用,不仅有利于维护国际海洋秩序、增进共同利益,而且对于消除海洋规范的制度性缺陷,特别是补充完善《联合国海洋法公约》制度、消除依单一性事项的管理弊端、实现综合管理海洋目标、构筑和完善以规则为基础的海洋制度,具有重要的影响,对于加快建设海洋强国、构建和实现海洋命运共同体目标也具有重要的促进作用。

文章来源:原刊于《中国海洋大学学报(社会科学版)》2019 年 05 期,系中国海洋发展研究中心和中国海洋发展研究会联合设立项目 CAMAZDA201701 "海洋法框架下的海洋开发利用制度研究"的阶段性成果。

注释

1 参见 http://www.gov.cn/ldhd/2013-07/31/content_2459009.htm,2013 年 8 月 1 日访问。

2 参见 http://theory.people.com.cn/n1/2018/0615/c40531-30060680.html,2018 年 6 月 25 日访问。

3 我国于 2009 年中国人民解放军海军诞生 60 周年之际,根据国际国内形势发展需要,提出了构建"和谐海洋"理念倡议,以共同维护海洋持久和平与安全。其内容为:坚持联合国主导,建立公正合理的海洋;坚持平等协商,建设自由有序的海洋;坚持标本兼治,建设和平安宁的海洋;坚持交流合作,建设和谐共处的海洋;坚持敬海爱海,建设天人合一的海洋。不可否认,构建"和谐海洋"理念的提出,是我国国家主席胡锦涛于 2005 年 9 月 15 日在联合国成立 60 周年首脑会议上提出构建"和谐世界"理念以来在海洋领域的具体化,体现了国际社会对海洋问题的新认识、新要求,标志着我国对国际法尤其是海洋法发展的新贡献。参见金永明著:《海洋问题专论》(第一卷),海洋出版社 2011 年版,第 376～377 页。

4 "习近平集体会见出席海军成立70周年多国海军活动外方代表团团长"内容,参见 http://www.xinhuanet.com/politics/leaders/2019-04/23/c_1124404136.htm,2019 年 4 月 23 日访问。

5 中国国家主席习近平于 2013 年 9 月和 2013 年 10 月,在分别访问哈萨克斯坦和印度尼西亚时提出"共建丝绸之路经济带"和"21 世纪海上丝绸之路"(简称"一带一路")倡议内容,参见习近平著:《习近平谈"一带一路"》,中央文献出版社 2018 年版,第 1～5 页,第 10～13 页。

6 参见"一带一路"建设工作领导小组办公室于 2019 年 4 月 22 日发表的《共建"一带一路"倡议:进展、贡献与展望》报告,http://www.xinhuanet.com/world/2019-04/22/c_1124400071.htm,2019 年 4 月 22 日访问。

7 参见《人民日报》2019 年 4 月 28 日,第 5 版。

8 中国的改革开放与"一带一路"倡议存在三点共性。第一,二者均以发展经济,完善交通、物流、电网等基础设施为优先方向。第二,优先完备吸引外资的据点,即改革开放时,在全国范围内设立由经济特区向自由贸易试验区转换的方式吸引外资据点,在"一带一路"沿线国家设立以中国企业为中心的类似经济特区的合作园区。第三,以共同发展和共同富裕为目标,即改革开放的先富论与"一带一路"倡议理念合作共赢是一致的。参见江原规由:《"一带一路"现状与日本》,《国际问题》第 673 期(2018 年 7～8 月),第 45～46 页。

9 参见 http://www.xinhuanet.com/politics/leaders/2019-04/23/c_1124404136.htm,2019 年 4 月 23 日访问。

10 进入 21 世纪以来,我国海洋经济总量及其在国内生产总值中的比重等方面的内容,参见金永明著:《新时代中国海洋强国战略研究》,海洋出版社 2018 年版,第 32～34 页。

11 参见 http://www.gov.cn/2013lh/content_2354443.htm,2013 年 3 月 15 日访问。

12 参见 http://www.gov.cn/zwgk/2013-07/09/content_2443023.htm,2013 年 7 月 11 日访问。

13 "深化党和国家机构改革方案"内容,参见 http://www.xinhuanet.com/politics/2018-03/21/c_1122570517.htm,2018 年 3 月 21 日访问;"关于中国海警局行使海上维权执法职权的决定"内容,参见 http://www.npc.gov.cn/npc/xinwen/2018-06/22/content_2056585.htm,2018 年 6 月 22 日访问。

14 《自然资源部职能配置、内设机构和人员编制规定》,参见 http://www.mnr.gov.cn/bbgk/sdfa/,2018 年 9 月 11 日访问;《生态环境部职能配置、内设机构和人员编制规定》,参见 http://www.cenews.com.cn/news/20180911_884728.html,2018 年 9 月 12 日访问。

15 有关南海问题争议及解决方法内容,参见金永明:《南沙岛礁领土争议法律方法不适用性之实证研究》,《太平洋学报》2012 年第 4 期,第 20～30 页。

16 关于南海资源开发的目标取向内容,参见金永明:《论南海资源开发的目标取向:功能性与规范性》,《海南大学学报(人文社会科学版)》2013 年第 4 期,第 1～6 页。

17 关于南海岛礁周边海域"航行自由行动"内容,参见金永明:《南海航行自由与安全的海洋法分析》,载中国国际法学会:《中国国际法年刊》(2018),法律出版社 2019 年版,第 410～438 页。

18《中国关于钓鱼岛及其附属岛屿领海基线的声明》(2012 年 9 月 10 日),参见 http://www.gov.cn/jrzg/2012-09/10/content_2221140.htm,2012 年 9 月 11 日访问;《中国政府关于划设东海防空识别区的声明》和《中国东海防空识别区航空器识别规则公告》(2013 年 11 月 23 日),参见 http://www.gov.cn/jrzg/2013-11/23/content_2533099(2533101).htm,2013 年 11 月 25 日访问。

19《外交部官员:习近平会见安倍晋三双方达成十点共识》(2019 年 6 月 27 日)第 8 点指出,(中、日)两国领导人同意,妥善处理敏感问题,建设性管控矛盾分歧;双方将继续推动落实东海问题原则共识,共同努力维护东海和平稳定,实现使东海成为和平、合作、友好之海的目标。参见 http://www.xinhuanet.com/politics/leaders/2019-06/27/c_1124681233.htm,2019 年 6 月 28 日访问。《中日举行第十一轮海洋事务高级别磋商》(2019 年 5 月 11 日)第 13 项指出,双方确认坚持 2008 年东海问题原则共识,同意进一步沟通交流。参见 http://www.xinhuanet.com/world/2019-05/11/c_1124480563.htm,2019 年 5 月 11 日访问。

20 例如,《中共中央关于全面推进依法治国若干重大问题的决定》(2014 年 10 月 23 日)指出,我国应积极参与国际规则制定,推动依法处理涉外经济、社会事务,增强我国在国际法律事务中的话语权和影响力,运用法律手段维护我国主权、安全和发展利益;参见《中共中央关于全面推进依法治国若干重大问题的决定》,人民出版社 2014 年版,第 39 页。《中共国家海洋局党组关于全面推进依法行政建设法治海洋的决定》(2015 年 7 月 20 日通过,2015 年 8 月 7 日公布)指出,应在维护海洋权益、促进海洋经济发展中树立法治权威,在维护人民利益中彰显法治理念,在海洋管理中体现法治思维,在海洋领域改革中坚持法治底线;参见 http://www.soa.gov.cn/zwgk/gs-gg/201808/t20150807_39403.html,2015 年 8 月 19 日访问。

21 中国政府针对南海仲裁案的立场及态度,参见中国外交部:《中国政府关于菲律宾所提南海仲裁案管辖权问题的立场文件》(2014 年 12 月 7 日),http://www.gov.cn/xinwen/2014-12/07/content_2787671.htm,2014 年 12 月 8 日访问;《中华人民共和国关于在南海的领土主权和海洋权益的声明》(2016 年 7 月 12 日),http://world.people.com.cn/n1/2016/0712/c1002-28548370.html,2016 年 7 月 12 日访问。中国国际法学会著:《南海仲裁案裁决之批判》,外文出版社 2018 年版,第 1～446 页。

海洋强国的实现需要有21世纪的海洋战略意识

■ 朱锋

论点撷萃

中国的海洋强国战略说到底,不只是单纯地利用海洋、开发海洋,更重要的是能够将中国的市场、企业、技术和中国存在通过海洋扩大为更加广阔的"海外",不是简单地将商品、劳务和工程输出到海外,而是将中国的市场开发力、社会影响力和政治感召力推向海外,这是中国海洋强国战略的重要内容。为此,中国必须在充分吸取历史经验的同时,客观、全面、准确地面对21世纪世界地缘战略的基本构造和特征,从21世纪的国际政治、经济的现实以及中国特色发展道路的选择中,去寻找切实可行的海洋强国战略。

纵观国际海洋强国兴衰的历史,以下几个方面的因素值得我们思考和总结。首先,追求和具备21世纪海洋强国战略需要培养和具备的21世纪的海洋意识。成功的海洋强国战略,需要的是中国全面、深入、准确地认识世界、改变世界。这对21世纪中国成为海洋强国具有重要的战略意义。其次,培养和掌握21世纪海洋强国建设所需要的规则、机制和各种制度。海洋强国战略的制定和实施,需要我们全面提高规则、机制和制度建设的自觉性和迫切性。第三,摸索和确立21世纪中国海洋强国发展所必然要求的海洋安全战略。外交、政治和军事力量上的海洋强国建设,是21世纪中国海洋强国战略不可或缺的重要组成部分。

党的十八大明确提出了建设海洋强国战略,这是中国在21世纪实现"中

作者:朱锋,南京大学中国南海研究协同创新中心执行主任、教授,中国海洋发展研究中心研究员

国梦"的伟大举措之一。纵观 16 世纪以来的世界文明发展史,成功的崛起大国无一例外都是海洋强国和海权大国。从 17 世纪英国崛起到 19 世纪末 20 世纪初的美国崛起,海洋强国始终是过去 400 年的人类历史进程中引领科技、产业、教育和体制发展最为重要的力量。同时,科技、产业、教育和制度的进步和发展,也为海洋强国的持续崛起奠定了基础。英国剑桥大学著名海洋史学者戴维·阿布拉菲亚(David Abulafia)在其名著《伟大的海洋:地中海的人类史》一书中指出:"人类对征服海洋的欲望不仅需要勇气和冒险,更需要知识、思想、创新和巨大的组织能力。"在研究和探讨了地中海文明史之后,阿布拉菲亚教授精辟地指出,地中海时代所积累的经验、知识和征服海洋而获得财富的欲望,"为开启大西洋时代——人类真正意义上具有全球海洋知识和探求的时代创造了必要条件"。

过去 400 年的人类发展史已经充分证明,真正成功的崛起大国必须是全球大国,也就是能够具有在全球市场和财富竞争中具有影响力甚至支配力的大国,是知识、产品和技术能够引领世界并畅销世界的大国。而全球大国的出现,无一不是具备海洋强国战略的大国,无一不是能够充分利用、开发、征服和在关键的海洋战略通道上具有控制力的大国。中国的海洋强国战略说到底,不只是单纯地利用海洋、开发海洋,更重要的是,能够将中国的市场、企业、技术和中国存在通过海洋扩大为更加广阔的"海外",不是简单地将商品、劳务和工程输出到海外而是将中国市场开发力、社会影响力和政治感召力推向海外,这是中国海洋强国战略的重要内容。从单纯的远洋渔业和远洋航运来说中国已经是海洋大国,但真正的海洋强国是在海洋科研、海洋经济和海洋开发中能够将稳定的利益扩展到海外的国家。为此,中国在 21 世纪思考、制定和追求海洋强国战略时,无法脱离历史的规律,也无法回避历史的轨迹。为此,中国必须在充分吸取历史经验的同时,客观、全面、准确地面对 21 世纪世界地缘战略的基本构造和特征,从 21 世纪的国际政治、经济的现实和中国特色发展道路的选择中,去寻找切实可行的海洋强国战略。纵观海洋强国兴衰的历史,以下几个方面的因素值得我们思考和总结。

首先,追求和具备 21 世纪海洋强国战略需要培养和具备的 21 世纪的海洋意识。从历史到现实,海洋型国家和大陆型国家是两种非常不同的国家类型。大陆型国家常常受到生存和发展所需要的土地资源的影响,习惯于以传统土地资源为第一要素的农耕文明,土地资源的管理与保障规律性较强,容易"看天吃饭"、依恋乡土和建立森严的等级权力制度。海洋型国家常常需要面对未知世界,对科学的探究是永远存在不确定性的海洋逼迫出来的人类求生需求。与此同时,海洋型的国家常常也是商品交易发达的国家,在和海洋的斗争中组织行动和平等意识比较突出。从16世纪末开始,当英国等欧洲国家开启近代海洋文明时代的时候,以中华文明为代表的农耕文明进入顶峰时代,中国在郑和下西洋之后实行海禁政策。近代以来中国落后,很大程度上是固守农耕文明、错失海洋文明时代新发展的结果。中国在历史上从来不是海洋大国,而一直就是一个大陆型国家。当今的中国如何在行为、观念、意识和文化等诸多方面学习并为自身注入海洋意识,让长期农耕文明和大陆型国家所形成的行为习惯和思维方式成功地转向海洋文明与海洋大国所需要的行为习惯和思维方式,是实现海洋强国目标所面临的一大挑战。

传统的大陆型国家常常习惯于本土的管理经验和以"关系"为核心的社会行为,但其走向海外的时候,面对的不仅是在制度和意识形态上与之不同的国家,也是在文化习俗、宗教和社会结构上与之差异巨大的国家。中国应当从观念、意识和行为上跳出自己的"本土经验",真正在了解和熟悉海外文化、行为和结构的不同政治与经济系统中找到"融入"和"扎根"的方式,让自己的影响力能够为其他国家的民众所感知和接受,而不是简单地认为自己惯用的招数和做法在国外也能管用。成功的海外强国战略,需要中国全面、深入和准确地认识世界。这对21世纪中国成为海洋强国具有重要的战略意义。

其次,制定和实施21世纪海洋强国建设所需要的规则、机制和制度。海洋强国战略的制定和实施,需要中国全面提高规则、机制和制度建设的自觉性和迫切性。在一个开发和利用海洋资源越来越多,走向海外越来越深、越广的时代,从国家到社会,从企业到个人,都必须具有越来越自觉和熟练地适应和运用规则、机制和制度的能力。目前,由中兴案引发的关于在海外竞争中合规经营的重要性问题的讨论就是一个生动的事例。此外,中国"一带一路"倡议在海外扩大和延伸所需要的中国公民和财产的海外保护问题已经变得日益紧迫。海外利益保护,不仅需要在海外经营的中国公民和企业具有守法意识、合规行动,更需要这些公民和企业尊重当地的体制和制度,融入当地社会;与此同时,海外利益保护所需要拓展的国际警务合作、必要时的应急响应甚至海外军事力量的投送都需要中国公民、企业对国际法规则、机制和体制的适应和掌握,需要中国更加主动、全面和深刻地介入、融入各种国际规则、机制和制度。从这个意义上来说,海洋强国战略说到底就是中国的海外利益和影响力不断壮大和发展的战略。当前,中国已经开始建立海外商业仲裁机构。中国商业利益的国际仲裁需要成为中国企业和实体走向世界的重要法律准备,而这样的法律准备不仅需要大量的涉外法律人才,更需要国内的规则、体制和制度建设为中国海外的商业和其他行为的法律规则和制度发展提供支撑和保障。从外到内,从内到外,就单纯的法律规则和制度发展来说,中国需要不断地提升对各种国际规则、机制和制度的适应程度。从某种意义上来说,这是一种中国必须进行的体制机制建设的革命。

第三,摸索和确立 21 世纪中国海洋强国建设所必然要求的海洋安全战略。中国的海洋强国战略不是简单的海洋经济、海洋资源和海洋科研战略,也不是单纯的海外商业扩展战略,而是将中国市场开发力、社会影响力和政治感召力推向海外的战略,因此需要中国在外交、政治和军事上制定和实施强大的海洋安全战略。外交、政治和军事力量上的海洋强国战略,是 21 世纪中国海洋强国战略不可或缺的重要组成部分。海上军事力量是衡量海权大国最为重要的标志,从 16 世纪到 20 世纪"二战"结束世界海洋强国必然是海军强国。马汉的《海权论》被奉为经典,就是因为海洋商业大国的全球商品输出和海外商品进口的畅通无阻,都需要强大的海军实力提供保障。这样,国际商业竞争一旦受到军事威胁,国家就能够迅速做出军事反应。海军不仅是海外商业利益最可靠的保卫者,也是国家安全在全球商业时代最为有力的捍卫者。21 世纪的今天,世界秩序已经发生了重大变化,自由主义的国际秩序使得重商主义的国家行为在和平时代已经轻易不会受到他国的军事胁迫和威胁。然而,今天的世界依然存在着挥之不去的大国间的地缘政治竞争,海外商业利益拓展和海洋强国战略的实施必然被许多国家首先视为是地缘战略的行动,海洋资产、海洋战略水道和海外利益扩大,都难以避免地被视为是"动了他人桌上奶酪"的地缘政治行为。面对这样的现实,中国21 世纪的海洋强国战略必须具有强大的海上军事力量要素。

然而,21 世纪的海洋强国战略究竟需要什么规模的海上军事力量?海上军事力量建设需要遵循什么样的战略行动原则?海上军事力量需要采取什么样的战略态势?尤其是在面对西方主要发达国家在海上军事力量方面占据突出优势的现实面前,中国海军力量的发展如何既能有效地适应21世纪中国的国家安全战略需要,同时又能有效避免大国之间"安全困境"的深化,避免陷入海军军备竞赛? 这些问题都前所未有地摆到了我们的面前。进一步来说,中国21世纪的海洋强国战略如何能够继续保证而不是削弱中国和平崛起的战略势头? 21世纪中国的海洋强国战略如何能够进一步稳定中国崛起的周边环境? 这些问题,都需要我们科学、深入地思考和探讨。

文章来源:原刊于《亚太安全与海洋研究》2018年04期。

海洋强国战略框架下的我国海上安全

■ 邢广梅

论点撷萃

党的十八大报告有关"提高海洋资源开发能力,发展海洋经济,保护海洋生态环境,坚决维护国家海洋权益"的战略部署,蕴含了国家海上安全在海洋强国战略框架下的作用和地位。理清这一作用和定位以及我国海上安全面临的挑战,可以更好地应对挑战,促进建设海洋强国战略目标的早日实现。

我国海上安全是衡量我国是否已建成海洋强国的重要指标,是我国建设海洋强国的有效保证。为应对海上安全的挑战,我国应倡导新的安全理念,推动建立中美新型大国关系;坚持一个中国立场,秉持两岸和平发展理念;坚持中国拥有岛礁主权无可争辩的立场,致力于协商解决领土争端;坚持协商谈判划定海域分界线的原则,推进"共同开发"措施的实施;增强海洋综合管控能力;以 2019 年 4 月习近平主席在海军成立 70 周年多国海军活动中提出的构建海洋命运共同体理念为指针,积极参与、推动国际海上安全合作,维护海上通道安全。

在当代,亚太乃至全球范围内,海上安全日益成为各国关注的焦点,我国在海洋利益不断拓展的同时,近海、远海两个方向面临着日益增多的挑战。党的十八大报告有关"提高海洋资源开发能力,发展海洋经济,保护海洋生态环境,坚决维护国家海洋权益"的战略部署,蕴含了国家海上安全在

作者:邢广梅,国防大学军事管理学院教授、中国海洋发展研究中心研究员

海洋强国建设

海洋强国战略框架下的作用和地位。理清这一作用和定位以及我国海上安全面临的挑战，可以更好地应对挑战，促进建设海洋强国战略目标的早日实现。

一、我国海上安全在海洋强国战略中的作用和定位

1. 海上安全是衡量我国是否成为海洋强国的重要指标。海洋强国是指在开发海洋、利用海洋、保护海洋、管控海洋方面拥有强大综合实力的国家。其中，海上安全体现为国家能有效地管控海洋，客观上表现为国家海上方向的活动、权利和权益不受外部威胁，主观上表现为国家主体（主要是政府和人民）不存在外部威胁的紧张感受，具体包括国家有效地维护国家领土完整和主权安全、海洋权益安全、海上战略通道安全以及海上经略活动安全等，在能力建设上体现为拥有强大的海上执法和维权力量，在效果上上述四种安全能得到有效维护。可见，我国海上安全是衡量我国是否已建成海洋强国的重要指标，上述任意一种安全没有得到实现，就不能说建成了海洋强国。

2. 海上安全是建成海洋强国的有效保证。海洋强国的目标及实现手段分别是提高海洋资源开发能力、发展海洋经济、保护海洋生态环境和维护国家海洋权益。其中，维护国家海洋权益，即有效管控海洋。确保国家海上安全是建成海洋强国的有效保证，因为在和平安宁状态下，开发、利用和保护海洋活动才能顺利进行，国家海上方向生存和发展利益才能得到实现。

二、我国面临的海上安全挑战

1. 美国实施"亚太再平衡"战略与"印太战略"，迟滞中国的发展。美国自2012年首次提出"亚太再平衡"战略以来，从三个方面实施了这一战略：一是军事上加强在亚太地区的军力部署，以应对中国快速增长的军事能力建设；二是政治上巩固与该地区盟友及友好伙伴国关系，利用与中国有海上权益争端的邻国向中国发难，牵制中国发展；三是经济上推进落实"跨太平洋伙伴关系协议"（TPP），以排斥中国在这一地区日益增强的经济影响力。特朗普执政以来，是将"亚太再平衡战略"调整为"印太战略"，扩大了遏制中国的范围。

上述战略的实施结果体现在海上方向，就是给我国带来了多重安全压力：岛链一线，美积极与日、韩、澳等国进行"岛链"军事战略部署，强化对我

国的军事威慑;海上通道方向,美国加强对从我国东部沿海和南海经马六甲海峡进入印度洋战略通道的管控,威胁我国的航运安全;黄海方向,美韩军事同盟的加强增加了半岛的紧张局势,半岛无核化目标遥遥无期,危及我国东北部的国土安全和朝鲜半岛的安全稳定;东海方向,为借重日本遏制我国,美国不惜放纵日本松动战后和平体制,姑息纵容日本的错误历史观,并以《日美安保条约》第五条适用于钓鱼岛为由插手中日领土争端;台海方向,美国以《与台湾关系法》《台湾旅行法》等国内法取代国际法,联合日本插手协防台湾,阻碍两岸和平发展进程;南海方向,美国以维护自由航行权为借口,插手地区领土争端,为非法侵占我国南沙岛礁的国家撑腰打气;沿海地区,美国协同日本等国在我国沿海地区实施高频度海空抵近侦察,威胁我国国家安全。

2015 年 10 月美国"拉森"号导弹驱逐舰首次闯入我国南沙岛礁 12 海里,标志着美国对南海地区事务的干预由间接代理人阶段转为直接的当面干预阶段。之后,中、美海上兵力处于正面接触状态,一旦危机管控不力,则有可能引发局部海上武装冲突。

2."台独"势力的分裂活动,威胁我国领土完整及两岸和平与稳定。中华民族历史悠久,求大同存小异、求统一反分裂的民族心理趋同性强。台湾分裂势力以挑动中国大陆与台湾民众意识形态对立、割断两岸同胞精神纽带为手段,策动国家分离运动,不得中华民族之人心,是两岸和平发展的最大障碍,严重威胁我国国家主权和领土完整。

3.侵犯我国岛礁主权的声索国持续而激进的侵权行动,干扰了我国和平发展进程。当前,我国不存在大规模海上军事入侵的安全威胁,但传统安全威胁尤其是因岛礁争端、海洋权益争端引发的海上安全危机依然存在。至今,我国共有 50 个岛礁分别被 4 个国家分占分控。在钓鱼岛问题上,日本加强对钓鱼岛及其附属岛屿的实际管控,监视和驱逐在钓鱼岛海域作业的我国渔民,多次挑起钓鱼岛主权纷争。尤其是 2012 年日本打破中日高层达成的搁置钓鱼岛争议、不单方面采取主权行动的默契,非法对钓鱼岛及其附属岛屿进行了所谓的"收购",导致钓鱼岛局势的失衡和恶化。日本还极力将美国拉入钓鱼岛问题中来,以形成美、日联手对我之势;同时,自 21 世纪初,越南、菲律宾等国就在其非法侵占的我国南沙岛礁上大兴土木,进行大规模填海造地和修建机场等活动,甚至部署导弹等进攻性武器,严重侵犯了我国的领土主权。

4. 与8个周边邻国之间的海上争议,限制了我国发展海洋经济的步伐。我国与朝鲜、韩国、日本、越南、菲律宾、马来西亚、印度尼西亚、文莱8个周边邻国存在不同程度的海上争议,在主张重叠海域产生海域管辖权冲突,具体表现为各方在主张海域行使渔业、矿产等资源的排他性开采权,对海洋科学研究、海洋环境保护以及人工设施建设等行使排他性专属管辖权等,在争议海域经常发生渔民被扣、勘探船受干扰等情况,对此我国一直采取克制和谨慎的态度;即便如此,我国的合法权益仍遭受了不同程度的侵害,譬如,我国南海断续线(九段线)内南部地区,周边声索国井架林立,开采油气数量庞大,我国却未曾开过一口井、打过一桶油。

5. 海上恐怖袭击及海盗行动等跨界犯罪,威胁我国海上贸易通道安全。我国的对外贸易依存度已经超过了80%,其中90%的运输要经过阿拉伯海、印度洋、马六甲海峡等咽喉要道完成。这意味着,上述任何地区的不稳定或者海盗、恐怖主义活动的猖獗都有可能威胁我国的海运安全。

三、我国应对海上安全挑战的举措

1. 倡导新的安全理念,推动建立中美新型大国关系。我国希望以全新的理念和行动走一条不同于以往的道路,打破守成大国和新兴大国以军事对抗和零和博弈解决秩序更迭的历史覆辙,塑造"不冲突、不对抗,相互尊重、合作共赢"的中美新型大国关系。目前,中国正从以下四个方面推动践行中美新型大国关系:一是增强互信,二是务实合作,三是建立大国互动新模式,四是有效管控危机。

2. 坚持一个中国立场,秉持两岸和平发展理念。台湾问题的实质是分裂与反分裂、"台独"与反"台独"的斗争。我国始终如一地坚持一个中国原则,坚决反对分裂国家和民族的行为,坚决维护国家主权和领土完整;同时,继续坚持走两岸和平发展的道路,促进两岸合作交流、互利共赢,团结台湾同胞共同奋斗。

3. 坚持我国拥有岛礁主权无可争辩的立场,致力于协商解决领土争端。我国对钓鱼岛及其附属岛屿、南海诸岛以及附近海域拥有无可争辩的主权,这是有充足历史和法理依据支撑的客观事实。日本主张1895年1月14日取得钓鱼岛及其附属岛屿的主权,而我国在早于日本主张300余年的明朝期间就将钓鱼岛及其附属岛屿纳入版图。越南主张拥有西南沙岛礁全部主权，但却缺少对西南沙岛礁实施有效管辖的历史证据。菲律宾主张部分南沙岛礁和黄岩岛的主权，但其1968年第5446号法案却将南沙群岛和黄岩岛划在菲律宾领土范围之外。对于与邻国的领土争端，我国愿意遵循国际法和平解决争端的原则，倡导由争端当事国通过政治协商的方式谈判解决。

4. 坚持协商谈判划定海域分界线，推进"共同开发"措施的实施。我国主张300万平方千米管辖海域面积，但是有一半以上与邻国主张存在重叠，我国愿在国际法的基础上按照公平原则通过协商谈判解决海上分界问题。目前，这一工作已在中、韩两国之间展开。按照《联合国海洋法公约》，相邻或相向国家之间在未划定界线之前，可在争议海域确定"共同开发区域"，由争议双方联合开发海洋资源。而"共同开发区域"的设定和实施不影响未来海域划界谈判。

5. 加强海洋综合管控能力。我国应修订完善领海和毗连区以及专属经济区和大陆架等法律制度中不合时宜的规定，完善关于海洋权益、管理规划、资源开发、环境保护、科学研究等法律制度，在新的隶属关系下整合海上执法队伍、提高执法能力；加强海空军力量建设，强化制海、制空权；建立海洋安全应急机制，加强对争议地区的权益维护，建立搁置争议、共同开发的新机制，对国家海洋安全和重大海洋政策制定及敏感海洋热点问题进行专项研究。

6. 以2019年4月习近平主席在海军成立70周年多国海军活动中提出的构建海洋命运共同体理念为指针，积极参与推动国际海上安全合作，维护海上通道安全。海上通道安全是各国共同面临的重大课题，我国愿意积极参与相关的国际海上安全合作，利用自身优势为国际社会提供尽可能多的公共产品，在维护自身利益的同时造福于国际社会。

文章来源:原刊于《中国海洋大学学报(社会科学版)》2019年03期。

海洋强国建设

韬海论丛

加快建设海洋强国的路径选择

■ 张良福

论点撷萃

我国建设海洋强国,应该坚持走陆海统筹、开发与保护并重、科技兴海、依法治海、军民融合、合作共赢之路,扎实推进海洋强国建设。

坚持陆海统筹,破除长久以来"重陆轻海"的传统观念;认识到向海洋进军,要以陆地为基本立足点和依托;把海洋的开发利用、保护和控制放在突出位置;把维护国家海洋权益上升到国家战略的高度来认识和对待;坚持开发与保护并重,在开发海洋的同时,善待海洋生态,保护海洋环境,实现人海和谐、人海合一;坚持科技兴海,面向海洋经济、国家安全、生态文明建设3个维度,实施海洋科技创新驱动发展,系统提升海洋科技自主创新能力;坚持依法治海,完善我国涉海法律法规体系,为提高海洋资源开发能力、发展海洋经济、保护海洋生态环境、维护国家海洋权益提供充分的法律依据,遵守以《联合国海洋法公约》为核心的现代国际海洋法律制度,并积极参与国际海洋法律规则的制定,不断增强我国在国际海洋法律事务中的话语权和影响力,以推动全球海洋治理向更加公正合理方向发展;坚持军民融合,紧紧围绕建设海洋强国和建设世界一流海军的战略目标,充分发挥海洋对经济社会发展和国防建设双向支撑作用;坚持合作共赢,积极构建海洋合作伙伴关系,共同建设海上通道、发展海洋经济、利用海洋资源、探索海洋奥秘,为扩大国际海洋合作作出贡献。

作者:张良福,海南大学法学院教授、中国海洋发展研究中心研究员建设海洋强国,寄托着中华民族向海图强的世代夙愿。当今世界正处于大发展、大变革、大调整时期,我国建设海洋强国的前景十分光明,挑战也十分严峻。我国应该坚持走陆海统筹、开发与保护并重、科技兴海、依法治海、军民融合、合作共赢之路,扎实推进海洋强国建设。

一、陆海统筹

我国是陆海兼备型的国家,海洋与陆地共同构成了中华民族赖以生存与发展的物质基础和空间,中华民族在发展战略选择上应该实行陆海统筹。

坚持陆海统筹,就要破除长久以来"重陆轻海"的传统观念,从根本上转变"以陆看海""以陆定海"的传统思维,确立"重陆轻海"理念,从战略高度认识海洋、经略海洋,树立"蓝色国土"意识,将海洋和陆地看作一个有机整体,加强陆、海之间的有机联系,使陆、海相互促进、资源互补,力求陆海并举,实现陆海一体化发展。

坚持陆海统筹,要认识到向海洋进军要以陆地为基本立足点和依托。海洋只有在与陆地统筹中才能实现最佳效益,我国只能在确保陆地强国地位的基础上建设海洋强国。

坚持陆海统筹,在当前及今后相当长一段时期内,要突出发展海洋,把海洋的开发和利用、保护和控制放在突出位置,这是对历史上"重陆轻海"的"补课",着眼于未来实现真正意义上的陆海统筹。

坚持陆海统筹,要充分认识到维护国家海洋权益的重要性,把维护国家海洋权益上升到国家战略的高度来认识和对待。维护国家海洋权益,不仅涉及国家的主权和民族尊严,更涉及国家发展的实实在在的经济和战略利益,事关国家的可持续发展、中华民族伟大复兴的长远和根本利益。

二、开发与保护并重

过去,人们认为海洋资源取之不尽、用之不竭。今天,人类在开发利用海洋的过程中逐步发现,海洋中的许多资源是不可再生的,开发利用海洋必须遵循可持续发展的规律。过去,人们认为海纳百川,海洋浩瀚无比,是天然的垃圾场。今天,人类在开发利用海洋的过程中逐步发现,海洋的自净能力也是有限的,海洋环境非常脆弱。人类的生产和生活活动给海洋环境造成了巨大压力,对海洋环境造成了严重危害。长此以往,人类就会失去一个清洁的海洋、一个环保的海洋,一个健康的海洋、一个与人和谐相处的海洋、一个促进人类可持续发展的海洋。

人类进入了综合开发利用海洋与保护治理海洋并重的新时期,应坚持在开发海洋的同时,善待海洋生态,保护海洋环境,实现人海和谐、人海合一,让海洋永远成为人类可以依赖、可以栖息、可以耕耘的美好家园。

美丽海洋是美丽中国必不可少的组成部分,海洋生态文明建设是美丽中国建设的重要组成部分。我国生态文明建设要实现对海洋国土空间布局的全覆盖,要将海洋生态文明建设纳入海洋开发总布局之中,实现陆地与海洋生态文明建设的协调发展。

三、科技兴海

人类对海洋的探索永无止境,只有全面、准确、深刻地了解海洋,掌握海洋的运动规律,才能为建设海洋强国提供坚实的科学依据。从全球范围看,海洋的开发、利用和保护已进入全面依靠科技创新的新时代,主要海洋国家或地区采取一系列举措促进海洋科技发展和创新,争取在海洋领域获取更大的利益。

海洋科技创新应该在我国建设海洋强国进程中发挥核心和支柱作用,引领和支撑经济富海、依法治海、生态管海、维权护海、能力强海,为海洋强国建设提供强大动力。

我国应该以海洋强国战略为引领,面向海洋经济、国家安全、生态文明建设3个维度,实施海洋科技创新驱动发展,系统提升海洋科技自主创新能力,争取在深水、绿色、安全的高技术领域率先取得突破。我国要瞄准海洋领域的重大自然科学问题,加快实现重大科学问题的原创性突破,为认识海洋提供理论技术支撑;以技术创新为先导,提升海洋基础性、前瞻性、关键性技术研究与转化能力;加强海洋调查观测,提高海洋认知能力;加快核心关键技术的突破推动"深海进入、深海探测、深海开发";加快技术创新和成果转化,加快高新技术成果产业化,促进海洋科技与海洋经济的紧密融合,引领海洋经济提质增效和空间拓展;加快科技成果集成创新,支撑海洋生态文明建设和海洋安全保障;加强海洋科技国际交流合作,加速海洋高新技术引进与融合,推动优势海洋产业走出去,加强联合研发平台建设和国际标准制定,提升我国的国际地位和影响力;加快海洋科技创新体系建设,进一步优化海洋科技力量布局和科技资源配置,进一步创新体制机制,加强海洋人才队伍建设,全面提升海洋科技体系竞争力。

四、依法治海

全面推进依法治海、加快建设法治海洋是全面贯彻依法治国的应有之意,是建设海洋强国的根本保证。我国应该自觉运用法治思维和法治方式,配置海洋资源,发展海洋经济,保护海洋生态环境,加强海洋综合管理,提高海洋科技水平,维护国家海洋权益。

一是要完善我国涉海法律法规体系,为提高海洋资源开发能力、发展海洋经济、保护海洋生态环境、维护国家海洋权益提供充分的法律依据。目前,我国已初步建立了比较完善的涉海法律制度体系,但这一体系与我国海洋事业的发展要求、海洋维权斗争的实际需求相比,与世界海洋竞争的发展态势、全球海洋治理的深刻变革相比,还有相当的差距。我国海洋法律制度的建设既落后于我国海洋经济和社会发展、海洋安全特别是我国海洋维权的需要,也落后于现代国际海洋法的发展进程,甚至落后于我国周边海上邻国的海洋法制建设。我国海洋领域法律出台往往严重滞后,既滞后于国内涉海事务实际需要,也滞后于国际海洋法律制度发展和海洋形势发展。我国现行法律法规不能覆盖《联合国海洋法公约》赋予沿海国的所有权利和义务,并且对我国管辖海域外海上活动缺乏基本法律规则。我国现有海洋法律主要适用于我国管辖海域,对于公海、极地等地区的活动,相关法律原则或规则尚未健全。目前我国开展这些海域的活动,仅依据相关国际条约和我国内政策缺乏立法保障,应该进一步制定和完善我国海洋法律制度,包括制定海洋基本法和海域巡航执法条例、修改涉外海洋科学研究管理条例、完善相关部门法规等。

二是要遵守以《联合国海洋法公约》为核心的现代国际海洋法律制度,并积极参与国际海洋法律规则的制定,不断增强我国在国际海洋法律事务中的话语权和影响力,以推动全球海洋治理向更加公正合理的方向发展,更好地服务于我国的海洋强国建设。

我国是现代国际海洋法律制度的重要参与者、积极支持者和推动者。我国是世界航运大国、渔业大国、造船大国,参与国际海洋事务、发展国际交流与合作、处理涉海争端等都应该在国际法基本原则和现代海洋法的框架内进行。我国应该积极主动地运用法律手段维护我国的主权、安全和发展利益,特别是需要通过国际法、国际海洋法来维护国家的长远利益、战略利益和核心利益。

在建设海洋强国的征程中,我国应该树立负责任的法治大国形象,自觉遵守和坚定维护现代国际海洋法律制度的核心价值和基本原则,为全球海洋治理和建立和平公正的国际海洋秩序贡献中国智慧和中国方案,与有关国家一道共同建立海洋命运共同体。在新时代和新的历史方位,我国比以往任何时候都需要海洋法治思维和依法治海。

五、军民融合

努力把人民海军全面建成世界一流海军是实现中华民族伟大复兴的重要保障。建设与国家安全和发展利益相适应的现代海上军事力量体系,维护国家主权和海洋权益,维护战略通道和海外利益安全,参与国际海洋合作,是我国建设海洋强国必不可少的重要内容。海洋强国建设需要世界一流的海上力量做后盾,需要世界一流海军作为战略支撑。海军作为国家海上力量主体,对维护海洋和平安宁和良好秩序负有重要责任。

在海洋领域贯彻落实军民融合发展战略,就是要紧紧围绕建设海洋强国和建设世界一流海军的战略目标,充分发挥海洋对经济社会发展和国防建设的双向支撑作用,统筹蓝色经济发展和海洋国防建设需求,兼顾安全和发展、军用与民用、战时与平时、当前与长远的需求,统筹海洋开发和海上维权,统筹海洋经济发展、海洋综合管理、维护海洋权益和海上军事安全,统筹配置军民力量和资源,推进海上行动能力和保障设施建设,形成军民一体的海上力量组合和支撑保障体系。

当前,我国海上军事能力与国家安全需求的差距较大,要有效维护海洋安全和发展利益,必须适应海上力量建设军民一体化的客观趋势,坚持问题导向和军民需求牵引,做好对军、民两大需求的论证和衔接、协调,实现军民之间的良性互动、协调发展、融合发展;重点是统筹推进军民两用重大基础设施和功能建设,促进军民科研、转化平台整合开放和共享服务,形成全要素、多领域、高效益的深度发展格局,努力实现军建民用、民建军用、军民合建、共用共享、平战结合的目标;在具体领域上,如通信、测绘、气象、观测、调查、搜救、能源、交通、装备、基础设施、物资储备等通用领域及网络信息、应急救援等新兴领域,应首先实现军民融合发展。

六、合作共赢

人类已经进入 21 世纪,海洋不仅不是隔断各国沟通的障碍,而且日益成为不同文明间开放兼容、交流互鉴的桥梁和纽带,成为世界各国合作共赢的空间。同世界各国一道,通过发展海洋事业带动经济发展、深化国际合作、促进世界和平,努力建设一个和平、合作、和谐的海洋是我国海洋强国战略的应有之义。

我国建设海洋强国是本着和平的目的,走和平发展道路,采用和平的手段开发利用海洋,坚决反对海洋霸权。

我国愿同相关国家加强沟通与合作,完善双边和多边机制,共同维护海上航行自由与通道安全,共同打击海盗、海上恐怖主义,应对海洋灾害,构建和平安宁的海洋秩序。

我国在海洋开发利用上应加强国际合作,营造和平共处、互利共赢的良好局面;重点推进 21 世纪海上丝绸之路建设,密切与沿线国家和地区战略对接、深化蓝色伙伴关系,加强海洋开发服务保障能力建设,提高海上执法、搜救、海运保障、防灾减灾等水平。

我国愿同其他海洋国家一道,积极构建海洋合作伙伴关系,共同建设海上通道、发展海洋经济、利用海洋资源、探索海洋奥秘,为扩大国际海洋合作作出贡献。

我国致力于维护地区的和平与秩序,主张在尊重历史事实和国际法的基础上,通过当事方直接对话谈判解决双边海洋争端和纠纷;同时,既坚定不移地维护海洋主权和权益,绝不允许任何国家、任何势力染指我国海洋权益,也要考虑到周边稳定、睦邻友好以及邻国的合法权益和正当要求,为建设海洋强国争取和平稳定的周边环境和国际环境。

文章来源:原刊于《中国海洋报》2019 年 6 月 4 日。

海洋强国建设

我国海洋强国建设的
指标体系研究

■ 李振福,关云潇

论点撷萃

为从全局角度构建我国海洋强国建设的指标体系,确定各建设方向的具体权重,以数值指标支持国家决策,给出发展建议:

海洋军事是国家硬实力建设的重中之重,也是实现海洋强国战略的有力保障。海洋军事建设应升级海军装备,提升海军作战能力,积极探索海军力量的非战争运用,树立正确的国家海洋安全观。

海洋经济是实现国家海洋强国战略的关键要素。海洋经济建设应进一步深化我国对外开放政策,加快海洋产业结构调整,强化国家对于海洋经济调控能力,持续优化海洋经济布局。

海洋政治是实现海洋强国战略目标的重要支撑。海洋政治建设应提升海洋话语权,积极推行和宣扬我国的海洋政策与立场;提升国际组织参与度,多维度、多方向参与国际海洋治理;构建海洋法律框架体系;加强国际合作。

海洋科技是推动海洋强国建设的强劲动力。海洋科技建设应加快前沿领域的高精尖技术研发,发挥技术创新在海洋科技建设中的引领作用,建立健全国家海洋科技决策机制,加快我国海洋科技国际化进程。

海洋资源环境是带动国家可持续发展的必要保证。海洋资源环境建设应完善海洋综合管理的统筹与协调机制,参加全球环境保护公约与协议,加强海洋资源综合利用体系化建设,树立防范胜于救灾的应急管理思路。

作者:李振福,大连海事大学专业学位教育学院院长、教授,中国海洋发展研究中心研究员
关云潇,大连海事大学交通运输工程学院硕士

海洋意识与文化是实现国家海洋强国战略的精神动力。海洋意识与文化建设应以政府为引导推进中国特色海洋文化产业建设，加快海洋公共文化服务设施建设，开展全民海洋文化教育，加强海洋文化遗产研究与管理工作。

一、引言

多极化与全球化的发展进程，让世界认识到海洋的战略意义，各国争相探索海洋，以发展自身综合竞争力。党的十八大对于建设海洋强国作出战略部署："提高海洋资源开发能力，发展海洋经济，保护海洋生态环境，坚决维护国家海洋权益，建设海洋强国。"党的十九大报告更是明确提出要"坚持陆海统筹，加快建设海洋强国"。习近平总书记强调："建设海洋强国是建设中国特色社会主义事业的重要组成部分。我们要进一步关心海洋、认识海洋、经略海洋，推动我国海洋强国建设不断取得新成就。"我国的海洋强国建设，对于推动国家经济发展、维护国家主权、保障国家权益、实现全面建成小康社会发展目标乃至中华民族伟大复兴具有重大而深远的意义。

海洋强国梦是中国梦的具体实现，我国的海洋强国战略一经提出，就获得了社会各界的广泛关注。针对如何建设海洋强国，国内外专家学者取得了较为丰硕的研究成果，但对于海洋强国建设指标体系的研究主要倾向于对海洋强国指标类别的细分和某单一方面的海洋实力的评价，缺乏对于指标体系建设方向重点的规划，研究方法多为定性研究而缺乏量化计算的联动结合。基于这一现状，本文从全局角度构建我国海洋强国建设的指标体系，确定各建设方向的具体权重，并给出发展建议，以数值指标支持国家决策；对于发展思路进行综合性梳理，为我国海洋强国建设的深层次研究提供借鉴参考。

二、理论研究方法

我国的海洋强国建设是一个多元、多层次、多学科交叉的复杂体系，需要从多角度进行综合性全方位建设，为此应充分考虑海洋强国问题所涉及的方面，将指标体系系统化、全面化、具体化，才能为海洋强国建设提供清晰的思路。

本文采用 KJ 法与改进的优序图法相结合的形式，完成海洋强国指标体系的构建工作。KJ 法在分类过程中便于形成构思、突破创新,因此选其对我国海洋强国建设指标体系的构建思路进行整理。优序图法的核心思想在于通过目标间比较进行重要性排序。以往权重的确定过程多是简单地将专家意见集中后用数学方法综合处理,专家认知在很大程度上影响计算结果,这也导致对结果的可信度往往存在较大争议。而改进的优序图法,通过建模描述评委在指标打分环节的认识差异性,以公式核算指标比较结果、确定各指标权重。这一处理能有效降低专家在指标对比环节打分的随意性,减少主观因素所造成的影响。

三、海洋强国建设指标选取

KJ 研究组由受国家社科基金资助的项目组研究员以及外部聘请专家组成。在脑力激荡环节,研究组综合中国国情及我国海洋强国建设现状进行了深入探讨,将研究组提出的想法与提议进行记录,初步整理得到 23 张卡片,见表 1。

表 1 海洋强国建设相关卡片信息

卡片编号	卡片内容	卡片编导	卡片内容
1	经济发展空间	13	海洋军事战略理论研究
2	海洋产业结构	14	海军装备与作战能力
3	经济调控能力	15	海军力量非战争运用
4	海洋经济布局	16	海洋话语权
5	海洋科研基础设施建设	17	国际组织参与度
6	科技成果应用能力	18	海洋法律体系
7	科技立法与规划	19	国际交流与合作
8	海洋人才培养体系	20	海洋综合管理体系
9	海洋特色文化产业	21	资源环境保护法律框架
10	海洋文化服务	22	资源环境开发利用
11	文化遗产保护	23	海上突发环境应急能力
12	全民海洋意识		

经过研究组再次讨论,根据卡片之间的关系进行归类整理,分别以海洋军事、海洋政治、海洋经济、海洋科技、海洋意识与文化和海洋资源环境对各组命名。

四、指标体系权重计算

由研究组的专家对 6 组指标进行两两比较,分别以指标 A、B、C、D、E 和 F 指代海洋军事、海洋政治、海洋经济、海洋科技、海洋意识与文化和海洋资源环境。指标的重要性由 0—7 表示,数字越大,重要性越高。当两个目标相比较时,保证数字和为 7 即可。KJ 研究组专家的专业领域不同,在指标打分过程中会带各自的价值倾向,可能形成意见分歧,评判存在不确定性。虽然专家们对于指标的认识程度不一,但通常不会产生截然相反的情况,即在打分的过程中,其中一个指标得分必高于另一个,且高的指标分数肯定大于 3,低分数指标必小于等于 3。为便于区分对比指标间的重要程度,专家评分时以整数计算,据此设定如下公式:

$$U_{kl} = \begin{cases} \min\{X_{kli}\} + [\max\{X_{kli}\} - \min\{X_{kli}\}]q, & X_{kli} > 3 \\ \max\{X_{kli}\} - [\max\{X_{kli}\} - \min\{X_{kli}\}]q, & X_{kli} \leqslant 3 \end{cases}$$

式中:$k, l = 1, 2, \cdots, p, i = 1, 2, \cdots, n$,$p$ 是指标数量;q 是评价差异系数,取值范围[0,1];U_{kl} 表示在取值不同的情况下的两种不同的表达式。

式中前半部分为专家进行指标比较时,X_k 与 X_i 至少(多)满足值 $\min\{X_{kli}\}$($\max\{X_{kli}\}$),后半部分以变异系数 q 的取值反映指标变化趋势,以此平衡专家评价的不确定性。假设差异系数 q 为 0.5,则各专家最终确定的指标对比分数见表 2。

表 2　各位专家最终确定的指标两两比较分数表(q 取 0.5)

	指标 A	指标 B	指标 C	指标 D	指标 E	指标 F	合计
指标 A	—	4.5	4	4.5	6	5	24
指标 B	2.5	—	2.5	4.5	5.5	5	20
指标 C	3	4.5	—	4.5	5.5	5.5	21
指标 D	2.5	2.5	2.5	—	5	4.5	17
指标 E	1	1.5	1.5	2		2	8
指标 F	2	2	1.5	2.5	5	—	13

根据表 2 计算各个指标具体权重 W_i：

$W_A = 24/(24+20+21+17+8+13) = 0.233$

$W_B = 20/(24+20+21+17+8+13) = 0.194$

$W_C = 21/(24+20+21+17+8+13) = 0.204$

$W_D = 17/(24+20+21+17+8+13) = 0.165$

$W_E = 8/(24+20+21+17+8+13) = 0.078$

$W_F = 13/(24+20+21+17+8+13) = 0.126$

由上述计算可得各指标权重分别为：海洋军事 0.233，海洋政治 0.194，海洋经济 0.204，海洋科技 0.165，海洋意识与文化 0.078，海洋资源环境 0.126。对各组指标重复运用上述方法，采用乘积法对指标进行组合权重，计算得出各指标所占具体比例，建立完整的海洋强国建设指标体系，见表 3。

表 3　中国海洋强国建设指标体系

一级指标	一级指标权重	二级指标	二级指标权重
海洋军事	0.233	海军装备与作战能力	0.12
		海军力量非战争运用	0.07
		军事战略理论研究	0.04
		海洋话语权	0.09
海洋政治	0.194	国际组织参与度	0.05
		海洋法律体系	0.07
		国际合作	0.05
		经济发展空间	0.05
海洋经济	0.204	海洋产业结构	0.07
		经济调控能力	0.06
		海洋经济布局	0.09
		海洋科研基础设施建设	0.05
海洋科技	0.165	立法与规划	0.06
		科技成果应用	0.03
		海洋人才培养	0.02

（续表）

一级指标	一级指标权重	二级指标	二级指标权重
海洋意识与文化	0.078	海洋特色文化产业	0.02
		海洋文化服务	0.02
		文化遗产保护	0.01
		全民海洋意识	0.02
海洋资源环境	0.126	海洋综合管理体系	0.03
		资源环境保护法律框架	0.03
		资源环境开发利用	0.05
		海上突发环境应急能力	0.02

五、海洋强国战略发展建议

结合我国具体国情,综合研究组专家的意见与权重计算结果显示,在海洋强国建设指标体系下推行海洋强国战略应关注以下方面的内容。

1. 海洋军事方面

在海洋强国建设指标体系中,海洋军事建设占到 0.233 比重,说明海洋军事建设是国家硬实力建设的重中之重,也是实现海洋强国战略的有力保障。海洋军事建设应:(1)以升级海军装备、提升海军作战能力为海洋军事建设的核心方向,发展核常兼备、攻防兼备的海洋军事力量;(2)积极探索海军力量的非战争运用,利用海洋军事的政治外交与军事威慑功能应对海上安全威胁,综合使用编队出访、舰队护航、远航训练、联合搜救与反恐演习等手段进行海上威慑,为国家发展创造有利的外部安全环境;(3)树立正确的国家海洋安全观,明确海洋军事中新的战略任务与目标要求,创新现代海洋军事战略、海洋国防、海洋军队建设以及海洋作战相关理论,夯实具有中国特色的现代海洋军事理论体系。

2. 海洋经济方面

在海洋强国建设指标体系中,海洋经济建设占到 0.204 比重,说明海洋经济建设是实现国家海洋强国战略的关键要素。海洋经济建设应:(1)进一步深化我国对外开放政策,加强与周边国家地区的贸易往来,扩展海洋经济发展空间;(2)加快海洋产业结构调整,推动传统海洋产业的转型升级,保障海洋渔业、海洋船舶工业、滨海旅游业的健康发展,促进海洋工程装备制造、海洋生物医药、海水利用、海洋再生能源开发等新兴产业的快速成长;(3)强化国家对于海洋经济调控能力,加强供给侧结构性改革对于涉海企业效益的提升效果,去杠杆,降成本,实现涉海企业减量提质发展;(4)持续优化海洋经济布局,保障北部、东部、南部海洋经济圈的健康稳定,以自由贸易区建设促进区域海洋经济高质量发展,为海洋经济创造新的发展机遇。

3. 海洋政治方面

在海洋强国建设指标体系中,海洋政治建设占到 0.194 比重,说明海洋政治建设是实现海洋强国战略目标的重要支撑。海洋政治建设应:(1)提升海洋话语权,积极推行和宣传我国的海洋政策与立场,树立我国海洋外交强国的地位,定期对我国外交行为效果和作用予以评估和调整,以便对于海洋形势发展做出快速反应,维护海洋权益;(2)提升国际组织参与度,多维度、多方向参与国际海洋治理,积极履行海洋大国应尽的责任和义务,为维持亚太地区新秩序、促进世界国家和平发展作出贡献;(3)构建海洋法律框架体系,出台精细化海洋管理规则,健全国际海洋法制制度,提升海洋法治水平,国内则应加快海洋法立法进程,确定海洋法适用范围,强化海洋综合管理,依法治海;(4)加强国际合作,以开放的态度积极鼓励与他国的交流对话,有计划地选派专家学者赴外进修、访问或留学,为海洋强国建设储备人才。

4. 海洋科技方面

在海洋强国建设指标体系中,海洋科技建设占到 0.165 比重,说明海洋科技建设是国家硬实力建设的重要组成部分,也是推动海洋强国建设的强劲动力。海洋科技建设应:(1)加快前沿领域的高精尖技术研发,形成布局完整、技术先进、运行高效、支撑有力的世界级海洋科技体系,强化海洋设施个体规模与使用性能;(2)发挥技术创新在海洋科技建设中的引领作用,推动海洋产业智慧化、系列化、多元化、高效化、工程化发展,强化海洋科技成果在海洋军事、经济、资源环境开发利用等领域的综合应用能力;(3)建立健全国家海洋科技决策机制,为海洋科技的发展提供良好环境;深化产、学、研合作,激发科研机构产生创新活力与持续创造力;(4)加快海洋科技国际化进程,深化与国际海洋组织机构的交流合作,提升全球视野,增强在海洋科技领域的参与和主导能力,不断提高海洋科技国际影响力。

5. 海洋资源环境方面

在海洋强国建设指标体系中,海洋资源环境建设占到 0.126 比重,说明海洋资源环境建设是带动国家可持续发展的必要保证。海洋资源环境建设应:(1)完善海洋综合管理的统筹与协调机制,推行行政、法律和经济等多种手段并举的现代化管理模式,持续扩宽海洋管理领域;(2)参加全球环境保护公约与协议,全方位整合资源,推动国际海洋环境公约谈判,提出更为有效的解决方案并积极履行义务,提升海洋国际影响力;(3)加强海洋资源综合利用体系化建设,更为有效地预防、控制和减轻资源开发对海洋环境所造成的影响和破坏作用;(4)树立防范胜于救灾的应急管理思路,由政府出台应急管理技术规范并落实监管,提升海上突发环境应急能力,搭建应急救援体系,降低海洋环境安全风险。

6. 海洋意识与文化方面

在海洋强国建设指标体系中,海洋意识与文化建设占到 0.078 比重,说明海洋意识与文化建设是实现国家海洋强国战略的精神动力。海洋意识与文化建设应:(1)加强政府的引导作用,鼓励滨海、近海、近岸、海岛区域推进中国特色海洋文化产业建设,提升海洋文化产品品质,推进海洋文化市场化、专业化、品牌化发展;(2)加快海洋公共文化服务设施建设,丰富各类具有海洋特色的文化服务资源,充分发挥互联网的优势及其带动能力,为群众提供能够进行交流、互动的海洋文化资源,搭建新媒体宣传服务平台,拓宽海洋文化传播渠道;(3)开展全民海洋文化教育,推进海洋知识进课堂,进行国民海洋社会教育,完善海洋意识培养体系;(4)加强海洋文化遗产研究与管理工作,更好地保护、利用、传承、发展我国特色海洋文化遗产。

文章来源:原刊于《中国水运(下半月)》2020 年 01 期。

韬海
论丛

坚持陆海统筹 建设海洋强国

——我国海洋政策发展历程与方向

■ 付玉,王芳

 论点撷萃

在今后一个时期,我国需要着力围绕加快海洋强国建设、实现强国富民战略目标、构建海洋命运共同体来不断调整和完善国家海洋政策。

经略海洋,实现依海强国富民。中国特色的海洋强国建设以实现利用海洋强国富民为主要任务,围绕党的十八大和十九大的总体部署,按照"两个一百年"奋斗目标,从发展海洋经济、保护海洋生态环境、发展海洋科学技术和维护国家海洋权益等方面部署任务。提高海洋资源开发利用和保护能力,奠定海洋强国建设的物质基础。加强海洋生态环境保护与修复,建设人海和谐的美丽家园。以创新为动力加快海洋科技发展,推动海洋科技向创新引领型转变。完善海洋产业政策,优化海洋产业布局。提升海上综合实力,维护国家海洋权益。

务实合作,谋求互利共赢。建设新型海洋强国是宏观战略运筹,与我国和平发展、构建海洋命运共同体的主张高度一致。我国建设海洋强国不仅是为了维护国家利益,也是为了维护世界和平、应对全球性海洋问题和挑战。继续推动互联互通伙伴关系,形成陆海内外联动、东西双向互济的开放格局。深度参与全球海洋治理体系建设,构建海洋命运共同体。

海洋政策既要反映时代需求又要适度超越时代的发展阶段,体现全局

作者:付玉,自然资源部海洋发展战略研究所海洋政策与管理研究室副研究员

王芳,自然资源部海洋发展战略研究所研究员、中国海洋发展研究中心研究员

性、适应性和前瞻性。我国的海洋政策在指导海洋事业取得重大成就的同时，仍需要在海洋资源开发与保护、海洋生态文明建设、海洋经济高质量发展、海洋科技创新驱动等领域不断进行探索与完善，为实现"两个一百年"奋斗目标及中华民族伟大复兴的中国梦作出更大贡献。

一、海洋政策为海洋事业发展提供了有力保障

在新中国成立以来70年的发展历程中，我国海洋政策的重心随着国内外形势和环境的变化不断调整。从1949年到1978年改革开放这一时期，我国的海洋观念和政策主要体现在重视海防上。改革开放后，社会、经济、科技等迅猛发展，海洋事业也步入快速发展的历史阶段。进入21世纪，海洋的开发利用进入一个新的时期，海洋资源的可持续利用及海洋生态环境保护成为海洋政策的重要任务。70年来，我国在加强海洋事业顶层设计方面取得了很多重要成就和进展。

1. 确立海洋强国目标

党的十八大报告明确提出建设海洋强国的战略目标。习近平总书记强调，建设海洋强国是中国特色社会主义事业的重要组成部分，要坚持陆海统筹，坚持走依海富国、以海强国、人海和谐、合作共赢的发展道路，通过和平、发展、合作、共赢方式，扎实推进海洋强国建设。党的十九大报告指出，要"坚持陆海统筹，加快建设海洋强国"，充分体现了党中央对海洋事业发展的重视。建设海洋强国是我国海洋事业发展的总政策和总目标，建设海洋强国被提升到国家战略层面。实施这一重大战略部署，对推动经济持续健康发展，对维护国家主权、安全和发展利益，对实现全面建成小康社会目标进而实现中华民族伟大复兴的中国梦都具有重大而深远的意义。

2. 构筑海洋政策规划体系

经过多年发展，我国基本形成了以海洋政策、战略、规划和法规等为主体的多层次、多维度海洋政策规划体系。20世纪90年代，为促进海洋产业的迅速发展，我国制定了《九十年代中国海洋政策和工作纲要》(1991年)和《中国海洋21世纪议程》(1996年)等多项政策性文件。1998年国务院新闻办公室以7种文字向全世界发布了"中国海洋事业的发展"白皮书，系统全面地阐述了中国在海洋事业发展中遵循的基本政策和原则，这一白皮书成为

指导一个时期我国海洋事业发展的纲领性文件。进入 21 世纪,人类开发利用海洋进入一个新的时期,保护海洋环境及可持续利用海洋资源成为海洋管理的重要任务。我国先后颁布了《海域使用管理法》《海岛保护法》,批准了《全国海洋功能区划》《全国海洋经济发展规划纲要》《国家海洋事业发展规划纲要》《全国海洋经济发展"十三五"规划》等,为依法治海、可持续发展海洋经济提供了基本保证。

3. 提出建设海上丝绸之路倡议

21 世纪海上丝绸之路建设是"一带一路"倡议的有机组成部分。自 2013年 21 世纪海上丝绸之路倡议提出以来,我国与沿线国家以海洋为载体和纽带的市场、技术、信息、文化等合作日益紧密,促进了海上互联互通和各领域务实合作,推动了蓝色经济发展、海洋文化交融,共同增进海洋福祉。为推动 21 世纪海上丝绸之路建设,我国相继发布了《推动共建丝绸之路经济带和21 世纪海上丝绸之路的愿景与行动》《"一带一路"建设海上合作设想》等政策文件,为推进与沿线各国的海洋经济发展、海洋科学研究、海洋防灾减灾和构建和平安全的海上环境奠定了重要基础。

4. 提出海洋命运共同体理念

2019 年 4 月中国人民解放军海军成立 70 周年之际,习近平总书记提出了构建海洋命运共同体理念,为全球海洋治理指明了路径和方向。海洋命运共同体具有丰富的内涵,包括共同的海洋安全、共同的海洋福祉、共建海洋生态文明和共促海上互联互通等。海洋命运共同体理念强调人类社会在海洋事务方面全球休戚与共、紧密联系,核心是共同应对全球性海洋挑战,倡导积极为全球海洋治理作贡献、提供公共产品和服务。

5. 坚持推进陆海统筹

陆海统筹是我国开展海洋强国建设的一项重要政策,从国家经济社会发展的高度将陆地和海洋进行整体部署,促进陆海在空间布局、产业发展、基础设施建设、资源开发、环境保护等方面全方位协同发展。党的十九大作出"坚持陆海统筹,加快建设海洋强国"的部署以来,陆海统筹在体制机制建设、产业、资源、环境和区域协同发展等领域取得重要进展。自然资源部被赋予"两统一"职责,代表国家履行包括海洋资源在内的全民所有自然资源资产所有者职责,生态环境部履行全国陆地和海洋环境保护职责。2019 年发布实施的《中共中央 国务院关于建立国土空间规划体系并监督实施的若干意见》进一步明确,国家将建立包括海岸带在内的国土空间规划体系并监督实施。国土空间规划制度和体系的建立,对于统一行使所有国土空间用途管制、加强海域和海岸带生态保护修复具有重要意义。陆海统筹政策紧密衔接区域发展战略,将北、东、南三大海洋经济区发展同京津冀协同发展、雄安新区建设、长三角区域一体化建设、粤港澳大湾区建设、海南自由贸易试验区建设等重大区域发展战略有机结合。

6. 推进海洋生态文明建设

从 20 世纪 70 年代开展渤海环境污染调查起,海洋环境保护一直是海洋工作的重要领域,海洋环境监测、海洋油气勘探开发环境保护、海洋倾废管理、海洋保护区建设等业务体系逐步建立、完善。近年来,根据党中央、国务院建设生态文明的总体部署,海洋生态文明建设取得显著成效:逐步建立起入海污染总量控制制度、完善海洋工程环境影响评价制度,推进海洋保护区建设,不断完善海洋环境污染突发事件应急反应机制;与此同时,加强海域使用管理和海岛保护管理,不断完善海洋功能区划、海域使用审批、海域使用金征管制度,制定海岸线保护利用规划,建立海域动态监管系统,严格控制围填海,实施海域、海岸带、海岛修复工程,开展海岛普查,严肃查处破坏海洋资源和环境的违法行为,保障海洋可持续发展。

二、新中国成立以来海洋事业积累了宝贵经验

海洋事务具有综合性特点,涉及政治、经济、社会和安全等多个方面,涉及从全球海洋治理到国内海洋资源开发与保护、海洋生态环境保护、海洋权益维护等多个领域。新中国成立以来,我国海洋事业发展积累了宝贵经验。

1. 加强顶层设计,确立海洋发展目标

70 年来,我国经历了从认识海洋到经略海洋的历史征程,战略目标愈加明确,发展道路愈加清晰。20 世纪 70 年代确立的"查清中国海,进军三大洋,登上南极洲"的海洋事业发展目标早已实现。在几十年一系列摸清海洋家底行动的基础上,加强顶层设计成为我国海洋强国事业发展的首要任务。加强顶层设计、确立海洋发展目标是促进我国海洋事业高质量发展的重要经验。我国以建设海洋强国为核心,海洋政策战略规划体系不断完善,形成了以海洋发展战略、全国中长期发展规划、国家海洋事业发展规划和主要海洋领域专项规划为主体内容的海洋政策战略规划体系。

2. 协调开发保护,建设海洋生态文明

进入 21 世纪以来,尤其是党的十八大之后,我国将海洋生态文明建设纳入海洋开发总布局,从顶层设计、制度保障到保护修复,在多个方面不断探索并坚持开发和保护并重、污染防治和生态修复并举,科学合理开发利用海洋资源,维护海洋自然再生产能力。海洋生态文明建设实施方案(2015 年～2020 年)、全国海洋生态环境保护规划(2017 年～2020 年)等政策规划,为海洋生态环境保护划定了路线图、制定了时间表。党的十八大以来,海洋生态红线、湾长制、排污总量控制、海洋生态补偿、严格管控围填海等制度逐步建立并不断系统化、科学化。"共抓大保护、不搞大开发"的长江经济带发展战略的确立,必将进一步促进海洋生态文明建设。

3. 开展国际合作,构建海洋命运共同体

全球海洋具有连通性,海洋事务具有国际性。我国的海洋事业以海上丝绸之路倡议和海洋命运共同体理念促进海洋国际合作,充分体现和诠释了我国的全球格局、国际视野和大国担当精神。习近平总书记强调,海洋孕育了生命、联通了世界、促进了发展。我们人类居住的这个蓝色星球,不是被海洋分割成了各个孤岛,而是被海洋联结成了命运共同体,各国人民安危与共。70 年来,我国在国际海洋事务中坚持和平利用海洋、合作处理海洋国际事务的政策,认真履行国际海洋法规定的义务,积极参与联合国海洋事务,积极参与并推动国际海洋科技、生物资源和环境保护等领域的双多边合作,有效维护了我国在全球的海洋利益,提升了我国在全球海洋治理中的贡献和影响力。

三、新理念引领海洋事业在新起点上阔步前行

建设海洋强国是中国特色社会主义事业的重要组成部分。我们要进一步关心海洋、认识海洋、经略海洋。建设海洋强国的国家战略已经启动,面对新形势、新机遇、新任务,我国的海洋事业处于新的历史起点上。

1. 总体思路

在新的历史征程中,我国的海洋政策应以习近平新时代中国特色社会主义思想为指导,全面贯彻党的十九大和十九届二中、三中全会精神,紧紧围绕统筹推进"五位一体"总体布局和协调推进"四个全面"战略布局,贯彻创新、协调、绿色、开放、共享的发展理念;以加快建设海洋强国为目标,以保

障国家区域协调发展战略需求、保障自然资源供应安全、保障海洋生态安全、促进海洋经济高质量发展为导向,坚持陆海统筹,坚持节约优先、保护优先、自然恢复为主方针,构建海洋命运共同体。

2. 政策目标

新时代的海洋政策必须服从和服务于国家发展与民族复兴的大战略,确立多元化的政策目标,推动海洋强国建设,逐步实现中国从濒海大国向新时代海洋强国的转变。我国应实行蓝色开发的海洋政策,树立全球海洋观念,提升科技创新能力,推动海洋开发尽快从近海走向深海大洋,合理利用分享人类共同财富;实行绿色保护的海洋政策,加大生态系统保护力度,实施流域环境和近岸海域综合治理,遏制沿海区域海洋生态环境恶化势头,保证海洋的可持续开发利用;实行统筹协调的海洋政策,坚持陆海统筹规划,部署海洋经济、海洋科技与教育、海洋生态环境、海洋公益服务和海防建设,实现陆地与海洋统筹协调发展;实行合作共赢的海洋政策,积极参与全球海洋治理,加强国际海洋事务合作,与国际社会共同分担保护海洋资源和环境的责任和义务,促进海洋的和平利用和世界和谐发展。

3. 指导原则

结合我国国情及社会经济发展的时代背景,我国发展海洋事业应坚持陆海统筹原则、可持续发展原则、科技创新引领原则、和平利用与合作共赢原则。

坚持陆海统筹原则。统筹陆地与海洋的战略地位,统筹陆地与海洋协调发展,统筹陆地和海洋资源开发利用,统筹陆地与海洋的整体保护,正确处理沿海陆域和海域空间开发关系,形成陆域和海域融合的新优势。

坚持海洋可持续发展原则。坚持以可持续发展原则指导各项海洋事业,建设繁荣海洋、健康海洋、安全海洋、和谐海洋。坚持海洋资源开发利用节约优先、保护优先、自然恢复为主的方针,促进海洋经济高质量发展、海洋资源统筹管理、海洋生态环境保护、海洋科技教育和海洋社会公共事业。

坚持科技创新引领原则。进一步集聚海洋科技创新要素,有效整合科技创新资源,壮大海洋科技人才队伍,完善海洋科技创新体系,增强自主创新能力,使海洋科技成为支撑和引领海洋事业快速发展的重要驱动力。

坚持和平利用与合作共赢原则。构建海洋命运共同体,坚持海洋和平利用、合作开发与保护,实现互利互惠。坚持合作共赢原则,努力寻求与他国的利益汇合点。与国际社会共同分担保护海洋、防止海洋资源破坏和环境退化的责任和义务,共同促进世界海洋的可持续利用。

四、国家海洋政策今后一个时期调整与完善的方向

当前,我国经济发展进入速度变化、结构优化和动力转换的新时代。建设生态文明、满足人民对美好生活的向往都对海洋事业发展提出了新的更高要求。党的十八大以来,以习近平同志为核心的党中央着力推进海洋强国建设,提出一系列新理念新思想新战略,出台多项重大方针政策,组建自然资源部统一海洋资源管理,我国的海洋强国建设工作稳步推进,取得了不俗的成绩,同时仍面临着国内外的诸多问题,机遇与挑战并存。在今后一个时期,我国需要着力围绕加快海洋强国建设、实现强国富民战略目标、构建海洋命运共同体来不断调整和完善国家海洋政策。

1. 经略海洋,实现依海强国富民

中国特色的海洋强国建设以实现利用海洋强国富民为主要任务,围绕党的十八大和十九大的总体部署,按照"两个一百年"奋斗目标,从发展海洋经济、保护海洋生态环境、发展海洋科学技术和维护国家海洋权益等方面进行战略部署。

提高海洋资源开发利用和保护能力,奠定海洋强国建设的物质基础。将海洋作为高质量发展的战略要地,着力推动海洋经济向质量效益型转变,努力推动海洋资源开发利用,为国家能源资源安全、食物安全和水资源安全作出更大贡献。建立国家海岸带管理协调机制,统筹海岸带地区发展事项,协调解决重大问题。

加强海洋生态环境保护与修复,建设人海和谐的美丽家园。着力推动海洋开发方式向循环利用型转变,以最严格的制度、最严密的法治为海洋生态文明建设提供可靠保障。坚持陆海统筹,控制陆源污染物入海,构建以海洋保护区为主体的海洋自然保护地体系。

以创新为动力加快海洋科技发展,推动海洋科技向创新引领型转变。国际海权竞争的核心是以科技为支撑、创新为动力的硬实力之争。要依靠科技进步和创新,提升我国海洋开发能力,努力突破制约海洋资源开发利用和海洋生态保护的科技瓶颈,推进海洋高质量发展。

完善海洋产业政策,优化海洋产业布局。制定海水综合利用与海水淡

化产业发展政策,制定海上风电离岸深水发展政策,制定海洋能发展路线图,制定滨海核电、钢铁、化工产业集聚布局的强力措施。

提升海上综合实力,维护国家海洋权益。坚持把国家主权和安全放在第一位,坚持维护国家主权、安全、发展利益相统一,维护海洋权益和提升综合国力相匹配。坚持军民融合发展,提高海洋综合实力,做好应对各种复杂局面的准备。

2. 务实合作,谋求互利共赢

建设新型海洋强国是宏观战略运筹,与我国和平发展、构建海洋命运共同体的主张高度一致。我国建设海洋强国不仅是为了维护国家利益,也是为了维护世界和平、应对全球性海洋问题和挑战。

继续推动互联互通伙伴关系,形成陆海内外联动、东西双向互济的开放格局。以"一带一路"建设为重点,加强海上通道互联互通建设,构筑互利共赢的国际合作机制和互助互利的伙伴关系,拉紧相互利益纽带,增进我国与"21世纪海上丝绸之路"沿线国家的睦邻友好互信,打造"利益共同体、责任共同体、命运共同体",维护我国负责任大国的形象和地位。

深度参与全球海洋治理体系建设,构建海洋命运共同体。我国高度依赖海洋的开放型经济形态,决定了全球海洋秩序的构建和运用关乎国家重大利益。特别是在极地和深海等战略新疆域要积极作为、把握主动,既体现国际事务中的大国担当,又提高国际海洋事务参与度和话语权,有效维护和拓展国家海洋权益。要深刻认识全球治理的发展态势,积极参与构建公平合理的国际海洋秩序,倡导在多边框架下解决全球性海洋问题,尊重彼此海洋权益。

海洋政策既要反映时代需求又要适度超越时代的发展阶段,体现全局性、适应性和前瞻性。我国的海洋政策在指导海洋事业取得重大成就的同时,仍需在海洋资源开发与保护、海洋生态文明建设、海洋经济高质量发展、海洋科技创新驱动等领域不断探索、完善,为实现"两个一百年"奋斗目标及中华民族伟大复兴的中国梦作出更大贡献。

文章来源:原刊于《国土资源》2019 年 10 期。

全球海洋治理

新时代中国深度参与全球海洋治理体系的变革:理念与路径

■ 杨泽伟

论点撷萃

国家实力的提升和海洋利益的拓展,是中国深度参与全球海洋治理体系变革的基础和动力。中国的海洋利益已由原来单纯的地理空间扩展到国际制度层面,中国参与全球海洋治理体系变革的过程更深,在全球海洋治理体系变革的制度设计中的作用将越来越大。诚如常驻联合国副代表吴海涛大使所指出的,中国作为发展中海洋大国,始终做国际海洋法治的维护者、和谐海洋秩序的构建者、海洋可持续发展的推动者。

从某种意义上讲,目前全球海洋治理的理念是建立在欧美地缘政治学说的基础之上的,"重博弈、轻合作"的特点较为明显。然而,中国作为负责任的大国,在深度参与全球海洋治理体系变革的过程中,应当秉持"全球海洋命运共同体"的理念。

中国深度参与全球海洋治理体系变革的基本模式如下。首先,在制度设计上:宏观战略与微观措施并举。在新时代背景下中国深入参与全球海洋治理体系变革的制度设计,可以包括两个方面:一是宏观方面,倡议发起成立"世界海洋组织";二是微观方面,采取一些具体步骤以推动全球海洋治理体系的变革。其次,推动当代全球海洋治理体系的完善与健全国内涉海立法相结合。

中国作为海洋地理不利的国家和新兴的海洋利用大国[1],推动全球海洋

作者:杨泽伟,武汉大学二级教授,教育部长江学者特聘教授,中国海洋发展研究中心研究员

全球海洋治理

治理体系的变革,不仅是中国建设海洋强国的需要[2],而且是中国发挥负责任大国作用的重要表现,同时也有利于中国有效应对海洋权益维护的种种挑战、进一步提升中国在国际海洋事务中的话语权和影响力[3]。因此,总结中国参与全球海洋治理体系变革的实践及其经验教训,研究中国深度参与全球海洋治理体系变革的现实困境及其理念,探讨中国未来深入参与全球海洋治理体系变革的路径选择,无疑具有重要的理论价值与现实意义。

一、中国参与全球海洋治理体系变革的经验教训与现实困境

(一)中国参与全球海洋治理体系变革的经验教训

1. 中国参与全球海洋治理体系变革的成功经验

1982年当代全球海洋治理体系建立后,中国一直以多边、区域和双边合作等方式积极参与全球海洋治理体系的变革。从中国参与全球海洋治理体系变革的实践中,我们可以总结出如下的成功经验。

(1)发展中国家的自身定位有利于中国获得国际社会绝大多数国家的支持。中华人民共和国成立以来,中国政府根据当时的国际形势和自身的安全利益考量,在国际事务中与广大亚非拉发展中国家共进退、采取一致立场,这无疑具有正当性与时代的必然性。特别是自20世纪60年代以来,在联合国非殖民化的推动下,发展中国家逐渐成了联合国会员国的绝大多数。因此,在第三次联合国海洋法会议的历期会议中,中国不但把自己定位为发展中国家的一员,而且立场鲜明地支持其他发展中国家的立场和主张,倾向于扩大沿海国排他性利用与主权管辖的海域范围,以对抗美苏霸权、保障国家的安全利益与经济利益。例如,在1974年7月第三次联合国海洋法会议第二期会议上,中国代表明确指出:"中国是一个发展中的社会主义国家,属于第三世界。"又如,在1972年3月海底委员会全体会议上,中国代表也提出:"中国政府和中国人民……坚决站在亚、非、拉各国人民一边。"可见,中国作为发展中国家的定位,无疑有利于中国赢得国际社会绝大多数国家的好感和支持。

(2)坚持国家主权平等、不干涉内政与和平解决国际争端等原则,既符合中国的一贯立场,也有利于维护中国的海洋权益。在1972年海底委员会有关会议上,中国代表不但指出"属于各国领海范围内的海峡……应由各沿

岸国进行管理……各国应当遵循互相尊重主权和领土完整、互不侵犯和互不干涉内政的原则"，而且对日本代表对中国钓鱼岛等岛屿拥有主权的谎言进行了驳斥。对于领土问题和海洋划界争议，中国政府一再重申坚持与直接有关当事国在尊重历史事实的基础上，根据国际法，通过谈判协商解决有关争议[4]。

（3）积极参与全球海洋治理体系的变革有助于中国海洋法律制度的发展与完善。伴随着中国参与当代全球海洋治理体系的建立及其变革进程，中国涉海法律制度也在不断完善。进入 20 世纪 80 年代后，中国制订、颁布了一系列有关领海、专属经济区、大陆架、海峡、港口管理、船舶管理、防止海洋污染和保护水产资源等方面的法令、条例、规定和规则[5]。例如，1992 年《中华人民共和国领海及毗连区法》和 1998 年《中华人民共和国专属经济区和大陆架法》等，特别是 1996 年中国批准了《联合国海洋法公约》，这是中国适应当代全球海洋治理、依据国际法更有效地维护海洋权益的正确选择，对中国海洋立法、海洋事务等诸多方面产生了广泛而深远的影响；随着国际海底管理局有关探矿规章的制定和"开采法典"立法进程的加快，2016 年中国全国人大常委会通过了《中华人民共和国深海海底区域资源勘探开发法》。所有这些，不但有助于中国海洋强国战略的实施，而且有利于中国深度参与全球海洋治理体系的变革。

2. 中国参与全球海洋治理体系变革的教训

中国参与全球海洋治理体系变革的实践历程，也有诸多值得吸取的教训。

（1）中国应成为全球海洋治理体系的积极参与者和变革的推动者，而不是被动接受者和跟跑者。在全球海洋治理体系的变革中，中国一直是国际规则的被动接受者，并且"表现良好""所倡议的新规则寥寥无几"。以第三次联合国海洋法会议为例，在议题设置方面，中国的作用并不突出，没有主动提出有关议案，更多的是支持大多数发展中国家的要求；在约文起草方面，中国对会议纷繁复杂的议题所涉及的法律问题非常陌生，缺乏这方面的法律专家来起草公约条文；在缔约谈判能力方面，中国参会的代表团成员的人数比丹麦、瑞士等中等国家还少，对国际会议的程序规则也不熟悉。可见，中国政府代表团虽然自始至终参加了第三次联合国海洋法会议的各期会议，但是并没有在当代全球海洋治理体系的建立过程中留下深刻的中国烙印。诚如美国学者伊肯伯里（Ikenberry）所言，像中国这样的新兴大国没有构建全球秩序的经验，没有提出一个可行的替代模式。因此，从某种意义上说，正是由于中国对全球海洋治理体系的建立及其变革的参与度不高，导致了目前中国海洋维权的被动局面。

（2）中国的立场和主张应以本国海洋权益的维护为依归，而不能单纯基于意识形态的考量。在当代全球海洋治理体系的建立及其变革中，中国主要基于意识形态的考量，坚定地站在发展中国家一边，片面地支持发展中国家的立场和主张。诚如有学者所指出的，"作为一贯站在第三世界国家一边的具有十亿人口的社会主义国家，我国在海洋法主要问题上的原则立场对发展中国家却是个巨大的鼓舞"。例如，国际海底开发制度是第三次联合国海洋法会议上争论的焦点，发展中国家和发达国家为此存在尖锐的对立。中国明确支持"77 国集团"提出的由国际海底管理局进行统一开发和管理的主张，坚决反对发达国家对国际海底管理局的限制。然而，当今中国已成为国际海底区域事务的积极参与者和贡献者，中国有关实体也早已成为国际海底区域多金属结核资源的"先驱投资者"，并在国际海底区域获得了四块专属勘探矿区。因此，发展中国家的上述立场和主张，明显不符合当今中国的国家利益。

（3）中国应注意短期利益与长远利益的平衡，避免全球海洋治理体系的一些规则成为中国实施海洋强国战略和实现中华民族伟大复兴的桎梏。对于专属经济区的资源，中国的立场是"广大发展中国家宣布对自己沿海资源享有永久主权，这是它们的合法权益，其他国家应当予以尊重……沿海国既然对经济区的自然资源拥有完全主权，随之而来的，自然应该对经济区行使专属管辖权"。然而，进入 21 世纪以来随着中国远洋渔业的迅速发展[6]，中国渔船、渔民屡遭他国的扣押，中国与印度尼西亚、韩国等国家的渔业纠纷也日益凸显。可见，中国的上述主张是与中国国家的长远利益相冲突的。此外，在国际海底区域资源开发方面，中国主张的单一开发制度对中国来说也是一种明显的束缚。因为按照中国的主张，国际海底区域的资源只能由国际海底管理局统一负责开发和管理，那么中国参与开发的资格也没有，更不可能成为目前拥有最多矿区的"先驱投资者"。总之，在当代全球海洋治理体系的建立及其变革中，对国家的长远利益缺乏战略性思考，导致全球海洋治理体系的一些规则成了中国进一步发展的桎梏。

（二）中国参与全球海洋治理体系变革的现实困境

中国参与全球海洋治理体系的变革，还面临以下两大现实困境。

1. 中国的角色定位问题：发展中国家还是发达国家

如前所述，中国是以发展中国家的身份和立场融入国际社会、参与全球海洋治理体系变革的，然而，当今中国的国际地位已经得到了较大的提升。首先，在经济方面，自 2010 年中国取代日本成为世界第二大经济体之后，中国的经济实力在不断提升。有国际机构断言，到 2020 年或 2050 年中国GDP 总量将超越美国，成为世界第一大经济体。现在，中国还是当今世界上第一大制造国、第一大货物贸易国、第一大外汇储备国、第一大债权国和第一大石油进口国。其次，在政治上中国是联合国安理会五大常任理事国之一，在国际舞台上具有很大的政治影响力。况且，从 2019 年开始中国在联合国会员国应缴会费的分摊比例位居第二[7]。最后，在军事方面中国是为数不多的几个核大国之一，在外空的探索与利用、信息技术等军事领域处于世界领先地位。因此，中国很难简单地再把自身定位为发展中国家了。

更为重要的是，海洋对中国的重要性日益明显。2017 年中国发布了《全国海洋经济发展"十三五"规划》，进一步明确了中国的海洋战略和海洋生态环境治理策略；提出了扩大对深远海空间拓展的目标，包括未来五年内将初步建立南北两极区域的陆、海、空观测平台；将开展深海生物资源调查和评估，推进深海矿业、装备制造和生物资源利用的产业化。这是海洋重要性提升最直接的标志之一[8]。目前中国有 3800 万涉海就业人员，海洋经济占国内生产总值近 10%。据估计，到 2030 年海洋经济对国民经济的贡献率将达到15%。此外，2017 年 5 月中国首次主办了《南极条约》缔约国年会，标志着中国在全球海洋治理中的角色和影响也日渐凸显，也预示着中国将在全球海洋治理中逐渐由"跟跑者"变为"领跑者"。

2. 国内涉海法律制度的缺陷

如前所述，伴随着中国参与全球海洋治理体系变革的实践，中国涉海法律制度也在不断发展和完善。然而，从建设海洋强国的角度来看，目前中国涉海法律制度还存在诸多缺陷。一方面，《中华人民共和国宪法》还没有对"海洋"的明确规定，中国的"海洋基本法"尚未出台。另一方面，中国现有的一些涉海法律制度也不利于海洋强国战略的实施。例如，关于军舰是否享有无害通过领海的权利问题,中国一直主张军舰在领海不享有无害通过权[9];然而,"从长远看,根据对等原则,要求外国军舰通过领海必须事先同意,未必对我国有利"。因为,一方面中国的主张主要出于军事安全的考虑和难以忘怀的近代屈辱的"炮舰外交";另一方面,随着中国海洋强国战略的实施,军舰享有无害通过领海的权利更有利于中国海军走向世界和对中国海洋权益的维护。因此,支持第三世界国家的提议,即通过领海范围内的国际海峡一定要征得沿海国的同意或事先通知,从长远来看是与中国作为一个成长中的海洋大国的国家利益相冲突的。

二、中国深度参与全球海洋治理体系变革的外部机遇与内生动力

(一)中国深度参与全球海洋治理体系变革的外部机遇

当代全球海洋治理体系的种种缺陷及其面临的新挑战,为中国深度参与全球海洋治理体系的变革提供了难得的外部机遇。

当代全球海洋治理体系的主要缺陷。如前所述,当代全球海洋治理体系的建立始于1982年《联合国海洋法公约》的签署。此后,当代全球海洋治理体系也在不断发展。例如,1994年《执行协定》对《联合国海洋法公约》第11部分关于海底采矿规则等内容作了全面的调整;1995年《鱼类种群协定》对传统的公海捕鱼自由原则作了一些修改。然而,以《联合国海洋法公约》为核心的当代全球海洋治理体系,作为调和、折中的产物存在以下几个方面的缺陷。

(1)当代全球海洋治理体系的诸多规则模糊不清。首先,当代全球海洋治理体系诸多规则的主要载体是造法性条约,相关规定一般比较原则、笼统,容易导致较大争议。例如,作为当代全球海洋治理领域的最为重要的造法性条约——《联合国海洋法公约》,就在历史性权利以及岛屿与岩礁制度等方面缺乏明确的规定。《联合国海洋法公约》涉及历史性权利的条款主要有第10条、第15条和第298条。然而,从上述有关条款的规定可以看出,《联合国海洋法公约》并没有明确界定什么是"历史性海湾"(historic bays)"历史性水域"(historic waters)或"历史性权利"(historic title)。此外,《联合国海洋法公约》第121条虽然对"岛屿制度"专门作了规定,但是这一条款既没有对"岛屿""岩礁"作出明确的界定,也没有对"维持人类居住或其本身

的经济生活"规定具体的标准,因而造成在理论和实践中的诸多分歧。

其次,造法性条约的很多条款规定都是一揽子交易的结果,为了达成协议、平衡各方利益,也只能采用模糊的规定。例如,在第三次联合国海洋法会议上,许多国家同意外国军舰及军用飞机可以通过属于沿岸国的海峡之规定时,是以同意《联合国海洋法公约》第 11 部分有关海底采矿国际管理制度为条件的。又如,在第三次联合国海洋法会议上,关于相邻或相向国家间大陆架的划界原则是争论最激烈的问题之一。在两种不同意见相对立的情形下,《联合国海洋法公约》第 83 条作出了下述规定:"海岸相向或相邻国家间大陆架的界限,应在《国际法院规约》第 38 条所指出的国际法的基础上以协定划定,以便得到公平解决。"可见,该条规定只是原则性的,实际上并没有解决上述两种观点的对立。

最后,当代全球海洋治理体系的一些规则通常以政治性声明的形式出现,法律约束力不强。例如,为了增进本地区的和平、稳定、经济发展与繁荣,促进南海地区和平、友好与和谐的环境,2002 年中国与东盟各国签署了《南海各方行为宣言》,但该宣言没有法律约束力,对相关国家在南海违反该宣言精神的行为缺乏惩罚机制。

(2)当代全球海洋治理机制的碎片化现象十分明显。一方面,在当代全球海洋治理机制中,国际组织众多:既有发挥重要作用的联合国专门机构,如国际海事组织、联合国粮食及农业组织、联合国教科文组织;也有不少区域性国际组织,特别是在渔业领域,如"南极海洋生物资源养护委员会""大西洋金枪鱼养护国际委员会""印度洋金枪鱼委员会"等。

另一方面,与当代全球海洋治理机制有关的国际组织,相互之间缺乏协调,职能存在重叠。例如,在海域环境管理方面,国际海底管理局于 2017 年1 月公布了"国际海底区域矿产资源勘探开发环境规章草案",对"国际海底区域"环境影响评估、环境保护规划、环境规划审议以及补救和惩罚措施等内容作了较为详细的制度设计和安排[10]。然而,国际海洋法法庭成立了"海洋环境争端分庭(the Chamber for Marine Environment Dispute)",以处理《联合国海洋法公约》缔约方提交的有关海洋环境保护和保全方面的争端[11]。另外,国际海事组织也订立了诸多有关海洋环境全球治理的公约,如 1969 年《国际干预公海油污事件公约》和《国际油污损害民事责任公约》等。可见,与当代全球海洋治理机制有关的国际组织相互间的职能重叠现象非常明显。

此外,当代全球海洋治理机制的碎片化现象也造成了一些海洋治理领域的缺漏。例如,按照地理要素,《联合国海洋法公约》将海域划分为七大区域,即内(海)水、领海、毗连区、专属经济区、大陆架、公海和国际海底区域,并规定了不同的法律制度。然而,这种碎片化的管理模式,必然在管理内容上产生了真空地带。以《联合国海洋法公约》第 101 条为例,该条规定海盗行为必须发生在公海上。因此,这一条款规定就把发生在专属经济区的非法暴力行为排除在海盗行为之外。同时,它也削弱了各国基于《联合国海洋法公约》第 100 条"合作制止海盗行为的义务"[12],严重影响了打击海盗的有效性。

当代全球海洋治理体系面临的主要挑战。当代全球海洋治理体系主要面临以下挑战,并呈现出以下发展趋势。

(1)当代全球海洋治理的新领域、新问题不断出现。例如,目前养护和利用国家管辖范围以外海域生物多样性问题已成为国际社会关注的一个热点领域。2017 年 7 月,国家管辖范围以外海域生物多样性问题国际文件谈判预委会第 4 次会议,向联合国大会提交了最终建议性文件。该文件明确了"国家管辖范围以外海域生物多样性"的总体目标与主要内容等。从该文件的内容来看,它将对"海洋生物资源物权性质"进行重新定位,并有可能对"公海自由原则"和"国家在当代全球海洋治理体系的主体地位"造成冲击。同时,该文件也表明有关新的全球海洋治理规则和制度正在酝酿产生中。

又如,当前国际海底区域活动的重心已进入一个历史性转折期,即从勘探阶段向勘探与开发准备期过渡,当务之急是制定"开采法典",以便就未来的矿区开发问题搭建制度框架。为此,2016 年国际海底管理局公布了《"区域"内矿产资源开发和标准合同条款规章工作草案》(简称"开采规章")[13],2017 年国际海底管理局又公布了《国际海底区域矿产资源勘探开发环境规章草案》(简称"环境规章")[14]。虽然相关利益攸关方对上述"开采规章"和"环境规章"还存在较大的利益分歧,特别是在收费、环保、保密信息这三项核心议题上尚未形成统一的意见,因而"开采法典"的最终完成尚需时日,但是制定科学合理、公平公正的国际海底区域资源"开采法典"无疑是国际海底管理局今后几年面临的一项主要挑战,也是当代全球海洋治理必须面对的新问题。

(2)非传统安全问题对当代全球海洋治理体系的冲击。一方面,海上恐怖主义威胁日益凸显。特别是随着"伊斯兰国"在伊拉克和叙利亚的日渐式微,诸如"伊斯兰国"等恐怖主义组织有可能向海上渗透和转移。另一方面,气候变化对全球海洋治理的影响,也引起国际社会越来越多的关注。诚如2015年第70届联大通过的《改变我们的世界:2030年可持续发展议程》所指出的,"全球升温、海平面上升、海洋酸化和气候变化产生的其他影响,严重影响到沿海区域和低地沿海国家,包括许多最不发达国家和小岛屿发展中国家"[15]。

(3)诸多涉海问题兼具公法与私法的特点,这种复杂性大大降低了全球海洋治理的成效。例如,航行自由既涉及公法上的一国军舰在他国领海的无害通过和在他国专属经济区的活动问题也涉及私法上的国际海上货物运输问题,而确保航行自由和安全又涉及打击海上恐怖主义和海盗的行动也与海上油气钻井平台的设立和搭建密切相关。后者又有可能关系到大陆架的划界和国际海底区域资源的开发问题,在此过程中海洋环境保护问题又贯穿始终。

(4)对国家管辖范围以外海域的限制持续加强成为全球海洋治理的新趋势。目前全球海洋治理体系正在经历理念、规则和秩序的变化,并呈现出"对国家管辖范围以外海域的限制持续加强"的发展趋势,如深海基因资源法律地位的确定、公海保护区的法律制度构建问题等。关于公海保护区的建立问题,至今全球范围内主要建有4个公海保护区,一些国际组织和非政府组织还提出了数十个公海保护区潜在优选区,如马达加斯加东部的印度洋沙耶德马勒哈浅滩等。目前建立公海保护区已成为国际社会保护国家管辖范围以外的海洋资源的有效手段。

(二)中国深度参与全球海洋治理体系变革的内生动力

1. 中国综合国力的增强、影响力不断提升,为中国深度参与全球海洋治理体系的变革提供了现实基础

作为全球海洋治理体系的重要组成部分,"高成本、高技术含量的海洋研究和海洋开发与保护,需要雄厚的国家综合实力作为支撑"。随着中国综合国力的日益增强,中国的国家利益日益拓展,中国影响力在进一步提升。中国提出的"一带一路"倡议产生了很大影响,并被写入了联合国有关决议中。特别是中国提出的人类命运共同体思想,作为新时代中国国际法观的

核心理念和中国对国际法的发展的重要理论贡献也得到了国际社会的广泛认同和响应,这说明中国参与规则塑造的能力在不断增强。

2. 中国深度参与全球海洋治理体系的变革是应对国际格局的变化和因应"逆全球化"趋势的应有之义

一方面,近年来国际关系出现了较大变化,国际权力开始出现转移,"东升西降"的趋势较为明显。例如,美国的综合国力相对下降,在国际上的影响力有所降低;与此同时,出现一些新兴力量,如"20国集团""金砖五国""薄荷四国"等,它们对国际关系的发展演变产生重要影响。另一方面,"逆全球化"的趋势更加明显。例如,英国脱欧进程加速,2018年11月英欧双方经过艰苦谈判最终达成了"脱欧"协议草案。又如,美国接连退群。特朗普上任以来,相继退出了《跨太平洋贸易伙伴协定》(TPP)、气候变化《巴黎协定》、联合国教科文组织、《伊朗核问题全面协议》。另外,美国还有可能退出联合国人权理事会、万国邮政联盟和《中导条约》等。可见,中国深度参与全球海洋治理体系的变革,既是为了有效应对"逆全球化"的趋势,也是为了更好地维护和保障自身海洋权益。

3. 中国深度参与全球海洋治理体系的变革有利于更好地维护和保障自身海洋权益

首先,中国海洋权益涉及的范围日益扩大,它不但包括中国国家管辖的海域如领海、毗连区、专属经济区等,而且涉及与邻国的岛屿主权争端和海洋权益主张重叠问题,还包括海上通道安全、国家管辖范围以外生物多样性的管理和养护、国际海底区域资源的勘探与开发、公海保护区的设立以及极地治理问题等。其次,中国在"加快实施海洋强国战略"的过程中,面临海洋生态环境恶化、海洋资源开采粗放务虚等海洋治理难题。最后,中国参与全球海洋治理体系的深度不够、有效性不强。中国不但在进行海洋国际合作过程中遭遇传统地缘政治和非传统新兴问题的双重挑战,而且在北极、印度洋等区域治理机制中仅为观察员国或对话伙伴而缺乏有效海上安全机制等。因此,中国深度参与全球海洋治理体系的变革也是维护中国海洋权益的现实需要。

总之,国家实力的提升和海洋利益的拓展是中国深度参与全球海洋治理体系变革的基础和动力。中国的海洋利益已由原来单纯的地理空间扩展到国际制度层面,中国参与全球海洋治理体系变革的过程更深,在全球海洋治理体系变革的制度设计中的作用将越来越大。诚如常驻联合国副代表吴海涛大使所指出的,中国作为发展中海洋大国,始终做国际海洋法治的维护者、和谐海洋秩序的构建者、海洋可持续发展的推动者[16]。

三、新时代中国深度参与全球海洋治理体系变革之路径

(一)中国深度参与全球海洋治理体系变革的理念

从某种意义上讲,目前全球海洋治理的理念是建立在欧美地缘政治学说的基础之上的,"重博弈、轻合作"[17]的特点较为明显。然而,中国作为负责任的大国,在深度参与全球海洋治理体系变革的过程中,应当秉持"全球海洋命运共同体"的理念。

1. 以构建和谐海洋秩序为目标

中国古代就有"天人合一"的观念,注重人与自然的和谐。在新时代中国提出构建人类命运共同体,既是中国外交工作的总目标、总纲领和总战略,"也是新时代中国国际法观的核心理念和根本价值追求"。然而,人类命运共同体是一个多维度的概念,"全球海洋命运共同体"无疑是人类命运共同体的重要组成部分。因此,中国深度参与全球海洋治理体系的变革,应以实现人类命运共同体为宗旨,以构建和谐海洋秩序为目标。一方面,把"各海洋区域的种种问题……作为一个整体来加以考虑"[18],注意平衡发达国家与发展中国家的利益;既尊重沿海国的权利,也注意维护国际社会的整体利益。另一方面,倡导由各当事方按照包括《联合国海洋法公约》在内的现代国际法、通过谈判协商等和平的方法解决岛屿主权争端和海域划界争端,以维护相关海域的和平与稳定。正如 2012 年中国常驻联合国副代表王民大使在"关于纪念《联合国海洋法公约》开放签署 30 周年的发言"中所指出的,"中国高度重视发展海洋事业,积极参与国际海洋事务,倡导构建和维护和谐海洋秩序……构建和维护和谐海洋秩序,有利于各国共享海洋机遇、共迎海洋挑战、共谋海洋发展,符合国际社会的整体利益"[19]。

2. 坚持"共商、共建、共享"的原则

"一带一路"倡议的提出及其建设进程的加快,给全球海洋治理体系的变革带来新的希望。无论是 2015 年国家发展和改革委员会、外交部和商务部联合发布的《推动共建丝绸之路经济带和 21 世纪海上丝绸之路的愿景与

行动》，还是 2017 年"一带一路"建设工作领导小组办公室发布的《共建"一带一路"：理念、实践与中国的贡献》以及国家发展和改革委员会和国家海洋局发布的《"一带一路"建设海上合作设想》，均提出要坚持"共商、共建、共享"的原则。更为重要的是，"全球海洋治理是超越单一主权国家的国际性海洋治理行动的集合"。因此，坚持"共商、共建、共享"的原则是"全球海洋命运共同体"理念的具体化和必然要求。"中国秉持共商共建共享的全球治理观"，应进一步加强多边、区域和双边等多层次的全球海洋治理合作，兼顾各国利益，共谋合作、共同建设、共享成果，避免作为"全球公域(Global Common)"的海洋沦为"公地悲剧(The Tragedy of the Commons)"和少数海洋大国或地理条件优越国的专利，使之符合国际社会的整体利益、为全人类谋福利，从而最终形成海上合作的利益共同体。

（二）中国深度参与全球海洋治理体系变革的基本模式

1. 中国深度参与全球海洋治理体系变革的制度设计——宏观战略与微观措施并举

"中国是海洋事务新的活跃的玩家。"因此，在新时代背景下中国深入参与全球海洋治理体系变革的制度设计可以包括两个方面的内容：一是宏观方面，倡议发起成立"世界海洋组织"；二是微观方面，采取一些具体步骤以推动全球海洋治理体系的变革。

（1）中国深入参与全球海洋治理体系变革的宏观路径——倡议发起成立"世界海洋组织(World Ocean Organization)"。鉴于目前全球海洋治理体系缺乏专门的国际组织主导并呈现碎片化特征，中国政府可以在借鉴发起成立"亚洲基础设施投资银行"的经验的基础上，主动倡导成立"世界海洋组织"，以推行全球海洋治理体系的新规范。

第一，中国发起成立"世界海洋组织"的必要性和可行性。首先，发起成立"世界海洋组织"，是化解目前全球海洋治理机制碎片化的需要。要实现"海洋善治"的目标，就必须有相关的全球海洋治理的国际组织作为支柱。其次，发起成立"世界海洋组织"，是中国参与全球海洋治理体系变革由单向适应向适应与主动塑造两者并行转变的开始，也是中国将自身理念包括中国思想、中国话语和中国声音注入全球海洋治理体系变革中，从而实现对全球海洋治理体系刚性约束历史超越的有益尝试。最后，2015 年 12 月亚洲基础设施投资银行的正式成立,从某种意义上说,既是全球迎来首个由中国倡议设立的多边金融机构,又加强了中国作为全球治理主要改革者的地位。

第二,"世界海洋组织"的宗旨目标与组织结构。建设"和谐海洋",实现海洋的可持续开发与利用,是"世界海洋组织"的基本宗旨目标。"世界海洋组织"组织结构可以参照国际组织典型的"三级结构",设立以下三大机构:大会、理事会和秘书处。

大会作为"世界海洋组织"的最高权力机关,由各成员国派政府代表参加,可拥有制定政策、通过预算、进行各种选举、提出建议以及实施监督等方面的职权,每年可召开一至两次常会。理事会作为"世界海洋组织"的执行机关,由大会选举的少数成员国的代表组成,其职责主要包括执行大会的决议、提出工作措施并付诸实施等。

秘书处一方面负责"世界海洋组织"的日常事务;另一方面可以设立一些专门的办公室,如海上安全办公室、海洋资源开发办公室、海洋环境保护办公室和海洋可持续发展办公室等,其办事人员可以被认为是国际公务员。

第三,"世界海洋组织"的表决程序及法律地位。"世界海洋组织"的表决程序可以分为两类:一类是采用多数表决制,另一类是采用协商一致的议事规则。众所周知,多数表决制可以分为:简单多数,即由出席并参加表决的过半数成员作出决定;2/3多数,即以出席并参加表决的成员的2/3多数作出决定;3/4多数,即以出席并参加表决的成员的3/4多数作出决定;4/5多数,即以出席并参加表决的成员的4/5多数作出决定等。就"世界海洋组织"而言,可以根据其各机构的不同特点、不同事项的重要程度,分别采用不同的表决方式。所谓"协商一致"是指"作为一种非正式的实践,往往是在正式投票规则不能令人满意或不能据此作出行之有效的决定的情况下,在成员国间进行广泛协商的基础上达成一种不经投票的一般合意的决策方法"。"世界海洋组织"的大会,宜采用协商一致的决策程序。

关于"世界海洋组织"的法律地位,我们可以基于"世界海洋组织"上述的宗旨目标、组织结构和活动程序等,把它定性为一种新型的政府间国际组织。

(2)中国深入参与全球海洋治理体系变革的具体方式。中国深入参与全球海洋治理体系变革的微观路径,可以包括:

第一,进一步增强中国在有关全球海洋治理体系国际条约规则制定过程中的议题设置、约文起草和缔约谈判等方面的能力。首先,就议题设置而言,最为重要的是要改变多年来中国参与国际条约制定过程中所采取的"事后博弈"的方式,即由发达国家提出国际条约草案、主导游戏规则,中国仅扮演一个参赛选手的角色。相反,在未来全球海洋治理体系变革的过程中,中国不但要参与规则的制定,而且要做到"事前博弈",积极推出自己的议题,并把中国所有的利益诉求都纳入议题中;还要想方设法将中国提出的制定某些海洋问题的条约规则的单方面诉求转化为国际社会的共同诉求,为中国关注的条约规则制定议题"起事造势",使其能够进入相关的议程平台进行讨论。

其次,就约文起草来说,一个完善的条约约文草案或条款建议更容易获得谈判方的多数同意进而推动国际条约规则的产生。因此,中国在约文起草中要占领道义制高点和具备国际思维,注意各方关切,真正做到"别人关心、于我有利",从而实现国家现实利益与国际社会共同利益的平衡。例如,在《联合国海洋法公约》起草过程中,美国不断将其立场和主张纳入公约草案中的成功实践就很值得中国借鉴。

最后,从缔约谈判方面来看,要寻找不同的利益共同体、注意团结其他国家。众所周知,在当今全球政治舞台上,出现了形形色色的国家集团,其复杂的内部关系已经完全超越了20世纪60年代以来所谓"南北鸿沟"或"两个世界"的简单二分法。其中,发展中国家内部不同集团间的利益诉求也有很大差别。因此,在未来的全球海洋治理体系变革的过程中,中国应从维护和争取国家海洋权益的角度出发,寻找不同的利益共同体;并且应注意到发展中国家已经分化的事实,在加强与发展中大国协调的同时,适当支持与中国有共同利益的发达国家,在应对全球海洋治理体系变革问题时共同进退。事实上,目前无论是在国际海底区域资源的开发领域还是在维护航行自由方面,中国与美、俄、日、法、德等大国的共同利益远多于中国与大多数发展中国家的相同点。

第二,进一步提升中国实践引导有关全球海洋治理体系的国际习惯规则形成的能力。有学者认为,中国是除美国以外唯一有能力影响海洋国际习惯规则的国家。因此,中国可以从国际习惯形成的一般国家实践和法律确信两个方面,进一步提升中国以国家实践引导有关全球海洋治理体系的国际习惯规则形成的能力。为此,应充分发挥中国司法对全球海洋治理体系的国际习惯规则形成的积极影响。司法判例能够起到作为习惯法原则和规则存在的证据的作用。诚如有学者所指出的，"国内司法判决，尤其是那些涉及或适用国际法规则的国内判决，构成国家实践的组成部分，是国际习惯规则形成与发展的重要证据"。事实上，中国司法机关在审理海洋民商事案件、海洋行政案件和海洋刑事案件等有关海洋权益案件的过程中，除了适用中国现有的《涉外民事法律适用法》《民法通则》《刑法》以及相关的行政法以外，还不可避免地要涉及对当代全球海洋治理体系的适用和认定。中国可以趁此机会表明国家的相关立场和主张，以通过国家司法实践的方式来有效地推动有关全球海洋治理体系的国际习惯规则的形成。值得注意的是，2016 年 8 月 2 日开始施行的《最高人民法院关于审理发生在我国管辖海域相关案件若干问题的规定（一）》和《最高人民法院关于审理发生在我国管辖海域相关案件若干问题的规定（二）》，既是维护中国海洋权益的重要举措，也是中国司法实践促进有关全球海洋治理体系的国际习惯规则形成的重要步骤。

第三，充分利用国际组织制定有关全球海洋治理体系的国际规则的平台作用。一方面，中国可以通过政府间国际组织这一平台有效参与有关全球海洋治理体系的国际规则的制定。长期以来，中国虽然是联合国安理会常任理事国，但是参与国际组织的方式比较被动，缺乏参与及设计意识。事实上，在全球海洋治理体系的变革中，国际组织在国际规则制定中的作用愈益凸显。无论是联合国大会、安理会、国际法院还是国际法委员会等，既是国家间制定国际硬法（如国际条约）的组织者，又是国际软法（如宣言等）的重要制定者。因此，中国应善于利用既有的各类政府间国际组织提升对国际规则制定的影响力。特别是中国在国际司法活动中要发挥更加积极的作用，尤其是对那些与中国国家权益的维护密切相关的案件，要善于利用国际司法机构的程序阐释中国的观点，从而对裁判过程产生合法有效的影响。

另一方面，要重视中国的非政府组织在有关全球海洋治理体系的国际规则的制定过程中的作用。事实上，在全球海洋治理体系的变革中，非政府组织发挥了重要的作用。一方面，非政府组织的作用早已得到了明确的承认。例如，《联合国海洋法公约》第 169 条专门规定了"同国际组织和非政府组织的协商和合作"问题。另一方面，非政府组织在有关全球海洋治理体系的国际规则制定过程中的作用也非常明显，无论是《联合国海洋法公约》还是目前正在谈判和讨论的《国家管辖范围以外海域生物多样性国际协定》都是如此。从某种意义上讲,非政府组织的"跨国参与"有利于促进国际立法价值的多元化。因此,中国国内非政府组织提升参与全球海洋治理体系的国际规则制定活动的能力,与政府形成合力,有助于实现中国对全球海洋治理体系的变革之深度参与。

总之,无论是倡议发起成立"世界海洋组织"的宏观路径,还是推动全球海洋治理体系变革的具体步骤,最终目的都是为了进一步增强中国在未来全球海洋治理体系变革中的话语权。正如美国学者基欧汉(Robert Keohane)所注意到的,"随着实力的增加,中国与现有多边主义制度的互动呈现出更为复杂的状态:一方面中国广泛加入多边主义制度,寻求在其中更大的发言权;另一方面中国也尝试创建新的多边制度来实现国家利益,比如创建亚洲基础设施投资银行、金砖国家银行等"。

2. 推动当代全球海洋治理体系的完善与健全国内涉海立法相结合

(1)当代全球海洋治理体系的完善。如前所述,当代全球海洋治理体系是以《联合国海洋法公约》为核心的,而《联合国海洋法公约》又处于"海洋宪章"地位。这种情况决定了我们不可能另起炉灶以全新的和革命的方式解决海洋问题,而需要在现有的全球海洋治理体系内进行革新和完善。况且,当代全球海洋治理体系确立的规则和制度理念已经深入人心,影响和重塑着各主权国家的海洋意识和海洋行为。因此,具体而言,当代全球海洋治理体系的完善可以从两个层面来实现。

第一,国际层面的完善步骤。首先,建立健全《联合国海洋法公约》审议机制。《联合国海洋法公约》第 312 条和第 313 条具体规定了公约的修正问题。目前联大关于"海洋和海洋法"议题的年度审议会议,主要依靠联合国秘书长的报告和"临时海洋和海洋法非正式协商程序(the Open-Ended Informal Consultative Procession Oceans and Law of the Sea)"的建议;况且,联大的年度审议会议只是偶尔关注各国海洋政策和《联合国海洋法公约》的发展问题。因此,按照《联合国海洋法公约》上述规定,召开审议《联合国海洋法公约》的会议,建立类似于其他国际公约的审议机制,必将有利于当代全球海洋治理体系的完善。

其次,订立专门性质的补充协定。例如,1994 年《关于执行 1982 年 12 月 10 日〈联合国海洋法公约〉第 11 部分的协定》、1995 年《执行 1982 年 12 月 10 日〈联合国海洋法公约〉有关养护和管理跨界鱼类种群和高度洄游鱼类种群的规定的协定》就分别对《联合国海洋法公约》第 11 部分和公海捕鱼自由原则等有关全球海洋治理问题作出了修改和完善。又如，目前"国家管辖范围以外海域生物多样性国际协定"的立法进程以及国际海底管理局正在推动制定的《采矿法典（the Exploitation Code）》都将进一步完善全球海洋治理体系。

最后，引导相关国际机构完善全球海洋治理体系。众所周知，按照《联合国宪章》第 1 条的规定，联合国有以下四大宗旨：维持国际和平与安全、发展各国间的友好关系、促进国际合作和协调各国行动。因此，有学者提出鉴于全球海洋治理的复杂性和重要性以及联合国在全球海洋治理中的重要作用，可以通过修改《联合国宪章》把"全球海洋治理"提升到与"维护国际和平与安全"等联合国其他宗旨一样的地位，以这种方式来完善全球海洋治理体系。

第二，区域层面的完善措施。例如，2004 年 16 个亚洲国家缔结了《亚洲打击海盗及武装抢劫船只的地区合作协定》（简称《亚洲协定》），专门对"武装抢劫船舶"进行了界定。《亚洲协定》既适用于发生在公海或专属经济区的海盗罪行，又适用于发生在领海、群岛水域、用于国际航行的海峡海域的"武装抢劫犯罪"。因此，《亚洲协定》不但填补了《联合国海洋法公约》相关规定的不足，而且推动了全球海洋治理体系的发展和完善。

（2）健全国内涉海法律制度。一方面，因应中国深度参与全球海洋治理的需要，对一些涉海法律政策做出相应的调整。例如，中国对航行自由应持更加开放、包容的立场，由消极抵制向积极有为转变。这既是"加快建设海洋强国"的必然要求，也是实现海上互联互通、推进"一带一路"建设的重要步骤。为此，需要对"航行与飞越自由""海洋科学研究"等术语进行明确的界定，以弥补 1998 年颁布的《中华人民共和国专属经济区和大陆架法》存在的笼统性和模糊性等方面的缺陷。

另一方面，进一步完善国内涉海法律法规。首先，在《中华人民共和国宪法》中增加"海洋"为自然资源组成部分并加以保护的内容，以确立"海洋"在国家法律体系中的地位；同时，尽快出台《海洋基本法》，制定《海洋科技法》《海洋安全法》和《中国海警局组织法》等法律法规。其次，通过配套立法或司法解释的方式，制定《领海无害通过管理办法》《专属经济区航行与飞越自由规则》以及《专属经济区海洋科学研究实施细则》等。再次，密切跟踪

全球海洋治理

"采矿法典"和"国家管辖范围以外海域生物多样性国际协定"的立法进程，以进一步完善2016年颁布实施的《中华人民共和国深海海底区域资源勘探开发法》等。最后，鉴于海洋争端法律化的趋势日益凸显，应进一步提高中国利用法律方法解决海洋争端的能力。

文章来源：原刊于《法律科学(西北政法大学学报)》2019年06期。

注释

1 目前中国海运船队规模居世界第3位，中国大陆港口货物吞吐量、集装箱吞吐量连续9年居世界第1位，中国在2010年一举成为世界第一造船大国，中国在港机制造领域也是首屈一指的，中国在海工装备的发展(如"海洋石油981""蛟龙"号等)也引起世界瞩目。

2 党的十八大报告明确提出，中国应"提高海洋资源开发能力，发展海洋经济，保护海洋生态环境，坚决维护国家海洋权益，建设海洋强国"。

3 十八届四中全会决议指出："加强涉外法律事务……积极参与国际规则制定，推动依法处理涉外经济、社会事务，增强我国在国际法律事务中的话语权和影响力，运用法律手段维护我国主权、安全、发展利益。"

4 参见《中华人民共和国外交部关于应菲律宾共和国请求建立的南海仲裁案仲裁庭所作裁决的声明》(2016年7月12日)，载中华人民共和国外交部网站 http://www.fmprc.gov.cn/nanhai/chn/snhwtlcwj/t1379490.htm.

5 参见国家海洋局政策法规办公室编：《中华人民共和国海洋法规选编》(第三版)，海洋出版社2001年版。

6 2006年中国开始远洋渔业补贴，推动了远洋渔业的快速发展，远洋捕捞渔船数量从2007年到2014年增长了近45%。参见张春：《中国海洋战略的眼下与远方》，载英《金融时报》网站2017年7月18日，转引自《参考消息》2017年7月19日第10版。

7 根据2018年12月联合国大会通过的预算决议，2019年～2021年联合国会员国应缴会费的分摊比例，中国是12%，位于第二，仅次于美国。另外，中国承担的联合国维和行动的费用摊款比例达到了15.2%，也位居第二，仅次于美国。参见《2018年12月24日外交部发言人华春莹主持例行记者会》，载 https://www.fmprc.gov.cn/web/wjdt_674879/fyrbt_674889/t1624635.shtml.

8 参见国家发展改革委、国家海洋局：《全国海洋经济发展"十三五"规划》(2017年5月)，载国家发展改革委网站 http://www.ndrc.gov.cn/zcfb/zcfbghwb/201705/W020170512615906757118.pdf.

9《中华人民共和国政府关于领海的声明》(1958年9月4日)明确规定："一切外国飞

机和军用船舶,未经中华人民共和国政府的许可,不得进入中国的领海和领海上空。"1992年颁布的《中华人民共和国领海及毗连区法》第 6 条规定:"外国军用船舶进入中华人民共和国领海,须经中华人民共和国政府批准。"1996 年中国在批准《联合国海洋法公约》时,附带有如下声明:"《联合国海洋法公约》有关领海内无害通过的规定,不妨碍沿海国按其法律规章要求外国军舰通过领海必须事先得到该国许可或通知该国的权利。"

10 See "The development and drafting of Regulations on Exploitation for Mineral Resources in the Area, Environmental Matters ", available at https://www.isa.org.jm/files/documents/EN/Regs/DraftExpl/DP-EnvRegsDraft25117.pdf.

11 关于国际海洋法法庭"海洋环境争端分庭"的有关情况,See https://www.itlos.org/the-tribunal/chambers/.

12《联合国海洋法公约》第 100 条"合作制止海盗行为的义务"规定:"所有国家应尽最大可能进行合作,以制止在公海上或在任何国家管辖范围以外的任何其他地方的海盗行为。"因此,根据《联合国海洋法公约》第 100 条的规定,各国对发生在其领海或专属经济区的海盗行为,无须承担义务。

13 See "Working Draft? Regulations and Standard Contract Terms on Exploitation for Mineral Resources in the Area", available at https://www.isa.org.jm/files/documents/EN/Regs/DraftExpl/Draft_ExplReg_SCT.pdf.

14 See "the development and drafting of Regulations on Exploitation for Mineral Resources in the Area, Environmental Matters", available at https://www.isa.org.jm/files/documents/EN/Regs/DraftExpl/DP-EnvRegsDraft25117.pdf.

15 See "Transforming our world:the 2030 Agenda for Sustainable Development"(A/70/L.1),available at http://research.un.org/en/docs/ga/quick/regular/70.

16 参见常驻联合国副代表吴海涛大使在《联合国海洋法公约》第 28 次缔约国会议"秘书长报告"议题下的发言,2018 年 6 月 12 日,http://www.china-un.og/chn/zgylhg/flyty/t1569734.

17 See Lisa M. Campbell, Noella J. Gray, Luke Fairbanks etc., Global Oceans Governance:New and Emerging Issues, Annual Review of Environment and Resources, July 6, 2016, available at https://www.annualreviews.org/doi/pdf/10.1146/annurev-environ-102014-021121.

18《联合国海洋法公约》序言。

19《常驻联合国副代表王民大使关于纪念〈联合国海洋法公约〉开放签署 30 周年的发言》(2012 年 6 月 8 日),载中国外交部网站 http://www.mfa.gov.cn/ce/ceun/chn/zgylhg/flyty/hyfsw/t939870.htm.

韬海
论丛

对新时期中国参与全球海洋治理的思考

■ 傅梦孜,陈旸

论点撷萃

　　全球海洋治理是包含着价值导向的,需要海洋伦理观念的支撑。当前,建构在西方理论基础上的海洋治理具有"重博弈轻合作"的倾向,中国积极参与全球海洋治理则带有强烈的人类命运共同体意识。参与全球海洋治理是新时代中国整体外交政策的重要组成部分,是探索和构建人类命运共同体的重头戏,可成为人类命运共同体意识从外交理念到外交实践的突破口和试验田。中国参与全球海洋治理的理念与人类命运共同体意识一以贯之、一脉相承,包含了平等相待、公道正义、开放互惠、兼收并蓄、绿色发展的理论内涵,秉持以人为本的发展观,凸显人海和谐的人文色彩。

　　我国参与全球海洋治理基于人类治海治洋的基本需要,以推动建设全球海洋命运共同体为指向,秉持着开放、包容、和平、合作、和谐理念且有着大国担当精神,同时会积极兼顾中小国家利益;通过平等协商,解决彼此纠纷;通过互利合作,发展海洋经济;通过共同应对,化解安全威胁;通过技术创新,实现可持续发展;通过由己及人、由片及面、由易到难的路径,循序渐进参与全球海洋治理。在建成海洋强国的同时为全球海洋治理作出真正的贡献。

　　全球海洋治理是国际社会应对海洋问题的整体方案与积极努力,是构

作者:傅梦孜,中国现代国际关系研究院副院长、研究员
　　　陈旸,中国现代国际关系研究院欧洲所副研究员

建人类命运共同体的重要途径。习近平总书记在十九大报告中明确提出，要推动构建人类命运共同体，建设"持久和平、普遍安全、共同繁荣、开放包容、清洁美丽的世界"。[1]建设海洋强国，积极参与全球海洋治理正是构建人类命运共同体的题中之义。本文拟通过梳理当前全球海洋治理的时代背景，分析中国参与全球海洋治理的紧迫性和必要性，厘清中国参与全球海洋治理的主要任务和主导理念，提出中国全面参与全球海洋治理的可能路径和政策选择。

一、时代背景

冷战结束是全球治理时代到来的重要时间节点。东西方对抗的消失，为全球治理的兴起提供了前所未有的政治空间和学术环境。也就是自20世纪90年代初冷战结束后开始，市场化、自由化、私有化浪潮涌现，新的时空条件使全球化得以迅速推进。与此同时，过去被压倒一切的安全问题所掩盖的矛盾不断显现，全球性问题的凸显，催生地球村"公民意识"的进一步觉醒。全球范围内多层次、多主体的治理机制大量涌现，全球治理获得了更为强劲的动力、更为具体的目标、更为广泛的文化土壤以及更为广博的认同基础。在此时空背景下，全球治理理念与实践快速发展。全球海洋治理则是全球治理在海洋领域的具体化和应用，是各主权国家及非国家行为体"通过具有约束力的国际规则和广泛的协商合作来共同解决全球海洋问题，进而实现全球范围内的人海和谐以及海洋的可持续开发和利用"[2]的重要举措。当前，全球海洋治理正处于酝酿渐变的形成期，也是百舸争流的博弈期。海洋问题对人类活动的影响日益深远，海洋作为国际政治、经济、军事、外交领域合作与竞争的舞台，其作用日益凸显。在我国由海洋大国向海洋强国迈进的征程中，参与全球海洋治理是应对海洋问题、完善海洋秩序的时代邀约，是实现中华民族"向海而兴"的必由之路，亦可为构建人类命运共同体贡献"人海和谐"的范式模板，具有时代的紧迫性和必要性。

（一）治理赤字凸显

习近平总书记指出："21世纪，人类进入了大规模开发利用海洋的时期。"[3]随着全球化和科学技术的加速发展，人类大规模挺进深远海域，迎来了开发利用海洋的新高潮。截至2017年，全球98个国家建立了784个海洋观测研究站点,拥有 10～65 米大小不等的科考船 325 艘。[4]我国自行设计、自主集成研发的"蛟龙号"载人潜水器在马里亚纳海沟创造了 7062 米的同类载人潜水器的最大下潜纪录。[5]2017 年,最新一代的科考船"向阳红 01 号"首次执行整合大洋与极地科考的环球海洋综合科学考察。[6]原国家海洋局局长王宏指出:"时至今日,海洋对各国的影响越来越深远,各国对海洋的需求和依赖也越来越强。"[7]但是,海洋治理主体间的竞合博弈日趋激烈,治理客体问题十分突出,海洋污染、生态失衡、资源开发、海上安全、海洋争端等问题层出不穷,国际海洋秩序面临失调、失约、失效的风险,海洋治理的软弱性、滞后性和有限性暴露无遗。

(1)海洋生态环境承压日甚。海洋是地球上最大的自然生态系统,是人类的生命线,但人均可利用的海水资源却十分有限。海洋覆盖地球面积约70%,全球海洋平均深度约为 4000 米,海水体积达 13 亿立方千米,但人类有70 亿人口,平均每人均仅拥有 0.2 立方千米的海水资源,预计到 2050 年时每人拥有的海水资源仅为 0.125 立方千米,这意味着我们每个人的一生将仅有不足 0.125 立方千米的生态系统维持。[8]海洋是 21 世纪的希望,但近年来海洋污染加剧,海洋正成为"人类最大的垃圾回收站"。海洋垃圾遍布所有海上生物栖息地。包括废弃渔网、绳索等渔具组件的"幽灵渔具"每年导致超过 10 万头鲸、海豚和海豹死亡,[9]越来越多的海鸟和其他海洋生物死亡后被发现胃里装满了小块塑料。据估算,从 2015 年到 2025 年,全球海洋塑料垃圾总量将增长 3 倍。难降解的塑料将分解成微塑料,进入体型更小的海洋生物体内,最终影响人类健康。[10]海水酸化与温室气体排放是"破坏环境的魔鬼双胞胎"。海水酸度从工业革命开始至今上升了近 30%,倘若保持该速率,22 世纪初海洋生态系统势必发生颠覆性变化。世界自然基金会发布的《蓝色地球生命力》报告显示,过去 40 多年,全球海洋物种种群数量减少了一半多,金枪鱼、鲭鱼等数量下降了 74%。[11]据预测,到 2100 年,全球海洋将升温1.2～3.2℃,不仅海洋生物多样性将遭遇结构性破坏,温室效应还将导致海平面上升,危及沿海及海岛民众的生活,极大地改变人类社会的生产和生活秩序。

(2)海洋治理机制缺陷显现。现有的全球海洋治理机制是"二战"结束后的产物,现在的海洋秩序是由联合国和主权国家相互补充协调的海洋秩序,《联合国海洋法公约》为国家管辖外的资源管理和保护提供顶层法律框架。[12]不可否认,现行的海洋治理体系为和平利用海洋、协商解决海上争端提供了重要的谈判平台,为维护国际海洋秩序奠定了关键的法律基础。但是,随着海洋治理客体向纵深发展,跨界污染、海洋塑料、海洋酸化、海洋保护区、海洋新疆域(指随着人类活动拓展而得到进一步开发利用的深海极地)等新问题不断涌现,以议题为导向的海洋秩序和国际规则亟待发展完善。全球海洋划界问题长期悬而未决。据估算,全世界约有240个海洋边界需要划定。到20世纪90年代初,达成划界协议并且生效的有132个,已经签署、尚未生效的还有22个,其余尚有近百个划界问题没有解决。[13]与此同时,由于各国治理能力的不平衡日益扩大,海上责任与义务的不对称性日渐凸显,美国作为全球海洋治理体系的主要角色之一,对全球海洋治理的引领性却日益弱化,同时还注入了破坏性的行为。美国游离在《联合国海洋法公约》之外,长期规避海洋强国的义务,凭借其超群的海权力量,在事实上享受着和《联合国海洋法公约》有关的全部海洋权利,却反对受到条约义务和规则的限制;尤其是特朗普执政以后,美国决然退出《巴黎气候协定》,退出联合国教科文组织,屡次三番呈请国会削减美国国家大气与海洋局的预算经费,为的是拒绝提供海洋公共产品及责任承担。美国单边主义的倾向不会因特朗普去留而发生根本性改变,也不会因海洋问题的全球性而网开一面。美国在海洋问题上"宽于律己,严于待人",虽然有助于实现美国国家利益的最大化,但却削弱了《联合国海洋法公约》的权威性。

(二)国际竞争加剧

海洋在国家战略博弈中的分量越来越重,有学者甚至断言:"1945年后建立的世界体系是海洋而不是陆地体系","海洋主导着国际经济,谁主导海洋,谁就主导世界经济"。[14]当前,海洋生态环境保护和可持续利用问题的国际规则进入调整和改革的关键时期,主要大国加速布局,纷纷推出自己的海洋战略、发展规划,宣示立场和雄心,抢占全球海洋新秩序的制高点。

美国尽管不愿承担当下全球海洋治理的领导义务,却丝毫没有放慢发展海洋开发能力、超前经略海洋的脚步。美国国家海洋委员会制定了《海洋变化:2015—2025海洋科学10年计划》,确定了海洋基础研究的关键领域。美国国家海洋大气局(NOAA)出台的《未来十年发展规划》,着眼于保护海洋及海岸生态系统,分析美国海洋开发面临的主要发展趋势,提出美国海洋发展的基本方略。与此同时,美国不断推出"印太"战略、"全球介入"等新概念、新理念,欲借此把持左右全球海洋事务的"杀手锏"。此外,针对北极海域问题的升温,美国主要涉海部门均制定了长期性的北极政策,并出台综合性的《北极地区国家战略》,将北极纳入美国海洋战略的核心内容。

欧盟作为全球海洋治理的首倡者,致力于巩固自身在海洋治理体系中的"标杆地位",逐步完善海洋治理内涵,构建了海洋治理领域的"三大支柱":一是"环境支柱",2018 年《海洋战略框架指令》提出以生态系统为基础管理人类海洋活动;二是"经济支柱",2012 年《蓝色增长:海洋和海岸可持续增长的机会》提出可持续利用具有开发潜力的海洋和海岸带,推动就业和经济增长;[15] 三是"安全支柱",2014 年《欧盟海洋安全战略》认为欧经济、交通、能源等利益与海洋安全息息相关,列出武装冲突、恐怖主义、有组织犯罪、威胁航行自由等九大传统及非传统安全威胁。[16] 与此同时,欧盟海洋治理的视野也从周边海域扩至全球海洋。2009 年《欧盟海洋综合政策的国际扩展》提出,欧介入海洋事务的地理范围应从大西洋、地中海、波罗的海等周边海域扩至印度洋、太平洋、东亚和南北极。2016 年《国际海洋治理》则表示要"试图探索"南海、马六甲海峡和几内亚湾的安全行动机会。在先期经营的基础上,欧盟率先明确了"海洋治理"概念。2016 年,欧盟在《国际海洋治理》中首次提出"国际海洋治理"的概念,指出《联合国 2030 议程》下的海洋可持续发展目标是国际海洋治理的主要目标,将结合外交、经济、安全、海洋政策,在国际海洋治理中发挥引领作用。

此外,俄罗斯 2015 年版《海洋学说》提出确立俄在全球海洋事务上的"领导地位",强调维护海洋战略空间;日本出台《海洋基本法》《海洋政策基本计划》《日本北极政策》等,提出"海洋法治"和"自由开放的印太战略";印度先后发表《自由使用海洋:印度海军战略》《海洋学说》和《确保安全海域:印度海洋安全战略》,海洋战略视野从印度洋拓展至印度洋-太平洋,欲扮演地区"净安全提供者"。新一轮的海洋治理博弈已拉开序幕,涵盖领域广,各国摩拳擦掌,未来国际海洋治理长远性制度安排的竞争势必更加剧烈。

(三)国家利益拓展

海洋对我国发展的重要性日益突出。习近平总书记在中央政治局集体学习会议上强调,21 世纪,"海洋在国际经济发展格局和对外开放中的作用更加重要,在维护国家主权、安全发展利益中的地位更加重要,在国家生态文明建设中的角色更加显著"。[17]近年来,随着我国经济持续快速增长,对外开放程度不断深化,我国的国家战略利益和发展空间不断向公海远海延伸,遍布全球海域。

"向海而兴"已成为我国重要的国家战略。党的十八大作出了"建设海洋强国"的重大部署。2013年,习总书记明确指出"建设海洋强国是中国特色社会主义事业的重要组成部分"。"十三五"规划写有"拓展蓝色经济空间"与"建设海洋强国",十九大报告进一步提出"陆海统筹,加快建设海洋强国"。我国参与全球海洋治理的意愿和声音逐渐趋强。我国海洋经济日趋活跃。目前,中国有3800万涉海就业人员,海洋经济总值占国内生产总值近10%。据估计,2030年我国的海洋经济对国民经济的贡献率将达到15%。其中,沿海地区(11个省区市)海洋产业增加值占其生产总值的比重将由2015年的13%上升至2030年的25%,海洋经济成为沿海地区名副其实的经济支柱。[18]与此同时,我国21世纪海上丝绸之路建设也如火如荼地展开,与沿线国的海洋合作方兴未艾,海洋产业走出国门、走向全球。海洋事业越来越关系到国家兴衰安危,关系到民族的生存与发展。作为负责任的世界大国和崛起中的海洋强国,我国理应加入引领全球海洋治理时代的排头兵行列,为治理体系的演进贡献中国智慧、提供中国方案。我国是全球海洋治理的"后来者",但我国是世界上人口最多的国家,是全球第二大经济体,在全球海洋治理的议程上,我国只是迟到而不会缺席。

原国家海洋局局长王宏在2017年全国海洋工作会议上明确提出:"要进一步聚焦国际治理,使之成为海洋强国的重要标志。"[19]目前我国是个海洋大国却远谈不上海洋强国,在海洋治理问题上面对的挑战纷繁复杂甚至与日俱增。我国拥有庞大的涉海就业人口,海洋经济发展快、规模大,但产业结构差、底子薄,离世界海洋强国尚有一定差距。海洋环境恶化将制约我国经济建设和可持续发展,影响人民对美好生活的向往和追求。2008~2017年海洋灾害给我国造成的直接经济损失达1140亿元。我国是半封闭的大陆边缘涉海国,外部海障环生,地缘政治形势复杂,海上强国虎视眈眈;国内全民海洋意识不强,海洋监测管理滞后,为全世界提供海洋治理公共产品的能力还十分有限,引领海洋开发利用技术、引导设置海洋治理议题的能力尚有不足,人才储备、机制建设等方面存在相对薄弱环节。纵观古今,我国重陆轻海、倚陆弃海的历史时期皆国运艰难,在实现中华民族伟大复兴的关键时刻,补强短板、经略海洋的重要性更加凸显。"中国成为海洋强国之日,必将是中华民族伟大复兴之时。"[20]

二、治理理念

毋庸置疑,全球海洋治理是包含着价值导向的,需要海洋伦理观念的支撑。当前,建构在西方理论基础上的海洋治理具有"重博弈轻合作"的倾向[21],我国积极参与全球海洋治理则带有强烈的人类命运共同体意识。参与全球海洋治理是新时代中国整体外交政策的重要组成部分,是探索和构建人类命运共同体的重头戏,可成为"人类命运共同体意识从外交理念到外交实践的突破口和试验田"。[22]我国参与全球海洋治理的理念与人类命运共同体意识一以贯之、一脉相承,包含平等相待、公道正义、开放互惠、兼收并蓄、绿色发展的理论内涵,秉持以人为本的发展观,凸显人海和谐的人文色彩。2014 年,李克强总理在"中希海洋合作论坛"上强调了"和平、合作、和谐"。习近平海洋治理思想以人类命运共同体理念为观照,以建设海洋强国为根基,以平等尊重、合作共赢、绿色可持续为导向,构成了中国参与全球海洋治理的重要理念支柱。这是在国家海洋力量积累发展的过程中逐渐形成的,是对中国传统海洋思想的继承和发展,亦是对西方海洋强国治理理念的扬弃,为全球海洋治理注入了中国理念。

(一)以和平正义为特质

"海上生明月,天涯共此时。"中华文明素来秉持"四海一家、和为贵"的理念。全球治理协商共治的理念虽然为越来越多的人所认知,但其和平特质并非总能得到充分体现,如在处理海上争端问题时不乏非和平的甚至恐吓威慑的手段。我国所倡导的全球海洋命运共同体则始终坚持以和平为特质,与掠夺主义、殖民主义、强权主义等格格不入。一方面,中华文明对海洋有丰富的认知,也有深切的体悟。在船坚炮利的帝国主义时代,中华民族经历了一段屈辱的"被治理"史,对恃强凌弱的霸权主义行径深恶痛绝,积极探索如何超越"海权论"中对立、对抗的一面,在海洋命运共同体中相互尊重,实现权、责、能的一体平衡。我国支持以《联合国海洋法公约》为基础的海洋秩序,倡议召开了"中国-小岛屿国家海洋部长圆桌会议",与涉海非政府组织开展官方合作,体现了我国对所有海洋治理主体的尊重。另一方面,我国是"优进优出,两头在海"的开放型经济体,对和平稳定的海洋环境有依赖性,"中国发展海军力量的首要目标是保护中国对海上商业利益日益增加的依赖"[23]。事实上,我国追求的目标是全体人民的幸福而非资本的逐利扩张,一个开放、包容的中国海洋强国之路遵循的是和平崛起。从世界发展潮流看,以和平方式解决国际海洋争端具有现实的可能性。2018年,澳大利亚和东帝汶签署了《帝汶海海洋边界协议》,结束了两国十余年来的海洋划界争端,是依照《联合国海洋法公约》"附件五"调解程序达成的首个和解协议。[24]这表明《联合国海洋法公约》的调解程序获得了实践的认可,也为日后类似协议的达成提供了范本。

（二）以合作共赢为导向

"全球海洋治理是超越单一主权国家的国际性海洋治理行动的集合"[25],它包含了国家间合作、区域性合作以及全球性合作等多个层次,合作是贯穿于全球海洋治理各个层次的主题。我国倡导的全球海洋命运共同体应以合作共赢为导向。我国有句老话:"朋友多了路好走。"我国改革开放40年的经验证明,唯有打开大门、精诚合作、优势互补,才是社会进步的康庄大道。我国的海洋发展观不是排他的,不是以压缩他人的发展空间为代价的。我国主张同舟共济,携手抵御海洋风险,参与协商建制,共同开发利用海洋。我国在发展海洋经济的过程中,主动推广技术,注重利益分享。我国的海洋合作伙伴遍布五大洲、四大洋。我国为发展中国家发展海洋事业提供资金、人才、技术支持,与发达国家合作开展海洋科研项目,诸如此类的例子不胜枚举。我国提倡的全球海洋命运共同体将是一张互利合作的大网,共同捕获海洋给予人类的"财富之鱼"。

（三）以人海和谐为追求

海洋孕育、哺育着人类,人类应尊重海洋价值、优化提升海洋生态系统、反哺而非伤害海洋。《联合国海洋法公约》序言第三段提出"各海洋区域的种种问题都是彼此密切相关的,有必要作为一个整体来加以考虑"。这一思想摒弃了自由开发掠夺海洋、割裂人海关系的错误观点,承认海洋自然系统与人类社会紧密相连、互相影响。全球海洋治理的行为主体是人,客观对象是海洋及围绕海洋而衍生的一系列矛盾冲突,其终极目标是实现海洋的善治和可持续利用。"道法自然""天人合一""人与自然和谐相处"等理念深深根植于中华文明之中,可持续发展已成为我国政府和人民的自觉追求。"美丽中国需要美丽海洋,而海洋是全人类的海洋。"我国主张构建全球海洋命运共同体,即是要打破海洋区块化的思维,克服海陆藩篱、就海论海的片面认识,从全球海洋的整体视角来促进海洋开发利用与环境资源保护的平衡,推动海洋开发方式向循环利用的方向发展。

三、参与路径

海洋关系到人类发展的前途,海洋治理进程及其效果对濒海国家和非濒海国家同样利害攸关。全球化时代各国参与全球海洋治理的路径不尽一致,需要在探索过程中加强协同、不断完善。党的十九大报告提出"坚持陆海统筹,加快建设海洋强国"。习近平总书记指出,要坚持走依海富国、以海强国、人海和谐、合作共赢的发展道路,通过和平、发展、合作、共赢方式,实现建设海洋强国的目标。这指明了我国海洋事业发展的大方向,体现了和平、合作、和谐的海洋观,也为新时代我国参与全球海洋治理确立了基本原则、提供了明确的路径指引。

(一)由己及人

我国是一个崛起中的大国,我国的国家海洋治理是全球海洋治理的重要组成部分,也是我国参与全球海洋治理的先行基础。一个国家在全球海洋治理体系中的权重往往与该国的海洋实力呈正相关联系。随着我国外交的天地变得更为广阔,我国面向全球参与全球治理的程度将更为深入,我国外交的具体目标构成将更为多元、多样与多重。[26]我们应充分认识到,作为一个大国,我国有着影响世界的独特路径。我国既不走强加于人的老路,也不会因前路艰辛而畏葸不前,充当不负责任的旁观者。一个在改变自己、完善自己的中国将深刻影响世界。这就是,只有把自己的海管好了、治好了、用好了,才谈得上引领全球海洋开发利用、提供海洋公共产品,才能有效协调各国关系实现共同利益最大化。因此,我国参与全球海洋治理首先要"练内功",从自我改革启航。一方面要大力发展我国开发利用海洋的能力。纵线上,比照"两个一百年"目标,确定海洋战略的总目标和阶段性目标,有步骤、有计划地推进海洋强国建设。可先从我国的"四海"入手,理顺海域功能区划,形成"联动互通、次第开发"的局面。横线上,明确海洋强国建设的具体领域和任务,抓好自身的海洋生态环境保护,在海洋科技创新、海洋科考、装备制造等领域取得突破性进展。另一方面,要厘清国内海洋管理体系体制,不能简单地认为海洋问题只是涉海单位的事,要切实贯彻执行陆海统筹的原则,由陆入海,由海定陆,河海一体,全方位、立体化实施基于生态系统的海洋综合管理;以超前的战略眼光,加强我国海洋治理体制的顶层设计,强化管理部门在海洋事业发展中的服务功能,全面整合海上执法力量,提高全民海洋意识,提高海事人才储备;建立部际协调和工作机制,统筹组织国内参与全球海洋治理议程的相关部门,形成对外合力,共同维护我国在全球海洋治理体系中的权益。[27]

(二)由片到面

全球海洋治理是海洋治理在全球层面的延伸,有特定的地理范畴,主要指向区域海洋治理和公海治理。简而言之,全球海洋治理,要理清"海"、治好"洋"。客观而言,目前我国在全球海洋治理领域力量有限。因此,我国参与全球海洋治理不能"抓到篮里都是菜",要在不同的发展阶段有所取舍、有所侧重。我国参与全球海洋治理应坚持底线思维,先要守住已有的盘子,然后遵循循序渐进、统筹兼顾的路径逐步走向深海;要有全球海洋视野,但要准确研判世界海洋事务的发展趋势,保持头脑清醒,厘清战略重点,根据由近及远的原则适当分配力量、把握效果;要集约优化利用近海,有效开发管辖海域,合理合法地分享其他区域海洋资源。具体而言,首先要守住我国的海洋权益,在涉及领土主权的核心利益问题上,在涉及经济社会可持续发展的重大通道问题上,我国不仅没有妥协退让的余地,而且必须陆海统筹,文武兼备,进一步巩固和提升维护国家核心重大利益的能力。其次,抓住有利时机,适时走向印度洋、走出西太平洋,加强地区合作,巩固海上大通道。2018年国家海洋局局长王宏围绕深化亚太海洋合作,提出四点倡议,即增进全球海洋治理的平等互信、促进海洋产业健康发展、共担全球海洋治理责任、共同营造和谐安全的地区环境,给出了亚太地区海洋治理的中国方案。[28]最后,密切关注全球海洋治理最新进展,及时跟进,确保不掉队,同时就远洋海洋保护区建设、海底资源开发、两极地区活动等问题做好能力和舆论上的准备,在适当时候,在联合国框架下,就具体领域召开国际大会,引进设立国际海洋常设机构,为我国引领制定全球海洋规则、经略公海大洋、角逐极地深海做好铺垫。

(三)先易后难

我国经略海洋应从软议题做起,除非迫不得已,应避免硬实力对撞。大力建设海军,提升装备实力,实现我国海军走向"深蓝"固然是我国海上力量建设不可或缺的一环,但军事维安、坚船巨炮容易引起其他国家的反弹,使其成为矛盾的焦点。我国应以长远的目光掌握好海军建设节奏,慎之又慎地展示军事肌肉;要利用已有的国际海洋话语平台,积极参与全球议程,建立多层次的海洋合作平台;要高度重视涉海国际规则的制定和解释,适时提出我方立场和关切,提高我国在世界海洋事务管理过程中的话语权和能见度。在具体议题上,我国可以从深化海洋科学合作、加强海洋环境保护等相对低敏感的领域率先入手,树立我国负责任的海洋治理大国的正面形象;然后逐步走向海上联合执法、海洋技术开发合作、海洋数据信息交流共享等次敏感领域,以提供海洋公共产品为依据,切实提升我国海洋治理水平与能力,最终实现海底资源开发共享、海洋政策协调发展,在全球海洋治理中坚持公平正义,占据引领者的优势。

四、主要政策

2015年3月,李克强总理在《政府工作报告》中对推进海洋强国建设作了具体部署,要求从海洋经济发展、生态环境保护、海洋科技水平提升、海洋权益维护及海洋综合管理等方面着手,为我国海洋事业的发展搭建战略框架。我国积极参与全球海洋治理的制度建设,维护海洋权益,提供海洋公共产品,展现大国担当,要秉持开放包容的心态和兼收并蓄的理念,在遵守现行国际秩序与规则、尊重国际法与国际义务的基础上,积极参与甚至引领新规则和新秩序的塑造;既要学会做"减法",减少不合时宜的涉海机制,及时消除海洋治理的负能量,更要积极做"加法",致力于提供增量,创造并推广全球海洋治理的中国方案,正如习近平总书记指出的那样,"要在国际海洋规则和制度领域拥有与我国综合国力相称的影响力"。

(一)海洋国际秩序领域

我国作为全球海洋治理的后来者,要争取合理合法的海洋权益,构建公平正义的海洋国际秩序，应在支持《联合国海洋法公约》的基础上，积极主动倡导"全球海洋命运共同体"理念。全球海洋命运共同体，有学者也称之为海洋命运共同体，是人类命运共同体的子命题[29]，旨在塑造人类与海洋和谐统一的海洋观，将个体的海洋私利置于全球海洋共同利益之中，以合作、和谐的共同体发展引领个体共赢发展。而"蓝色伙伴关系"则是构筑全球海洋命运共同体的基本细胞。"蓝色伙伴关系"建立在平等和相互尊重的基础上，为务实推进海洋资源开发、海洋环境保护、海洋文化交流多领域合作提供了机制性平台，实现同舟共济、互利共赢、风险共担的合作目标，建成"共促海洋可持续发展的互信共同体，共享蓝色发展的利益共同体，共管海洋环境和灾害风险的责任共同体"。[30]目前，我国已相继同葡萄牙、欧盟签署了共建"蓝色伙伴关系"协议，未来我国应与尽可能多的国家打造全方位、多层次、最广泛的"蓝色伙伴关系"，不断积累海洋外交经验。当前，我国是国际海事组织A类理事国、海管局理事会A组成员，并多次成为海委会的执理国[31]。我国应抓住机遇，在国际海洋组织中树立中国威信，推动"互相协作、命运共享"的进程，以建设者和改革者的姿态增强对海洋国际秩序的塑造和引导。

(二)海洋环境领域

海洋生态保护是当前海洋国际合作与竞争的前沿，深海生物多样性养护和可持续利用已成为国家间海洋政治、外交和经济斗争的热点。我国应有重要利益攸关方的自觉，将防止海洋污染、阻止海洋环境恶化作为头等大事来抓，牢固树立"绿水青山就是金山银山"的信念。要"为我们的子孙后代留下蓝天碧海、绿水青山"，就得以科技为先导，创新科技研发，大力发展洁能治污技术，在塑料垃圾处理、生物多样性保护等方面打造样板工程，努力突破制约海洋生态保护的科技瓶颈，为自身构建技术高地；加强对深海极地的科考与评估，为人类海洋治理提供可靠的公共产品；积极推进国际交流合作，适时开展联合科考活动，如中国地质调查局与德国波罗的海海洋研究所签署了《海洋地学合作谅解备忘录》，组织科研人员登上科考船，赴南海北部进行联合科考活动。[32]

(三)海洋经济领域

"海洋经济"的概念形成于20世纪60年代，随着大陆资源衰竭、生态环境恶化、海洋科学技术进步,海洋经济的地位日益提升。[33]我国海洋经济正处于蓬勃发展的上升通道,已成为国民经济的重要支柱。据《2017 年中国海洋经济统计公报》,2017 年全国海洋生产总值为 77611 亿元,同比增长 6.9%,海洋生产总值占国内生产总值的 9.4%。[34]鉴于我国作为当今世界第二大经济体的规模,我国也初步具备了与世界分享海洋发展成果、与国际社会共同挖掘"蓝色经济"发展机遇的能力。目前,经国际海底管理局核准,我国已在国际海底区域获得三块专属勘探矿区。这是国际社会对我国开发利用海底矿产资源能力的认可,也为我国提供了向全球海洋经济科技发展作贡献的重要平台。发展海洋经济,要抓好以下三方面的工作。一是共同推进海洋空间开发,发力海上通道建设。要以"21 世纪海上丝绸之路"为重点推进目标,落实好《"一带一路"建设海上合作构想》,抓住"一带一路"建设从"写意画"向"工笔画"转化的契机,以亚洲基础设施投资银行为助力,统筹协调陆海经济发展,抓紧互联互通建设,做深做实海洋合作项目,加快形成"开放包容、互利共赢"的海洋经济合作模式。二是合力打造海洋产业链。海洋产业包罗万象,未来可成为高技术、高投入、高回报的经济高地。小国没有足够的力量发展高精尖的海洋技术,大国没有足够的精力覆盖海洋产业的细枝末节。基于技术进步和劳动分工基础上的全球化浪潮势不可挡,海洋产业概莫能外。我国作为海洋大国,应重点布局高新技术产业,优先发展海洋生物技术、海水淡化、深海资源技术等产业,通过"有来有往"、互利互惠的经济活动,实现国际优势互补、全球产业互通。三是创建海洋经济发展的国际合作体系。当前海洋经济发展存在各国各自为政的瓶颈,不利于合作开发、产业协作。我国可以全球蓝色经济伙伴论坛等平台为抓手,与各方加强协调、形成共识,积极构建高效、平等、务实的海洋经济合作体系,推动全球海洋经济可持续发展。

(四)海上安全领域

海洋从来就不是风平浪静之地。海洋不仅是大国角力的竞技场,而且非传统安全也在向海上蔓延。近年来,海上非法移民、毒品贩卖、海盗劫掠、海上恐怖主义以及气候变化带来的一系列自然灾害有增无减。全球海洋治理概念出现伊始,是以环境、发展和裁军为三大支柱的。[35]其中,裁军的愿景缘起于冷战结束的历史背景,有些过于乐观和理想化。海上安全问题是全球海洋治理不容回避的重要问题,合作安全是解决这一问题的必然之路。我国发展海上军事安全力量是为了有效担负起维护国家发展和海上权益的责任,也是为遏制战争、维护海上和平安全提供中国力量,是"以战止战"的中国智慧和"兼济天下"的中国情怀。我国应着力加强自身海上安全力量建设,在人道主义救援、打击海上犯罪、危机管理处置等领域提供更多公共产品,为海上安全秩序铸造军事支柱。上海合作组织是全球安全治理的重要组织[36],组织机制成熟,合作经验丰富,维安实力突出,可以成为我国参与维护全球海上安全的重要抓手和可靠平台。同时,我国应积极配合涉海国际组织工作,与各国签署双边、多边海上安全磋商机制,妥善协调各国关系,努力构建全方位、重合作、可持续的全球海上安全体系。

五、结语

全球海洋治理是一项十分复杂的系统工程,国际社会有着共同的诉求。作为一个迅速崛起的大国,我国参与其中责无旁贷,国际社会对此也充满期望。我国也有参与全球海洋治理的能力和意愿,具有现实可行性和发展必然性,并将取得重大成就。我国参与全球海洋治理基于人类治海治洋的基本需要,以推动建设全球海洋命运共同体为指向,秉持开放、包容、和平、合作、和谐理念,既有着大国担当精神,又积极兼顾中小国家利益;通过平等协商解决彼此纠纷,通过互利合作发展海洋经济,通过共同应对化解安全威胁,通过技术创新实现可持续发展,通过由己及人、由片及面、由易到难的路径循序渐进地参与全球海洋治理,在建成海洋强国的同时为全球海洋治理作出真正的贡献。

文章来源:原刊于《太平洋学报》2018 年 11 期。

注释

1 "习近平在中国共产党第十九次全国代表大会上的报告",人民网,2017 年 10 月 28 日,http://cpc.people.com.cn/n1/2017/1028/c64094-29613660.html。

2 王琪、崔野:《将全球治理引入海洋领域——论全球海洋治理的基本问题与我国的应对策略》,《太平洋学报》,2015 年第 6 期,第 20 页。

3 习近平:《进一步关心海洋认识海洋经略海洋推动海洋强国建设不断取得新成就》,

新华网,2013 年 7 月 31 日,http://www. xinhuanet. com/politics/2013-07/31/c＿116762285.htm。

4 "Global Ocean Science Report: The Current Statutes of Ocean Science around the World Executive Summary", The United Nations Organization for Education, Science and Culture(UNESCO), June 7, 2017, http://unesdoc. unesco. org/images/0024/002493/249373e. pdf.

5《"蛟龙"从这里出发——国家深海基地"探秘"》,新华网,2018 年 1 月 28 日,http://www.xinhuanet.com/politics/2018-01/28/c_1122327673.htm。

6《"向阳红 01"船开启我国首次环球海洋综合科考》,中国政府网,2017 年 8 月 29 日,http://www.gov.cn/xinwen/2017-08/29/content_5221251.htm。

7《国家海洋局局长王宏就全球海洋治理提出四点倡议》,人民网,2018 年 5 月 24 日,http://world.people.com.cn/n1/2018/0524/c1002-30011497.html。

8 Lorna Inniss and Alan Simcock(Coordinator), "First Global Integrated Marine Assessment", United Nations Division for Ocean Affairs and the Law of the Sea, January 1, 2016, http://www.un.org/depts/los/global_reporting/WOA_RPROC/Summary.pdf.

9 高悦:《"幽灵渔具"已成人为海洋灾害》,《中国海洋报》,2018 年 8 月 29 日,第 3 版。

10 陈佳邑:《全球海洋待解的四大难题》,《中国海洋报》,2018 年 3 月 27 日,第 4 版。

11 赵婧、兰圣伟:《撑起海洋生物多样性"保护伞"》,《中国海洋报》,2018 年 5 月 22 日,第 3 版。

12 Lisa M. Campbel,l "Global Oceans Governance: New and E-merging Issues", Annual Review of Environment and Resources, July6, 2016, https://www.annualreviews.org/doi/10.1146/annurev-environ-102014-021121.

13 高兰著:《冷战后美日海权同盟战略:内涵、特征、影响》,上海人民出版社,2018 年版,第 60 页。

14 郑永年著:《中国通往海洋文明之路》,东方出版社,2018 年版,第 52 页。

15 "Blue Growth: Opportunities for Marine and Maritime Sustainable Growth", European Committee of the Regions, January 31, 2013, http://edz. bib. uni-mannheim.de/edz/doku/adr/2012/cdr-2012-2203-en. pdf.

16 "For an Open and Secure Global Maritime Domain: Elements for a European Union Maritime Security Strategy", EU Law and Publications, June 3, 2014, https://eur-lex.europa.eu/legal-content/EN/TXT/PDF/? uri=CELEX: 52014JC0009&from=en.

17 习近平:《进一步关心海洋认识海洋经略海洋推动海洋强国建设不断取得新成就》,新华网,2013 年 7 月 31 日,http://www. xinhuanet. com/politics/2013-07/31/c＿

116762285.htm。

18 贾宇、高之国主编:《海洋国策研究文集(2017)》,海洋出版社,2017 年版,第 50 页。

19 "国家海洋局学习贯彻近平海洋强国思想纪实",中国网,2017 年 10 月 22 日, http://www.china.com.cn/haiyang/2017-10/22/content_41772849_2.htm。

20 Tabitha Grace Mallory,"Preparing for the Ocean Century:China's Changing Political Institutions for Ocean Governance and Maritime Development",Issues and Studies,Vol.51,No.2,2015,p.112.

21 Lisa M. Campbel,1"Global Oceans Governance:New and E-merging Issues", Annual Review of Environment and Resources,July6,2016,https://www.annualreviews.org/ doi/10.1146/annurev-environ-102014-021121.

22 张耀:《"人类命运共同体"与中国新型"海洋观"》,《山东工商学院学报》,2016 年第 5 期,第 95 页。

23 Tabitha Grace Mallory,"Preparing for the Ocean Century:China's Changing Political Institutions for Ocean Governance and Maritime Development",Issues and Studies,Vol.51,No.2,2015,p.130.

24 刘丹:《澳大利亚与东帝汶签署海上划界协议的背后》,《中国海洋报》,2018 年 4 月 10 日,第 4 版。

25 崔野、王琪:《关于中国参与全球海洋治理若干问题的思考》,《中国海洋大学学报 (社会科学版)》,2018 年第 1 期,第 12 页。

26 傅梦孜:《国家力量变迁背景下的中国与世界》,《学术前沿》,2018 年 5 期(下),第 95 页。

27 刘岩:《推进海洋治理体系现代化的思考和建议》,转引自贾宇、高之国主编:《海洋 国策研究文集(2017)》,海洋出版社,2017 年版,第 26 页。

28 《国家海洋局局长王宏就全球海洋治理提出四点倡议》,人民网,2018 年 5 月 24 日,http://world.people.com.cn/n1/2018/0524/c1002-30011497.html。

29 袁沙:《倡导海洋命运共同体,凝聚全球海洋治理共识》,《中国海洋报》,2018 年 7 月 26 日,第 2 版。

30 孙安然:《中葡共同推动建设蓝色伙伴关系》,《中国海洋报》,2017 年 10 月 31 日, 第 1 版。

31 刘晓玮:《新中国参与全球海洋治理的进程及经验》,《中国海洋大学学报(社会科 学版)》,2018 年第 1 期,第 18~25 页。

32 吴庐山:《中德合作项目 2018 年联合科考航次起航》,《中国海洋报》,2018 年 9 月 5 日,第 2 版。

33 张莉:《海洋经济概念界定:一个综述》,《中国海洋大学学报(社会科学版)》,2008

年第 1 期,第 23 页。

34《2017 年中国海洋经济统计公报》,自然资源部网站,2018 年 4 月 19 日,http://www.mlr.gov.cn/sjpd/hysj/201804/t20180419_1768258.htm。

35 Peter Bautis Payoyo，Ocean Governance：Sustainable Development of the Seas，United Nations University Press，1994，p.273.

36 贺鉴、王璐:《海上安全:上海合作组织合作的新领域?》《国际问题研究》,2018 年第 3 期,第 69 页。

关于中国参与全球海洋治理若干问题的思考

■ 崔野，王琪

论点撷萃

内部自身发展的需求和外部国际社会的呼声决定了我国参与全球海洋治理成为一种必然的政策选择，日益走近世界舞台中央的我国有意愿也有能力为实现全球海洋治理的目标贡献出自己的力量。这不仅是全球海洋善治对中国的期待，也是我国作为一个负责任大国对国际社会的责任所在。

在现有发展水平上继续大力提升我国的海洋实力和国际影响力，是我国参与全球海洋治理并有效发挥作用的前提性条件。

为了持续增强参与全球海洋治理的支撑动力，我国应从"硬"与"软"两方面着手。一方面继续大力发展海洋经济、海洋科技、海洋军事等海洋硬实力，强化中国参与全球海洋治理的物质基础；另一方面，则应积极传播"人类命运共同体""蓝色伙伴关系""正确义利观""21世纪海上丝绸之路"等理念和倡议，弘扬中国优秀的海洋文化和成功的海洋治理经验，以提升我国的海洋软实力和内在影响力。只有"软硬兼施"，不断增强综合海洋实力，我国才能在国际社会中获得更大的权利，才能拥有参与全球海洋治理的不竭动力。在大力提升国家海洋硬实力与海洋软实力的同时，我国也应积极促进两者的相互转化，从而以更小的成本、更高的收益来为我国参与全球海洋治理奠定实力基础。

作者：崔野，中国海洋大学法政学院博士

王琪，中国海洋大学国际事务与公共管理学院院长、教授，中国海洋发展研究中心研究员

全球海洋治理

海洋是地球上最大的自然生态系统,为人类提供着源源不断的资源和财富,承载着人类对美好生活的向往。但自进入21世纪以来,伴随着全球化的席卷和工业化的扩展,各类全球性海洋问题日益增多且日趋严重,并已成为制约人类生存和可持续发展的重大威胁。作为"有效解决人类所面临的许多全球性问题"的重要理论工具,全球治理迅速成为一门显学,并在实践中发挥了重要功效。而将全球治理理论在海洋领域进行延伸和扩展,便形成了全球海洋治理理论。作为世界上最大的发展中国家和国际社会中举足轻重的政治力量,我国有责任也有能力在全球海洋治理中发挥更加积极、更加重要的作用,为全球海洋治理的发展与推进贡献中国智慧和中国力量。

然而,梳理目前已有的关于全球海洋治理的公开资料可知,这些资料多为海洋行政机关的官员讲话、会议文件及媒体报道,而鲜有从理论视角进行研究的学术论文和课题报告。这折射出当前对于我国参与全球海洋治理的研究仍是零散的、滞后的、封闭的,亟待在学术研究上产出重大理论成果,进而有效指导实践。本文即尝试在此方面做初步的努力,通过对我国参与全球海洋治理的几个关键问题进行思考和探讨,以期引起学界和政界的关注与兴趣。

一、全球海洋治理与我国的内在联系

准确界定全球海洋治理的概念及其与我国的内在联系,是进行学术研究的认识起点,也是我国参与全球海洋治理的逻辑起点。因此,首要的关键问题就是对全球海洋治理的概念以及全球海洋治理与我国的关系进行讨论。

(一)何为全球海洋治理

全球海洋治理的产生是海洋的自然特性、全球化的深入、全球海洋问题的频发、全球治理理论的发展等多种因素共同作用的结果,是一种客观的历史现象。为了更加全面准确地理解全球海洋治理,需要对其内涵和外延进行界定。从内涵上看,所谓全球海洋治理是指在全球化的背景下,各主权国家的政府、国际政府间组织、国际非政府组织、跨国企业、个人等主体,通过具有约束力的国际规制和广泛的协商合作来共同解决全球海洋问题,进而实现全球范围内的人海和谐以及海洋的可持续开发和利用;而从外延上看,全球海洋治理是超越单一主权国家的国际性海洋治理行动的集合,包括国家间合作治理、区域性合作治理与全球性合作治理三个层次。简而言之,全球海洋治理既是一种理论,体现为其对全球治理理论的继承与扩展;也是一种实践,是国家层面的海洋治理活动在全球层面的延伸。

对这一概念进行更进一步的分析,可以细分为以下三个基本问题。

一是核心主体问题。作为全球治理理论的一个分支,全球海洋治理亦主张政府、政府间组织、非政府组织、跨国企业、个人等多元主体平等、广泛地参与到各项具体行动中,各主体并无高低上下之分。但在实际的治理实践中,一旦治理客体超越了国家的边界而上升到国际层面,非政府组织、企业、个人等非政治行为体的作用便急剧减弱,单纯依靠其自身的力量难以有效解决这些难题,从而必须依靠政治的权威,由此决定了政府和国际政府间组织仍然是最主要的治理主体,对全球海洋治理目标的实现起着至关重要的作用。具体到我国而言,我国参与全球海洋治理的最主要、最核心的主体也必然是党领导下的政府,非政府组织、跨国企业、民众等其他非政治行为体则起着重要的补充作用。

二是治理客体问题。治理客体是指全球海洋治理所指向的对象,即制约人类和海洋可持续发展的各种消极因素。根据治理客体所处的层次,可将其大致分为两类。一类是体系内部问题,即现有全球海洋治理体系本身所存在的各种缺陷,包括国家地位的不平等、国际规制的不完善、国际组织未能发挥预期功效、发展中国家的权益和诉求未能充分体现、大国政治和强权政治依旧存在等。这一类问题多为政治性问题,解决方式主要是国家间的政治谈判与协商,其解决程度将对全球海洋治理目标的实现程度起到深层次的决定性作用。另一类是体系外部问题,即发生在海洋或其衍生自然系统上的各种具体问题,主要包括海洋环境问题、海洋安全问题、海洋资源问题、海洋经济问题、全球气候问题以及海洋突发事件的应急管理等。这一类问题处于全球海洋治理的表层,显而易见、感知明显且更多地体现出技术性和操作性的特征。对这些问题的治理主要是依靠国家间的联合行动,其治理效果将直接影响到全体人类的切身利益和海洋的可持续发展。

三是治理目标问题。全球海洋治理的目标可分为直接目标与长远目标两个层面:从直接目标的层面来看,全球海洋治理直接针对的是日益严峻的各种全球性海洋问题,其直接目标是有效应对海洋环境污染、海洋资源枯竭、海洋危机增多等全球性海洋问题,以维持正常的全球海洋秩序;从长远目标的层面来看,全球海洋治理致力于整合主权国家的个体利益与人类社会的整体利益、发达国家的利益与发展中国家的利益、经济利益与社会效益等,进而实现全球范围内的人海和谐,促进海洋的可持续开发和利用。

(二)全球海洋治理与我国何以联结

全球海洋治理与我国之所以能够联系起来,是因为两者之间存在着相互需求,即"中国需要参与全球海洋治理"与"全球海洋治理需要中国的参与"。从前者的角度来分析,我国之所以需要参与全球海洋治理,首先,这是实现自身海洋事业发展、加快建设海洋强国的重要路径;其次,当前海洋领域的国际竞争日趋激烈,各主要海洋强国纷纷将海洋视为国家间经济、科技、军事及综合国力比拼的竞技场,这从侧面要求我国实施更加主动的海洋政策,积极参与到全球海洋治理的进程中来;最后,改革开放以来,我国的海洋实力与国际影响力不断提升,这为我国参与全球海洋治理提供了坚实的物质基础和保障,我国参与全球海洋治理正是我国国家实力不断增强的必然结果。从后者的角度来分析,全球海洋治理之所以需要我国的参与,主要是因为全球海洋治理的目标能否达成在很大程度上取决于我国的参与度和贡献度。我国是联合国安理会常任理事国,也是全球经济总量第二大的国家和世界上最大的发展中国家,同时还是世界上最大的二氧化碳排放国、最大的原油进口国、最大的贸易国等。多种身份的并存使得我国在全球海洋治理中发挥举足轻重的作用。无论是解决全球性海洋问题,还是弥补全球海洋治理的"赤字",抑或完善现有的全球海洋治理体系,都离不开我国的积极参与。国际社会迫切需要我国以自身的力量、经验和方案为全球海洋治理作出更大的贡献。可以确定地说,如果缺少了我国的参与,全球海洋治理的各项行动将事倍功半,甚至徒劳无功。

概言之,内部自身发展的需求和外部国际社会的呼声决定了我国参与全球海洋治理成为一种必然的政策选择,日益走近世界舞台中央的我国有意愿也有能力为实现全球海洋治理的目标贡献出自己的力量。这不仅是全球海洋善治对我国的期待,也是我国作为一个负责任大国对国际社会的责任所在。

二、我国参与全球海洋治理的支撑动力

日益强大的国家海洋实力与国际影响力是支撑我国参与全球海洋治理

的根本动力。在当前的全球海洋治理体系中,大国政治色彩依旧存在,权力仍然是决定国家地位的基础和产生国家行为的归宿。无论是传统海洋强国,还是新兴海洋国家,都在尝试通过更为明智的方式获得权力,而国家权力的大小总是与国家实力的强弱呈显著的正相关性。也就是说,在现有发展水平上继续大力提升我国的海洋实力和国际影响力,是我国参与全球海洋治理并有效发挥作用的前提性条件。

进一步而言,国家海洋实力由海洋硬实力与海洋软实力共同构成。海洋硬实力是指一国在国际海洋事务中通过军事打击、武力威慑、经济制裁等强制性的方式,逼迫他国服从、认可其行为目标,以实现和维护其海洋权益的一种能力和影响力,主要包括海洋经济力量、海洋科技力量和海洋军事力量。海洋软实力则是指通过非强制的柔性方式运用各种资源,争取他国理解、认同、支持、合作,最终实现和维护国家海洋权益的一种能力和影响力,它主要来源于海洋文化、海洋意识、海洋价值观、海洋治理经验等要素。海洋硬实力是外在,海洋软实力是内核,两者相互补充共同影响着国家海洋实力的强弱状况。因此,为了持续增强我国参与全球海洋治理的支撑动力,应从"硬"与"软"两方面着手,一方面继续大力发展海洋经济、海洋科技、海洋军事等海洋硬实力,强化中国参与全球海洋治理的物质基础;另一方面,则应积极传播"人类命运共同体""蓝色伙伴关系""正确义利观""21世纪海上丝绸之路"等理念和倡议,弘扬中国优秀的海洋文化和成功的海洋治理经验,以提升我国的海洋软实力和内在影响力。只有"软硬兼施"不断增强综合海洋实力,我国才能在国际社会中获得更大的权利,才能拥有参与全球海洋治理的不竭动力。

需要指出的是,海洋硬实力与海洋软实力之间的划分并不是绝对的,两者相互促进,在一定条件下又可以相互转化。这意味着我们不仅可以从各自的构成要素着手来增强海洋硬实力与海洋软实力,更可以通过这两种实力的合理运用与恰当转化来促进对方的发展。例如,海洋军事力量是一种典型的海洋硬实力资源要素,但这种资源要素的"非军事性"运用亦是增强我国海洋软实力的重要途径。自2008年我国首次派出舰艇编队赴亚丁湾、索马里海域护航以来,我国海军陆续在叙利亚化学武器护航、也门战乱撤侨、驰援马尔代夫淡水危机、人道主义救援等事件中发挥了重大作用。这不仅有助于特定事件的解决,更树立了我国负责任大国的良好形象,促进了国家海洋软实力的提升。总而言之,我国在大力提升国家海洋硬实力与海洋软实力的同时,也应积极促进两者的相互转化,从而以更小的成本、更高的收益来为我国参与全球海洋治理奠定实力基础。

三、我国参与全球海洋治理的重点领域

全球海洋治理所要解决的问题纷繁复杂,既包括海洋环境保护、海洋科学考察、海洋资源勘探、渔业合作等"低级政治"领域,也包括海洋主权争端、海上恐怖主义、全球气候调控、海洋治理体系完善等"高级政治"领域。面对如此众多且繁杂的海洋问题,我国尚不具备足够的能力同步解决所有问题,而应突出重点、有所侧重。综合考虑各方面因素,我国参与全球海洋治理应着重在以下四个领域有所作为。

(一)在国际关系领域内构建蓝色伙伴关系

蓝色伙伴关系作为"伙伴关系"这一新型国家间关系在海洋领域的引申,是我国参与全球海洋治理的基本路径。之所以这么说,是因为蓝色伙伴关系超越了传统的以具体事务或项目为着眼点的合作计划,而是在国家整体层面上构建起全方位、多层次、交互式的综合合作机制与国家关系定位,旨在与相关国家在最大程度上聚合起利益共同点,减少全球海洋治理中的政策分歧与利益冲突,增进全球海洋治理的平等互信。同时,开放包容、具体务实、互利共赢的蓝色伙伴关系符合各国特别是广大发展中国家的切身利益,顺应时代发展趋势,能够有效推动全球海洋治理体系向着公正、合理、均衡的方向发展并实现各方的互惠互利。基于此,应继续将与国际社会构建起最广泛的蓝色伙伴关系作为我国参与全球海洋治理的重要抓手,通过高层外交、政治交往、经济合作、人文交流等方式,不断扩展我国与其他国家在海洋领域的合作,逐步增强我国在全球海洋治理中的话语权和影响力。

(二)在海洋公共物品领域内增强供给能力

公共物品的非竞争性与非排他性决定了大多数国家都会"坐享其成",产生"搭便车"现象,而仅由少数实力较强的国家来承担供给责任。公共物品供给主体的不平衡是导致全球海洋治理中各国地位不平等的根本原因之一。作为当前全球海洋治理中最为重要的主体,美国提供海洋公共物品的意愿和能力持续下降,加重了全球海洋治理的赤字。面对美国实行消极退

出政策所带来的"供给真空",我国应抓住时机,在器物层面、制度层面、环境层面和精神层面增强供给能力,加大供给各类海洋公共物品,从而保障全球海洋公共物品供需的基本平衡,维护国际海洋秩序的总体稳定。

(三)在海洋环境治理领域内深化大国合作

海洋环境问题已成为制约人类和海洋可持续发展的最严峻挑战。这一类问题的波及范围广、蔓延速度快、影响程度深,即使是内陆国也无法"独善其身"。同时,这一类问题的治理成本高昂,对资金、技术、人力、装备的要求较高,经济落后国家难以承受,由此凸显出大国合作在海洋环境治理中的重要作用。在今后的一个时期内,我国应将加强海洋环境治理的国际合作作为参与全球海洋治理的优先领域之一,在政策沟通、目标设定、科技研发、节能减排、清洁能源、油污处置、垃圾清理、生物保护等方面深化与美国、俄罗斯、德国、澳大利亚、日本等海洋大国的协调与合作,联合开展环境治理和生态修复行动,并以大国之间的良好合作为突破口带动小岛屿发展中国家乃至内陆国的共同参与。

(四)在海洋经济领域内推动"一带一路"海上合作

全球治理的核心是经济治理,全球海洋治理的重点也在于海洋经济领域。在海洋环境、气候变暖、生物保护等诸多治理领域,都可以看到经济成本与社会效益相互博弈的影子。当前,世界各国普遍面临严峻的经济下行压力,部分国家内部的贸易保护和保守主义抬头,全球经济复苏乏力。我国提出的"一带一路"倡议以开放包容、互利共赢为核心,为国际社会提供了广阔的市场和新的经济增长点,得到沿线国的积极响应。下一步,我国应以"一带一路"海上合作为重点,在亚洲基础设施投资银行、中国-太平洋岛国经济发展合作论坛、全球蓝色经济伙伴论坛等框架下开展务实高效的海洋经济合作,推动全球海洋经济发展,造福世界各国人民。

四、我国参与全球海洋治理的基本原则

全球海洋治理在本质上是一种国际政治行为,充满国家间的谈判、妥协、合作、冲突等多种形式的博弈。从这个角度上说,我国参与全球海洋治理的过程实际上就是妥善处理和协调各国之间的博弈,从而实现共同利益最大化的过程。在这一过程中,我国必须坚持坚守底线、合作共赢、循序渐

进、量力而行这四条基本原则。

（一）坚守底线原则

海洋权益和海洋安全是我国的核心利益，也是我国参与全球海洋治理必须坚守的底线。我国参与全球海洋治理的目标固然是实现各方共同利益的最大化，但实现这一目标是有前提条件的，即我国的主权和安全不能受损，我国正当的海洋权益和发展利益必须得到维护。习近平总书记强调，我们爱好和平，坚持走和平发展道路，但绝不能放弃正当权益，更不能牺牲国家核心利益。坚守底线这一原则要求我们将国家利益放在第一位，在涉及国家核心利益的问题上不妥协、不退步，有效维护国家的主权、安全和发展等核心利益。

（二）合作共赢原则

合作共赢原则包括"合作"与"共赢"两层含义。从合作的角度来看，只有包括发达国家与发展中国家、沿海国与内陆国等在内的所有国家共同参与到全球海洋治理中，才能达成最广泛的治理基础，在根本上推动全球海洋治理目标的实现；从共赢的角度来看，海洋利益是可以共享的。我国所主张的全球海洋治理不是排他的零和游戏，而是由各方共同分享治理行动所带来的收益和利益，实现共赢。合作共赢原则顺应了世界发展潮流与开放合作大势，是我国参与全球海洋治理的重要原则，也是世界各国一道共同应对危机挑战、促进地区和平稳定的重要途径，必须长期坚持。

（三）循序渐进原则

全球海洋治理涉及的问题方方面面，各方的利益和矛盾交织，远比国家内部的海洋治理更为复杂，不能寄希望于大拆大建、一蹴而就，而应是在尊重事物发展规律和现实条件的基础上，寻求各方利益和共识的汇合点，以切实可行、注重实效为出发点，一件接着一件干、一年接着一年干。同时，对于目前全球海洋治理体系中的不公正、不合理之处，我国也应坚持渐进改革、不断完善，而不是推倒重来另起炉灶。换句话说，全球海洋治理是一个复杂的系统工程，其治理目标的达成并非是一朝一夕之功，我们必须对此抱有足够的耐心。

（四）量力而行原则

对于我国自身来说，"中国在未来相当长一段时间里，仍然是一个内部改革与发展任务繁重的后发国家,中国的目光首先还是投向国内的,在参与全球治理方面应该量力而行,而不应急躁冒进。中国应当先巩固已有的成绩,再追求更大的作为"。我国应当首先在力所能及的领域发挥作用,在经验累积和实力增强的基础上再逐步扩展,审慎稳妥地完成自身在全球海洋治理中由参与者向建设者和引领者的身份转变,不能急于求成,更不能片面追求在所有海洋治理领域、所有国际规制框架下都争当领导者。事实上,在一段时期内兼备多种身份可能对我国更为有利。

在坚守底线、合作共赢、循序渐进、量力而行这四条基本原则之外,我国在参与全球海洋治理的过程中还应当积极维护发展中国家的正当海洋权益,为发展中国家发声;坚持独立自主,以自身的判断和需要为出发点,不受制于他国的政策;妥善处理沿海国与内陆国的利益冲突,实现利益整合与共同行动,等等。总之,全球海洋治理是一种充满着国家间博弈的政治行为,我国在这一过程中,既应坚持原则立场,又要灵活应对。

五、全球海洋治理与国家内部海洋治理的关系

全球海洋治理只是全球治理的众多领域之一,而全球治理亦只是治理理论在国际层面的延伸和运用。事实上,无论是在主权国家内部,还是在国际社会中,都存在众多需要加以治理的问题,而这些问题之间也存在着千丝万缕的联系。正是由于事物之间的普遍联系,决定了我们必须将全球海洋治理与国家内部的海洋治理结合起来;只有这样,才能最大限度地发挥全球海洋治理的作用,实现全球海洋治理的目标。

有学者指出,海洋治理是指为了维护海洋生态平衡、实现海洋可持续开发,涉海国际组织或国家、政府部门、私营部门和公民个人等海洋管理主体通过协作,依法行使涉海权力、履行涉海责任,共同管理海洋及其实践活动的过程。根据这一观点,全球海洋治理与国家内部的海洋治理都可以归并到海洋治理这一范畴内。不可否认,全球海洋治理与国家内部海洋治理存在着紧密的联系,如均强调治理主体的多元化及其之间的伙伴关系、治理客体具有相似性,均包括制约人类和海洋可持续发展的各种海洋问题,等等;但在这些共同点之外,两者在"客体性质"与"国家主权"这两个层面上存在着显著的区别。

从客体性质的层面来看,一方面,全球海洋治理所指向的客体是超越了

国家的边界而上升到国际或全球层面的各种海洋问题。这一类问题虽然会在根本上威胁到整个人类和海洋的长远发展,但对于每个具体的国家而言,其紧迫程度和政策优先级却存在着显著的不同。例如,全球气候的持续变暖和海洋垃圾的几何级增长已成为关系到太平洋岛国生死存亡的重大问题,但相比较而言,地中海沿岸的发达国家却可能并不会将这一问题置于政策议程的最高级。而国家内部海洋治理所指向的客体是每个国家所面临的最为紧迫的海洋问题,这些问题虽然在不同的国家内会有不同的表现形式,但相同的是,其影响范围基本上是在一国的国土以内,对这些问题的治理程度也将直接影响到各个国家的切身利益及其政权的稳定性,因而会受到各个国家的高度关注并优先解决。另一方面,全球海洋治理的主要实现路径是国际社会的协商合作与一致行动,任何一个国家或国际政府间组织都没有足够的能力独自实现全球海洋治理的目标;国家内部海洋治理则主要依靠单一国家自身的力量,辅之以必要的双边合作或小范围的多边合作,而较少需要整个国际社会的共同行动。

从国家主权的层面来看,全球海洋治理的核心主体之一是国际政府间组织,这一主体得以发挥作用的前提条件是主权国家将其部分国家权力向其让渡,主权国家的权力在一定程度上受到了制约和削弱。此外,包括条约、公约、协定等多种形式在内的国际法律性文件是构成国际规制的主要内容,这些国际规制一经主权国家的签署和批准,便在其国家内部生效,成为这些主权国家制定国内法律的重要法律渊源。主权国家的行为受制于国际规制的强制性规定,这些规定也对主权国家的权力形成了一定的挑战。国家内部海洋治理则主要是国家主权自主发挥作用的领域,基本上属于主权国家的内政问题,其他国家、组织和国际社会不能非法干涉,更不能侵犯主权国家的正当权利。

全球海洋治理与国家内部海洋治理在客体性质与国家主权上的区别,为我国参与全球海洋治理提供了三点启示。一是要优先解决中国内部各种严峻的海洋问题,将自身发展条件的改善置于政策议程的优先地位,在实现自身治理目标的前提下"兼济天下"。正如上文的量力而行原则所言,"中国的目光首先还是投向国内的,在参与全球治理方面应该量力而行,而不应急躁冒进"。二是要积极协调发达国家与发展中国家治理目标的一致性。发展阶段的不同,导致发达国家与发展中国家参加全球海洋治理的目的与动机也不尽相同。发展中国家参与全球海洋治理的目的主要集中在发展经济、消除贫困等"生存"层面,发达国家则更多地侧重于缓解冲突、环境保护、气候变化等"发展"和"改善"层面,两者的目标存在着层次性的差异。世界上最大的发展中国家这一身份,使得我国有责任代表发展中国家就治理目标、行动计划、责任分配等问题与发达国家进行协调和谈判,以维护发展中国家的正当权益,为发展中国家发声。三是要注意对国家主权的维护,这既包括我国在参与全球海洋治理的进程中要坚决维护中国自身的主权和权益,也包括要尊重他国主权,绝不形成霸权,绝不搞强权政治。特别是要注意与我国有类似殖民经历的广大亚非拉发展中国家,这些国家对国家主权有着更高的敏感性和关注度,在全球海洋治理的实践中要着重倾听这些国家的意见、尊重这些国家的意愿。

六、结语

全球海洋治理既是理论拓展的产物,也是时代发展的需求,其价值和目标符合全人类的长远利益和共同福祉,因而获得了国际社会越来越多的关注,也正在逐步走向深入。但是,我们也应当清楚地认识到,全球海洋治理仍是一个新生的治理领域,其涉及的利益和矛盾纷繁交织、极其复杂,真正实现全球海洋治理的目标仍然任重而道远。

作为一个具有世界性影响力的大国,我国参与全球海洋治理是一种必然的政策选择,也必将在实践中不断加深参与程度。全面厘清并准确把握我国在参与全球海洋治理的支撑动力、重点领域、基本原则以及全球海洋治理与国家内部海洋治理的关系等问题,将有助于我国更加顺利地参与到全球海洋治理的进程中来,有助于我国在全球海洋治理中发挥更加积极、更加重要的作用。本文对这几个问题的讨论仅是一些初步的思考,存在着诸多不足之处,不仅需要学术界进一步的完善和修正,更需要实践的不断检验。

文章来源:原刊于《中国海洋大学学报(社会科学版)》2018 年 01 期。

韬海
论丛

科技变革对全球海洋治理的影响

■ 郑海琦,胡波

论点撷萃

以信息化和人工智能为主要特征的第四次科技革命正在进行,新技术能够促进海洋治理主体多元化,提升海上搜救效率和海域感知能力,但同时也可能导致大国海上竞争加剧、新的治理真空和技术非法扩散等新的治理难题。

作为深度参与全球海洋治理的行为体,中国需要:

在运用新技术的同时自我克制,避免陷入与其他大国的恶性军事竞争。科技进步成果往往最先用于军事,缺乏克制容易导致本国提升国防能力的行为被误读和夸大,形成错误形象。国家的自我克制不仅表现在政策宣示上,还需要在行动上增加可信度,包括设定有限目标、发挥适度作用、减少非本意行为等。技术运用的自我克制从方式上看主要为开展技术合作与互补、提高透明度,从功能上看应主要用于非军事目标。中国还需要扩大自身技术发展的透明度,在更大程度上减少意图的不确定性。

遵循已有的国际机制与规范,在海洋治理的新兴领域推动构建合作机制与平台。中国需要在现有框架下参与解决新技术带来的问题,保持中国在海洋治理上的国际形象。机制的建立能够弥补双边或多边条约关系的缺陷,确立有形的制度保障,为维护深海安全提供合作平台,降低合作成本。

加强对企业等非国家行为体的管理,防止出现非法或危害国家安全的

作者:郑海琦,中国人民大学国际关系学院博士

胡波,北京大学海洋战略研究中心执行主任、研究员,中国海洋发展研究中心研究员

技术流通。中国需要加强对人工智能风险的关注,推动有关法律的产生,以制度化形式确立监管;同时加强与美欧等国的合作,确立国际技术流通监管标准。

世界 90％以上的贸易都需要经过海洋,到目前为止,海运仍是全世界运送货物和原材料的最有效方式。[1]在全球化不断深入的背景下,海洋作为地球表面最大公共空间的重要性持续上升,全球性海洋问题日益凸显,海洋治理的相关问题也逐渐受到各国重视。欧盟 2016 年发布其首个全球海洋治理文件《国际海洋治理:我们海洋的未来议程》,提出治理的三个优先领域是改善国际海洋治理框架、减少人类对海洋的压力为可持续发展创造条件、加强国际海洋研究和数据整合。[2]在全球海洋治理的各项因素中,科技占据重要地位。一方面,科技进步拓展了海洋治理的深度与广度;另一方面,很多治理难题伴随着科技发展而出现。对二者关系的把握有助于各国在当前的科技革命中抓住机遇并提前做好应对举措。

一、全球海洋治理的概念与科技的视角

美国南加州大学的罗伯特·弗里德海姆(Robert L. Friedheim)最先提出全球海洋治理的概念。他认为,这一概念是指制定一套进行海洋利用和分配海洋资源的公平有效的规则、提供解决海洋冲突的路径以及从海洋获益,特别是缓解相互依赖世界中的集体行动问题。[3]国际海洋学院的伊丽莎白·鲍格才(Elisabeth Mann Borhgese)教授认为,海洋治理是指海洋事务不仅由政府管理,而且由团体、企业和其他利益相关者管理的方式,包括国家法律和国际公法和私法、习俗、传统和文化以及各行为体建立的机构和制度。[4]有效的海洋治理需要全球认同的国际规则和程序、基于共同原则的区域行动以及国家法律框架和政策。[5]还有学者提到,海洋治理是国家、市场、公民和政府与非政府组织之间正式和非正式的制度、机制、关系和过程,借此阐明集体利益、确立权利和义务并弥合分歧。[6]国内已有的研究认为,全球海洋治理是在全球化的背景下,各主权国家的政府、国际政府间组织、国际非政府组织、跨国企业、个人等主体,通过国际规制和协商合作来共同解决全球海洋问题,进而实现全球范围内的人海和谐以及海洋的可持续开发和利用。[7]全球海洋治理的目标是解决全球海洋问题和实现人海可持续发展。[8]海洋治

理的六个原则包括责任、规模匹配、预防、适应性管理、完全成本分配、参与。[9]海洋治理的三个维度包括规范、制度安排和实质性政策。[10]综上,全球海洋治理概念具有以下特点。第一,全球海洋治理主体多元化,涵盖从个人到国家多个层次。第二,机制与制度安排不可或缺。合作机制设定了一组国家之间关系的运作方式,为相互沟通和影响提供了网络和渠道。[11]机制能够规定法律框架、降低交易成本、减少信息的不对称性。[12]第三,治理客体包括安全、经济和环境等多个领域,本文主要考虑安全领域。

关于科技与全球治理的关系,现有的研究主要聚焦于技术层面,即重点探讨科技如何推动治理规则及制度的发展。有学者以《联合国特定常规武器公约》为例,认为技术进步推动了全球规则的制定。但随着各国政府和国际机构争相在有关人类福祉和全球秩序领域的创新,技术变革的激烈步伐可能会使全球治理出现大幅滞后。如在外空和网络、无人机作战等领域,国际法和国际规则并不存在。[13]福山分析了信息和生物技术对治理的影响,认为信息技术可能用于犯罪和恐怖活动,生物技术可能带来跨国治理问题,因此需要国际合作建立新的治理机制。[14]联合国开发计划署的报告分析了技术与全球治理中的发展问题的联系,认为国际安全与贸易的诸多规则与技术相关,技术在经济和人类发展中发挥主要作用。目前技术未能满足贫穷国家的发展需求,很大程度上是由于全球治理体系不足以引导技术变革进程。[15]还有学者分析了人工智能和大数据技术对全球治理的影响。第一,大数据虽然增加了人类在治理方面的能力,但涉及大数据的算法、技术构件、物联网等日益独立于人类控制。第二,大数据因其来源多元化而带来新的边界冲突,大国试图通过控制大数据和排除竞争对手来获取优势。[16]大数据使全球治理由事后治理向事先预警转变,由粗放式治理向精准化治理转变,由千篇一律式治理向量身定制式治理转变。[17]人工智能可以改变全球治理过程,克服人类思维的偏见和局限性,提高决策效率,为解决诸如气候变化等高度复杂问题提供全新的方法,但政府需要加强风险管理,避免技术伤及自身。[18]

唐纳德·伯施(Donald F. Boesch)分析了科学在海洋治理中的角色,认为科学在全球海洋治理机制中作用有限,但科学为区域海洋治理作出了重要贡献,特别是存在强烈的科学共识、明确的问题和解决方案以及文化观念趋同的情况下。[19]

显然,学界从科技视角探讨全球治理的研究仍显不足,关于科技与全球海洋治理关系的研究更为欠缺。然而,从历史上看,科技创新与应用是全球海洋治理发展的前提和原生动力。全球海洋的连通性和不可分割性决定了海洋的利用与管理具有先天的开放性特征,各沿海国在开发和利用海洋时,需要考虑到自己的国际责任并兼顾他国利益;但正是科技进步使得一切成为可能,推动人类足迹不断从沿岸到近海再到远洋,从水面到水下再到海底。海洋事业的发展与科技进步息息相关,同样,海洋治理的每次大发展基本是与历次科技革命和重大科技变革相伴随的。同时,海洋治理的难题或困境也是推动海洋科技变革的重要动力之一。

二、历次科技变革对全球海洋治理的影响

第一次科技革命的核心是蒸汽机的发明与蒸汽动力的运用,远洋航行从主要依靠自然能转为依靠机械能,人类海洋活动范围取得质的扩展。在蒸汽时代之前,各国的海上贸易主要由风力驱动的帆船完成。风力为船只提供的动力有限且具有极大不确定性,尤其是印度洋地区的季风严重约束了舰队行动。此外,海上贸易遭到海盗破坏后,海军很难短时间内予以应对。蒸汽技术产生后很快运用于海洋,为海军舰船动力带来第一次革命性提升,使各国海军可以摆脱自然条件的束缚。1850 年蒸汽舰就已经表现出比帆船更快的速度和更优的性能,风帆战舰开始向铁甲巨舰转变。蒸汽动力使海洋国家获得相对海盗的巨大优势,困扰数世纪的痼疾很大程度上得以缓解。有学者指出,19 世纪末 20 世纪初蒸汽动力的发展和海洋大国海军的建立使海盗问题濒于结束。[20]

第二次科技革命以电力和电磁通信为主要特征。从治理主体来看,舰船通信技术得到显著改善,不同水域舰船之间能迅速进行信息传递。电磁通信设备发明之前,海上信息传递主要通过个体与船队相互交换获得,这种通信方式效率低下且容易造成信息滞后。电力的首次有效运用是在通信领域的应用,无线电报等技术使信息能快速跨洋传播。1899 年,基于马可尼(Guglielmo Marconi)在英吉利海峡的成功试验,英国皇家海军 3 艘舰艇装备无线电通信设备,其后各国也利用无线电保持船只联系和协调海军行动。同时,内燃机和电力又一次提升舰船动力并改善蒸汽推进。舰艇的电力推进装置被称为柴电或涡轮电力系统。柴电驱动比已有的蒸汽机速度更快、

更高效、更安静,并于 1900 年后在海军的引领下改进了诸多不足之处。1815 年的船只与 1650 年的船只差别不大,但 1910 年的舰船与半个世纪前的蒸汽船几乎没有共同之处。柴电系统此后逐步取代蒸汽机,并用于水面舰艇和常规潜艇,直至今日仍是海军舰船的主要推进系统之一。[21]

科技的进步刺激着新的治理问题不断涌现,而新的治理问题又促使各类海洋机制和规范不断达成,以协调国家的海上行为。1855 年,美国海洋学家莫里(Matthew Fontaine Maury)就指出,随着蒸汽技术的发展,北大西洋的船只可能由于大雾和高密度通行量而存在碰撞的危险。1898 年,在美国海军的支持下,五家主要的跨大西洋蒸汽轮船公司缔结了北大西洋航线协议,为蒸汽船提供定期航线,这些航线一直沿用到 1924 年。在海上传统安全方面,1922 年《华盛顿海军条约》和 1930 年《伦敦海军条约》推动了主要国家的海军军备削减,一定程度上缓解了海上安全竞争。在海上运输方面,第二次工业革命带来了石油海上运输的迅速增加,由此产生了海洋环境问题。1954 年诞生的《防止海洋石油污染公约》旨在采取共同行动防止船舶泄露的石油污染海洋。此外,考虑到铁甲舰相比风帆战舰的优势战斗力,各国还开始重视海上人员安全问题。1899 年 29 个国家签署《关于日内瓦公约的原则适用于海战的公约》,保护海上医疗和救援船只,减少海战带来的损害。[22] 1913 年《国际海上生命安全公约》在伦敦签订,并于 1924 年和 1948 年分别进行修正,用以保障海上人员安全。1948 年日内瓦国际会议通过公约,正式建立国际海事组织的前身政府间海事协商组织,处理海上安全、防止和控制船舶造成海洋污染等问题。

兴起于 20 世纪 50 年代前后的第三次科技革命以原子能、电子计算机等为主要标志,这些技术在海洋领域获得广泛运用。核动力的出现使舰艇能长时间在海上执行任务。此外,核燃料占用空间相对较小,能够节约空间携带其他战略设施,如小型飞行器、远程自主潜航器以及其他武器。一艘核动力航母能比常规航母多携带 2 倍的舰载机燃料、30% 的武器和 30 万立方英尺(约合 8495 立方米)的额外空间。[23] 核潜艇相比常规潜艇最根本的优势是能够控制使用核反应堆中的巨大能量,使核潜艇长时间保持高航速,在全时段、全天候、全潜深条件下使用,具有无与伦比的战术灵活性。[24] 长时间续航能力有助于保持前沿存在的稳定和治理的持续。目前,核动力推进的舰艇已被不少国家用于反海盗。2009 年,美国向亚丁湾部署"艾森豪威尔"核动力航母打击群,以应对日益猖獗的海盗威胁。由于其能搭载更多飞机,因此适于向海盗发起快速打击。[25]2013 年 12 月,为了配合索马里反海盗任务,中国"商"级(即 093 型)核攻击潜艇首次在印度洋进行为期 3 个月的巡航。核技术的应用引发了新的治理问题,从而推动新规范的达成。考虑到核武器的巨大杀伤力,美、英、苏于 1963 年达成《部分禁止核试验条约》,限制水下核试验。相关国家还于 1971 年达成《海上核材料运输民事责任公约》,管控海上核材料的秘密运输。此外,1971 年美、苏等 22 国签署《关于禁止在海床、洋底及其底土放置核武器和其他大规模毁灭性武器条约》,防止核武器和国际冲突向海底扩散。1982 年的《联合国海洋法公约》列出了核动力船只和运载核材料的船只应遵循的国际规定,并对海上争端提供了系统的解决方案。1986 年,五大常任理事国签署《南太平洋无核区条约》,禁止在南太平洋无核区内使用核爆炸装置。

计算机技术在信息处理方面带来了革命性变化,信息处理的速度和效率得到根本性提升。在此之前,完全依靠人力收集信息成本高且效率低下,特别是在海洋上,复杂的气象条件会极大地限制信息获取。计算机技术在海洋领域的运用较早,20 世纪 60 年代美国海军开发的海军战术数据系统(NTDS)就得益于此。在海军战术数据处理系统中,计算机将情报送往控制台,在战斗状态时提供行动方案,能将很多常规工作自动化,加快工作进度和精确性。[26]在经过不断改进后,海军战术数据系统仍服务于美国海军。

与计算机技术相伴随的是网络技术的发展。网络技术改变了海洋治理的"碎片化"态势,有助于推动整合治理。网络使信息共享更为快捷,减少了行为体间由于空间距离和人员素养差异导致的信息不对称,有助于海上力量的联合行动。计算机的信息存储和检索系统能实时提供潮汐、水流和海上交通的准确信息,大大减少航行风险。网络技术能将各港口联合起来,提供船只信息,从而改善港口运行并提升海上贸易的安全和效率。此外,更广的覆盖范围将有助于监管机构监测船只流动情况,加强海岸管理。[27]1979 年通过的《国际海上搜寻救助公约》中提到,救助中心需要迅速获得有关海上遇险船舶或人员的位置、航向、航速及呼号或船舶电台识别号等情报,且此类情报须保存在救助中心以便在必要时迅速取得。1979 年成立的国际海事卫星组织(IMSO)旨在提升海上搜救效率,海岸站需要利用网络和海事卫星进行连接,从而将船只信息储存在计算机中备用。在这方面,计算机技术将发挥不可替代的作用。有分析认为,在索马里反海盗行动中,各国的分散行动和信息网络较差往往导致重复工作,使海盗从中获益。因此,地中海国家需要通过彼此的信息网络展开合作,协调各国作战中心。[28]

计算机技术也加剧了国家在网络领域的竞争,依靠网络整合海上力量并取得优势。美国海军于 1998 年提出"网络中心战"(Network Centric Warfare)概念,使分散的舰艇、飞机和岸基设施加强有效沟通,并连续快速地共享大量关键信息。网络使其能够共享信息和建立共享意识,并相互协作以达到行动的同步。[29]美国还认为,中国海军的信息化建设是对美国以及其他西方国家军队提出的"网络中心战"、制信息权以及相关构想的吸收和重新包装,因此需要予以重视和应对。[30]

三、第四次科技革命带来的机遇与挑战

2014 年 11 月 19 日,习近平主席在首届世界互联网大会的贺词中指出,当今时代,以信息技术为核心的新一轮科技革命正在孕育兴起。[31]兴起于 21 世纪 10~20 年代的第四次科技革命以信息技术为核心,主要表现为机器人和人工智能、3D 打印、精准医疗、新能源和新材料。[32]不过,被誉为第四次科技革命的核心技术如 3D 打印、人工智能和物联网等,都是对已有技术的集成化运用,实际上算不上颠覆性技术。或者说,有可能改变海洋空间和海洋政治格局的技术还没有出现,尚在酝酿和试错阶段。[33]与前三次科技革命一样,第四次科技革命对全球海洋治理既提供了难得的机遇,也带来了新的不确定性和挑战。

其一,新的科技将成为全球海洋治理的倍增器,有助于壮大参与全球海洋治理的力量,实现多层次、多维度治理。当下全球治理主体主要是主权国家政府,其他主体参与程度有限。治理主体的不平衡主要表现为国家和其他国际组织地位和作用上的差异。[34]国家在全球海洋领域的治理优势更为明显,因为海洋治理的门槛相对较高,需要大量的人力、物力、科技和军事力量的投入。国家具备强大的投送能力和前沿存在能力,使得它是唯一有能力应对重大海上挑战的行为体。[35]海军在国际水域中拥有前沿存在和自由行动的能力,可以迅速作出反应,并能对即将到来的情况进行应急调整,打击恐怖分子或防止更复杂的攻击。[36]而且,国家提供海洋公共物品的意愿更强。提供海洋公共物品是保持国家形象、构建海洋软实力的重要途径,在主要国

家的海洋战略与政策文件中都有所反映。当前,全球海洋治理面临的最大问题是公共产品的供给与需求严重不足;即便是国家也无法承担所有治理责任,需要非国家行为体作出更大的贡献,因此治理主体的多元化显得尤为必要。第四次科技革命加剧了技术的全面扩散,使得诸多非国家行为体拥有了更强大的治理能力。这虽然不会撼动国家的主导地位,但其他主体将获得更多机会参与全球治理。美国安全中心的报告认为,人工智能的前沿研究大多出现在私营企业,因此美国需要推动人工智能领域的公私合作,改革现行采购办法,设立奖励机制,为人工智能专家和技术人员灵活进入政府从事短期工作创造条件。[37] 例如,进行人工智能研发的企业能帮助国家增强海上情报、监视、侦察能力。英国马诺尔研究公司(Roke Manor Research)为皇家海军提供了场景感知的人工智能软件,通过不同的算法和智能特征的结合,帮助军舰探测和评估战斗情景、检测和处理迫在眉睫的威胁。该公司也成为第一个将人工智能软件与国防科技实验室主办的海上作战系统演示相整合的企业。[38] 此外,以色列卫星图像公司(Image Sat International)已经开发出人工智能设备用于处理非法捕捞、外国海上军事活动、反恐和反海盗等海上问题。[39]

当然,非国家行为体的增多及其能力的提升也增添了新的问题。多元化主体参与治理固然可以带来诸多优势,但随之而来的问题就是对非国家主体的管理,尤其是在智能领域已经取得突出成果的企业。美国国防部副部长罗伯特·沃克(Robert O. Work)曾表示,最出色的人工智能人才并不在五角大楼,而在脸书(Facebook)和谷歌。[40] 作为追求赢利的行为体,企业可能会出于经济目的将技术出售给犯罪或恐怖主义组织。联合国的报告认为,虽然在最初阶段,机器人技术和全自动化武器系统(LAWS)可能只有科技发达国家才会拥有,但很可能快速扩散,恐怖分子将会积极寻求这类武器。非法扩散使恐怖分子能通过各种渠道获取武器,这将进一步加剧全球和地区不稳定。[41] 其他机构的报告也提到,最初,技术进步将给资金充足、技术先进的国家带来最大优势;随着价格下降,资金短缺和技术落后的国家将获得这种技术,同时非国家行为者也将采用这种技术。未来恐怖分子可能会越来越多地运用无人平台。[42] 据报道,“伊斯兰国”曾经使用无人机进行监视和打击伊拉克政府军,并建立了一支搭载炸弹的无人机编队。虽然“伊斯兰国”的无人机无法携带大型炸弹,但即使是一枚小型炸弹也有 9.1～13.7

米的有效爆炸半径,如果在人口密度大的地区爆炸足以杀伤数十人。[43]

智能技术也存在向海盗等海上犯罪团体扩散的趋势,给海洋安全治理带来新的挑战。海盗能够轻易获得装有摄像的无人机,并开始将其用于监视和袭击船只。小型无人机花费不高且可以从甲板上发射,因此海盗或其他组织雇用无人机是完全可能的,甚至可能成为潜在威胁。而在此之前,海盗必须依靠港口的瞭望员或伪装成渔民获得来往船只情报。[44]一旦海盗选定了目标,他们就可以使用无人机来评估船只的装备情况以及船员是否处于警觉状态,据此提高自身行动的安全性和成功概率。虽然目前还没有关于类似情况的报道,但仍需要引起各国重视,无人机技术随时可能为海盗所用。如果海盗装备了用于监视和提供武器的无人机技术,那么反海盗可能需要在远距离范围展开。海盗可能还将具备破坏海上秩序或挑战海军通过争议水域的能力,这一点不应被海军忽视。[45]

其二,新的技术变革将使得人类对海洋的全面治理成为可能。海洋特别是深海是最后未被人类全面系统感知和利用的战略空间。迄今为止,无论是对海洋的开发还是治理,都尚停留在点状和线状的探索,绝大部分海洋空间还处在待有效认知的状态。大数据、人工智能和量子通信等新技术的兴起,为全面探索、开发和治理海洋提供了前所未有的机遇。目前海域感知的一大难点就在于数据获取受环境因素限制较多且相关数据过于庞大。例如,英国国家海洋信息共享中心(NMIC)每天收到 1000 多万份报告,而且这些报告还不包括未被识别的船只。[46]人工智能有助于提高海洋数据的收集和分析速度,并可用于改进现有装备,甚至可以预先识别海上威胁。美国海军已经运用人工智能制造可以对特定地点海盗袭击做出预测的模型。该模型算法综合了海盗活动的情报以及海洋气象水文条件,能够模拟海盗在特定区域发动袭击的可能性以及成功概率。基于此,海军可以绘制更安全的海上航线图。[47]此外,美国国防部高级研究计划局(DARPA)于 2017 年提出"海上物联网"(Ocean of Things)计划,通过部署数以千计的小型智能浮标,形成分布式传感器网络,在广阔海域维持持久的海洋感知能力。每一个智能浮标都将包含收集数据的传感器,通过卫星定期传送数据到云网络进行存储和实时分析。高级计划局战略技术负责人沃特斯顿(John Waterston)说,利用现有平台持续监测海洋成本高昂,该计划的目标是将强大的分析工具与传感器相结合,创建智能浮标传感器网络,以较低成本提高海域感知能力。[48]智能化装备还可以减少潜在的人员伤亡,降低救援成本。无人和智能化平台能在更为复杂和恶劣的海洋环境下行动,能有效进行成本和风险规避,这也是近年来无人装备和无人系统迅速发展的一大动因。

对于此前人类极少进入的深海空间,各国在新兴技术的支撑下,正在推动各类"透明海洋"计划,即通过构建海洋立体观测系统,支撑海洋过程与机理研究,进一步预测未来特定时期内海洋环境、气候及资源的时空变化,形成状态"透明"、过程"透明"和变化"透明"的海洋。新的感知、通信和观测技术推动着深潜器、无人潜航器等装备的日新月异,后者大大增强了人类在深海空间的活动能力。未来,第四次科技革命将大大拓展人类认知和利用海洋的深度与广度,人类也有可能实现对海洋空间的全面系统治理。

此外,智能化的发展能够在冲突场景中有效弥补个体主观判断的不足,可更好地管控冲突和摩擦。意图的不确定是国际政治中的普遍现象,尤其是在冲突环境下,对对方意图的把握至关重要,否则可能产生误判导致冲突升级。一方面,人工智能决策不容易产生错误知觉。人工智能不受疲劳等生理因素的影响,并可以考虑到其他战略心理层面因素,如不受挑战升级的压力影响、在没有系统分析前不会对过去的事件进行虚假类比。人工智能可以更好地规避基于人类处理数据和决策的主观偏见。[49]另一方面,人工智能作为数据化工具,能将原本具有较大不确定性的国家意志与战略意图等主观因素以概率的形式获得明确展示。[50]有学者指出,机器学习能在不控制信息变量的情况下,从杂乱混合的数据中产生模式识别,预测研究对象的冲突行为。[51]人工智能可以帮助冲突方了解特定冲突的本质,还能计算所有可能的情况并提供最佳方案,将正在发生的冲突引向正确方向。[52]

其三,技术的快速进步可能引发新一轮的军备竞赛,重塑海洋战略格局,进而影响全球海洋治理格局。经验表明,技术的变革往往导致国际力量对比发生新的重大变化。与历次科技变革类似,新技术可能会引发海洋强国的军事竞争,最终形成新的战略格局。未来,究竟是美国继续扩大与其他力量的能力差距,强化"一超优势"的态势,还是中国等其他大国能进行弯道超车,这在很大程度上取决于他们对新技术的创新与应用。就海洋科技发展的历史轨迹来看,技术的进步和突破往往首先应用于军事领域。在第四次科技革命浪潮来临之际,世界主要国家纷纷将颠覆性技术作为未来决胜战场的制高点。美国国防部 2014 年提出的"第三次抵消战略"(The Third

Offset Strategy)中,核心领域之一就是将人工智能与自主系统运用于美军作战网络,并重点关注自主学习系统、人机协同决策、无人系统以及网络自主武器。[53]美国2015年发布的《海军科技战略》提到,改变游戏规则的能力源于科学研究,对当前科技进行投资将确保美国海军在21世纪保持力量和影响力。其中,重点关注的科技领域包括自主和无人系统。[54]美国参谋长联席会议副主席保罗·塞尔瓦(Paul J. Selva)提出美军未来着力研发的六大新技术,其中包括机器人、人工智能和深度学习。[55]2017年的《海军研发框架》认为,美国的海上主导地位得益于技术优势。在全球技术快速发展的背景下,美国海军新技术的研发和转化速度却在放缓,过去积累的海上优势地位正被竞争对手侵蚀。技术竞争的趋势之一就是大数据的发展,提出将人工智能与信息通讯指挥攻击系统(C4ISR)融合,以实现持续预警。[56]《2018美国国防战略报告》指出,安全环境受到技术进步的影响,大数据分析、人工智能、自主技术、机器人等将确保美国打赢未来战争。[57]

新技术的发展可能会造成大国竞争,冲击海洋安全秩序。新技术将以不确定和不可预知的方式改变大国军事关系。随着中国崛起为科技强国,美国在军事领域的优势正在下降。[58]美国认为,中国正在发展一系列具备人工智能和自主作战能力的巡航导弹,在战时帮助军队定位目标;同时,中国还可能将核潜艇与人工智能结合。虽然核潜艇的有效运作依赖船员的技巧、经验和效率,但现代战争的复杂性可能会使个体操作失灵,引入人工智能决策支持系统可以减少指挥人员的工作量和精神负担。[59]此外,美国可能将智能技术和平台转移给海上盟友和伙伴,合力限制中国的海洋行动。对于大多数美国盟友而言,智能化、小型化、分布式平台更易操作,成本也更好控制,这客观上有利于美国技术向其盟友的扩散和转移。鉴于人工智能等技术在军事领域的高效,如果美国及其盟友都拥有在海上针对中国的技术和平台,中国的海洋活动可能会受到较大掣肘。技术发展的不确定性推高了战略误判的可能性,中国、俄罗斯等国开发并运用新技术的行为又会被美国视为挑战与"威胁",这种负面认知螺旋容易造成海上战略关系的不稳定。

其四,新技术会带来新的治理真空,需要构建相应的国际机制和规范。信息化和智能化的发展将产生诸多原本不存在或存在而未暴露的问题,导致治理真空出现,其中深海安全是海洋治理真空的突出表现之一。由于技术条件限制,深海直到目前仅为特定国家利用和开发,受到的国际关注相对较少。深海作为最后未被人类大规模进入或认知的空间,各类规则制度有待构建。此外,深海空间潜在战略意义重要,深海规则与秩序的未来发展趋势攸关全球治理结构和国际秩序。[60]目前,有关深海的国际制度和规范主要聚焦于资源开发和保护,如《多金属结核探矿和勘探规章》《多金属硫化物探矿和勘探规章》《富钴结壳探矿和勘探规章》《国家管辖范围外海域生物多样性国际协定》,但军事安全方面缺乏相关制度安排,仍然接近治理真空。在深海军事战略价值逐渐为各国认识的背景下,新技术的出现为大国发展深海军事能力提供了契机。美国智库的报告提到,技术进步很可能会引发水下战的新一轮剧变。大数据能实时运行复杂海洋模型,新燃料能提升水下平台的续航和隐身能力,用于长时间军事行动。无人潜航器和远程潜航器已开始普遍用于深海活动。[61]美国正在发展深海无人平台项目,被称为浮沉载荷(Upward Falling Payloads)的平台能够用于作战保障和从深海发射无人机。俄罗斯也不甘落后,与美国进行深海安全竞争。俄罗斯开发了自主远程侦察潜航器,并可能正在研制自主水下潜航器,同时也致力于开发能在深海进行复杂操作的无人潜航器。[62]美、俄等大国的深海安全博弈需要妥善应对,因此深海规则和秩序的建立显得更为必要,全球海洋治理的议程也需要随着技术进步而扩大。

四、中国的应对举措

随着"21世纪海上丝绸之路"建设的展开,中国参与全球海洋治理的程度也不断加深。2017年,国家发改委和国家海洋局联合发布的《"一带一路"建设海上合作设想》提出共同参与海洋治理,并加强海洋科技创新。[63]在2017年6月召开的联合国海洋大会上,国家海洋局副局长林山青表示,增进全球海洋治理的平等互信,共同承担全球海洋治理责任,推动构建更加公正、合理和均衡的全球海洋治理体系。[64]

首先,在运用新技术的同时自我克制,避免陷入与其他大国的恶性军事竞争。科技进步成果往往最先用于军事,缺乏克制容易导致本国提升国防能力的行为被误读和夸大,形成错误形象。目前,自我克制机制广泛运用于冲突管控方面。阿德勒(Emanuel Adler)认为,安全共同体的构建部分取决于行为体自我克制的倾向。国家的自我克制不仅表现在政策宣示上,还需要在行动上增加可信度,包括设定有限目标、发挥适度作用、减少非本意行为等。技术运用的自我克制从方式上看主要为开展技术合作与互补、提高透明度,从功能上看应主要用于非军事目标。一方面,中国应在中俄良好的整体关系框架下,推动与俄罗斯的科技合作。2017年两国举办首届"中俄创新对话",为两国人工智能企业合作建立了平台。另一方面,中国需要以海上非传统安全合作为基础,强调与美国等国的海上共同利益。2012年,中美护航编队在亚丁湾进行了第一次反海盗联合演习,此后每年举行一次。美国海军第五舰队副司令约翰·米勒(John Miller)认为,中美两国海军在保持海洋领域的合法进入和安全使用方面享有共同利益,为此需要威慑、瓦解并击败海盗。演习表明中美可携手解决海上安全挑战。[65]中国可以将人工智能成果用于反海盗、海上搜救等活动,加强海洋公共产品的供给,降低美国的担忧。中国还需要扩大自身技术发展的透明度,让美国对中国的活动目标和范围有更清晰的认知,在更大程度上减少意图的不确定性。

其次,遵循已有的国际机制与规范,在海洋治理的新兴领域推动构建合作机制与平台。中国一直积极参与海洋领域现有机制和组织,于1973年加入国际海事组织、1975年当选B类理事国、1989年当选A类理事国并连任至今。中国于1982年签署《联合国海洋法公约》并于1996年批准加入,同年成为国际海底管理局第一届理事会B组成员,2004年成为理事会A组成员。中国需要在现有框架下参与解决新技术带来的问题,保持中国在海洋治理上的国际形象。在2016年第五次联合国特定常规武器会议上,中国呼吁将无人化和自动化武器纳入国际法的管制下。这一倡议有助于管控国家在海洋智能化武器上的竞争。中国对深海空间治理的参与也应如此。当前,中国的深海活动主要聚焦于科研与开发海底资源,如"蛟龙探海"工程和深海油气勘探。短期内中国的活动也将集中在这些方面,因此需要遵守国际海底管理局的制度安排。而在治理真空特别是深海安全领域,中国可以联合具有同样诉求的国家建立相应合作机制与平台。中国可以推动美、俄等大国构建深海安全管理机制,保持热线联系和建立信心举措,防止出现事故性冲突。机制的建立能够弥补双边或多边条约关系的缺陷,确立有形的制度保障,为维护深海安全提供合作平台,降低合作成本。

最后,加强对企业等非国家行为体的管理,防止出现非法或危害国家安全的技术流通。中国发布的《新一代人工智能发展规划》提到,要建立健全公开透明的人工智能监管体系,实现对人工智能算法设计、产品开发和成果应用等的全流程监管;促进人工智能行业和企业自律,切实加强管理。[66]随着人工智能企业积极走向海外合作,监管显得更为必要。2017 年 12 月,美国国会提出《人工智能未来法案》,列出有关法律责任和权利的事项,包括人工智能违反法律规定时的责任认定。[67]欧盟法律委员会也提出,考虑到技术发展带来的潜在危险,需要建立监管机器人和人工智能的机构以维持对技术的掌控。[68]中国需要加强对人工智能风险的关注,推动有关法律的产生,以制度化形式确立监管;同时,加强与美、欧等国的合作,确立国际技术流通监管标准。

五、结语

全球海洋治理具有多元化的参与主体与议程内容,随着整个世界加快走向海洋,海洋治理问题显得愈发重要。历史上数次科技变革对全球海洋治理带来了不同程度的机遇和挑战,正在兴起的第四次科技革命再次推动全球海洋治理进入一个全新的发展阶段,各国在抓住机遇的同时也需要管控好挑战。国际社会已经充分认识到,全球性海洋问题无法依靠一国之力解决,因此在治理中具有主导地位的国家需要坚持合作治理,避免陷入军事竞争。但是,全球海洋治理仅仅依靠国家仍显不足,尤其考虑到企业在人工智能领域取得的先进成果,全球海洋治理亟须纳入更多非国家行为体。对中国而言,如何利用科技成果服务海洋强国战略和构建人类命运共同体将是未来优先事项。总之,全球海洋治理问题随着科技变革会不断产生,需要各方在共同利益下长期协作。

文章来源:原刊于《太平洋学报》2018 年 04 期。

注释

1 The United Nations, "IMO Profile", Mar.10, 2018, https://business.un.org/en/entities/13.

2 European Commission, "International Ocean Governance:An Agenda for the Future of Our Oceans", Mar. 10, 2018, https://ec. europa. eu/maritimeaffairs/policy/ocean-governance_en.

3 Robert L. Friedheim, "Ocean Governance at the Millennium:Where We Have Been-

Where We Should Go", Ocean & Coastal Management, Vol.42, No.9, 1999, p.748.

4 Elisabeth Mann Borgese, Ocean Governance, International O-cean Institution, 2001, p.10.

5 D. Pyc, "Global Ocean Governance", The International Journal on Marine Navigation and Safety of Sea Transportation, Vol.10, No.1, 2016, p.159.

6 Peter Lehr, "Piracy and Maritime Governance in the Indian Ocean", Journal of the Indian Ocean Region, Vol.9, No.1, 2013, p.105.

7 王琪、崔野:《将全球治理引入海洋领域——论全球海洋治理的基本问题与我国的应对策略》,《太平洋学报》,2015年第6期,第20页。

8 袁沙:《全球海洋治理:从凝聚共识到目标设置》,《中国海洋大学学报(社会科学版)》,2018年第1期,第8页。

9 Robert Costanza, Francisco Andrade, "Principles for Sustainable Governance of the Oceans", Science, Vol.281, No.5374, 1998, pp.198-199.

10 Edward L. Miles, "The Concept of Ocean Governance:Evolution Toward the 21st Century and the Principles of Sustainable Ocean Use", Coastal Management, Vol.27, No.1, 1999, p.5.

11 〔美〕约翰·伊肯伯里著,赵明昊译:《自由主义利维坦:美利坚世界秩序的起源、危机和转型》,上海人民出版社2013年版,第75页。

12 〔美〕罗伯特·基欧汉著,苏长和、信强、何曜译:《霸权之后:世界政治经济中的合作与纷争》,上海人民出版社2001年版。

13 Stewart M. Patrick, "Technological Change and the Frontiers of Global Governance", Council on Foreign Relations, Mar.14, 2013, https://www.cfr.org/blog/technological-change-and-frontiers-globalgovernance.

14 Francis Fukuyama, Caroline S.Wagner, Information and Biological Revolutions:Global Governance Challenges, Rand, 2000, pp.2-3.

15 UNDP, Global Governance and Technology, Dec.2000, p.3.

16 Hans Krause Hansen and Tony Porter, "What Do Big Data Do in Global Governance?"Global Governance, Vol.23, No.1, 2017, p.31.

17 沈本秋:《大数据与全球治理模式的创新、挑战以及出路》,《国际观察》,2016年第3期,第19~23页。

18 Marcella Atzori, Global Governance in the Age of Disruptive Technology, Global Challenges Foundation, 2017, p.43.

19 Donald F. Boesch, "The Role of Science in Ocean Governance", Ecological

Economics，Vol.31，1999，p.189..

20 Jason Abbot and Neil Renwick，"Pirates？ Maritime Piracy and Societal Security in Southeast Asia"，Global Change，Peace&Security，Vol.11，No.1，1999，p.11.

21 Joel Mokyr，R. H. Strotz，"The Second Industrial Revolution，1870-1914"，Storia Delleconomia Mondiale，Vol. 41，No. 33，2003，p. 7，https://cpb-us-east-1-juc1ugur1qwqqqo4. stackpathdns. com/sites. northwestern. edu/dist/3/1222/files/2016/06/The-Second-IndustrialRevolution-1870-1914-Aug-1998-1ubah7s.pdf.

22 Official Document "Convention for the Adaption to Maritime Warfare of the Principles of the Geneva Convention of August 22，1864"，The American Journal of International Law，Vol.1，No.2，1907，p.161.

23 Jack Spencer and Baker Spring，"The Advantages of Expanding the Nuclear Navy"，The Heritage Foundation，Nov.5，2007，p.1.

24〔美〕安德鲁·埃里克森等编,刘宏伟译:《中国未来核潜艇力量》,海洋出版社 2015 年版,第 63 页。

25 Martin Sieff，"U.S.Nuclear Supercarrier Sent to Fight Somali Pirates"，UPI，Feb. 23，2009.

26《美海军战术数据系统的计算机》,《电子计算机动态》,1961 年第 8 期,第 56 页。

27 Marine Safety Counci, 1"How Technology is Affecting the Maritime World"，Proceedings，Vol.53，No.3，1996，pp.11-12.

28《地中海沿岸各国海军加强网络合作打击海上犯罪》,中国网,2008 年 5 月 19 日,http://www.china.com.cn/news/txt/2008-05/19/content_15337819.htm。

29 David S. Albert，John J. Garstka，Fredrick P. Stein，Network Centric Warfare：Developing and Leveraging Information Superiority，DoD C4ISR Cooperative Research Program，1999，p.6.

30 Andrew S. Erickson，Michael S. Chase，"PLA Navy Modernization：Preparing for 'Informatized War' at Sea"，China Brief，Vol.8，No.5，2008，p.4.

31《习近平致首届世界互联网大会贺词》,中国政府网,2014 年 11 月 19 日,http://www.gov.cn/xinwen/2014-11/19/content_2780747.htm。

32 冯昭奎:《科技革命发生了几次——学习习近平主席关于"新一轮科技革命"的论述》,《世界经济与政治》,2017 年第 2 期,第 19～20 页。

33 胡波:《竞争、争议、治理与新疆域:全球海洋安全的大问题和大趋势》,澎湃新闻,2017 年 12 月 29 日,http://www.thepaper.cn/newsD etail_forward_1926882。

34 石晨霞:《全球治理机制的发展与中国的参与》,《太平洋学报》,2014 年第 1 期,第

19～20 页。

35 Sarah Percy, "Maritime Crime and Naval Response", Survival, Vol.58, No.3, 2016, p.156.

36 US Navy, Future Navy, May.17, 2017, p.3, http://www.navy.mil/navydata/people/cno/Richardson/Resource/Future_Navy.pdf.

37 Elsa B. Kania, Battlefield Singularity: Artificial Intelligence, Military Revolution, and China's Future Military Power, Center for a New American Security, Nov.2017, p.41.

38 "AI Will Help Royal Navy Warships Detect Combat Threats", IT PRO, Oct.17, 2016, http://www.itpro.co.uk/businessintelligence/27417/ai-will-help-royal-navy-warships-detectcombat-threats.

39 "Using Artificial Intelligence to Track Illegal Activities at Sea", Via Satellite, Aug. 2, 2017, http://www.satellitetoday.com/innovation/2017/08/02/using-artificial-intelligence-track-illegalactivities-sea/.

40 John Markoff and Matthew Rosenberg, "China's Intelligent Weaponry Gets Smarter", The New York Times, Feb.3, 2017.

41 "Terrorists 'Actively Seeking' to Build Deadly Army of Intelligent Killer Robots, UN warns", The Sun, Jun.29, 2016.

42 Greg Allen and Taniel Chan, "Artificial Intelligence and National Security", Belfer Center for Science and International Affairs, 2017, p.16, https://www.belfercenter.org/publication/artificial-intelligence-and-national-security.

43 Joby Warrick, "Use of Weaponized Drones by ISIS Spurs Terrorism Fears", The Washington Post, Feb.21, 2017.

44 Kelsey Atherton, "Pirates of The Near Future Will Use Drones", Popular Science, Feb.12, 2016, https://www.popsci.com/will-pirates-use-drones-in-future.

45 David Rudd, "Maritime Non-state Actors: A Challenge for the Royal Canadian Navy?"Journal of Military and Strategic Studies, Vol.16, No.3, 2015, p.52.

46 Christian Bueger and Amaha Senu, "Knowing the Sea: The Prospects and Perils of Maritime Domain Awareness", Piracy Studies, Jul.8, 2016, http://piracy-studies.org/knowing-the-sea-the-prospects-and-perils-of-maritime-domain-awareness/.

47 David Nield, "The US Navy is Working on AI That Can Predict a Pirate Attack", Science Alert, Aug.20, 2015, https://www.sciencealert.com/the-us-navy-is-working-on-ai-that-can-predicta-pirate-attack.

48 DARPA, "Ocean of Things Aims to Expand Maritime Awareness across Open

Seas", Defense Advanced Research Projects Agency, Dec.6, 2017, https://www.darpa. mil/news-events/2017-12-06.

49 Kareem Ayoub and Kenneth Payne, "Strategy in the Age of Artificial Intelligence", The Journal of Strategic Studies, Vol.39, No.5-6, 2016, p.799.

50 封帅:《人工智能时代的国际关系:走向变革且不平等的世界》,《外交评论》,2018年第 1 期,第 141 页。

51 董青岭:《机器学习与冲突预测——国际关系研究的一个跨学科视角》,《世界经济与政治》,2017 年第 7 期,第 105～106 页。

52 Daniel J. Olsher, "New Artificial Intelligence Tools for Deep Conflict Resolution and Humanitarian Response", Procedia Engineering, Vol.107, 2015, p.289.

53 Jesse Ellman, Lisa Samp, Gabriel Col, 1"Assessing the Third Offset Strategy", Center for Strategic and International Studies, Mar.2017, p.3.

54 Office of Naval Research, US Navy, Naval Science and Technology Strategy: Innovations for the Future Force, 2015, p.6, http://www.dtic.mil/dtic/tr/fulltext/u2/a619266.pdf.

55 "Six Technologies That the U.S. Military Is Betting On", Brookings Institution, Jan. 28, 2016, https://www.brookings.edu/blog/order-from-chaos/2016/01/28/six-technologies-that-the-u-smilitary-is-betting-on/.

56 Office of Naval Research, US Navy, Naval Research and Development: A Framework for Accelerating to the Navy and Marine Corps after Next, 2017, pp.3-7, http://www.navy.mil/strategic/2017-Naval-Strategy.pdf.

57 US Department of Defense, Summary of the 2018 National Defense Strategy of The United States of America, Jan.2018, p.3.

58 Elsa Kania, "Strategic Innovation and Great Power Competition", Real Clear Defense, Jan.31, 2018, https://www.realcleardefense.com/articles/2018/01/31/strategic _innovation_and_great_power_competition_112987.html.

59 Ayushman Basu, "China's Nuclear Submarines to Get Artificial Intelligence Systems to Assist Commanders", Infowars, Feb.5, 2018, https://www.infowars.com/chinas-nuclear-submarines-toget-artificial-intelligence-systems-to-assist-commanders/.

60 胡波:《中国的深海战略与海洋强国建设》,《人民论坛·学术前沿》,2017 年第 18 期,第 15 页。

61 Bryan Clark, The Emerging Era in Undersea Warfare, Center for Strategic and Budgetary Assessment, Jan.2015, pp.8-10.

62 Dave Majumdar，"Russia vs. America：The Race for Underwater Spy Drones"，The National Interest，Jan. 21，2016，http：//nationalinterest. org/blog/the-buzz/america-vs-russia-the-race-underwater-spy-drones-14981.

63《"一带一路"建设海上合作设想》，中国政府网，2017 年 6 月 20 日，http：//www. gov.cn/xinwen/2017-06/20/content_5203985.htm。

64《中方呼吁构建公正合理均衡的全球海洋治理体系》，环球网，2017 年 6 月 8 日，http：//world. huanqiu.com/hot/2017-06/10799963.html。

65 US Navy，"US，China Conduct Counter Piracy Exercise"，Aug.25，2013，http：//www.navy.mil/submit/display.asp? story_id=76157.

66《国务院关于印发新一代人工智能发展规划的通知》，中国政府网，2017 年 7 月 20 日，http：//www.gov.cn/zhengce/content/2017-07/20/content_5211996.htm。

67 US Congress，"Text-H. R. 4625-115th Congress（2017—2018）：FUTURE of Artificial Intelligence Act of 2017"，Dec.12，2017，https：//www.congress.gov/bill/115th-congress/house-bill/4625/text.

68 The JURI Committee，European Civil Law Rules in Robotics，2016，p.11.

非洲参与海洋治理：
领域、路径与困境

■ 郑海琦，张春宇

论点撷萃

作为"21世纪海上丝绸之路"的重要沿线区域，非洲海洋治理的改善有助于更好地推进"一带一路"建设。为了保证中非能源合作安全和"海上丝绸之路"畅通，中非应加强海上安全合作。

当前中非海洋治理合作正处于上升期，并取得了一些初步成果。在海洋安全治理领域，中国帮助非洲国家加强海上力量建设，应对海盗等非传统安全威胁。第一，中国与越来越多的非洲国家举行海上军事演习，帮助其增强反海盗、反恐等能力。第二，中国向非洲国家出售或赠予水面舰艇。此外，中国还同非洲国家开展海洋科技方面的合作，帮助强化非洲国家的海域态势感知能力。在海洋经济治理领域，中国在非洲投资建设港口，改善港口基础设施，建立双边、多边海洋经济合作机制。

中非在海洋安全和海洋经济两方面的合作有助于增强非洲的海洋治理能力，进而提升其在全球海洋治理体系中的地位，使非洲在国际海洋事务中具有更大话语权。随着越来越多的非洲国家积极参与"一带一路"建设，中非互联互通建设合作进一步深入推进，中非海洋治理合作的内涵将更加丰富。中非未来在海洋治理领域的合作仍将以海洋安全和海洋经济为重点。

作者：郑海琦，中国人民大学国际关系学院博士

张春宇，中国社会科学院研究生院能源安全研究中心研究员、中国海洋发展研究中心研究员

全球海洋治理

随着国际社会日益关注全球治理和海洋问题，海洋治理开始成为新兴议题。海洋治理涉及政府、企业、非政府组织和其他利益攸关方等多重主体，需要明确各自的权利和义务，并弥合分歧。[1]世界海洋理事会认为，有效和可持续的海洋治理对于实现海洋经济增长和发展之间的平衡以及维持全球海洋的健康和生产力至关重要。[2]非洲处于大西洋和印度洋连接处，在非洲54个国家中，有38个是沿海或岛屿国家，海岸线全长47000千米，专属经济区面积为1300万平方千米。非洲周边为世界主要海上航道所环绕，给非洲提供了国际贸易和国家发展的优势。非洲大陆超过90%的进出口由海运实现且运输商品以石油和天然气为主，包括2/3的能源供应。[3]特殊的地理位置和经济条件使海洋对非洲的安全与发展至关重要，参与海洋治理是非洲维护自身安全和发展的题中之义。研究非洲海洋治理对中国参与全球海洋治理及推动中非在相关领域的合作具有现实借鉴意义。

一、非洲参与海洋治理的领域

非洲海洋治理的早期关注点是海上安全和航运发展。非洲25个国家于1975年建立了西非和中非国家海洋组织（MOWCA），并于1994年出台了正式的海洋治理文件。1994年非洲统一组织发布的《非洲海洋交通宪章》认为，非洲对海上运输参与度较低，需要加强海洋合作，包括设立区域性组织和海事机构，从而解决阻碍海运部门发展的问题，推动经济发展。[4]《非洲海洋交通宪章》是一份关于非洲航运的关键性政策文件，其对非洲海洋运输业发展颇有助益，同时还将海洋安全问题纳入考虑。2010年，非洲联盟发布了修正版《非洲海洋交通宪章》，在目标方面也强调海洋安全。[5]整体而言，早期的非洲海洋治理内容较为单一，且缺乏综合的治理框架。

近年来，非洲对海洋治理的重视程度不断上升，非盟和不少非洲国家政府相继颁布海洋治理相关文件。从治理客体上看，当前非洲的海洋治理主要集中于海洋安全与海洋经济两方面。有非洲智库指出，海洋经济与海洋安全是非洲海洋治理的中心。[6]海洋安全是海洋经济的推动者，能够保护航线以及国家管辖海域内的相关权益。同时，海洋经济的发展将对国家海洋安全能力产生更大需求，反过来推动国家加大海洋安全保障投入。[7]非盟分别于2012年和2014年发布《2050年非洲海洋整体战略》和《2063年愿景》，海洋治理是其中的重要部分。2015年10月，首届非洲海洋治理战略会议召开，与会的非洲官员决定制定统一的非洲海洋治理战略。该战略以《2050 年非洲海洋整体战略》和《2063 年愿景》为基础,尊重被广泛接受和认同的原则。[8] 2016 年 10 月,52 个非洲国家在多哥举行非盟特别首脑会议,会议通过的《洛美宪章》是非洲海洋治理的里程碑文件。《洛美宪章》第三部分要求各国保持海洋善治,强调对航行安全的责任。[9]此外,非盟还在会议上宣布 2015~2025 年为非洲海洋治理的十年发展期。

(一)非洲国家愈益重视海洋安全治理

非洲国家的安全关切曾长期聚焦陆地,海洋安全问题往往居于次要地位。大多数非洲人甚至一些政要都认为,尽管 90% 的世界贸易通过海运实现,海洋安全对于非洲来说依然是非常宏大乃至遥不可及的事情。这种认识局限阻碍人们采取进一步的行动。[10]2010 年非盟委员会参与的一份报告指出,非洲是世界上唯一没有海洋政策或战略的主要区域。[11]近年来非洲的海洋安全状况不容乐观,主要体现为海上非传统安全威胁。非洲之角的海盗和海上武装抢劫问题曾引发世界关注。在国际社会的共同打击下,该地区的海盗威胁大有缓解,尤其是 2012 年以来海盗袭击活动骤减。国际海事组织 2013 年的报告显示,索马里海盗事件数量保持了 2012 年的趋势进一步下降到 20 起,比 2007 年的 78 起少得多。2013 年,索马里高风险地区没有商船被海盗劫持。[12]然而,东非海盗问题仍存在复发可能,几内亚湾还常有海盗活动,尤其是 2016 年在几内亚湾发生的事件数比前一年骤增 77%。[13]

非洲沿海国家对海洋依赖程度较高,因此尤其重视海上非传统安全。2009 年 1 月,来自西印度洋、亚丁湾和红海地区的 17 个国家在吉布提召开高级别会议,商讨解决索马里沿海与亚丁湾海盗和武装抢劫问题。本次会议通过了《吉布提行为准则》,呼吁各国以符合国际法的方式尽可能合作并开展共同行动,以及设立国家海盗和海上武装抢劫问题协调中心和区域培训中心。[14]2011 年,由 16 个国家组成的南部非洲发展共同体签署《海上安全战略》,其具体内容尚未完全向公众披露,但已明确重点领域,即扫除海盗、保护南部非洲西海岸、军事防御和情报收集等。[15]2013 年 6 月,25 个中非和西非国家在喀麦隆签署《雅温得行为准则》,呼吁各国在国家层面设立海洋安全委员会并制定海洋安全政策和规划保护海上贸易,采取措施应对海盗、海上武装抢劫、海上恐怖主义等非法活动。[16]2015 年 2 月,非盟海上安全部长级会议在塞舌尔召开,讨论了有关海盗及其他对几内亚湾和非洲之角海上安全构成威胁的非法犯罪活动问题。2016 年达成的《洛美宪章》综合了《雅温得行为准则》和塞舌尔会议的研讨成果,其主要治理目标是预防和控制所有海上跨国犯罪,包括海上恐怖主义、海盗、武装抢劫等。《洛美宪章》与此前文件不同,其具有法律拘束力。[17]

非洲的海洋安全治理举措分为以下两类。第一,参与以美国为主的大国组成的国际海上安全机制,保障航线安全。美国海军司令部于 2006 年倡议召开东非和西南印度洋(EASWIO)海洋安全会议,参与者主要是来自印度洋沿岸的非洲国家。2008 年 6 月,佛得角与美国发起"非洲海洋执法伙伴关系",参与者主要为美国海军、海岸警卫队和非洲伙伴国海上力量,其行动重点是为非洲伙伴国海上力量提供行动平台,帮助其拓展在领海和专属经济区的巡航范围和拦截非法船只。作为"伙伴关系"的一部分,美国与非洲伙伴国海军联合开展海上执法行动(Operation Junction Rain),截至 2018 年7 月第一阶段行动业已结束。[18]第二,非盟和部分非洲国家开始构建区域性安全合作机制。2000 年,非洲国家决定设立 5 个区域海事救援中心和 26 个分中心,旨在通过船只监测、信息共享和救援协调等进行海上搜救合作。2005年,24 个非洲国家举办了首届非洲海权会议,由各国高级海军军官参与,此后于 2006 年、2009 年和 2011 年相继举行会议,其已成为非洲国家讨论海洋问题的主要论坛之一。2008 年 7 月,25 个非洲国家在塞内加尔举行的第 13届西非和中非海洋机构部长级会议上通过了《关于建立西非和中非次区域海岸警卫队网络的谅解备忘录》,提出加强西非和中非的海事安全合作,建立一个负责协调各国海岸警卫队的系统,以更好地保护海上贸易免遭一切非法犯罪活动威胁。[19]

(二)发展"蓝色经济"是非洲国家的共识和目标

海洋经济也被称为"蓝色经济"[20],其在非洲经济中的比重日益提升,是非洲海洋治理的另一项主要内容。非盟将海洋经济定义为海洋的可持续经济发展,包括但不限于渔业、采矿、能源、水产养殖和海上运输、保护海洋并提高社会福利。[21]这一概念与经济和贸易活动密切相关。[22]非洲海洋经济范畴主要着眼于海上运输和港口建设活动。非洲拥有的船舶数量占世界总量的1.2%,船舶总吨位约占 0.9%,港口运输量占世界水上货物运输量的 6%,约占全球集装箱运输量的3%。[23]根据《2018年海洋运输报告》，非洲2017年的海运货物装载量和卸货量分别为7.262亿吨和4.998亿吨，分别占全球总量的7%和5%。非洲经由海运的石油出口量占全球9%。[24]2016年，非盟主席德拉米尼·祖马（Nkosazana Dlamini Zuma）表示，繁荣和可持续的"蓝色经济"是经济社会转型的关键支柱，其对非洲的经济价值估计超过1万亿美元，并提供了数十万个就业机会。[25]

非洲国家对海洋经济治理非常重视。非盟将海洋经济称为"非洲复兴的下一个前沿"。《2050年非洲海洋整体战略》提到，迫切需要制定一项可持续的"蓝色经济"倡议，总体愿景是以安全和可持续的方式发展"蓝色经济"。[26]《2063年愿景》认为，非洲"蓝色经济"将成为促进国家经济转型和增长、发展航运业和海洋运输、深海矿物和其他资源开发利用的主要贡献者。[27]2018年4月，非盟委员会组织召开首届非洲船东峰会，将"港口业务和海上运输"确定为海洋经济优先发展领域。[28]除政府间组织外，不少非洲国家已经制定了将"蓝色经济"纳入其国家发展计划的战略，如南非、毛里求斯和塞舌尔等在推行"蓝色经济"方面走在前列。南非于2014年启动"海洋经济战略"（Operation Phakisa），重点关注海洋运输等六大领域，目标是在2019年新增2.2万个直接就业岗位，使海洋经济的国内生产总值（GDP）增加0.2亿兰特（1兰特≈0.065美元），到2033年为GDP贡献1770亿兰特，直接就业岗位达到80万至100万。[29]毛里求斯于2013年发布《海洋经济路线图》，目标是在2013~2025年间使海洋经济占GDP比重翻一倍，创造大约3.5万个就业机会。[30]塞舌尔建立了一个专门致力于发展"蓝色经济"的部门，并于2018年1月发布了《塞舌尔蓝色经济战略规划与实施》。[31]

非洲的海洋经济治理举措分为以下两类。第一，通过公开招标吸引外部投资，改善非洲港口在基础设施建设方面的落后状况。港口为非洲贸易提供门户，其竞争力和在全球供应链中的地位决定了非洲改善进出口的能力。部分非洲港口的货物吞吐量位居世界前列。根据英国劳氏船级社的排名（Lloyd's List），2018年世界排名前100的港口中，非洲共有4个，其中摩洛哥的丹吉尔港（Tanger Med）2017年货物吞吐量达到3312409个标准箱，比上一年增加11.7%，在世界港口中排名第46位，在非洲国家中居于首位。[32]根据港口中心度、贸易量和腹地范围等指标，德班、阿比让和蒙巴萨港具备成为世界主要港口的潜力。如将南部非洲港口的能力提高25%，便可

全球海洋治理

123

使进口货物价值每年降低 32 亿美元,出口价值增加 26 亿美元,GDP 每年增长 2%。[33]基于此,非洲国家大力开展港口建设,提升港口运行能力。第二,在现有平台基础上,推动区域海洋经济连通性。《2050 年非洲海洋整体战略》提出建立非洲联合专属海洋区(CEMZA),旨在通过取消或简化非盟内部海上运输的行政程序,促进非洲国家间贸易。[34]近年来,以南非为代表的非洲国家在环印度洋联盟机制下加强了有关"蓝色经济"的沟通交流。自 2015 年 5 月起,南非担任环印度洋联盟轮值副主席国。南非认为环印度洋联盟的优先发展领域符合其"海洋经济战略",将推动该战略与环印度洋联盟的"蓝色经济"核心目标对接。[35]

(三)非洲国家积极参与全球海洋治理

有效的海洋治理需要公认的国际规则和程序、基于共同原则的区域行动以及国家法律框架和政策。[36]从治理路径上看,制度和规则在非洲海洋治理中扮演着不可或缺的角色,非洲国家普遍对此颇为重视。

当前国际海洋制度的核心是《联合国海洋法公约》(下称《公约》),其为协调各国参与全球海洋问题治理提供了一个框架。[37]非洲国家一直积极参与国际海洋法规则的制定过程。1958 年,利比里亚、加纳、利比亚、摩洛哥、南非和突尼斯等 6 个非洲国家参加了第一次联合国海洋法会议。在大部分与会国家都关注领海宽度时,以突尼斯为代表的非洲国家提出关注核试验所带来的公海污染问题。[38]1960 年,有 10 个非洲国家参加了第二次联合国海洋法会议。1973 年,有 49 个非洲国家参加了第三次联合国海洋法会议。同年,非洲统一组织通过了《关于海洋法问题的宣言》,提出沿海国有权建立 200 海里专属经济区。[39]在专属经济区制度获得国际社会认可的进程中,非洲国家贡献巨大。《公约》最终于 1982 年通过并开放签署,最早签署和批准的国家中有很多来自非洲。目前,已批准《公约》的国家共有 168 个,其中非洲国家有 46 个。

尽管非洲在《公约》条文的制定过程中发挥了重要作用,但也应注意到,大多数非洲国家当时刚独立不久,正着眼于国家建设问题,还缺乏必要的技术和专门的法律知识储备应对有关海洋法复杂问题的谈判。[40]近年来,非洲国家继续在海洋制度和规则的构建中发挥积极作用。2017 年 12 月,联合国大会通过了南非关于海洋环境、海洋安全、海上能力建设与和平解决争端的提案。[41]2018 年 9 月,联合国发起了一项两年议程,拟制定出关于保护公海和公海资源利用的国际条约。在该条约的谈判过程中,一些与会非洲国家明确表示,在公海所获利益应与世界各国分享。[42]

非洲国家积极参与多边海洋治理机构,如国际海事组织、国际海底管理局等。当前,在撒哈拉以南非洲的 48 个国家中,国际海事组织成员国已有 37 个。[43]在 2017 年国际海事组织理事会选举中,共有 5 个非洲国家成为对海上运输或航行有特殊利益的 C 类成员。非洲在国际海底管理局有 47 个成员国,对该组织运行发挥一定影响。一些非洲国家如阿尔及利亚、坦桑尼亚和毛里塔尼亚,还在七十七国集团中发挥着关键作用,在公海资源利用和管理问题上坚决捍卫广大发展中国家的利益。[44]

二、非洲海洋治理面临的困境

尽管已取得诸多成果,非洲国家在海洋治理上仍存在很大不足。由于发展滞后,非洲的海洋治理能力无法与其治理意愿匹配,产生治理赤字。同时,治理能力的不足导致其在海洋治理体系位置的边缘化,缺乏主动设置议程的能力,不利于其海洋治理内容的多元化和全面化。

非洲国家的海上力量总体薄弱,由此导致非洲海洋安全治理长期过度依赖外部援助。就打击海盗而言,非洲东岸只有南非海军具备一定威慑能力,但其独木难支。尼日利亚拥有西非地区最好的海军,但其前任指挥官曾表示尚无力保卫领海。喀麦隆和安哥拉海域也容易发生海盗袭击,但这些国家的海军装备更差。[45]大多数非洲国家通常不重视海军,由于经济状况不断恶化,海上力量进一步被削弱。突尼斯和尼日利亚海军长期未能升级,索马里和利比亚等国的大多数海军舰船被弃置在码头,而埃塞俄比亚等国基本丧失了海上力量。[46]因此,非洲不少国家需要依赖外部伙伴的安全项目来保障其海上交通线。另外,很多非洲国家在海洋安全监视方面(尤其是港口)也缺乏必要的资金和技术支撑,目前的硬件设施难以确保基本的海岸安全防护,这对发展“蓝色经济”颇为不利。[47]

非洲海洋经济治理呈现出“碎片化”和债务压力增大的风险。治理“碎片化”主要体现在非洲沿海国家缺乏整合海洋经济的框架,目前还没有建立政府间海洋经济合作机制。非洲国家对海洋经济的理解存在不一致,区域、次区域和国家各层级往往缺乏共同的政策框架。比如,非洲不少国家之间在港口方面的竞争激烈,从长远来看,可能导致一些港口生产活动减少。[48]在东非,肯尼亚、坦桑尼亚和吉布提的竞争尤其激烈。肯尼亚的蒙巴萨港通过建造新的泊位以应对来自邻国坦桑尼亚的竞争。[49]为增强竞争力,坦桑尼亚宣布耗资 100 亿美元用于巴加莫约港项目,吉布提在过去 3 年里开发了价值超过 6.5 亿美元的 3 个新港口。[50]

由于能力上的欠缺,非洲国家往往只能"追随"他国,在海洋治理体系中趋于边缘化。在国际海事组织理事会中,非洲国家始终未能入选在国际航运方面具有最大利益的 A 类和国际海上贸易方面具有最大利益的 B 类,而在海运与航运方面具有特殊利益的 C 类中,仅有肯尼亚和南非是常任成员国。在公海资源的开发利用上,非洲也处于落后位置。比如,2015 年国际海底管理局批准的 26 份深海勘探合同中,14 份与亚太国家承包商签订,7 份与西欧国家承包商签订,4 份与东欧国家承包商签订,1 份与拉美国家承包商签订,而非洲国家皆未申请。[51]

三、中非在海洋治理领域的合作及前景

作为"21 世纪海上丝绸之路"的重要沿线区域,非洲海洋治理的改善有助于更好地推进"一带一路"建设。为了保证中非能源合作安全和"海上丝绸之路"畅通,中非应加强海上安全合作。[52]2015 年《中国对非洲政策文件》提出,要拓展海洋经济合作。2017 年 6 月发布的《"一带一路"建设海上合作设想》提出,加强与中非合作论坛等多边机制的合作,共同建设中国—印度洋—非洲—地中海蓝色经济通道。当前中非海洋治理合作正处于上升期,并取得了一些初步成果。

在海洋安全治理领域,中国帮助非洲国家加强海上力量建设,应对海盗等非传统安全威胁。第一,中国与越来越多的非洲国家举行海上军事演习,帮助其增强反海盗、反恐等能力。2014 年 5 月,中国海军第十六批护航编队与尼日利亚海军在几内亚湾举行反海盗联合演习。这是中国与尼日利亚海军的首次反海盗联合演习,也是中国海军首次在几内亚湾与外军的海上联合演习。同年 6 月,中国与喀麦隆海军举行反海盗联合军演;10 月,中国与坦桑尼亚海军举行"超越 2014"双边演习,这是两国军方的首次联合演习。2018 年 5 月,中国首次参加尼日利亚主导的"埃库库布"(Eku Kugbe)多国海军演习,演习内容包括打击几内亚湾的海盗和其他地区性威胁;[53]6 月,中

国海军第二十八批护航编队对南非港口进行访问,虽然两国尚未举行正式的海军演习,但在访问期间,双方进行了通讯演习等内容。第二,中国向非洲国家出售或赠予水面舰艇。2008~2015 年,中国共向非洲出售 125 艘水面次要战斗舰艇。[54] 近几年,中国将 1 艘武装巡逻艇赠予塞舌尔,向科特迪瓦海军捐赠了一艘 27 米长的"捕食者"级巡逻舰,并向加纳和尼日利亚海军移交 4 艘武装巡逻艇和 1 艘近海巡逻艇。此外,中国还同非洲国家开展海洋科技方面的合作,帮助强化非洲国家的海域态势感知能力。2017 年,中国向突尼斯移交了 2 台海洋控制和监视设备,以帮助突尼斯增强其港口的安全监视能力。

在海洋经济治理领域,中国在非洲投资建设港口,改善港口基础设施,建立双、多边海洋经济合作机制。中国在非洲投资的主要港口包括吉布提、蒙巴萨等。2013 年,中国承建的蒙巴萨港第 19 号泊位正式启用,提升了该港的货物吞吐量,巩固了其东非第一大港地位。该泊位为港口每年额外增加 25 万个标准箱装卸容量,可同时容纳三艘长度 250 米的巴拿马型货轮。[55] 中国在坦桑尼亚建造的巴加莫港完工后,能够停靠具有 8000 个标准箱的大型船舶,港口的第一阶段建成后每年吞吐量能达到 2000 万个标准箱。[56] 2013 年 3 月,在中国国家主席习近平和南非总统祖马见证下,两国共同签署《中国和南非海洋与海岸带领域合作谅解备忘录》,双方进一步加强在发展"蓝色经济"等领域的合作。这是中国与非洲国家签署的首个海洋合作文件,开启了中非海洋合作的序幕。此外,中国还与桑给巴尔、毛里求斯等签署了发展海洋经济的双边合作文件。2015 年中非合作论坛通过的《约翰内斯堡峰会宣言》和《约翰内斯堡行动计划(2016—2018)》提出,双方将推进"蓝色经济"互利合作,中方将与非洲国家加强海洋领域的交流与技术合作,鼓励在中非合作论坛框架内建立海洋经济领域的部长级论坛。[57] 2018 年 9 月中非合作论坛北京峰会上,习近平主席指出,中非将重点加强在应对气候变化、海洋合作、荒漠化防治、野生动物和植物保护等方面的交流合作,支持中非开展和平安全和维和维稳合作,继续向非洲联盟提供无偿军事援助。[58]

中非在海洋安全和海洋经济两方面的合作有助于增强非洲的海洋治理能力,进而提升其在全球海洋治理体系中的地位,使非洲在国际海洋事务中具有更大话语权。随着越来越多的非洲国家积极参与"一带一路"建设,中非互联互通建设合作进一步深入推进,中非海洋治理合作的内涵将更加丰富。中非未来在海洋治理领域的合作仍将以海洋安全和海洋经济为重点。

文章来源:原刊于《国际问题研究》2018 年 06 期。

注释

1 Elisabeth Mann Borgese, Ocean Governance, International Ocean Institution, 2001, p.10;Peter Lehr, "Piracy and Maritime Governance in the Indian Ocean", Journal of the Indian Ocean Region, Vol.9, No.1, 2013, p.105.

2 World Ocean Council, Ocean Governance and the Private Sector, June 2018, p.2.

3 Africa Center for Strategic Studies, "Maritime Security: Crucial for Africa's Strategic Future", March4, 2016, https://africacenter. org/spotlight/maritime-safety-security-crucial-africasstrategic-future/. (上网时间:2018 年 9 月 12 日)

4 Organization of African Unity, African Maritime Transport Charter, 1994, pp.5-7.

5 African Union, Revisited African Maritime Transport Charter, 2010, p.7.

6 Ernesta Swanepoel, "The Nexus between Prosperity in the African Maritime Domain and Maritime Security", South African of International Affairs, June 2017, p.2.

7 有关海洋安全和海洋经济的互动关系可参见 Michelle Voyer, Clive Schofield, Kamal Azmi, Robin Warner, Alistair McIlgorm and Genevieve Quirk, "Maritime Security and the Blue Economy: Intersections and Interdependencies in the Indian Ocean", Journal of the Indian Ocean Region, Vol.14, No.1, 2018, pp.28-48.

8 The United Nations Environment Programme, Concept Note for Development of an Ocean Governance Strategy for Africa, October 19, 2015, p.3.

9 African Union, African Charter on Maritime Security, Safety and Development in Africa (the Lomé Charter) , 2016, pp.13-24.

10〔安哥拉〕曼纽尔·科雷亚·巴罗斯:《实现真正的安全:海洋战略视野下的中非关系》,《非洲研究》,2012 年第 1 卷,第 55 页。

11 The Brenthurst Foundation, Maritime Development in Africa: An Independent Specialists' Framework, Discussion Paper, 2010, p.6.

12 International Maritime Organization, Reports on Acts of Piracy and Armed Robbery against Ships, 2013, p.2.

13 International Maritime Organization, Reports on Acts of Piracy and Armed Robbery against Ships, 2016, p.2.

14 International Maritime Organization，Code of Conduct Concerning the Repression of Piracy，Armed Robbery Against Ships in the Western Indian Ocean and the Gulf of Aden，2009，pp.5-7.

15 Andrea Royeppen，"Rethinking Challenges to SADC's Maritime Security Model"，Institute of Global Dialogue，https://www.igd.org.za/research/infocus/11204-rethinking-challenges-to-sadc-smaritime-security-model.（上网时间:2018 年 9 月 15 日）

16 International Maritime Organization，Code of Conduct Concerning the Repression of Piracy，Armed Robbery Against Ships，and Illicit Maritime Activity in West and Central Africa，2013，pp.5-7.

17 Edwin Egede，"Africa's Lomé Charter on Maritime Security: What Are the Next Steps?" Piracy Studies，July16，2017，http://piracy-studies.org/africas-lome-charter-on-maritime-securitywhat-are-the-next-steps/.（上网时间:2018 年 9 月 15 日）

18 US Navy，"First Phase of African Maritime Law Enforcement Partnership Closes"，July 3，2018，https://www.navy.mil/submit/display.asp? story_id＝106220.（上网时间:2018 年 9 月 15 日）

19 International Environmental Agreements Database Project，"Memorandum of Understanding on the Establishment of a Sub-regional Coastguard Network for the West and Central African Sub-region"，https://iea.uoregon.edu/treaty-text/2008-mousubregionalcoastguardnetworkwest centralafricaentxt.（上网时间:2018 年 9 月 15 日）

20 UNCTAD，The Oceans Economy: Opportunities and Challenges for Small Island Developing States，2014，p.2.

21 African Union，African Charter on Maritime Security，Safety and Development in Africa，p.4.

22 Kwang Seo Park and Judith T. Kildow，"Rebuilding the Classification System of the Ocean Economy"，Journal of Ocean and Coastal Economics，Issue 1，2014，p.7.

23 African Union，2050 Africa's Integrated Maritime Strategy，p.8.

24 UNCTAD，Review of Maritime Transport，2018，pp.6-7.

25 African Union，"Statement by H.E Dr. Nkosazana Dlamini Zuma to the Executive Council of the Extraordinary Session of the Assembly of the African Union on Maritime Security，Safety and Development"，October 13，2016，https://au.int/en/speeches/20161013-1.（上网时间:2018 年 9 月 15 日）

26 African Union，2050 Africa's Integrated Maritime Strategy，p.11.

27 African Union，Agenda 2063:The Africa We Want，August 2014，p.3.

全球海洋治理

28 African Union，"The African Shipowners Summit 2018：Commissioner Muchanga Calls on AU Member States to Become Members of the International Maritime Organization and Urges African Entrepreneurs to Increase Investments in African Shipping and Maritime Sectors"，April 25，2018，https：//au. int/en/pressreleases/20180425/african-shipowners-summit-2018.（上网时间：2018 年 9 月 15 日）

29 Government of South Africa，Department of Environmental Affairs，"Operation Phakisa"，https：//www. environment. gov. za/projectsprogrammes/operationphakisa/oceanseconomy.（上网时间：2018 年 9 月 15 日）

30 Raffaello Cervigni and Pasquale Lucio Scandizzo，The Ocean Economy in Mauritius，World Bank Group，November 2017，pp.5-6.

31 Government of Seychelles，Seychelles' Blue Economy：Strategic Policy Framework and Roadmap，January 2018，p.4.

32 Lloyd's List，"One Hundred Container Ports 2018"，https：//lloydslist. maritimeintelligence. informa. com/one-hundred-container-ports-2018.（上网时间：2018 年 9 月 15 日）

33 Andrew Shaw，Manish R Sharma and Julian Smith，Strengthening Africa's Gateways to Trade，PricewaterhouseCoopers（PwC），April 2018，pp.5-8.

34 African Union，2050 Africa's Integrated Maritime Strategy，p.16.

35 South Africa Government Communication and Information System，"International Cooperation，Trade and Security Cluster on Work Done in the First Quarter of 2017"，July 31，2017，https：//www. gcis. gov. za/newsroom/media-releases/international-cooperation-trade-and-security-ictscluster-work-done-first.（上网时间：2018 年 9 月 15 日）

36 D. Pyc，"Global Ocean Governance"，The International Journal on Marine Navigation and Safety of Sea Transportation，Vol.10，No.1，2016，p.159.

37 JoséInácio Faria，"Report on International Ocean Governance：An Agenda for the Future of Our Oceans in the Context of the 2030 SDGs"，European Parliament，December 2017，p.13.

38 四项公约分别为《领海及毗连区公约》《大陆架公约》《公海公约》与《公海捕鱼和生物资源养护公约》。

39 Yoshifumi Tanaka，The International Law of the Sea，Cambridge：Cambridge University Press，2012，p.125.

40 Martin Tsamenyi and Kamal-Deen Ali，"African States and the Law of the Sea Convention：Have the Benefits Been Realized?" in Ocean Yearbook 113，2012，p.114.

41 "UNGA Adopts Resolutions on Oceans", IISD, December 12, 2017, http://sdg. iisd.org/news/unga-adopts-resolutions-on-oceans/. (上网时间:2018 年 9 月 12 日)

42 Timothy Walker, "Africa, and the World, Need Safer Seas and Shipping", Institute for Security Studies, September 26, 2018, https://issafrica.org/iss-today/africa-and-the-world-need-safer-seas-andshipping. (上网时间:2018 年 9 月 30 日)

43 International Maritime Organization, "African Region", http://www.imo.org/en/ OurWork/TechnicalCooperation/GeographicalCoverage/Africa/Pages/Default.aspx. (上网时间:2018 年 9 月 12 日)

44 Penelope Simoes Ferreira, "The Role of African States in the Development of the Law of the Sea at the Third United Nations Conference", Ocean Development and International Law, Volume7, Number 1-2, 1979, pp.94-95.

45 Mary Kimani, "Tackling Piracy off African Shores", Africa Renewal Online, January 2009, https://www. un. org/africarenewal/magazine/january-2009/tackling-piracy-african-shores. (上网时间:2018 年 9 月 15 日)

46 E. Lienol, "The Top 10 Best and Most Powerful Navy in Africa 2018", African Military Blog, January10, 2018, https://www.africanmilitaryblog.com/2018/01/the-top-10-best-and-mostpowerful-navy-in-africa-2018-html. (上网时间:2018 年 9 月 15 日)

47 Cyrus Rustomjee, "Green Shoots for the African Blue Economy", Center for International Governance Innovation, Policy Brief No.132, May 2018, p.2.

48 Robert Barnes, "Africa Embarks on Massive Expansion of Sea Ports", Construction Review Online, September 9, 2015, https://constructionreviewonline.com/ 2015/04/sea-ports-expansion-in-africa/. (上网时间:2018 年 9 月 15 日)

49 "Kenya Fights off Port Competition", The Herald, August 22, 2013, https:// www.herald.co.zw/kenya-fights-off-port-competition-2/. (上网时间:2018 年 9 月 15 日)

50 Allan Olingo, "Race to Modernise EA Marine Infrastructure Starts in Earnest", The East African, April 29, 2018, http://www. theeastafrican. co. ke/business/ Modernising-East-Africa-marineinfrastructure/2560-4535152-p2rtua/index. html. (上网时间:2018 年 9 月 15 日)

51 "African States Urged to be More Involved as Seabed Mining Regulations Are Drawn Up", MiningWeekly, August 7, 2015, http://www. miningweekly. com/article/ african-states-urged-tobe-more-involved-as-seabed-mining-regulations-are-drawn-up-2015-08-07-1. (上网时间:2018 年 9 月 15 日)

52 刘磊、贺鉴:《"一带一路"倡议下的中非海上安全合作》,《国际安全研究》2017 年第

1 期,第 100～104 页。

53 Drake Long, "China Participates in First West Africa 'Eku Kugbe' Naval Exercise", The Defense Post, May 31, 2018, https://thedefensepost.com/2018/05/31/china-eku-kugbe-exercise-westafrica/. (上网时间:2018 年 9 月 15 日)

54 Catherine A. Theohary, "Conventional Arms Transfers to Developing Nations: 2008—2015", Congressional Research Service, December 19, 2016, p.54.

55 胡欣:《"一带一路"倡议与肯尼亚港口建设的对接》,《当代世界》2018 年第 4 期,第 76 页。

56 "Tanzania Starts Work on ＄10 bln Port Project Backed by China and Oman", Reuters, October 17, 2015, https://af.reuters.com/article/kenyaNews/idAFL8N12G3FZ 20151016. (上网时间:2018 年 9 月 15 日)

57《中非合作论坛约翰内斯堡峰会宣言》,外交部网站,2015 年 12 月 10 日,http://www.fmprc.gov.cn/web/zyxw/t1323144.shtml;《中非合作论坛—约翰内斯堡行动计划》,外交部网站,2015 年 12 月 10 日,http://www.fmprc.gov.cn/web/zyxw/t1323148.shtml。(上网时间:2018 年 9 月 20 日)

58《习近平在 2018 年中非合作论坛北京峰会开幕式上的主旨讲话》,新华网,2018 年 9 月 3 日,http://www.xinhuanet.com/politics/2018-09/03/c_1123373881.htm。(上网时间:2018 年 9 月 20 日)

海洋治理问题的国际研究动态及启示

■ 刘曙光，王璐，尹鹏

论点撷萃

把握海洋治理研究的多学科属性。将生态学、社会学、管理学和经济学等学科知识纳入海洋治理框架，强调跨学科研究和综合研究的重要性，建立海洋数据库，构建各部门海洋资源共享与学术分享机制，为理解复杂多样的海洋生态系统和社会系统结构与功能提供理论支持。

建立健全海洋综合管理机制，完善海洋法治体系。倡导从多空间维度完善海洋治理体系，加强各空间层次之间的内在联系。鼓励海洋治理技术创新，加大对海洋治理的资金投入，培育海洋产业集群，不断提升我国的海洋治理能力。

注重经济发展与海洋资源环境保护的可持续性和长期平衡。积极参与全球海洋治理的同时强化自主探索能力，围绕国际社会广泛关注的公海治理、生物多样性保护、生态系统管理等问题提出中国方案，建立中国特色的海洋治理体系。

加强海洋治理跨国合作与交流。从全球视角出发，以蓝色合作为主线，同"21世纪海上丝绸之路"沿线国家在海洋生态保护、海洋科技与创新、海洋公共资源共享等领域寻求利益共同点并展开更深层次的合作，推动建立新型全球海洋治理体系。

作者：刘曙光，中国海洋大学经济学院教授、副院长，中国海洋发展研究中心海洋战略研究室副主任
王璐，中国海洋大学经济学院博士
尹鹏，鲁东大学商学院讲师

海洋治理概念于 20 世纪 90 年代开始在学术界得到广泛应用。海洋治理指的是为了维护海洋生态平衡、实现海洋可持续开发,涉海国际组织或国家、政府部门、私营部门和公民个人等海洋管理主体通过广泛参与、对等协商及问责监督,依法行使涉海权利、履行涉海义务,共同管理海洋及其实践活动的过程。海洋治理是对海洋管理、海洋行政管理和海洋综合管理等的一种突破,海洋治理体系和治理能力的现代化是海洋强国建设的重要内容。

随着世界人口的持续增加、陆地资源的日渐枯竭以及科学技术的迅猛发展,人们逐渐认识到海洋资源的巨大经济价值和深远的地缘战略意义,海洋相应成为世界各国普遍关注的焦点。然而,随着人类对海洋这一"蓝色土地"的深入开发,偌大的海洋开始变得混乱无序,海洋资源环境问题频发。据统计,全球 41% 的海洋受到人类活动的强烈影响,仅有 13.2% 的海洋尚保持"野生状态",没有遭受破坏。当前,我国海洋事业进入快速发展期、海洋治理进入深度调整期,包括海洋经济治理、海洋政治治理、海洋文化治理、海洋社会治理、海洋生态文明治理"五位一体"的海洋治理体制机制正在形成。但是,在海洋治理过程中,国内法律尚不健全、执法体系尚不完善、多头管理问题仍然存在,海洋治理与市场活化存在矛盾,沿海城市海洋带开发、海洋环境污染、滥捕导致渔业受损等问题造成治理失控,现存的海洋治理还存在诸多矛盾。可见,海洋治理迫在眉睫。

基于此,本文以"Web of Science 核心合集"数据库收录的海洋治理英文文献为样本,运用 VOSviewer 可视化分析软件,通过统计分析发表文献的年代、国家、作者、期刊和关键词等字段信息,揭示国际海洋治理问题研究的总体状况和热点领域,旨在为进行海洋治理理论研究和实践探索提供基础性参考。

一、海洋治理问题研究的文献可视化分析

(一)研究方法与数据来源

VOSviewer 是基于文献共引和共被引原理,将传统文献计量分析中的词频共现技术与图形学、信息可视化等技术相结合,利用从文献数据中抽取和构建的共现矩阵生成知识图谱,其中图谱节点的字体大小代表节点出现的频率、不同的节点颜色代表不同聚类。通过信息聚类和可视化展示,了解

整个领域的研究主题、发展阶段,发掘未来的研究方向和重点,为进一步研究提供有价值的参考。本文文献源于"Web of Science核心合集"数据库,检索主题词"ocean governance",检索时间为2018年4月12日,共计检索到236篇SSCI文献,以此探寻海洋治理问题的国际研究进展。

(二)研究文献可视化分析

运用VOSviewer软件对所选文献的关键词和期刊来源进行分析,以每一年作为一个时间切片,探索国际关于海洋治理研究的知识基础和前沿演进轨迹。统计发现,关于海洋治理的多数成果源于 *Marine Policy*, *Ocean & Coastal Management*, *Global Environmental Change*, *Environmental Science & Policy*, *Journal of Cleaner Production*, *Ecological Economics* 等期刊,"海洋保护区""基于生态系统的管理""气候变化""生态系统""渔业管理""政策""海洋空间规划"和"利益相关者"等是国际海洋治理领域的重点研究主题。将"Web of Science核心合集"数据库收录的海洋治理文献输入VOSviewer中,网络节点设定为题目与摘要,采用二进制计数法,热词出现次数最小值设定12,共有182个热词符合阈值,根据节点数量、节点权重及节点间联系的紧密程度,生成海洋治理研究热点密度视图,如图1所示。本文主要从海洋保护区建设、基于生态系统的海洋开发与管理、海洋渔业开发与管理、海洋空间规划及利益相关者分析等方面开展相关研究。

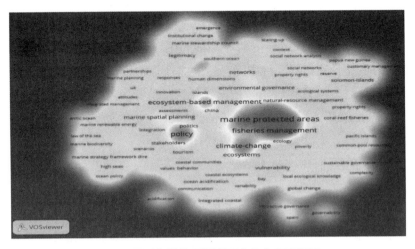

图1 国际海洋治理问题研究热点密度视图

二、海洋保护区建设

海洋保护区（Marine Protected Area, MPA）建设是生态系统管理区域规划的一部分，是海洋治理最有力的工具之一。根据世界自然保护联盟（International Union for Conservation of Nature, IUCN）的定义，海洋保护区是通过法律或其他有效方式设立的，对部分或全部封闭环境进行保护的任何潮间带或潮下带陆架区域，包括其上所覆水体及相关动植物群落；世界粮农组织（Food and Agriculture Organization of the United Nations, FAO）将其定义为为了生物多样性和渔业管理目的而提供比其周边区域更有力保护的任何海洋地理区域。海洋保护区最重要的目标是保护海洋环境、生态资源和生物多样性，促进其可持续发展；同时，通过溢出效应增强对邻近区域资源环境的保护，养护海洋生态系统。海洋保护区有大型和小型之分，区域面积大于 30000 km² 的为大型海洋保护区（Large MPA），不足 30000 km² 的为小型海洋保护区（Smaller-Sized MPA）。大型海洋保护区可以包围和连接生态系统，保护深海和公海栖息地，在政治上更容易建立且其单位区域建设成本更低。

海洋保护区可保护海洋物种及其栖息地，是进行长期生物多样性保护的一个有价值工具；海洋保护区可以提高渔业经济效益，是进行渔业管理的一个有效选择；海洋保护区可以识别、重振和加强土著人权利，是保护领土及资源环境的主要工具之一。海洋保护区最初只在沿海地区建立，为了达成全球保护目标促进资源环境的可持续利用，越来越多的海洋保护区陆续建立，现在几乎所有海洋环境中均已建立海洋保护区，海洋保护区的成就不可忽视。然而，全球只有约 31% 的海洋保护区是有效的，其余大部分的海洋保护区是"纸公园"，达不到保护海洋的目的。我国有 30 多年管理海洋保护区的经验，已建立 250 多个海洋保护区，但我国的海洋保护区实践仍面临着法律法规不健全、治理机制无效率、投入资金有限和监控程序不充分等问题，整体效率不高。

海洋保护区的效果与很多因素相关。首先，合理设计和管理以及位置选择至关重要，设计和管理与关键海域的生态信息质量息息相关，而海洋保护区距离人类活动区域越远越有效。其次，利益相关者的支持和社会团体的接受不容忽视，海洋保护区连接社会生态系统，而社会生态系统影响很多利益相关者,如果不能充分了解利益相关者对海洋保护区的支付意愿,海洋保护区就存在效率风险。另外,海水淡化厂的发展及现存旅游模式可能会影响海洋保护区的效果。再次,在设立海洋保护区时要考虑成本和收益问题,用社会经济评估工具(The Socio-Economic Assessment Tool,SEAT)评估建立和管理海洋保护区的潜在积极和消极影响,制定实现海洋保护目标和经济利益最大化的管理策略。

三、基于生态系统的海洋开发与管理

海洋生态系统为渔业、旅游业、农业、医药业、航运业、采矿业等提供资源和有价值的商品与服务,在社会经济发展中发挥着至关重要的作用。随着科学技术的进步、人口的增长和消费需求的增加,人类对海洋资源的依赖性逐渐增强。同时,海洋生态系统受人类活动的影响,过度开发与利用海洋栖息地和海洋物种导致海洋资源不可持续、海洋生态环境恶化,传统的资源管理模式无法保护整个海洋生态系统。为避免灾害发生、维持海洋生态系统的可持续发展,有必要在经济发展、社会需求和环境可持续之间进行平衡,生态系统管理(Ecosystem-Based Management,EBM)就是一条合适的途径。生态系统管理也被称为基于生态系统的管理,它基于生态学、社会学、管理学和经济学等原理,将人类社会作为生态系统的一个组成部分,考虑生态系统诸方面状态,关联生态系统中所有生命体,调控生态系统内部结构、功能和过程,对社会进步、经济发展和生态可持续性进行最佳整合的决策制定、实施、管理和评价。EBM是对传统海洋管理方法的突破。传统海洋管理方法基于短期视角,侧重单一物种,在一个小的空间尺度上进行管理;而EBM基于长期视角,侧重生态系统整体性,在多尺度和利益相关者的参与下进行适应性治理。海洋生态系统管理的首要目标是维持海洋生态系统健康、富有生产力和可恢复状态,以便海洋能够长期为人类提供资源和一系列生态系统服务。

尽管近几年生态系统管理在海洋治理领域中是一个很受欢迎的术语,很多国家和实践者都支持并根据不同的原则以不同的形式开始实施生态系统管理,但由于这种观念过于宽泛和复杂,全面、有效和平衡的生态系统管理需要详细了解环境、伦理、社会和经济等过程且现阶段仍然缺乏海洋生态系统管理的规划工具,所以生态系统管理观念向运营管理实践的转换对资

源管理者来说依然是一个挑战,目前仍是一个尚未实现的承诺,鲜有例子表明它的实际应用。然而,生态系统方法(Ecosystem-Based Approach,EBA)与现有的海洋空间规划(Marine Spatial Planning,MSP)耦合是海洋可持续管理的一种新兴范例,这种耦合的最实质性挑战是将"非环境"因素纳入EBA-MSP过程。

关于海洋生态系统管理的研究主要集中于两个论点:一是对自然物品和服务不断增加的需求和消费对生物多样性造成潜在压力,二是生物多样性和生态系统功能的丧失加剧全球贫困、破坏经济发展。由于海洋资源和有效的海事基础设施具有集体性,生态系统服务以及来自交通、渔业、农业和其他领域的各种形式的活动造成的资源压力和环境影响超越海洋的国家边界,诸如航运基础设施和离岸风力农场等投资经常得益于及时高效的跨国协调。因此,国际合作在有效的海洋生态系统管理中非常关键。为了实现海洋资源和生态环境的可持续发展,中国应与各方共筑绿色发展、依海繁荣、安全保障、智慧创新、合作治理的互利共赢之路。

四、海洋渔业的开发与管理

渔业活动不仅影响海洋生物多样性和海洋环境,而且关系食品安全,对社会经济造成影响。由于国际渔业法律在治理工具和治理机构之间缺乏协调、渔业管理的相关机构之间缺乏协调、国家管辖范围以外区域存在"公地悲剧"等碎片化问题,加之科学技术的突飞猛进和人口的快速增长,渔业面临投资过剩、储量耗损、收益下降和冲突增加等问题,过度开发与耗尽海洋渔业库存的风险一直存在。根据联合国粮农组织的资料,53%的世界渔业资源处于完全开发,32%处于过度开发。海洋渔业资源的公共物品属性使市场不能有效调节其供需,导致市场失灵。为解决渔业活动过度开发和资源浪费等问题,必须通过人为手段进行渔业治理(Fisheries Management)。

渔业治理即为了解决渔业过度捕捞问题,提高渔业经济利益,实现渔业可持续利用而在各种可供选择的渔业管理方案中进行选择,以促进人与渔业资源长期可持续协调发展。与传统的单一物种的渔业管理(Single Species Fisheries Management,SSFM)不同,渔业治理是基于生态系统的渔业管理(Ecosystem-Based Fisheries Management,EBFM),关系到海洋生态系统的可持续健康发展,是海洋治理不可或缺的一部分。EBFM利用多品种方法,考虑"所有因素",具有"整体性"特征,不再局限于确保单个物种的最大可持续产量,而是考虑物种和栖息地的相互作用以及社会经济问题,是渔业管理者和利益相关者进行渔业管理的潜在目标。虽然将所有因素融合在一起困难重重,但利用现有科学工具、政策工具和管理工具进行 EBFM 是可行的。Ingrid 的研究表明,美国渔业管理者正在执行"渔业生态系统循环计划"的所有步骤,大多数安理会成员和利益相关者支持用 5～10 年时间从 SSFM 向 EBFM 逐渐改变。

渔业治理方式呈现多样化。Wilson 等提出用"共同管理"的方式进行渔业治理,共同管理的成功实施依赖于全面知识库的构建及利益相关者和社会公众的广泛参与;Gray 提出用"参与治理"的方式进行渔业治理,参与治理的前景取决于对代表性问题的解决程度以及渔民知识、渔业科学和基于生态系统的管理方式三者的整合情况;Rosales 等的价值链分析为小规模渔业管理提供了新的视角并在项目层面为生态渔业管理提出一些建议,如建立全国性的渔业登记方案、发展与保护目标相一致的社会企业、基于科学数据和激励机制建立季节性关闭等;Emery 等研究发现商业捕捉野生鱼类的现存与最佳经济表现之间存在很大差距,经济手段具有协助渔业系统弥合这一差距的潜力,可以将经济学纳入渔业管理框架;渔业社会科学家的研究表明,"钓鱼疗法"会影响渔业政策的制定,妇女在渔业管理中有不可忽视的作用,专业知识和经验研究可用于解决渔业管理的实际问题等。另外,渔业研究往往侧重于生态或经济因素,而真正理解社会生态系统需要考虑社会、文化、历史、法律和政策等方面。

五、海洋空间规划及利益相关者分析

联合国教科文组织召开的第一届海洋空间规划国际研讨会提出,海洋空间规划以人类活动、海洋水体及海洋资源为规划对象,以保护生态多样性、实现海洋可持续发展为目的,兼顾社会和经济目标,通过合理利用海洋空间、合理组织海洋活动,制定出最优化配置海洋资源、最合理利用海域的战略框架。虽然《联合国海洋法公约》和《生物多样性公约》中没有明确提及海洋空间规划,但它是分析和配置沿海到整个专属经济区人类活动时空分布的重要手段,是保护和可持续利用海洋资源的重要举措,是进行以生态系统为基础的海洋综合管理的核心工具之一。海洋空间规划的有效进行要求规划制定者和海洋管理者在制定规划的过程中充分了解海洋生态资源的特性,重视维持海洋生态资源可持续利用的关键因素,注意用海行为的多变性特征等。

海洋空间规划在海洋治理中的作用不容小觑。第一,海洋空间规划能够提高海洋管理效率。海洋空间规划立足于整个海洋生态系统,使得管理者能够明确海洋生态系统的整体发展趋势及关键海域特性,对不同部门利用海洋情况进行整合;根据不同区域对生态多样性和自然环境保护的不同需求采取针对措施,提升政策制定的速度、质量和透明度,促进海洋管理从管理控制向规划调控转变。第二,海洋空间规划能够减少矛盾和投资损失。一方面,海洋空间规划通过生态系统方法使经济社会发展不以破坏海洋资源环境为代价,通过识别和建立生态敏感区减少人类行为对敏感区域的冲击;另一方面,海洋空间规划能够综合考虑海洋开发者的需求,避免不同开发者对同一海域进行重复开发而产生冲突和重复投资,有效评估风险,增加长期投资的可能收益。第三,海洋空间规划通过开展三维视阈实践,满足深海立体空间生物多样性保护的实际需要,推动海洋开发与保护活动顺利开展。

海洋治理需要利益相关者参与,不同利益相关者海洋治理目标不同。其中,产业利益相关者偏好经济目标,主张注重经济利益;环境利益相关者偏好生态目标,主张减少对环境的不良影响;社会利益相关者偏好社会目标,主张减少对沿海社区的负外部性。利益相关者之间有效沟通对海洋治理的成功至关重要。为了促进经济社会和海洋资源环境可持续发展,利益相关者参与、海洋空间规划、生态系统管理三者已在不同场合和目标下并行发展。利益相关者参与是生态系统管理的一种关键机制,可为政策决策补充科学知识,增加其合法性,促进其实现。利益相关者参与效应的高低直接决定海洋空间规划成功与否。

六、启示

(一)把握海洋治理研究的多学科属性

将生态学、社会学、管理学和经济学等学科知识纳入海洋治理框架,强调跨学科研究和综合研究的重要性,建立海洋数据库,构建各部门海洋资源共享与学术分享机制,为理解复杂多样的海洋生态系统和社会系统结构与功能提供理论支持。

(二)建立健全海洋综合管理机制,完善海洋法治体系

倡导从多空间维度完善海洋治理体系,加强各空间层次之间的联系。鼓励海洋治理技术创新,加大对海洋治理的资金投入,培育海洋产业集群,不断提升我国的海洋治理能力。

(三)注重经济发展与海洋资源环境保护的可持续性和长期平衡

积极参与全球海洋治理的同时强化自主探索能力,围绕国际社会广泛关注的公海治理、生物多样性保护、生态系统管理等问题提出中国方案,建立中国特色的海洋治理体系。

(四)加强海洋治理跨国合作与交流

从全球视角出发,以蓝色合作为主线,同"21世纪海上丝绸之路"沿线国家合作,在海洋生态保护、海洋科技与创新、海洋公共资源共享等领域寻求利益共同点并开展更深层次的合作,推动建立新型全球海洋治理体系。

文章来源:原刊于《中国渔业经济》2018年06期。

全球海洋治理

海洋命运共同体

国际海洋法对构建人类命运共同体的意涵

■ 邹克渊

论点撷萃

海洋自由是国际海洋法体系变革的起始点和切入点。1982 年《联合国海洋法公约》是国际海洋法律制度的"宪章",也是海洋法律规则的集合。国际海洋法体系从产生开始就一直围绕着自由与控制、开放与封闭、分享与独占这些观念此消彼长、互相掣肘。从塞尔登的"闭海论"到格劳秀斯的"海洋自由",发展至今,国际海洋法体系最终形成了"公海自由"加之沿海国对沿岸特定海洋区域享有排他性管辖权的二元结构,即"海洋自由＋特定管辖权"。如何在人类命运共同体理念之下进一步调整相应的海洋法体系,是我国作为发展中国家所需要思考的问题。

具体可以从三个方面来观察。

第一,海洋安全法律制度。其包括航行自由的界定、海上通道问题、打击海上恐怖主义以及其他的非法活动等。

第二,国际海洋环境保护法律制度。除了原有的国际海洋保护法律体系需要完善外,国际海洋环境保护法律制度也包括海上垃圾处理、公海渔产资源的分配和利用等新问题以及加强国际环境法的执行力问题。

第三,海洋科学研究法律制度。其包括海洋科研的法律定义、信息分享机制、海洋技术转让实施、军事活动破坏海洋科研等问题。

作者:邹克渊,英国中央兰夏大学哈里斯国际法终身教授、中国海洋发展研究中心学术委员会副主任

海洋命运共同体

145

一、人类命运共同体的理念

2015年3月，习近平主席在博鳌亚洲论坛2015年年会上发表演讲时指出，人类只有一个地球，各国共处一个世界；通过迈向亚洲命运共同体，推动建设人类命运共同体，必须坚持各国相互尊重、平等相待；坚持合作共赢、共同发展；坚持实现共同、综合、合作、可持续的安全；坚持不同文明兼容并蓄、交流互鉴。同年9月28日，习近平主席在第七十届联合国大会上发表讲话时指出，当今世界各国相互依存、休戚与共，要继承和弘扬《联合国宪章》宗旨和原则，构建以合作共赢为核心的新型国际关系，打造人类命运共同体，建立平等相待、互商互谅的伙伴关系，营造公道正义、共商共建共享的安全格局，谋求开放创新、包容互惠的发展前景，促进和而不同、坚守并蓄的文明交流，构筑尊崇自然、绿色发展的生态体系。2017年1月18日，习近平主席在联合国日内瓦总部发表题为《共同构建人类命运共同体》的演讲时再次强调了构建人类命运共同体，实现共赢共享的重要性。在2018年6月22日召开的中央外事工作会议上，习近平主席特别指出，要高举构建人类命运共同体旗帜，推动全球治理体系朝着更加公正合理的方向发展。

人类命运共同体是以全球人类共同价值为指导，以中华民族传统文化为抓手，倡导"共商、共建、共享"理念，涵盖国际关系、经济发展、文明交流、生态建设等方面的重大理论体系。人类命运共同体至少包括了传统文化、国际主义、生态有机体、法制文明、共存论和人类共同价值等方面的含义。第一，人类命运共同体与中华民族传统文化存在共同性。人类命运共同体对于世界及人类的存在和发展问题的观点显示了当代中国理念和文化理念的一脉相承性，同时体现了当代世界和平发展的适应性。人类命运共同体与中华民族传统儒家文化紧密相连，两者存在高度共通性，人类命运共同体对儒家"和文化"的一脉相承与对存在、发展问题的适应性彰显了强大的生命力。第二，人类命运共同体是生态有机体发展的必然选择。人类命运共同体倡导在保护生态系统的前提下推进人类发展，在人类发展基础上建设生态系统，实现人类生态协调发展。第三，人类命运共同体是法制文明的体现。人类命运共同体强调追求全人类的共同价值，是工具理性与价值理性的结合，根本宗旨是维护整个人类社会的共同利益；强调全人类共同构成一个同呼吸、共命运的整体，通过相互依存、紧密联系构成层次间的动态平衡，形成的意识体系体现了国际法的人本意识、合作意识、共建意识，以维护和推进全人类的共同利益为最高宗旨。人类命运共同体是多方面全球治理在政治理念上的凝练与总结，强调共商、共建、共享的原则，而非霸权主义。

二、国际法与人类命运共同体的构建

从国际法理论层面看，人类命运共同体在国际法上的内涵是指，以主权平等原则为基础，以"共同体"为载体，通过国际合作的形式实现、维护全人类的共同愿景与利益。人类命运共同体最初是作为一个政治理念被提出来的。从国际法角度看，人类命运共同体存在着中国在新世纪的一种国际秩序观，涉及国际法制的建设。这不仅是习近平总书记外交思想的核心，也是对我国在全球治理方面如何作出应有贡献而提出的一个重大理论问题。人类命运共同体本身所包含的共商、共建、共享的观点，在目前的国际法领域里可以找到一些相对应概念，包括共同利益、共同关切以及人类共同继承财产等。人类命运共同体理念可以借助这些概念融入国际法体系之中，国际法体系也因人类命运共同体理念的融入而得到丰富与发展。

人类命运共同体背后是人类共同的利益，而维护人类共同利益就要遵守一致的基本规范或最高准则，也就是"合作"这一法律义务的基石，即国际法体系。人类命运共同体对于国际法体系的贡献在于将"合作"这一基石推进到"共商、共建、共享"的高度，即人类命运共同体深化了合作的意涵，使国际合作从合作发展到共商、共建、共享。值得注意的是，国际法体系受到两种不同的法律模式的影响，即以自利主义为核心的格劳秀斯模式和以普世主义为追求的康德模式，现今的国际法仍然位于这两种法律模式之下。人类命运共同体并非超越国家主权的"世界政府"，也不是彻底利己主义项下的国家利益至上的传统国际法体系。人类命运共同体也不是纯粹意义上的国际主义，其目标并非国际大同。人类命运共同体项下的国际法仍然是国家间的法律，是以主权国家为主要主体的法律体系。人类命运共同体是对之前国际法理念的扬弃，并非彻底推翻原有的国际法体系。人类命运共同体是在继承和发扬和平共处五项原则的基础上，坚持主权平等、公平正义、共同安全，坚持共同发展、合作共赢、包容互鉴，以自身发展为世界经济增长和全球治理作出更大贡献，为全球性问题的解决提供代表广大发展中国家利益的方案。

人类命运共同体应当建立在现代威斯特伐利亚体系基础上,以国际法基本原则为最高标准,在主权平等前提下开展合作以达到共商共建共赢,通过国际法治维护人类共同利益。总而言之,人类命运共同体在国际法上的内涵可以总结为原有的国际法体系(共同体思想)、中国传统文化与中国新时代国际关系价值目标的有机结合。国际法体系的基础最早来源于人类体系。国际法体系本身是建立人类命运共同体的一个平台,国际法体系内也出现了共同体的概念。在国际法中融入人类命运共同体可以从两个方面进行:一方面,国际法体系中已有的与人类命运共同体理念相对应的制度应该得到完善;另一方面,人类命运共同体理念所要求的国际法体系中尚未存在的概念、规则、制度等需要建立和健全。进一步细化到国际海洋法体系也是如此。

三、国际海洋法与人类命运共同体的构建

海洋自由是国际海洋法体系变革的起始点和切入点。1982年《联合国海洋法公约》是国际海洋法律制度的"宪章",也是海洋法律规则的集合。国际海洋法体系从产生开始就一直围绕着自由与控制、开放与封闭、分享与独占这些观念此消彼长、互相掣肘。从塞尔登的"闭海论"到格劳秀斯的"海洋自由",发展至今,国际海洋法体系最终形成了"公海自由"加之沿海国对沿岸特定海洋区域享有排他性管辖权的二元结构,即"海洋自由＋特定管辖权"。如何在人类命运共同体理念之下,进一步调整相应的海洋法体系,是中国作为发展中国家所需要思考的问题。具体可以从以下三个方面来观察。

第一,海洋安全法律制度。其包括航行自由的界定、海上通道问题、打击海上恐怖主义以及其他的非法活动等。海洋安全,是指国家的海洋权益不受侵害或不遭遇风险的状态,也被称为海上安全或海上保安。海上安全分为传统的海上安全和非传统海上安全两类。传统的海上安全主要为海上军事安全、海防安全,而海上军事入侵是最大的海上军事威胁。海上非传统安全主要为海上恐怖主义、海上非法活动(海盗活动)、海洋自然灾害、海洋污染和海洋生态恶化等。一般来说,传统的海洋安全有减少或消亡的趋势,而非传统安全有增加的趋势,所以维护海洋安全的重点是管理和控制非传统海上安全方面的海洋问题。海洋安全是国际社会共同的价值追求,每一个沿海国均对其海洋安全与权益拥有重大利益诉求,同时也是1982年《联合

国海洋法公约》广大成员国的基本需求。海洋安全及海洋权益,包括海洋领土(岛屿主权)、领海、海洋资源、海洋运输通道等诸多方面。近年来,中国海洋权益不断受到挑战甚至侵犯,国家海洋安全形势变得越来越复杂和严峻。

第二,国际海洋环境保护法律制度。除了原有的国际海洋保护法律体系需要完善外,国际海洋环境保护法律制度也包括海上垃圾处理、公海渔产资源的分配和利用等新问题,以及加强国际环境法的执行力问题。国际海洋环境制度是国际环境制度的重要组成部分。海洋环境不断发展变化,海洋环境保护相关的科学技术不断提高,国际海洋环境制度也处于持续变革中。国际海洋环境制度是进行国际海洋环境治理、解决全球海洋环境问题的一种综合性安排,包括相应的法律法规、管理机构与机制等。人类命运共同体对于可持续发展的要求是发展新的海洋环境保护法律制度的主要内容,共同的愿景是海洋环境保护的立法依据。同时,人类命运共同体理念的许多内容在海洋环境保护领域能够取得较大的共识与理解,这一点与"软法"(soft law)的性质密不可分。

第三,海洋科学研究法律制度。其包括海洋科研的法律定义、信息分享机制、海洋技术转让实施、军事活动破坏海洋科研等问题。发展海洋科学研究要依靠完善的海洋科研法律制度进行保驾护航,发挥制度先导、法律先行的优势。海洋科研法律制度是国际海洋法体系的重要组成部分,建设海洋强国必须大力发展对海洋科研的法律研究。海洋科学研究将对海洋法的发展起到关键作用,甚至将侧向推动海洋法的进一步发展;海洋科学研究对于海洋资源的利用与开发将构成某些程度上的限制,而这一组矛盾将是未来海洋资源开发中的主要矛盾之一。传统的海洋数据收集的沿海国同意制度、海洋科研与军事利用的关系及海洋法其他领域对于海洋科研的新挑战,也是国际海洋科学研究法律制度需要面对和解决的重大理论问题。

文章来源:原刊于《中国海洋大学学报(社会科学版)》2019 年 03 期。

构建亚洲海洋命运共同体的
几点思考

■ 金永明

论点撷萃

　　针对包括维护海洋秩序在内的海洋问题,中国的立场和态度为,首先,主要通过政治协商谈判解决问题;其次,利用政治方法无法解决问题时,则通过制定危机管理制度以管控分歧;最后,待各种合作加深并提升政治互信后,采取包括共同开发在内的方式最终解决问题。这样做的目的是使海洋成为和平、友好、合作之海,并为构建海洋命运共同体提供保障和经验借鉴。

　　海洋安全是稳定亚洲的重要依托和基本保障。包括海洋通道安全在内的海洋秩序是亚洲国家和人民的共同利益和共同关切,必须由多种主体参与其治理进程,为海洋的综合性管理能力的提升作出贡献。也就是说,海洋迎来了由"用海"到"护海"和"自由用海"到"治理用海"的新阶段,这是亚洲国家对待海洋秩序的新要求和新态度,即构建亚洲海洋命运共同体。

　　亚洲已成为世界稳定和发展的重要区域和有力推动者,这得益于亚洲的持续安全和稳定。其中,海洋秩序的安定功不可没。在世界呈现百年未有之大变局、国际制度和国际秩序面临重大变革和严重挑战的现今,如何构筑亚洲海洋新秩序,是亚洲各国需要共同考虑的时代命题,因为其直接影响亚洲未来的发展和繁荣,尤其关系到海洋的安全秩序和共同利益。对此的中国方案是构建亚洲命运共同体。

作者:金永明,上海社会科学院法学研究所研究员、中国海洋发展研究中心海洋战略研究室主任

一、遵守规范海洋秩序基本制度的必要性

众所周知,《联合国海洋法公约》是综合规范海洋事务的基本法律制度,并成为维护海洋秩序的关键性制度,各国必须遵守并制定国内海洋法规。这是由《联合国海洋法公约》本身的全面性和权威性决定的。不可否认的是,《联合国海洋法公约》也存在着一定的局限性或缺陷,例如,对国际海底区域开发制度上的财政负担和技术转让要求等方面存在不同的意见,专属经济区制度的创设使国家间海域重叠现象增多并呈现需要划界的多个事件,对专属经济区内权利归属含糊不清的内容仅有预备性的条款,因对岛屿概念要件的模糊性呈现不同的解释或对立的分歧,对一些关键性的用语并未作出规范和界定,等等,但这些缺陷并不能否定《联合国海洋法公约》在处理海洋事务中的地位和作用,因为它是对习惯法的编纂,尤其是对多种海域和海洋功能做出的全面的制度性规范,所以对维护海洋秩序具有不可替代的作用。

二、充实和完善海洋法基本制度方面的成绩

《联合国海洋法公约》存在上述局限,也存在对一些重要问题(如海洋生物基因资源的利用、海洋保护区的设立等)因受意念和技术等的制约未予探讨和规范得不足,所以在国际社会出现了对其予以补充和完善的趋势和要求。在这种情形下,国际社会经过多年努力在《联合国海洋法公约》本文以外制定了与其构成一体的两个执行协定,并正在为通过举行政府间会议制定第三个执行协定而努力,以补充和改善相关制度的缺陷和不足。这些执行协定为 1994 年《关于执行 1982 年 12 月 10 日联合国海洋法公约第 11 部分协定》、1995 年《执行 1982 年 12 月 10 日联合国海洋法公约有关养护和管理跨界鱼类种群和高度洄游鱼类种群之规定的协定》、预计于 2020 年完成的"国家管辖范围外区域海洋生物多样性的养护和可持续利用问题执行协定"(简称"BBNJ 执行协定")。换言之,《联合国海洋法公约》经历了其通过、发展的两个阶段后,正在向第三个阶段(补充完善生物多样性制度)迈进。

国际社会除了补充制定规范性制度如上述那样的执行协定外,国家实践尤其是国际司法判决和仲裁裁决也在不断地丰富和完善《联合国海洋法公约》的有关制度,以使其制度和原则具有明确性和可操作性。例如,国际

司法和仲裁机构对专属经济区和大陆架的划界问题,已经细化了"衡平原则"的具体原则和要求,确立了"三阶段划界法"的规则。

三、亚洲在维护海洋秩序上具有重大责任

亚洲是一个周边环境复杂、历史渊源多样、文化文明多元的地理单元,在海域地理形态上是一个半封闭的区域,同时在亚洲尤其在东亚存在着第二次世界大战以后遗留的多个海洋领土争议问题。如何解决这些问题是亚洲多国面临的重大挑战,直接考验着亚洲人民的集体智慧和创新理念。

一般认为,在领土主权问题上相关方很难作出实质性的妥协和让步,因为这关系到历史渊源、国民感情和经济生活等多个方面。同时,各国多采取对本国权益有利和有益的主张和态度,并找寻对其有利的证据。这不仅增加了辨明事实本质和立场的难处,而且如果处理不妥,还会发生严重的冲突性事件,进而影响国家之间的关系、破坏国民之间的感情。但依据历史和法理尤其是国际法,对这些争议问题进行分析和论证、举证,并采取和平的方法予以解决,无疑是各方应该遵循的重要准则,即遵循"依法治海"的原则,包括依法主张权利、依法维护和使用权利、依法解决权利争议。

应该指出的是,这里的"依法治海"中的"法律"是指国际社会普遍接受和同意的国际法的原则和制度。如果对其存在不同的理解和认识,则需要通过协商谈判予以沟通并在对方或相关方同意后才可适用,特别是对那些原则和制度存在不同的理解和行为时,异议方具有让对方信服的举证责任。

不可否认的是,尽管在亚洲尤其在东亚存在多个海洋领土争议问题,但迄今并未发生相应的重大冲突和安全事件。这得益于相关国家在对待这些问题时的立场和态度,尤其是在相关国家之间签署了多个具有延缓争议和冲突升级的原则性共识和宣示性文件。这些共识和文件发挥了应有的作用,也为其他地区和国家解决相关问题提供了重要参考和借鉴。

在海洋日益成为国家、地区重要依托的现今,如何综合性地管理海洋,包括合理地开发和利用海洋资源、维护通道安全、保护海洋环境、合理进行海洋科学研究、充分地进行海洋监测和信息交换等,是包括亚洲国家在内的国际社会应该考虑的重大问题。所以,从大局、全局出发思考海洋,包括扩大共同利益、缩小具体的对立和分歧是维护海洋秩序和海洋安全的重要保障,以实现构建亚洲海洋命运共同体的目标。

四、中国维护海洋秩序的立场和态度

随着改革开放后的经济和科学技术的发展,中国具备了开发和利用海洋的基础和条件,所以中国开发和利用海洋的空间和资源的力度和频度加大和加快了,并提出了建设海洋强国的战略性目标。由此,在国际社会包括在亚洲出现了"中国海洋威胁论"的观点。尽管中国依据习惯法尤其是《联合国海洋法公约》不断地制定和完善国内海洋法制度并取得了一定的成绩,但也存在国内海洋法制度中的一些条款与国际社会其他国家的海洋法制度不一致的情形,从而产生了不同的理解和分歧。

针对包括维护海洋秩序在内的海洋问题,中国的立场和态度为,首先,主要通过政治协商谈判解决问题;其次,利用政治方法无法解决问题时,则通过制定危机管理制度以管控分歧;最后,待各种合作加深并提升政治互信后,采取包括共同开发在内的方式最终解决问题。这样做的目的是使海洋成为和平、友好、合作之海,并为构建海洋命运共同体提供保障和经验借鉴。

总之,海洋安全是稳定亚洲的重要依托和基本保障。包括海洋通道安全在内的海洋秩序是亚洲国家和人民的共同利益和共同关切,必须由多种主体参与其治理进程,为海洋的综合性管理能力的提升作出贡献。也就是说,海洋迎来了由"用海"到"护海"和"自由用海"到"治理用海"的新阶段,这是亚洲国家对待海洋秩序的新要求和新态度,即构建亚洲海洋命运共同体。

文章来源:原刊于 2019 年 11 月 28 日《文汇报》。

论"海洋命运共同体"构建中海洋
危机管控国际合作的法律问题

■ 杨泽伟

论点撷萃

一方面,传统的海洋危机与非传统的海洋危机之间的区分是相对的。另一方面,不同类型的海洋危机不是孤立存在而是相互交织的。传统的海洋危机与非传统的海洋危机相互交织、相互影响,给海洋危机管控的国际合作带来了新的挑战,从而对海洋危机管控国际合作新理念的呼唤也更加迫切。

各主权国家地缘政治环境的不同、国家利益的差异导致各国对海洋危机的认识和态度迥异。然而,构建"海洋命运共同体"的理念,不但将进一步提高公众的海洋危机意识,而且将推动海洋危机管控国际合作的法律制度实现如下的转变:树立综合、共同、合作的海上安全观,进一步加强海洋危机管控各领域的务实合作;坚持"共商、共建、共享"原则,进一步完善海洋危机管控机制;通过促进海上互联互通,进一步增进海洋的可持续利用和海洋福祉,共同维护海洋的和平与安宁,等等。

增强中国在海洋危机管控国际合作中的话语权是国际社会的现实需要,国际社会期待中国在海洋危机管控国际合作中发挥更大的作用。增强中国在海洋危机管控国际合作中的话语权也有利于更好地维护中国的海洋权益。一方面,随着中国综合国力的日益增强,无论是传统的海洋危机,还是非传统的海洋危机,都与中国海洋权益的维护密切相关。另一方面,加强海洋危机管控的国际合作是中国"加快建设海洋强国"的重要一环。

作者:杨泽伟,武汉大学国际法研究所教授,教育部长江学者特聘教授,中国海洋发展研究中心研究员

2019 年 4 月,中国国家主席习近平在会见出席中国人民解放军海军成立 70 周年的数十名外国海军代表团团长时,提出要推动构建"海洋命运共同体"。"海洋命运共同体"是人类命运共同体思想在海洋领域的具体实践。"海洋命运共同体"强调海洋安全、海洋经济和海洋环境保护等方面的国际合作,立足于完善各国危机沟通机制以平等协商解决分歧,契合了海洋危机管控的主要内容。海洋危机管控的国际合作是推动构建"海洋命运共同体"的重要步骤和客观要求。因此,研究"海洋命运共同体"构建中海洋危机管控国际合作的法律问题,无疑具有重要的理论价值和现实意义。

一、"海洋命运共同体"构建中海洋危机管控国际合作法律制度的现状

(一)构建"海洋命运共同体"面临的主要海洋危机

一般认为,海洋危机是指在海洋领域因人类活动或自然因素导致的对海洋秩序、海洋安全、海洋经济、海洋环境以及相关人员的生命财产带来严重威胁或损害的紧急事件或状态。因此,构建"海洋命运共同体"面临的海洋危机可以分为以下两种类型:传统的海洋危机和非传统的海洋危机。

(1)传统的海洋危机。传统的海洋危机是一种狭义的海洋危机,是指主权国家间因政治或军事因素所引发的在海洋领域的矛盾或冲突,如海上军事安全威胁、岛屿主权争端或海洋划界分歧等。2018 年俄罗斯与乌克兰之间的刻赤海峡事件、2019 年国际法院就"1965 年查戈斯群岛从毛里求斯分离的法律后果"问题发表咨询意见案(简称"查戈斯咨询案")等都属于这方面的典型例子。

(2)非传统的海洋危机。非传统的海洋危机则是由非政治和非军事因素所引起的、直接影响甚至威胁本国和别国乃至地区与全球发展、稳定和安全的跨国性问题,如海上恐怖主义活动、海洋自然灾害、海洋环境污染、海洋气候变化、海洋遗传资源、海洋能源开发、海洋垃圾以及海洋微塑料问题等。

(二)"海洋命运共同体"构建中海洋危机管控国际合作法律制度的主要特点

虽然目前海洋危机管控的国际合作还没有统一的国际法律法律制度,但是以下两个特点较为明显。

1. 以联合国为代表的国际组织在海洋危机管控国际合作中发挥了重要作用

众所周知,国际组织有多种类型,既包括综合性国际组织,也有联合国专门机构和区域性国际组织等。它们在海洋危机管控的国际合作中发挥了各自的独特作用。[1]

(1)综合性国际组织。一般认为,联合国是当今成员国最多、影响最大的综合性国际组织。联合国拥有广泛的职权。就海洋危机管控的国际合作而言,无论是相关规则的制定,还是有关议题的关注,抑或实践的推动,联合国在其中占有举足轻重的地位。

首先,联合国大会在政治、经济、军事、社会和文化等方面拥有广泛的职权。虽然联合国大会的决议没有法律约束力,但是具有很大的道义和社会影响。例如,2004 年联合国大会通过第 24 号决议决定建立特设非正式工作组,以"研究与国家管辖范围以外区域的海洋生物多样性的养护和可持续利用有关的问题"。此后,该工作组召开多次会议。现在"国家管辖范围以外海域生物多样性"国际协定正在制订中,该协定也被视为《联合国海洋法公约》的第三个执行协定。

其次,联合国安理会承担维护国际和平与安全的主要责任,其决议对所有成员国具有约束力,因而在海洋危机管控国际合作中发挥更大的作用。例如,2018 年 11 月联合国安理会召开紧急会议,讨论俄罗斯、乌克兰在刻赤海峡发生的冲突;联合国方面敦促俄罗斯和乌克兰保持克制,避免采取任何可能导致局势升级的行动。

最后,联合国秘书长的职权也非常广泛,秘书长不论何时均具有发表声明的权力。例如,2019 年 7 月针对伊朗在霍尔木兹海峡扣押英国"史丹纳帝国"号油轮事件,联合国秘书长古特雷斯强调,必须根据国际法尊重在霍尔木兹海峡及其邻近水域与航行有关的权利和义务,并敦促有关各方保持最大限度的克制,避免采取进一步加剧紧张局势的行动。又如,从 1994 年开始联合国秘书长每年发布《海洋与海洋法》报告,该报告囊括海洋资源的养护和可持续利用、海洋塑料与微塑料污染、海洋气候变化等与海洋危机管控国际合作密切相关的内容。[2]

此外,联合国大陆架界限委员会(Commission on the Limits of the Continental Shelf)、联合国法律事务部海洋事务与海洋法司(the Division for Ocean Affairs and the Law of the Sea，Office of Legal Affairs，United Nations)、国际海底管理局(International Seabed Authority)等机构也在海洋危机管控国际合作中发挥了不可或缺的作用。例如,1997 年按照《联合国海洋法公约》第 76 条的规定、依照《联合国海洋法公约》附件二设立的大陆架界限委员会,其职能主要为:负责审议沿海国提出的关于扩展到 200 海里以外的大陆架外部界限的资料和其他材料;按照《联合国海洋法公约》的有关规定,对该国大陆架外部界限的划定提出建议。虽然大陆架界限委员会的建议不具有法律效力,但是《联合国海洋法公约》第 76 条第 8 款规定,"沿海国在这些建议的基础上,划定的大陆架界限应有确定性和拘束力。"实际上,大陆架界限委员会对划界案审议所作出的建议是对《联合国海洋法公约》的新诠释,也是审议其他划界案可借鉴和援引的案例。由于各国大陆架外部界限同时也是国际海底区域的边界,大陆架界限委员会关于沿海国划界案的建议将对国际海底区域制度的确立产生重大影响。又如,联合国法律事务部海洋事务与海洋法司的具体任务是监督《联合国海洋法公约》在相关领域的进展情况,以便每年向联大报告与海洋法和海洋事务有关的事项,并在促进更广泛地接受《联合国海洋法公约》、以合理和一致的方式加以应用方面发挥了较为重要的作用。[3] 而按照《联合国海洋法公约》规定设立的国际海底管理局,[4] 专门负责全面管理国际海底资源的勘探、开发和利用等活动。

(2)联合国专门机构。联合国专门机构是对某一特定业务领域负有广泛国际责任的专门性组织,并且是根据同联合国经社理事会签订的特别协定而与联合国建立工作关系的或者是根据联合国的决定而创设的。因此,与海洋有关的联合国专门机构如国际海事组织,其相关的实践使海洋危机管控国际合作法律制度更加具体化。例如,国际海事组织自成立以来制定了诸如《1966 年船舶载重国际公约》《1969 年公海油污干预公约》《1996 年海上运输危险有毒物质损害责任及赔偿国际公约》《2001 年燃油污染损害民事责任公约》等公约,在保障船舶航行安全、防止海洋污染以及保护海洋环境等方面发挥了重要作用。[5]

(3)区域性国际组织。虽然区域性国际组织的成员国及其活动是以某一地区为重点,但是它在海洋危机管控国际合作中起到了示范或补充作用。例如,欧盟在 2016 年出台了《国际海洋治理:未来海洋议程》(*International Ocean Governance：An Agenda for the Future of Our Oceans*),旨在把其包括海洋危机管控在内的海洋治理经验作为塑造全球海洋治理模式的基础。[6]又如,1995年通过的《执行1982年12月10日〈联合国海洋法公约〉有关养护和管理跨界鱼类种群和高度洄游鱼类种群的规定的协定》(简称《鱼类种群协定》)导致许多区域鱼类组织的出现,如"大西洋金枪鱼养护国际委员会""印度洋金枪鱼委员会""地中海综合渔业委员会"等。这些区域性渔业组织主要通过制定渔业养护措施,保护公海和跨界渔业资源。此外,1996年成立的北极理事会,其宗旨是保护北极地区的环境,促进该地区在经济、社会和福利方面的持续发展。为此,北极理事会制定了《北极空中和海上搜救合作协定》《北极海洋油污预防与反应合作协定》等法律文件,以加强对北极地区海洋危机的管控。

(4)国际司法机构。现今主要有国际法院和国际海洋法法庭两大国际司法机构在海洋危机管控国际合作中发挥作用。

国际法院是联合国的主要司法机构。根据《国际法院规约》的规定,国际法院既可以审理各当事国提交的一切案件,还可以应联合国其他五大机关及各专门机构的请求,就其工作范围内的任何法律问题发表咨询意见。事实上,国际法院成立70多年来作出的许多判决或发表的咨询意见涉及海洋危机管控国际合作方面的诸多问题。例如,1969年国际法院"北海大陆架案"(the North Sea Continental Shelf Case)的判决表明,两国或几个国家的大陆架应根据公平原则来划分,从而成功解决了联邦德国与丹麦和荷兰在北海大陆架的划界问题上发生的争执。[7]

国际海洋法法庭(International Tribunal for the Law of the Sea, ITLOS)。它成立于1996年,是《联合国海洋法公约》规定的有关公约解释和适用方面争端的司法解决程序之一。迄今为止,国际海洋法法庭已受理29起案件,涉及迅速释放、临时措施、海域划界、环境保护等问题,[8]与海洋危机管控国际合作的法律制度密切相关。例如,2009年"孟加拉湾划界案"(Dispute Concerning Delimitation of the Maritime Boundary Between Bangladesh and Myanmar in the Bay of Bengal ,Bangladesh/Myanmar)是国际海洋法法庭成立以来审理的第一起海洋划界案,法庭对孟加拉国与缅甸之间有关领海、专属经济区和大陆架之间的争端进行了裁决。[9]又如,2011年应国际海底管理局理事会的请求,国际海洋法法庭海底争端分庭就"国家担保个人和实体在'区域'内活动的责任和义务问题"(Responsibilities and

Obligations of States Sponsoring Persons and Entities with Respect to Activities in the Area, Request for Advisory Opinion Submitted to the Seabed Disputes Chamber)发表了咨询意见。[10]这是国际海洋法法庭受理的第一个咨询案。有关咨询意见澄清了《联合国海洋法公约》相关规定的具体含义,有利于推动国际海底区域活动的有序开展。

2. 以《联合国海洋法公约》为核心的国际法律制度构建了海洋危机管控国际合作的法律框架

1982年第三次海洋法会议通过的《联合国海洋法公约》是当代国际社会关系海洋秩序、海洋权益和海洋危机管控等方面的基本文件。这一文件确立了人类利用海洋和管理海洋的基本法律框架,规定了涉及12海里领海宽度、200海里专属经济区、海峡通行权利、大陆架的界限、国际海底区域的勘探和开发制度以及海洋环境保护、海洋科学研究等方面的法律制度,从而标志着海洋国际秩序的建立,被誉为"海洋宪章"(Constitution for Oceans)。

(1)《联合国海洋法公约》体系。首先,《联合国海洋法公约》的序言明确指出,"本着以互相谅解和合作的精神解决与海洋法有关的一切问题的愿望,并且认识到本公约对于维护和平、正义和全世界人民的进步作出重要贡献的历史意义","认识到有需要通过本公约,在妥为顾及所有国家主权的情形下,为海洋建立一种法律秩序,以便利国际交通和促进海洋的和平用途,海洋资源的公平而有效的利用,海洋生物资源的养护以及研究、保护和保全海洋环境"。可见,《联合国海洋法公约》奠定了海洋危机管控国际合作法律制度的基础。

其次,1994年7月《关于执行1982年12月10日〈联合国海洋法公约〉第11部分的协定》(简称1994年《执行协定》)既是《联合国海洋法公约》体系的重要组成部分,也进一步规范了国际海底区域的开发制度,从而为发展中国家与发达国家在公约的基础上加强开发海洋资源领域的经济合作创造了条件。

最后,作为《联合国海洋法公约》第二个执行协议,1995年《鱼类种群协定》对传统的公海捕鱼自由原则作了一定修改,强化了捕鱼国在养护和管理跨界鱼类种群和高度洄游鱼类种群方面与沿海国进行合作的义务。

此外,如前所述,当下国际社会正在制订的"国家管辖范围以外海域生物多样性"国际协定、国际海底管理局正在起草的"国际海底区域开采法典"

以及其他有关航行渔业和海洋环境保护等单一事项的国际条约,都是海洋危机管控国际合作法律制度的重要组成部分。

(2)国际习惯与国际组织的决议。众所周知,国际习惯是现代国际法的主要渊源之一。在国际海洋法律制度最初的形成阶段,国际习惯构成了国际海洋法律制度的主要内容。现今国际习惯对海洋危机管控国际合作法律制度的影响,主要体现在对海洋危机管控国际合作法律原则的塑造方面。特别是《联合国海洋法公约》在其序言中专门强调"确认本公约未予规定的事项,应继续以一般国际法的规则和原则为准据"。因此,从国际关系的实践中和司法判例中去寻找国际习惯存在的证据,对于"海洋命运共同体"构建中海洋危机管控的国际合作具有特别重要的意义。

另外,作为确立法律原则的一种非常有价值的补助资料和现代国际法的辅助渊源之一,国际组织的决议因其广泛的代表性和舆论价值,在"海洋命运共同体"构建中海洋危机管控国际合作方面的作用也不可或缺,特别是针对诸如海洋气候变化、海洋遗传资源、海洋可再生能源开发、海洋垃圾以及海洋微塑料问题等非传统的海洋危机的管控与处理更是如此。例如,215年第 70 届联合国大会通过的 A/70/L.1 决议——《改变我们的世界:2030 年可持续发展议程》(*Transforming Our World: the 2030 Agenda for Sustainable Development*),不但首次把"海洋可持续发展"列入其中,[11]而且为"海洋命运共同体"构建中海洋危机管控指明了方向。

二、"海洋命运共同体"构建中海洋危机管控国际合作法律制度的主要缺陷

目前"海洋命运共同体"构建中海洋危机管控国际合作的法律制度主要存在以下三大缺陷。

(一)海洋危机管控国际合作法律制度的碎片化现象非常明显

碎片化现象不但是现代国际法发展的重要趋势,[12]也是当代全球海洋治理机制十分突出的问题。[13]就海洋危机管控国际合作的法律制度而言,其碎片化现象主要体现在有关国际组织之间职能重叠、海洋危机管控的国际合作存在明显的法律缺漏。[14]

如前所述,目前国际社会还缺乏一个综合性的涉及海洋危机管控国际合作的国际组织,虽然不少国际组织与海洋危机管控的国际合作密切相关,

但它们之间的协调还有待加强。众所周知，海洋环境保护是海洋危机管控国际合作的重要内容之一。关于海洋环境保护方面的争端，国际法院、国际海洋法法庭均有管辖权。[15]例如，1974年"法国核试验案"（Nuclear Tests, Australia v. France; Nuclear Tests, New Zealand v. France）、[16]1995年"西班牙诉加拿大渔业管辖权案"（Fisheries Jurisdiction, Spain v. Canada）[17]和2010年"澳大利亚诉日本南极捕鲸案"（Whaling in the Antarctic, Australia v. Japan; New Zealand Intervening）[18]都是由国际法院审理的；而1999年"新西兰和澳大利亚诉日本麦氏金枪鱼案"（Southern Bluefin Tuna Cases, New Zealand v. Japan, Australia v. Japan, Provisional Measures）、[19]2000年"智利诉欧共体剑鱼案"（Case concerning the Conservation and Sustainable Exploitation of Swordfish Stocks in the South-Eastern Pacific Ocean, Chile/European Union）[20]和2013年"荷兰诉俄罗斯'北极日出号'案"（the Arctic Sunrise Case, Kingdom of the Netherlands v. Russian Federation, Provisional Measures）等都是由国际海洋法法庭判决的。因为海洋环境争端的解决可以选择任何的法律方法，所以导致在海洋危机管控中出现了一案多诉的平行诉讼问题。例如，2000年"智利诉欧共体剑鱼案"就同时在国际海洋法法庭和WTO两个机构分别提起；而在2013年"荷兰诉俄罗斯'北极日出号'案"中，荷兰不但提起强制仲裁，而且还向国际海洋法法庭提出了"迅速释放"或"临时措施"之诉。[21]

又如，《联合国海洋法公约》《鱼类种群协定》和《生物多样性公约》等诸多公约，不但涉及主权国家保护海洋环境和生物多样性的合作义务，而且设计了多种多样的"划区管理工具"（Area-based Management Tools）。因此，这就存在上述"划区管理工具"与未来"国家管辖范围以外海域生物多样性"国际协定有关海洋保护区的制度安排的协调问题。

（二）海洋危机管控国际合作法律制度受国家管辖权的制约尤为突出

一方面，第二次世界大战结束以来广大中小国家纷纷试图扩大沿海国的国家管辖权，尤其是伴随着《联合国海洋法公约》的出台，进一步强化了沿海国管辖权的扩大趋势。另一方面，如前所述，《联合国海洋法公约》基于地理要素，依次把海域分为内（海）水、领海、毗连区、专属经济区、大陆架、公海和国际海底区域，并规定了相应的制度安排，明确了沿海国和其他国家在相关海域的权利与义务。然而,这种分区管理的形式使海洋危机管控国际合作法律制度受国家管辖权的制约特别明显。例如,关于专属经济区的海洋环境保护问题,《联合国海洋法公约》第 56 条明确规定,沿海国在专属经济区内享有以勘探和开发、养护和管理海床和底土及其上覆水域的自然资源为目的的主权权利……在海洋环境保护和保全等方面拥有管辖权。

又如,打击海盗属于"非传统的海洋危机"问题,也是海洋危机管控国际合作的重要内容之一。然而,《联合国海洋法公约》对"海盗行为"采用较为狭窄的定义。公约第 101 条规定:"下列行为中的任何行为构成海盗行为:(a)私人船舶或私人飞机的船员、机组成员或乘客为私人目的,对下列对象所从事的任何非法的暴力或扣留行为,或任何掠夺行为:在公海上对另一船舶或飞机,或对另一船舶或飞机上的人或财物;在任何国家管辖范围以外的地方对船舶、飞机、人或财物;(b)明知船舶或飞机成为海盗船舶或飞机的事实,而自愿参加其活动的任何行为;(c)教唆或故意便利(a)或(b)项所述行为的任何行为。"很明显,该条款把发生在领海、专属经济区的非法暴力行为排除在海盗行为之外。换言之,各国对发生在其领海或专属经济区的海盗行为无须承担义务。[22]究其原因,主要是受沿海国管辖权的限制。

值得注意的是,2008 年以来索马里海盗猖獗,严重影响了正常的国际航运和贸易,危害了船员人身安全,引起了国际社会的高度关注。然而,由于沿海国对其领海拥有主权,其他国家的船舶在领海仅有无害通过的权利,对在沿海国领海发生的武装劫船行为只有沿海国才有管辖权。为此,安理会连续通过了第 1816(2008)号、第 1838(2008)号、第 1846(2008)号、第 1851(2008)号、第 1897(2009)号、第 1918(2010)号、第 1950(2010)号、第 1976(2011)号等 8 项决议要求国际社会合作打击索马里海盗。不过,上述决议授权外国进入索马里领海、专属经济区甚至境内打击海盗,只是一种临时的特定安排,目的并不是为了制定新的国际海洋法规则。

(三)海洋危机管控国际合作法律制度的诸多内容模糊不清

1. 管控有关"传统的海洋危机"的国际法律制度不够明确

例如,大陆架划界争端是"传统的海洋危机"的典型例子。然而,在第三次联合国海洋法会议上,关于海岸相邻或相向国家间大陆架的划界原则是争论最激烈的问题之一。在会上有两种截然相反的观点:一种观点认为应以中间线或等距离线作为划界原则。这种观点是以 1958 年《大陆架公约》为依据的。另一种观点则主张应该按照公平原则来划定疆界。这种意见是以"北海大陆架案"(the North Sea Continental Shelf Case)为依据的。[23]在上述两种意见相对立的情形下,《联合国海洋法公约》第 83 条作出了下述规定:"海岸相向或相邻国家间大陆架的界限,应在国际法院规约第 38 条所指出的国际法的基础上以协定划定,以便得到公平解决。有关国家如在合理期间内未能达成任何协议,应诉诸第十五部分所规定的程序。在达成协议以前,有关各国应基于谅解和合作的精神,尽一切努力做出实际性的临时安排,并在此过渡期间内,不危害或阻碍最后协议的达成。这种安排应不妨碍最后界限的划定。"可见,该条规定只是原则性的,实际上并没有解决上述两种观点的对立。此外,《联合国海洋法公约》还在岛屿与岩礁制度、军舰通过他国领海、[24]海洋科学研究等方面存在诸多不足。[25]

2. 应对有关"海洋气候变化"等"非传统的海洋危机"的国际法律制度还存在明显的滞后性

"海洋气候变化"既属于"非传统的海洋危机"问题,也是海洋危机管控国际合作需要应对和解决的新问题。然而,联合国粮食及农业组织、国际海事组织等现有的国际组织的职能都不涉及这一领域,况且《联合国海洋法公约》也没有相关的条款对"海洋气候变化"问题进行规制。[26]

三、"海洋命运共同体"构建中海洋危机管控国际合作法律制度的完善

(一)理念:秉持"海洋命运共同体"的理念

工业革命以来,随着人类对海洋重要性的认识不断加深,作为"自私的、理性的行为体"的主权国家纷纷加强了对海洋的控制与开发利用。与此同时,"公地的自由使用为所有人带来了毁灭"的"公地悲剧"(the Tragedy of the Commons)也日益凸显,从而导致全球海洋问题的形势严峻,并深刻影响了海洋的可持续开发利用。事实上,"我们人类居住的这个蓝色星球,不是被海洋分割成了各个孤岛,而是被海洋联结成了命运共同体,各国人民安危与共"。因此,为了避免"公地悲剧"在国际社会重演,主权国家在海洋危机管控的国际合作中,应当秉持"海洋命运共同体"的理念,把"各海洋区域的种种问题……作为一个整体来加以考虑",[27]建立一种和谐的海洋秩序,

海洋命运共同体

以应对全球海洋治理体系面临的新挑战,从而更好地维护国际社会的整体利益。

（二）原则:坚持"共商、共建、共享"原则

1. 坚持"共商共建共享"原则是构建"海洋命运共同体"的客观要求

"一带一路"建设正成为构建"人类命运共同体"（包括"海洋命运共同体"）的重要实践平台。迄今为止,中国政府先后出台了2015年《推动共建丝绸之路经济带和21世纪海上丝绸之路的愿景与行动》、2017年《共建"一带一路":理念实践与中国的贡献》、2017年《"一带一路"建设海上合作设想》和2019年《共建"一带一路"倡议:进展、贡献与展望》等有关"一带一路"倡议的重要文件。这些文件均提出要坚持"共商、共建、共享"的原则。因此,坚持"共商、共建、共享"的原则是构建"海洋命运共同体"的现实基础和客观要求。

2. 坚持"共商、共建、共享"原则是海洋危机管控国际合作的必然选择

一方面,"共商、共建、共享"原则被写入了中国与"一带一路"沿线国家和相关的国际组织签署的197份政府间共建"一带一路"合作文件中。可见,"共商、共建、共享"原则不但是与以《联合国宪章》为核心的国际法基本原则一脉相承,而且逐渐获得了国际社会公认,具有普遍约束力,适用于国际法各个领域,因而成为国际法基本原则的新内容。[28]另一方面,鉴于"共商、共建、共享"原则已成为国际法基本原则,具有普遍适用性和约束力,因而"海洋命运共同体"构建中海洋危机管控的国际合作,必然要适用"共商、共建、共享"原则;况且不管是"传统的海洋危机",还是"非传统的海洋危机"问题,因其跨国性、综合性和复杂性等特点,只有坚持"共商、共建、共享"原则,才能实现海洋危机的有效管控。诚如有学者指出的,海洋危机管控是超越单一主权国家的国际性海洋治理行动的集合。

（三）机构:加强国际组织之间的协调

如前所述,"海洋命运共同体"构建中有不少的国际组织与海洋危机管控的国际合作密切相关,但上述国际组织彼此间的协调性较弱,存在职能重叠等现象。更为重要的是,近年来不少国际组织的越权或扩权行为不断增加。因此,加强国际组织之间在海洋危机管控国际合作中的相互协调尤为重要。

1. 继续发挥联合国的作用

联合国具有广泛的影响力,在国际事务中拥有核心地位,因此要充分发挥联合国在海洋危机管控国际合作中的协调作用,利用联合国秘书长和联合国法律事务部海洋事务与海洋法司的独特地位,整合联合国系统内的涉海机构,进一步明确其职责,以更好地发挥其在海洋危机管控中的作用。

2. 重视"一带一路"的平台作用,发挥其软约束的功能

众所周知,"一带一路"倡议提出六年多来,相关的法律文件主要采用倡议、声明和备忘录等"软法"的形式,况且"一带一路"倡议本身也是一种"软机制"。这种包容性特点非常明显的软约束,具有较强的吸引力,容易为"一带一路"沿线国家所接受。事实上,截至2019年10月底,中国已经与30个国际组织以及137个主权国家签订的有关共建"一带一路"的合作文件达到197份。因此,在未来"海洋命运共同体"构建中海洋危机管控的国际合作中,可以进一步发挥"一带一路"的平台作用。利用"一带一路"的软约束的功能,有关海洋危机管控的各种方案不但容易被"一带一路"沿线国家所接受,而且更有可能获得全球范围的普遍认可。

(四)规则:《联合国海洋法公约》的完善

《联合国海洋法公约》在海洋事务中拥有宪章地位。毋庸置疑,未来"海洋命运共同体"构建过程中海洋危机管控的国际合作,离不开现代国际法特别是《联合国海洋法公约》的规制。[29]因此,进一步完善《联合国海洋法公约》的相关法律制度是海洋危机管控国际合作的重要步骤。一方面,伴随着科学技术的进步,无论是传统的海洋危机,还是非传统的海洋危机,都会产生一些新问题或新议题,从而需要新的法律制度予以规范。另一方面,"签署和批准《联合国海洋法公约》并未导致海洋法发展的停滞"。[30]事实上,1982年《联合国海洋法公约》签署以来,《联合国海洋法公约》一直处在发展完善中。例如,1994年《关于执行〈联合国海洋法公约〉第十一部分的协定》、1995年《鱼类种群协定》以及目前正在起草的"国家管辖范围以外海域生物多样性"国际协定和"国际海底区域开采法典",就是以多边的、补充协定的形式对《联合国海洋法公约》予以完善。而近几年中国与东盟国家正在拟定的"南海各方行为准则"是以区域性协定的形式来发展《联合国海洋法公约》的。

四、结语

（一）传统的海洋危机与非传统的海洋危机相互交织

一方面,传统的海洋危机与非传统的海洋危机之间的区分是相对的。另一方面,不同类型的海洋危机不是孤立存在,而是相互交织的。例如,2013年"荷兰诉俄罗斯'北极日出号'案"尽管是一起典型的与海洋环境保护密切相关的案例。俄罗斯在北冰洋开采石油,于是2013年9月18日绿色和平组织的30名成员乘坐"北极日出号"到达俄罗斯国家石油天然气公司位于巴伦支海的钻井平台。俄罗斯随后对该船舶进行了登临检查,逮捕了船员和扣押了船只,并以海盗罪起诉被扣押人员。[31]该案涉及海洋环境保护、海洋资源开发、航行自由以及海上航行安全(包括登临权、紧追权和打击海盗或海上恐怖主义活动)等诸多海洋危机问题。正因为传统的海洋危机与非传统的海洋危机相互交织造成的复杂性,荷兰不但提起国际仲裁,而且还向国际海洋法法庭提出了诉讼。可见,传统的海洋危机与非传统的海洋危机相互交织、相互影响,给海洋危机管控的国际合作带来了新的挑战,从而对海洋危机管控国际合作新理念的呼唤也更加迫切。

（二）构建"海洋命运共同体"的理念将推动海洋危机管控国际合作的变革

各主权国家地缘政治环境的不同、国家利益的差异导致各国对海洋危机的认识和态度迥异。[32]然而,构建"海洋命运共同体"的理念,不但将进一步提高公众的海洋危机意识,[33]而且将推动海洋危机管控国际合作的法律制度实现如下的转变:树立综合、共同、合作的海上安全观,进一步加强海洋危机管控各领域的务实合作;坚持"共商、共建、共享"原则,进一步完善海洋危机管控机制;通过促进海上互联互通,进一步增进海洋的可持续利用和海洋福祉,共同维护海洋的和平与安宁,等等。

（三）增强中国在海洋危机管控国际合作中的话语权

1. 增强中国在海洋危机管控国际合作中的话语权是国际社会的现实需要

一方面,改革和完善海洋危机管控国际合作的法律制度需要中国等发展中国家承担更多的责任。"中国通过倡议'一带一路'、创设亚洲基础设施投资银行、推动金砖合作等努力,主动提供新型公共产品,赢得了越来越重要的国际影响力。"另一方面,特朗普领导的美国政府奉行"美国优先"的政策、英国退出欧盟等因素导致欧美国家在国际社会的地位和作用有所下降。因此，国际社会期待中国在海洋危机管控国际合作中发挥更大的作用。

2. 增强中国在海洋危机管控国际合作中的话语权有利于更好地维护中国的海洋权益

一方面，随着中国综合国力的日益增强，无论是传统的海洋危机，还是非传统的海洋危机，都与中国海洋权益的维护密切相关。另一方面，加强海洋危机管控的国际合作是中国"加快建设海洋强国"的重要一环。事实上，海上安全、海洋经济对中国的重要性日益上升，特别是 2017 年中国《全国海洋经济发展"十三五"规划》提出了扩大对深远海空间拓展的海洋战略，况且随着"一带一路"建设的推进，中国与"一带一路"沿线国家贸易额超过了 6 万亿美元、投资超过 1000 亿美元，中国与 25 个国家和地区签署了 17 个自贸协定、成为 130 多个国家的最大贸易伙伴。毫无疑问，增强中国在海洋危机管控国际合作中的话语权，有利于更好地维护中国的海洋权益。

文章来源: 原刊于《中国海洋大学学报(社会科学版)》2020 年 03 期,系中国海洋发展基金会与中国海洋发展研究中心 2019 年度联合设立海洋发展研究领域科研重点项目"《联合国海洋法公约》在代表性(典型)海洋大国的实施问题研究"的阶段性研究成果。

注释

1 例如,打击索马里海盗涉及众多的国际组织。See Ved P. Nanda and Jonathan Bellish, Moving from Crisis Management to a Sustainable Solution for Somali Piracy: Selected Initiatives and the Role of International Law, Case Western Reserve Journal of International Law, Vol.46, No.1, 2014, p.49.

2 See Louise de La Fayette, The Role of the United Nations in International Ocean Governance, in David Freestone, Richard Barnes et al eds., The Law of the Sea, Progress and Prospects, Oxford University Press 2009, p.70.

3 https://www.un.org/Depts/los/index.htm.

4 http://www.isa.org.jm/.

5 See David Freestone, Viva Harrs, Particular Sensitive Area Beyond National Jurisdiction: Time to Chart a New Course, in Myron H. Nordquist et al eds., International Marine Economy: Law and Policy, Brill Nighoff 2017, p.323.

6 See Joint Communication to the European Parliament , the Council, the European Economic and Social Committee and the Committee of Regions, International Ocean Governance:An Agenda for the Future of Our Oceans,Brussels,10.11.2016,JOIN(2016) 49 final.

7 See "North Sea Continental Shelf, Federal Republic of Germany/Denmark, Federal Republic of Germany/Netherlands",available at https://www.icj-cij.org/en/case/51.

8 See http://www.itlos.org/en/cases,最后访问日期 2020 年 2 月 5 日。

9 See "Dispute concerning delimitation of the maritime boundary between Bangladesh and Myanmar in the Bay of Bengal , Bangladesh/Myanmar",available at https://www. itlos.org/affaires/role-des-affaires/affaire-no-16/.

10 See "Responsibilities and obligations of States sponsoring persons and entities with respect to activities in the Area, Request for Advisory Opinion submitted to the Seabed Disputes Chamber", available at https://www. itlos. org/en/cases/list-of-cases/case-no- 17/.

11 See "Transforming Our World:the 2030 Agenda for Sustainable Development", available at http://www.un.org/en/ga/search/view_doc.asp? symbol＝A/70/L.1.

12 See Report of the Study Group of the International Law Commission, Fragmentation of International Law:Difficulties Arising from the Diversification and Expansion of International Law, available at http://daccessdds. un. org/doc/UNDOC/ LTD/G06/634/39/PDF/G0663439.pdf? OpenElement,last visit on February 14,2020.

13 See Yoshifumi Tanaka, Zonal and Integrated Management Approaches to Ocean Governance:Reflections on a Dual Approach in International Law of the Sea, The International Journal of Marine and Coastal Law,Vol.19,2004,p.506.

14 See David Held and Kevin Young, Global Governance in Crisis? Fragmentation, Risk and World Order,International Politics,Vol.50,No.3,2013,p.321.

15 事实上，一些国际海洋环境争端还可以通过国际仲裁的方式加以解决。例如，2013 年"荷兰诉俄罗斯'北极日出号'仲裁案"就是荷兰根据《联合国海洋法公约》第 287 条和附件七提起仲裁请求。国际仲裁庭分别于 2014 年 11 月 26 日、2015 年 8 月 14 日和 2017 年 7 月 10 日对该案作出管辖权、实体和补偿赔偿等方面的裁定。

16 See "Nuclear Tests, Australia v. France; Nuclear Tests, New Zealand v. France", available at https://www.icj-cij.org/en/case/58.

17 See "Fisheries Jurisdiction, Spain v.Canada",available at https://www.icj-cij.org/ en/case/96.

18 See "Whaling in the Antarctic, Australia v. Japan: New Zealand intervening", available at https://www.icj-cij.org/en/case/148.

19 See "Southern Bluefin Tuna Cases, New Zealand v. Japan; Australia v. Japan, Provisional Measures", available at https://www.itlos.org/en/cases/list-of-cases/case-no-3-4/.

20 See "Case concerning the Conservation and Sustainable Exploitation of Swordfish Stocks in the South-Eastern Pacific Ocean, Chile/European Union", available at https://www.itlos.org/en/cases/list-of-cases/case-no-7/.

21 See "the Arctic Sunrise Case (Kingdom of the Netherlands v. Russian Federation), Provisional Measures", available at https://www.itlos.org/cases/list-of-cases/case-no-22/.

22《联合国海洋法公约》第 100 条"合作制止海盗行为的义务"规定:"所有国家应尽最大可能进行合作,以制止在公海上或在任何国家管辖范围以外的任何其他地方的海盗行为。"

23 See "North Sea Continental Shelf, Federal Republic of Germany/Denmark, Federal Republic of Germany/Netherlands"available at https://www.icj-cij.org/en/case/51.

24 See Jonathan I. Charney, Central East Asian Maritime Boundaries and the Law of the Sea, American Journal of International Law, Vol. 89, No. 4, 1995, p. 743.

25 See Yann-huei Song & Stein Tonnesson, The Impact of the Law of the Sea Convention onConflict and Conflict Management in the South China Sea, Ocean Development & International Law, Vol. 44, 2013, p. 252.

26 See Davor Vidas, International Law at the Convergence of Two Epochs: Sea-Level Rise and the Law of the Sea for the Anthropocene, in Carlos D. Espósito, James Kraska, Harry N. Scheiber et al eds., Ocean Law and Policy: 20 Years Under UNCLOS, Brill Nighoff, 2017, p. 113.

27《联合国海洋法公约》序言。

28 See Zewei Yang, Understanding the Belt and Road Initiative under Contemporary International Law, China and WTO Review, Vol. 5, No. 2, 2019, p. 305.

29 See the Institute for International Policy Studies (IIPS) Study Group on Maritime Security in East Asia, Crisis Management at Sea: Urgent Proposals from the Field, the Institute for International Policy Studies, October 2016, p. 11.

30 See Yann-huei Song & Stein Tonnesson, The Impact of the Law of the Sea Convention on Conflict and Conflict Management in the South China Sea, Ocean Development & International Law, Vol. 44, 2013, p. 259.

31 See "the Arctic Sunrise Case (Kingdom of the Netherlands v. Russian Federation), Provisional Measures", available at https://www.itlos.org/cases/list-of-cases/case-no-22/.

32 See David Held and Kevin Young, Global Governance in Crisis? Fragmentation, Risk and World Order, International Politics, Vol.50, No.3, 2013, p.325.

33 See the Institute for International Policy Studies (IIPS) Study Group on Maritime Security in East Asia, Crisis Management at Sea: Urgent Proposals from the Field, the Institute for International Policy Studies, October 2016, p.6.

"海洋命运共同体理念"内涵及其实现途径

■ 孙凯

论点撷萃

"海洋命运共同体"理念的提出进一步丰富和发展了人类命运共同体的重要理念,也是人类命运共同体理念在海洋领域中的实践,是实现有效全球海洋治理的行动指南,奏响了推动全球海洋合作的最强音。"海洋命运共同体"理念的提出顺应了时代发展的潮流,具有鲜明的时代意义;体现了在全球海洋治理领域的中国智慧与责任担当,为新型海上国际关系的构建指明了正确的方向。

海洋命运共同体是一个具有丰富内涵的理念,它至少包含海洋事务方面共同的信念、海洋领域共同的安全、面对海洋问题共同的责任、应对海洋事务挑战共同的行动等方面的内容。

海洋命运共同体的构建必然要求国际社会在应对海洋事务挑战方面采取共同的行动,还需要强大海洋科学技术的支撑;而实现海洋命运共同体的目标,也可以进一步助推国际社会在海洋科学技术领域中的合作。

"海洋命运共同体"理念的提出,再一次彰显了中国作为一个充满自信、拥有巨大活力的大国在全球海洋事务领域向国际社会贡献的"中国智慧"和"中国方案",也是中国向国际社会的一种"承诺"和责任担当。中国会更积极地履行国际责任和义务,引领国际秩序朝向更为合理、平等与有序的方向发展,切实践行海洋命运共同体这一理念,在全球海洋治理领域乃至全球治理多个领域提供更多的公共产品,与世界各国齐心协力,共同推进海洋命运共同体建设。

作者:孙凯,中国海洋大学国际事务与公共管理学院教授

2019年4月23日,习近平主席在青岛会见应邀前来参加中国人民解放军海军成立70周年多国海军活动的外方代表团团长时,首次提出了"海洋命运共同体"的理念。习近平主席指出,海洋孕育了生命、联通了世界、促进了发展。我们人类居住的这个蓝色星球,不是被海洋分割成了各个孤岛,而是被海洋联结成了命运共同体,各国人民安危与共。"海洋命运共同体"理念的提出,进一步丰富和发展了人类命运共同体的重要理念,也是人类命运共同体理念在海洋领域中的实践,是实现有效全球海洋治理的行动指南,奏响了推动全球海洋合作的最强音。

一、平等协商,加深海洋事务的合作

海洋命运共同体理念的提出,顺应了时代发展的潮流,具有鲜明的时代意义。我们所居住的地球,海洋面积约占70%。海洋在当今时代,其意义和价值早已超越了早期海洋所具有的"舟楫之便"和"渔盐之利"的价值。海洋是互通之平台,海洋是发展之动力。正如习近平主席所说,"海洋孕育了生命,联通了世界,促进了发展"。在当今全球化深度发展、交通通信工具高度便捷的时代,海洋也不再是一些国际关系学者所言的"stopping waters"(隔离带),而是成了各大陆相联结的纽带,是互联互通的媒介,是人类社会共同发展与繁荣的源头。在这一时代背景下,习近平主席适时提出构建海洋命运共同体的理念,将进一步推动国际社会的有识之士重新审视海洋,重新认识人类与海洋之间的关系,重新认识我们所居住的蓝色星球及其未来。

海洋命运共同体理念的提出,体现了在全球海洋治理领域的中国智慧与责任担当。海洋命运共同体理念,是习近平主席提出的人类命运共同体重要思想在海洋领域中的具体实践,展现了中国对全球海洋治理问题根本性的理念与认知。海洋命运共同体的理念,是一种超越了对国家狭隘海洋利益的关切,体现了在海洋事务治理中对全球海洋利益的关切,具有宽广的国际视野与对整个人类关切的情怀。海洋命运共同体所体现的中国智慧,包括人与自然和谐的传统理念,也包括实现生态文明的现代意识。海洋命运共同体的提出,为实现有效的全球海洋治理提供了重要的中国智慧,展示了中国在全球海洋治理领域中的责任担当。中国作为全球最大的发展中国家,人口约占世界的1/5。在全球海洋治理的进程中,随着自身的发展与繁荣,中国一定会为国际社会提供更多的公共产品,承担更多力所能及的国际责任和义务,与国际社会一道共同推动全球海洋事务的善治,推动海洋命运共同体理念的实现。

海洋命运共同体理念的提出,为新型海上国际关系的构建指明了正确的方向。海洋命运共同体的构建,必然要求国际社会的通力合作与安全保障。海上武装力量的发展与动员能力以及各国海上武装力量之间合作机制的构建,也会有效应对来自海上的安全威胁挑战,保障国际社会海洋经济发展与海上活动的安全,进而为海洋命运共同体的构建提供有力的保障。习近平主席指出:"海军作为国家海上力量主体,对维护海洋和平安宁和良好秩序负有重要责任。"海洋命运共同体理念,提倡各国海军以及其他的海上武装力量进行有效的交流与合作,共同维护海洋秩序,保障海洋事业的和平与安全,推动海洋事业的发展与繁荣,进而推动构建新型的海洋国际关系。新型的海洋国际关系,包括在国际社会的共同努力下,通过平等协商的方式,对旧的海洋法律制度和政策进行修改和完善,在新的理念指引下将海洋事务的国际合作推向新阶段。另外,当今海洋领域,无论在海洋环境保护、海洋资源开发方面,还是在科学考察与探索发现方面,没有任何一个国家能够单独应对,国际社会在这些问题上都紧密相连,这也从根本上要求世界各国通力合作。基于此,世界各国要在海洋命运共同体理念指引下构建新型海上国际关系。

二、共同维护海洋安全

海洋命运共同体是一个具有丰富内涵的理念,它至少包含海洋事务方面共同的信念、海洋领域共同的安全、面对海洋问题共同的责任、应对海洋事务挑战共同的行动等方面的内容。

海洋命运共同体的内容首先包含一种在海洋事务方面共同的信念。在全球性海洋事务错综复杂、国际社会牵一发而动全身的挑战下,国际社会在海洋领域的相互依存程度日益加深,理解海洋领域事务的治理以及推动海洋事务的国际合作也日益需要从整体性理念出发,对海洋问题进行审视和思考。这需要世界各国在理解和处理海洋事务的过程中,超越单纯地对本国狭隘国家利益的追求,兼顾他国甚至是全球性的海洋利益。这也从根本上要求国际社会具有一种海洋命运共同体意识,并将其作为指导处理海洋

海洋命运共同体

事务的一种共同的信念。只有在这样一种信念的指引之下,世界各国才能够凝聚共识并推动行动,进而有效应对全球海洋事务所带来的挑战。

海洋命运共同体理念也包含了在海洋领域国际社会共同拥有的安全方面的内容。海洋事务的安全与稳定是实现海洋命运共同体最基本的要求,它既包括在海洋事务中的国家安全、军事安全、经济安全等传统安全的内容,也包括海洋环境安全、海洋能源安全、海洋资源安全等多个非传统安全方面的内容。海洋命运共同体理念包含着维护海洋综合安全方面的内容,而这种安全的维护需要国际社会的共同努力和通力合作。习近平主席明确指出,只有共同维护,倍加珍惜海洋的和平安宁,人类世界才能更加美好。海洋安全的维护,需要世界各国在海洋命运共同体这一理念的指导下,加强在海洋领域中的深度交流,拓展海洋领域中的合作,推动海洋事务共识的形成,进而维护海洋领域中的共同安全。

海洋命运共同体还蕴含了面对海洋问题国际社会所拥有的共同责任之内容。海洋将世界各国联通起来,但人类活动对世界发展影响的加剧也给海洋领域带来了一系列的挑战。尽管不同国家或个人对这些问题产生的影响不一,但都对这些问题的产生负有不可推卸的责任。而海洋命运共同体理念也蕴含了国际社会在海洋事务中所具有的共同责任。这种责任依据国家规模和人口规模的大小、科技和工业发展的水平、国家实力等有所区分,也可以将其界定为在海洋事务中"共同的但有区别的责任"。

三、发展海洋科学技术

海洋命运共同体的构建必然要求国际社会在应对海洋事务挑战方面采取共同的行动。在面对海洋事务共同挑战方面,国际社会齐心协力、共同行动是实现海洋命运共同体的必由之路。共同的行动指的是根据国家不同的发展阶段、不同的实力、不同的科技发展水平和不同的规模等,在推动构建海洋命运共同体的进程中作出本国应有的贡献。在推进海洋命运共同体实现的进程中,可能存在一些不和谐的音符,如某些国家无视国际法的单边主义行动、"例外论"的做法以及传统的冷战思维和强权政治实践等,阻碍海洋命运共同体的构建。习近平主席说:"国家间要有事多商量、有事好商量,不能动辄就诉诸武力或以武力相威胁。"海洋命运共同体的构建,需要国际社会在海洋命运共同体理念的指引下,基于多边主义进行国际合作,需要国际社会的集体行动。国际社会必须通过推进理念更新、加强制度建设和法律保障等，确保在应对海洋事务挑战中可以集体行动。

海洋命运共同体的实现，还需要强大海洋科学技术的支撑。人类认识海洋、走向海洋的每一步都离不开海洋科学技术的发展。只有拥有强大的海洋科学技术，我们才能有效地认识海洋、探索海洋、利用海洋和保护海洋。随着海洋科学技术的发展，人类开发和利用海洋的能力越来越强大。在海洋命运共同体理念指引下的海洋科学技术发展，其目的是通过更深入的认识海洋、了解海洋，实现合理利用海洋、有效保护海洋。当今对海洋问题的研究，不仅仅限于个别科学家的"小项目"，而是要求来自不同国家的海洋科学家共同合作形成全球范围内的"大科学"和"大项目"。海洋科学技术的发展会为海洋命运共同体的构建提供了强大的技术支撑，而实现海洋命运共同体的目标，也可以进一步助推国际社会在海洋科学技术领域中的合作。

"海洋命运共同体"理念的提出，再一次彰显了中国作为一个充满自信、拥有巨大活力的大国在全球海洋事务领域向国际社会贡献的"中国智慧"和"中国方案"，也是中国向国际社会的一种"承诺"和责任担当。中国会更积极地履行国际责任和义务，引领国际秩序朝向更为合理、平等与有序的方向发展，切实践行海洋命运共同体这一理念，在全球海洋治理领域乃至全球治理多个领域提供更多的公共产品，与世界各国齐心协力，共同推进海洋命运共同体建设。

文章来源：原刊于 2019 年 6 月 13 日《中国社会科学报》。

海洋命运共同体

"海洋命运共同体"的相关理论问题探讨

■ 陈秀武

论点撷萃

以东亚历史海域的时空,探讨"海洋命运共同体"相关理论,可以得出:

第一,习近平主席提出的"海洋命运共同体",强调各国人民"安危与共",坚定奉行"共同、综合、合作、可持续的新安全观"。

第二,"海洋命运共同体",涉及"海上"交往一体化,即如何才能做到"同呼吸共命运"的话题。将各域内的共同体意识与三海域联动的共同体意识结合起来,将哲学元素合理地注入其中,是构建东亚历史海域"海洋命运共同体"的关键所在。

第三,"海洋命运共同体"直面的主要问题是域内国家的"利益",即政治利益和经济利益等。在追求共同利益的基础上,充分考虑各国"利益",将各国追求利益最大化的行为纳入稳定的机制框架内,才能更好地构建"海洋命运共同体"。

第四,"海洋命运共同体"既是一个哲学命题,也是一个方法论。它拥有值得人们尊奉的共同理念和价值,它还为我们分析如何构建海洋和合共生机制的问题提供了"概念工具"。

"海洋命运共同体"是"人类命运共同体"的重要组成部分,是维护海上安全稳定、推进全球海洋治理的中国智慧和方案。它本着"共商共建共享"的原则,倡导相关各国共护海洋和平、共谋海洋安全、共促海洋繁荣、共建海

作者:陈秀武,东北师范大学日本研究所所长、教授

洋环境与共兴海洋文化。同时,它不仅是一个哲学命题,富含中国古代先贤特别是孟子学说的哲学元素,还是一个方法论问题,可以发挥"概念工具"的作用。"海洋命运共同体"的"和合共生"特点,不仅是中国古代哲学思想中"天人合一"的现代阐释,还是新时代"利益观"的完美表达。从"海洋命运共同体"的理论阐释出发,以"东亚历史海域"为视角进行考察,构建"海洋命运共同体"对于建设"海上丝绸之路"与构建"人类命运共同体"具有重要的历史意义和现实意义。

2019 年 4 月 23 日,中国国家主席、中央军委主席习近平在青岛集体会见应邀出席中国人民解放军海军成立 70 周年多国海军活动的外方代表团团长的重要讲话中,首次提出了"海洋命运共同体"的重要理念。作为"人类命运共同体"的重要组成部分,"海洋命运共同体"是维护海上安全稳定、推进全球海洋治理的中国智慧和方案;从海洋的相通性角度观之,其具有从海洋层面构建合作共赢、和平安宁的命运共同体的重大现实意义。

正如习近平主席强调的,"海洋对于人类社会生存和发展具有重要意义。海洋孕育了生命、联通了世界、促进了发展。我们人类居住的这个蓝色星球,不是被海洋分割成了各个孤岛,而是被海洋联结成了命运共同体,各国人民安危与共。海洋的和平安宁关乎世界各国安危和利益,需要共同维护,倍加珍惜。中国人民热爱和平、渴望和平,坚定不移走和平发展道路。中国坚定奉行防御性国防政策,倡导树立共同、综合、合作、可持续的新安全观。中国军队始终高举合作共赢旗帜,致力于营造平等互信、公平正义、共建共享的安全格局。"各国"应该相互尊重、平等相待、增进互信,加强海上对话交流,深化海军务实合作,走互利共赢的海上安全之路,携手应对各类海上共同威胁和挑战,合力维护海洋和平安宁"。[1]

探讨"海洋命运共同体"的相关理论问题,需要在特定的地理空间叠加上对时间的思考。这一思考具有广泛的适用性,可以将其用于考察东亚海域空间范围,亦即"东亚历史海域"。笔者循着"东亚历史海域研究"课题的脉络,将"海洋命运共同体"的"场域"放在"东亚历史海域",进而将其置于全球海域下进行探究,[2]希望这样探讨问题的视角不会给读者带来理解上的困惑。

一、"海洋命运共同体"与"东亚历史海域"

对理论问题进行阐释的前提是必须首先明确相关概念。本文涉及的核心概念是"海洋命运共同体"以及本文论述的空间范围的"东亚历史海域"。

(一)"海洋命运共同体"的"场域"

近年来,对国际问题的研究,"共同体"在方法论上发挥了重要的"概念工具"作用。它是一种凝聚力的象征,有了"共同体"才会有"人类命运共同体"乃至"海洋命运共同体"。

1. "共同体"

从理论来源上讲,"共同体"概念是由厄内斯特·盖尔纳和本尼迪克特·安德森所提出的。他们围绕民族主义和民族概念的关系,阐释了自己的学术观点。其共性在于,二者都认为共同体与地域政治密不可分。其中,厄内斯特·盖尔纳赋予了共同体概念以"意愿、文化、政治单位相结合"等的民族要素,并将这些要素的活化表现交给了民族主义,即他将"民族主义热情"与文化上的"创造性、空想性"对接起来,从而概括指出以民族主义和民族为核心的"共同体"具有"想象性"。而本尼迪克特·安德森继承厄内斯特·盖尔纳的观点后,做了进一步的发挥,直接将"民族""政治意义""共同体""想象的创造物"等概念结合起来,用以阐述"共同体"概念。[3]可见,他们的共同体概念基本上没有离开"民族"。

然而,"民族"这一概念的指向看似明了实则歧义众多,并在不同国度、不同时段中表现出不同的含义。例如,论及美国独立战争时,被援引的恩格斯所给民族下的定义为:由同一地域的"历史、文化、语言以及风俗"等因素构成的"稳定的共同体"。可见,这一概念直接将民族与共同体捆绑在一起。这样算起来,从民族角度定义共同体的尝试,比厄内斯特·盖尔纳和本尼迪克特·安德森的定义要早。但是,当国际政治经济秩序发生变动的时候,共同体概念所具有的思想价值会被重新书写并发出强大的动员力。换言之,这体现的又是思想史研究中的"思想资源与概念工具"之间的逻辑关系问题。

2. "人类命运共同体"

当转换视角、放眼全人类时,不断追问"共同体"应该被赋予何种价值之际,我们的宪法给出的诠释更具有普遍意义。《中华人民共和国宪法》(2018

年修正版)指出:"发展同各国的外交关系和经济、文化交流,推动构建人类命运共同体。"[4]可见,"人类命运共同体"是超越国界、地域以及民族界限的全球化的概念。可以认为,这一概念能够发挥新时期调整国际秩序的"思想资源"的作用。这一概念是习近平新时代中国特色社会主义思想的精华之一。从空间角度判断,"人类命运共同体"应该包括"陆上命运共同体""海洋命运共同体"和"空中命运共同体"。

3. "海洋命运共同体"

"海洋命运共同体"具有政治、军事、经济、文化乃至海洋生态文明的意涵,具体来说是指海域(海+岛)范围内的相关各国在彼此尊重各自的文化传统、意识形态、军事部署、经济发展以及政治交往等因素的前提下,形成的具有"共商、共建、共享"特色的超越国家边界的,本着"同呼吸共命运"的原则处理域内海上交通问题、海洋资源开发与环境保护问题以及连带的海域争端问题,能够为"人类命运共同体"提供建设性推进功能的"共同体"。习近平主席高瞻远瞩提出的"海洋命运共同体"是面向全球水域的。因海域范围的广阔与自然地理条件的差异,本文的"海洋命运共同体"探讨聚焦于"东亚历史海域"这一"场域",在今后的相关研究中将陆续推出其他水域"海洋命运共同体"的构建情况及可能路径。

(二)"东亚历史海域"的"时间"

探讨"海洋命运共同体",从时间观念看"东亚历史海域"至少要从古代东亚海域世界的朝贡体系谈起。"东亚历史海域",顾名思义,是指自古以来东亚周边海域疆界的原生态状况及变迁等。因时间漫长和历史庞杂,本文仅探讨理论问题,而暂时搁置对历史脉络的叙述。

如果将"东亚历史海域"界定为空间范畴的概念,那么追寻这一空间的"时间"线索貌似就成为研究"东亚历史海域"的主体内容了。然而,"东亚历史海域"不应该单纯地回应"东亚海域变迁史",否则容易使选题陷入单纯的历史地理学研究而弱化了主题的现实价值和意义。同时,"东亚历史海域"还不宜只注重海域研究而忽视对海域周边陆地及岛屿研究,否则会失去对海域边界归属的认识和再确认。只有本着尊重海洋相通相连的自然属性,将"东亚历史海域"置于西太平洋乃至全球的视阈下,将陆地、岛屿与海域连接起来加以深入研究,我们才能找寻出构建"海洋命运共同体"的可行路径与内在逻辑。

目前,构建"海洋命运共同体"应该把目光集中在探讨如何利用海洋资源、保护海洋生态环境、规避海域的国际冲突以及构筑海域的国际合作机制上来。换言之,本文探讨"海洋命运共同体"的"东亚历史海域",以"历史时间"为铺垫,重视探讨"现实时间"在这一海域的展开情况及应对策略等。

二、"海洋命运共同体"蕴含的哲学元素

探讨"海洋命运共同体"的相关理论,应关注这一共同体的精神内核。中国古代先贤的思想中可以成为"海洋命运共同体"核心价值的存在有很多,但从共性角度分析,中国古代先贤特别是孟子思想更能体现该共同体所蕴含的哲学元素。

"海洋命运共同体"本身就是一个重要的哲学命题。从认识发生学角度观之,提炼出这一概念的意义在于:它是以国际秩序的乱象为认识前提,肩负着处理海上国际关系的使命。它与近年来国际兴起的"民粹现实主义"[5]相对,以"共同体"的共有价值来处理国家间的海上关系,其中闪耀着"共商、共建、共享"[6]的"和合"式中国思维。

新世纪进入第一个十年以来,由日本购买钓鱼岛闹剧引发的中日之间的岛争、国际势力觊觎中国南海海权不断对我实施封堵政策以及近年来美日联手打造的"印太战略"等,都是"民粹现实主义"的外化表现。与之相伴而生的右翼势力在欧洲及远东的兴起,英国脱离欧盟、日俄之间就北方四岛及其海域的矛盾加剧,美国与东南亚各国的分分合合的互动关系等,给人以原本美国主导的国际秩序步入了穷途末路的印象。在乱象丛生的国际现实面前,何以治理全球可以说是见仁见智。就北起白令海南至南海的广大水域,如何找到合理、有效的治理方案,通过深度思考可以发现,中国古代博大精深的哲学思想到了可以进一步发挥作用的时候了。

换言之,"海洋命运共同体"是"人类命运共同体"的重要构成部分,其处理问题的原则是"共商、共建、共享",而其精神内核符合孟子学说中"不挟长,不挟贵,不挟兄弟而友。友也者,友其德也,不可以有挟也"[7]的交友思想。

"不挟长"原义为"不倚仗年长",可引申为"不倚仗自己是东亚地域的领土大国"。这是构建"海洋命运共同体"的心态要求,并要求彻底根除历史上"老大帝国"的傲慢心态。"不挟贵"原义为"不倚仗显贵",可引申为"不倚仗

自己已成为世界第二大经济体"。这是构建"海洋命运共同体"的姿态要求。我国在推进"一带一路"的过程中表现出了大国风范,针对非洲各国的合作以及"一带一路"沿线地带节点的基础设施建设就充分证明了这一点。同时,我们要时刻正视自己,以低姿态积极参与国际秩序的治理与重建。这是构建"海洋命运共同体"的基础和前提。"不挟兄弟而友"原义为"不倚仗兄弟的富贵交友",可引申为"不倚仗与大国结盟而欺凌、逼迫他国"。在美国及其同盟不断搅动东亚海域与印度洋海域的现实面前,我国在遵守国际法的前提下,将以理服人与巧妙结盟相结合来应对敌对势力的围堵与恶意攻击。在推进"海上丝绸之路"建设过程中,我国对东南亚国家的基础设施建设和高铁输出等经济活动,都体现了我国的大国风范和"和合"的中华思维。这是构建"海洋命运共同体"的灵魂。

而"友也者,友其德也",原义为"交朋友,看中的是别人的德行",可引申为"抵制美国的世界霸权主义和日本想要建立的助纣为虐式的跟随式霸权,做到从善如流,以自己的实力与人气将志同道合者聚集在本国的周边"。这才是超越国界以及民族界限的共同体应该具有的本质含义。日本首相安倍晋三奉行一时的"价值观外交",具有强烈的排他性与攻击性,因而不得人心。此处的"友"既是"友国"之意,又包含"化敌为友"的逻辑思维。这是"海洋命运共同体"建设的具体支撑。

在推进共同体建设时,将中国博大精深的文化内涵传播给交往的对象国乃至全世界,在传播时将中国古代文化中某些元素哲学化,通过哲学化的过程彰显中国传统文化的应用价值,是构建"海洋命运共同体"的必然要求。

上述对孟子思想的解构,似可体认"海洋命运共同体"的哲学内涵。这一哲学化概念能否成为一种具有普遍价值的存在,还需要在弘扬中国传统文化的同时将宣传与实践相结合并落到实处。那么,如何择取将"海洋命运共同体"落到实处的"场",实际涉及的是东亚历史海域"海洋命运共同体"的海域辐射范围问题。我们要在解构与重构"东亚历史海域"的过程中,寻求"海洋命运共同体"的辐射范围。

三、东亚历史海域"海洋命运共同体"的辐射范围

"海洋命运共同体"的概念涉及的另一个理论问题是该共同体的辐射范围。解决如何确定辐射范围、如何思考这一辐射范围的问题,或许能赋予该

共同体以理论价值。

（一）概念阐释与解构

不知从何时起，"东亚""东南亚""东北亚"等成为界定远东太平洋地区地域及其相关水域的"惯用"概念。之所以这样进行区分，根据地理方位也好，抑或依照国际政治关系也罢，我们不能一概否认其概念诞生时的原有思考与价值判断。在全球化袭来、"地球村"走入我们的视线而目前又出现"逆全球化"浪潮的现实面前，原有的地理空间判断和政治空间界定已经到了应该在学术领域中被进一步阐释与解构后被重构的时候了。从哲学意义上讲，"东亚""东南亚"以及"东北亚"等概念应该在继承中被扬弃。

本着这样的思考，本文认为，"海洋命运共同体"具有解构原有概念和将其重构的价值与功能。从水域角度看，"东亚""东南亚""东北亚"等概念所涉及的海域范围都可以归并到"西太平洋海域"世界中来。探讨上述地域的海域问题，究其实质是探讨"西太平洋海域世界文明的互动与共生"。因此，支撑"海洋命运共同体"概念的"东亚历史海域"具有将东北亚、东亚、东南亚等概念统括起来的功能，能够起到阐释西太平洋海域边缘海一体化理论的作用，其逻辑范式可概括为"东亚历史海域"+"海洋命运共同体"="西太平洋海域世界一体化"。如果说东亚历史海域"海洋命运共同体"带有统合特征的话，那么狭义概念上的"东亚""东南亚""东北亚"等地域内的国际合作组织或平台，只要具有合理、客观、公正等特征，就可以发展为"海洋命运共同体"的组成部分。

（二）东北亚海域的文明互动与共生

东北亚海域包括东西伯利亚海、楚科奇海、白令海、鄂霍次克海以及弗兰格尔岛、圣劳伦斯岛、卡拉金岛、堪察加半岛、阿留申群岛、尚塔尔群岛以及库页岛等"海＋岛"模式的海域自然地理与战略价值。这片海域的半岛、岛屿直接与北极相连，今天已经成为国际的热点地域。对这一地域的研究，可以为我国的北极战略提供建设性的意见与参考。这一海域涉及的相关国家有俄罗斯、加拿大和美国。目前关于这一海域的主要研究平台有北极理事会（1996 年在加拿大渥太华成立，参加国为北极圈的 8 个国家，2013 年包括中国在内的 5 个国家成为观察员国），中国极地研究中心，海洋、离岸及极地工程国际会议（OMAE）等。这些国际组织及学术平台共同关心的话题是北极的气候、资源、环境以及社会经济的可持续发展。近年来,我国在参与北极建设活动上取得了长足进步,如在"极地2018"的瑞士达沃斯科学会议上中科院院士陈大可的学术报告蕴含的中国智慧以及2019年投入使用的"雪龙2"号极地科考破冰船,都将为世界性的北极考察作出贡献。

很显然,东北亚海域内部的文明互动与共生的主题与北冰洋水域联系密切。这种联系已突破了域内国家的界限,逐渐向全人类共同关心的方向转换。不言而喻,建立围绕北极相关问题的国际合作机制已成为必要,孟子的交友思想恰好可以在其中发挥强大的精神动员力。这不仅是孟子思想的现代阐释,更是"海洋命运共同体"的价值体现。

(三)狭义东亚海域的文明互动与共生

狭义的东亚海域包括日本海、黄海、东海、南海以及千岛群岛、日本列岛、朝鲜半岛、济州岛、辽东半岛、海洋岛、刘公岛、山东半岛、台湾岛、澎湖列岛、钓鱼岛、琉球群岛、海南岛、东沙群岛、西沙群岛、中沙群岛、南沙群岛、吕宋岛、黄岩岛等"海+岛"模式的海域自然地理与国际价值等。这片海域是海上要冲,处于北连北极、南达南太平洋、西通印度洋的交通枢纽地位,历来是兵家必争之地。通过研究找到"化干戈为玉帛"的文化力量是本课题的本意所在。

这一海域范围,日本、朝鲜、韩国、中国、越南、柬埔寨、泰国、马来西亚、新加坡、文莱、菲律宾共11个国家。目前,该海域的国际性组织机构与研究平台有东亚峰会、东盟会议、亚太经合组织、亚洲基础设施投资银行以及日本主导的TPP。这一海域涉及的历史问题众多,是21世纪以来国际冲突的焦点之一。

如何化解这一焦点问题,中国近年来推进的"一带一路"、亚投行的实践活动等给出了理想的答案。尊重历史,尤其是尊重国际法上有关制海权与岛屿权的相关规定,将中国思维引入海域争端的处理上来,将是未来"海洋命运共同体"在狭义东亚海域发挥作用的关键。在这一海域问题的处理上,我国不仅要严防东海海域争端中的美日恶意攻击,还要清醒意识到美、日声东击西的策略,诸如以南海问题搅局东海问题处理的险恶用心。在文化宣传上,我国应以构建"海洋命运共同体"理念并运用孟子的"不倚长、不倚贵"思想,柔性地揭露美日联合称霸的野心,从而收到抵制任何国家欲建海域霸权的实效。

(四)传统东南亚海域的文明互动与共生

传统东南亚海域包括苏禄海、班达海、爪哇海、安达曼海、孟加拉湾以及苏禄群岛、棉兰老岛、加里曼丹岛、马来半岛、苏门答腊岛以及安达曼群岛等"海+岛"模式的海域自然地理与国际价值等,主要有印度尼西亚、马来西亚、文莱、新加坡以及菲律宾等国家。

这一海域世界,是连接南太平洋与通往印度洋的门户。在近代日本扭曲国家观的驱使下,"下南洋"的口号曾"鼓舞"大批官员、教师、学生以及文人前往这一海域考察。日本殖民者在帕劳岛上设立的南洋厅就是这一口号开出的"谎花",而曾经为这一目标展开活动的"南洋协会"及其留下的文献资料成为日本觊觎南洋野心的佐证。在这个意义上,南洋协会的存在史对日本来说是一把双刃剑。如果谈及这一海域的魅力,人们不会忘记"二战"期间日本构筑的"南洋共荣圈",不会忘记日、美为争夺制海权发生在这里的大规模战争。因此,今天我们面对这一海域,可以将我国先贤思想中的"友也者,友其德也"进行现代演绎,使之成为处理这一片海域的道义准则。

今天,当人们立体剖析东亚历史海域时,以海洋为介质的狭义分割已不能满足海域一体化的要求。而本文论述的"海洋命运共同体"具有将东亚历史海域由南至北统合起来进行思考的机能,但也会遇到海域内诸如自然环境、风俗习惯、政治、经济、社会以及科技发展水平等千差万别的现实障碍。这增加了共同体构建的难度,但能促进人们进一步思考以下问题:①中国传统文化中的"仁义"思想应该被赋予何种现代意义才能发挥应有的作用?②对"利益观"进行现代诠释的必要性是什么?

四、"海洋命运共同体"的"利益观"

"海洋命运共同体"追求的是和平安宁、合作共赢的共同利益,但也并非排斥相关国家对各自利益的追求与守护。相反,"海洋命运共同体"更重视相关各国在追逐利益时应该遵循的原则,以便使其本身的"利益最大化"。这实际涉及的是"海洋命运共同体"的利益观问题。

(一)"利益观"的变迁与孟子思想

在我国古典文化中,众多先贤对"仁义"曾进行过阐释。其中,孟子学说对"仁义"进行的阐释堪称完美,并对后人产生了很大影响。在孟子与梁惠王的对话中,孟子在回答梁惠王有关"利益"的追问时,给出了"何必曰利?亦有仁义而已矣"的答案。他劝梁惠王放弃逐利存留"仁义"的思想,在与告子的对话中得到了升华,将"人性"的论述与"仁义"道德结合起来,完成了"性善论"。[8]

自古以来,"利益观"有一个动态发展变化的过程。从经济层面上讲,我国古代"商国"灭亡之际,流离失所的商国之人逃至他国,无名无分,以经营为生。这样,"商人"就成为一个最底层、最受歧视的阶层。起初,商人以追逐利润为本性;随着时代的变迁,为将追逐利润或利益纳入一个合理的价值体系中,思想家们做了诸多努力。

例如,孟子将人性与"善端"相结合就是这种努力的表现之一。再如,江户时代中后期,日本思想家石田梅岩在其名著《都鄙问答》中曾对《孟子》征引116次[9],对《孟子》一书每个章节都有涉及,并在吸收孟子的"仁义"理念后,将其与他所主张的商人之道的思想结合起来。

石田梅岩的思想何以成为学者们不断进行深入探讨的问题,似可从其运用孟子思想创建新"道学"的贡献上得到答案。①打破原有"士农工商"等级秩序,将"商道"置于"士农工"等同一水平上进行考究,并积极肯定了商人营利的合理性。将"天下的物质流通"比喻为"天地四时流行""万物得以生育"。②将商人的营利行为纳入合理的道德规范之内。他倡导商人通过学习达到"去欲心,怀仁心"的理想境界。③运用孟子的"善端"思想,主张商人要"善储善施"。④运用儒家思想中的齐家论,提倡"从心所欲不逾矩"以"顺应自然之法"力行俭约。[10]

综合以上论述,运用到本文的核心概念"海洋命运共同体"的理论阐释上来,似可得出三点结论:①共同体内部的成员一律在平等的层面上进行商议;②共同体内部的利益分配遵循公平、公正的规则;③实行强帮弱的"帮扶政策",彰显"仁义"。

(二)孟子学说的桥梁作用

近年来,随着孔子学院在海外的兴建,中国的传统文化得到了传播。根据新近的研究成果,孟子学说体系中部分思想已经得到美国教育当局的认可并走进了大学课堂。这也从侧面说明了在人类社会思想面临危机、精神走向"空虚"的时下中国传统文化的价值所在。"美国学生对孟子思想的接受,说明了西方和中国对人性的基本认识是相当接近的,完全可以也应当进行充分的深度的思想交流。"[11]孟子关乎人性的"善端"思想,引导人们在物质利益和精神利益之间进行选择时应增加精神利益的比重。这一教化作用的普及将成为东、西方价值观沟通的桥梁。

放眼全球,人类的核心利益是什么? 人类该如何在生存的空间范围内彼此兼顾携手前行? 这是全人类面临的共性问题,也是需要将思想进行哲学阐释后进行普及的问题。现时段,做出这种努力的话语体系是"人类命运共同体"。毋庸置疑,正如习近平主席自 2013 年提出后又反复强调的,这一共同体追求共同利益,尊重共同体内部成员对本国利益的追求,兼顾他国合理关切。在此,存在着如何调试"自我"与"他者"之间利益关系的问题。这也可以说是新时代利益观的要求。有学者强调指出:"承认自我利益的合法性和合理性、承认他者利益的合法性和合理性、承认共同体整体利益的合法性和合理性,是合作共赢的前提条件,也是利益共同体和命运共同体的基础。"[12]这里,对"人类命运共同体"的表述同样适用于"海洋命运共同体"。

(三)"和合共生"思想的要素

本文论述的"海洋命运共同体",其特点还有"和合共生"。在现代国际关系日趋复杂的形势下,"和合共生"具备以下要素:①承认竞争关系;②抵制与摒弃原有"共同体"价值观(如美日主导的"同质性价值观");③以"求同存异"为基础构建新型关系哲学;④国际"和合共生"机制的构建。这不仅是对中国古代哲学思想中"天人合一"的现代阐释,还是对新时代"利益观"的完美表达。

东亚历史海域"海洋命运共同体"的情况相对复杂,所以我们必须在充分考虑前文提及的三海域辐射范围的前提下,运用中国思维的"关系理论"构建新的世界观。[13]建设"海洋命运共同体",我们更多地需要考虑差异性,考虑每个部分的核心利益焦点,有针对性地制定海上合作机制。

具体说来,在操作层面上,我们不仅要考虑共同体内部各构成部分的自然地理差异,还要考虑人文环境、政治经济基础、科技水平以及历史传统等要素,即将企业分析中的宏观环境 PEST(Political, Economic, Social and Technological)分析法运用到构建"海洋命运共同体"上来,以求共同体内部在追求利益中达到平衡。

五、"海洋命运共同体"的方法论价值

"海洋命运共同体"既是理论又是方法。以"海洋命运共同体"为视角，考察海域问题具有客观实用性。它提供了一个新的阐释海域问题的方法，具有方法论价值。换言之，以"海洋命运共同体"为视角，探讨海域问题发生、衍变、异化及未来走向等问题可能会有新的学术发现。

（一）作为发生学的"海洋命运共同体"

如所周知，以海洋为介质展开的交流、交往以及不同族群共享海洋资源等活动，在古代来说很难想象。这是因为发明海上交通工具和开辟海上通道，在社会生产力水平低下的远古时代难度之大可想而知。可以断言，海上交通工具与海上通道对于"海洋命运共同体"本身而言具有发生学的意义。"共同体"何以发生？在此，我们可以假设以下前提是成立的：有了不同族群的接触，才有共同体发生的可能；有了不同族群以海洋为介质的接触，才会有命运共同体发生的前提；有了克服海洋险阻后相接触的族群间的交好与抗争，才会有海洋命运共同体的诞生。在这个意义上，"海洋命运共同体"发生学应该将讨论的内容集中在对东亚历史海域相关的回顾与阐释上来。

（二）作为方法论的"海洋命运共同体"

从方法论观之，"海洋命运共同体"之于东亚历史海域，不仅可以成为观察古代中国海运交通问题的工具，还可以成为判断俄罗斯远东海域及美国阿拉斯加与周边海域进行互动的全新视角。

关于中国古代海运研究，有学者指出，我国浙江余姚河姆渡遗址出土的船桨将我国古代制造海运交通工具的年代推至公元前 7000 年，即在 1 万年前日本列岛与大陆分离之后。[14] 根据古代文献中所载的"刳木为舟，剡木为楫"，当时的海上交通工具是独木舟。古人凭借独木舟、借助季风环流最远漂泊到美洲西海岸，经由朝鲜半岛东南部漂流至日本列岛（本州岛的山阴和北陆），从而完成了东亚历史海域世界的交流。[15] 待航海造船技术改进后，古人开辟了横渡朝鲜海峡经对马至九州岛西北部的双向航线，开启了双向交流模式，为东亚历史海域内部的交流互动准备好了物质条件。春秋战国至隋唐之前，我国的海外移民所带去的先进文化，成就了朝鲜半岛以及日本列

岛"捕捞式"汲取中国文化的特点。这是被称为"归化人"的贡献。关于我国古代早期港口的兴起,有人认为呈现出"从中国沿海的南北两端向中部延伸"的特点,即"南方有广州、徐闻、合浦,北方有碣石、登州"[16]。而"四明(句章)和椒江(章安)"等则属于浙东海域的名港,通过吴越人的航海活动将我国东部沿海与台湾地区、朝鲜半岛、日本以及东南亚联系起来。[17]

可以认为,在太平洋海域范围内,中国古代先民的足迹已经远至美洲,南至东南亚,东部已达朝鲜半岛和日本。这对"海洋命运共同体"的发生具有重要意义。因此,探讨东亚历史海域古代先民的海外交流本身,就已赋予"海洋命运共同体"以方法论价值。

同样,以"海洋命运共同体"为视角,判断俄罗斯远东海域、美国阿拉斯加以及东南亚何时进入共同体时,能够再次展现"海洋命运共同体"的方法论价值。这一价值体现在它可以超越相互争论的问题,重在关心这一海域何时形成互动及其互动的方式方法。

在库页岛的原住民问题上,中、日、俄三国学者的研究显示,库页岛的归属问题"公说公有理,婆说婆有理",但让人们能够信服的应该是库页岛原本属于中国。《汉书·地理志》是目前最早记录这一岛屿的文献资料,唐朝也曾对库页岛在内的黑龙江及乌苏里附属流域进行过有效统治。1689年的《尼布楚条约》对中国的归属权进行了确认,而日、俄两国"直到17世纪上半叶才模糊地认识到库页岛的存在"[18]。中国拥有所属权的局面一直持续到1789年俄国入侵该岛大肆屠杀岛民赫哲族,并将该族群驱逐回中国大陆。关于该岛的名称"库页岛",满语意为"黑江嘴顶",俄文音译的"萨哈林"亦为满语"黑"的意思,日文"桦太"名称则是"河口"的意思,汉语名为"黑龙屿"等,说明中、日、俄三国的古代部族在此杂居与交融,这也成为日后三国争夺此地地利的深层原因。[19]此外,根据俄罗斯学者的研究,"楚科奇半岛以及阿留申群岛的爱斯基摩文化所独有的平底船与金属鱼叉"的广泛存在,便可说明北极人与萨哈林岛(库页岛)的土著人之间的互动与交流,使得东亚历史海域北部的海洋文化得到了发展。[20]

在试图分析阿拉斯加所代表的美国部分于太平洋海域是如何参与"海洋命运共同体"的时候,美国考古学家的观点引起了人们的注意。他根据"平底船和金属鱼叉"被萨哈林岛民所用的事实断定岛上的部族可能来自北极或准北极民族;[21]而为北极民族提供源泉的又是阿拉斯加半岛西南的民族。这也就是说,萨哈林的先民来自美国阿拉斯加。这也说明,公元前 2000 年至公元前 1000 年间,在白令海、阿拉斯加湾、鄂霍次克海以及日本海等"海＋岛"之间形成了利用海洋资源的文化交流以及松散的共同体。

当我们将视域转向被称为"风下之地"[22]的东南亚海域时,起初的共同体是以中国为中心的朝贡体系(中国礼仪之邦以和平交往为特征)为表现形式,葡萄牙人、西班牙人、荷兰人到来打破原有的域内平衡,将殖民主义移植到这一片海域。此后,待英国取代葡萄牙、荷兰人的地位后,伙同法国将东南亚的大多数国家变成自己的殖民地、保护国,直至"二战"结束。伴随战后这一海域的各国纷纷独立,东南亚海域走向一体化的进程加快了,以 1967 年成立东盟为标志建立起政治、经济、安全一体化的合作组织,并形成一系列合作机制,成为今天颇具影响力的区域群体。作为第一个加入《东南亚友好合作条约》的非东盟国家,中国与东盟建立了战略协作伙伴关系。习近平主席在集体会见出席海军成立 70 周年多国海军活动外方代表团团长时提出构建"海洋命运共同体",泰国的海军将领代表各国代表团团长表示赞同,认为"海洋命运共同体"将这一海域共同体建设的思想与实践向前推进了一步。[1]

六、结论

2019 年 4 月 24 日上午,在"构建海洋命运共同体"高层研讨会上,海军司令员沈金龙在会上作了题为"秉持海洋命运共同体理念 共护世界海洋和平与繁荣"的主旨发言。他强调:"构建海洋命运共同体,是习近平主席人类命运共同体重要思想在海洋领域的生动展开和具体体现,蕴含着十分丰富的内涵,为维护海上安全稳定、推进全球海洋治理提供了中国智慧和方案。"他倡议,各国海军"携手共护海洋和平、共谋海洋安全、共促海洋繁荣、共建海洋环境、共兴海洋文化。……坚持相互尊重,携手并肩前行;坚持包容互鉴,增进战略互信;坚持开放合作,合力应对挑战;坚持尊重规则,维护良好秩序",以推进构建"海洋命运共同体"。[23]

综上所述,以东亚历史海域的时空,探讨"海洋命运共同体"相关理论,可以得出以下结论。

第一,习近平主席提出的"海洋命运共同体",强调各国人民"安危与共",坚定奉行"共同、综合、合作、可持续的新安全观"。[24]"海洋命运共同体"富含中国古代先贤特别是孟子学说等哲学元素,凝聚了中国智慧与思维,时下可以对接到习近平主席提出的"共商、共建、共享"外交原则上来。将这一哲学元素进行细化阐释与理论重建,然后将其付诸处理东亚历史海域相关国家关系的实践中,是学者肩负的历史重任。

第二,"海洋命运共同体"涉及"海上"交往一体化即如何才能做到"同呼吸共命运"的话题。本文将东亚历史海域的涵盖范围确定为传统意义上的东北亚海域、狭义的东亚海域以及传统意义上的东南亚海域等。因各组成部分自然地理、风土人情以及经济状况、科技水平各不相同,各域内的交往模式也不尽一致。将各域内的共同体意识与三海域联动的共同体意识结合起来,将哲学元素合理地注入其中,是构建东亚历史海域"海洋命运共同体"的关键所在。

第三,"海洋命运共同体"直面的主要问题是域内国家的"利益",即政治利益和经济利益等。在追求共同利益的基础上,充分考虑到各国"利益",将各国追求利益最大化的行为纳入稳定的机制框架内,才能更好地构建"海洋命运共同体"。

第四,"海洋命运共同体"既是一个哲学命题,也是一个方法论。它拥有值得人们尊奉的共同理念和价值,它还为我们分析如何构建海洋合和共生机制提供了"概念工具"。

此外,探究"海洋命运共同体"可以引发的连带思考有以下几点:①各个分区海域是否具有共同体意识? 如果有的话,原有共同体意识的精神内核是什么? ②"共同体"概念在 20 世纪 70 年代以来发生了怎样的变化? 是如何被书写的? 目前形势下的"共同体"概念应该具有的内涵是什么? 这一概念如何突破地域界限走向全球化? ③如何有效地将"海洋命运共同体"的哲学元素有效地注入分区海域中,从而形成海域联动机制? 凡此种种,是学界同人有义务厘清的重大问题。如针对共同体内部的差异问题,以 PEST 分析法考究海域内各国实情的任务就显得十分紧迫。

总之,本文探讨的"海洋命运共同体"相关理论问题,无论是对于"海上丝绸之路"的展开,还是对于构建"人类命运共同体",都具有重要的历史意义和现实意义。

文章来源:原刊于《亚太安全与海洋研究》2019 年 03 期。

注释

1《习近平集体会见应邀前来参加中国人民解放军海军成立 70 周年多国海军活动的外方代表团团长》,新华网,2019 年 4 月 23 日,http://www.xinhuanet.com/politics/leaders/2019-04/23/c_1124403529.htm[2019-04-24]。

2 2018 年 11 月 6 日,以笔者为首席专家的研究团队,在投标的国家社会科学基金重大项目"东亚历史海域研究"中,首次提出了核心概念"海上命运共同体"。在本文进入编辑过程中,笔者与研究团队一致认为,习近平新提出的"海洋命运共同体"能够涵盖"海上命运共同体",故本文直接采用了"海洋命运共同体"概念。

3 参见本尼迪克特·安德森:《想象的共同体:民族主义的起源和散布》,吴叡人译,上海:上海人民出版社,2016 年,第 2 页。

4《中华人民共和国宪法》(2018 年修正版),北京:人民出版社,2018 年,第 6 页。

5 按照秦亚青的解释,所谓的"民粹现实主义",是指极端民族主义和强现实主义的结合。前者强调民族国家至上,后者强调国家实力和利益至上,以实力获取"美国优先"或"美国第一"、比谁的核按钮更大等都是很好的例子。参见秦亚青:《关于世界秩序与全球治理的几点阐释》,《东北亚学刊》2018 年第 2 期,第 10 页。

6 习近平:《决胜全面建成小康社会 夺取新时代中国特色社会主义伟大胜利——在中国共产党第十九次全国代表大会上的报告》,北京:人民出版社,2017 年,第 60 页。

7 方勇译注:《孟子·万章下》,北京:中华书局,2012 年,第 198 页。

8 方勇译注:《孟子·告子上》,第 214 页。

9 柴田実「『都鄙問答』の形成—石田梅岩の心学について」、『史林』1956 年第 6 号、104 页。

10 柴田実编集『石田梅岩全集上卷』、清文堂出版、1956 年、33 页、77 页、157 页、492 页。

11 参见黄永钢、鲁曙明:《东学西渐:美国大学核心课程中的华夏经典》,广州:中山大学出版社,2015 年,第 107 页。

12 秦亚青:《中华文化与新型国际关系》,《世界知识》2019 年第 1 期,第 57 页。

13 参见《文化与世界政治的关系理论——外交学院院长秦亚青谈国际关系理论创新》,搜狐网,2018 年 7 月 12 日,http://www.sohu.com/a/240761776_488440[2019-02-21]。秦亚青 2018 年出版了英文专著《世界政治的关系理论》,在接受《中国社会科学报》记者采访时,他强调指出:"'关系性'是中华文化的重要哲学概念,可以作为一种新的国际关系理论硬核中的形而上要素,这就是关系理论。"该书最核心的框架由"关系世界观、关系本体、元关系"等构成。

14 参见魏启宇:《交通史学概论》,兰州:兰州大学出版社,1990 年,第 10 页。

15 参见王晓秋:《从海洋的视角看中日文化交流》,载《海大日本研究》第一辑,青岛:

中国海洋大学出版社,2011年,第26页。

16 魏启宇:《交通史学概论》,兰州:兰州大学出版社,1990年,第14页。

17 参见叶哲明:《台州文化发展史》,昆明:云南民族出版社,2006年,第441页。

18 杨军、张乃和主编:《东亚史》,长春:长春出版社,2006年,第338页。

19 参见邱立珍:《世界海岛命名探究》,北京:海洋出版社,2014年,第132页。

20 ジョン.J.ステファン『サハリン:日中ソ抗争の歴史』、安川一夫訳、原書房、1973年、18頁。

21 同上书,第20页。

22 "风下之地"意为"季风吹拂下的土地",来自印度人、波斯人、阿拉伯人以及马来人对东南亚的称呼。这一名称直接被澳大利亚学者在谈及东南亚的国际贸易时以章节名称加以使用。参见安东尼·瑞德:《东南亚的贸易时代:1450—1680 第一卷》,北京:商务印书馆,2013年,第7页。

23 参见《"构建海洋命运共同体"高层研讨会在青岛举行》,https://sd.dzwww.com/sdnews/201904/t20190424_18651978.htm[2019-04-24]。

24 参见《习近平集体会见出席海军成立70周年多国海军活动外方代表团团长》,新华网,2019 年 4 月 23 日,http://www.xinhuanet.com/politics/leaders/2019-04/23/c_1124403529.htm[2019-04-24]。

"海洋命运共同体"的国际法意涵：理念创新与制度构建

■ 姚莹

论点撷萃

传统的海洋法图景体现了沿海国与海洋大国间、发达国家与发展中国家间、沿海国与非沿海国间的利益妥协，全球价值观念的演变已经补充并在某些地方改变了这幅图景。有影响力的主体开始通过对外输出理念的方式来影响世界海洋秩序的走向。

构建"海洋命运共同体"是中国为全球海洋治理提供的"中国方案"。随着中国为国际社会提供的公共产品的增多，未来的全球海洋治理方案也可能会呈现出中国的特点，这需要我们切实地将"海洋命运共同体"理念转化为制度并通过实践不断强化。国际法的大部分规则用法律条文的形式体现了国家之间实际存在的共同的或互补的利益，而这种利益如果可以体现为"人类共同的利益"，那么在制度设计上就会满足国际社会的需要。

在一定程度上讲，制度是理想利己主义的产物。制度的影响似是而非：它们对美好生活至关重要，但也可能致使偏见的制度化，使得许多人难以过上美好生活。如果制度构建是在公正的理念指引之下进行，那么制度会对人类的美好生活至关重要。"海洋命运共同体"理念就是可以指引构建公平合理的海洋治理制度的公正理念。

海洋对于人类的生存与发展具有重要意义。海洋不仅属于沿海国，也属于全人类。[1]伴随着"21 世纪是海洋世纪"共识的形成，作为"自私的、理性

作者：姚莹，吉林大学法学院副教授，中国海洋发展研究中心研究员

的行为体"的国家[2]纷纷加强对海洋的控制与开发利用。尽管作为国际海洋法最重要组成部分的《联合国海洋法公约》(简称《公约》)是在当时的历史条件下所能取得的最好结果,但由于其是国际政治斗争与各方利益妥协的结果,不可避免地在创设及分配海洋权益方面存在制度设计的不足,从而引发了全球范围内的"蓝色圈地运动",《公约》本身对解决这一问题却无能为力。

为克服以《公约》为代表的国际海洋法在制度设计上的不足,国际社会需要新的理念以及在新理念指导下的新的制度构建来完善与发展国际海洋法。在此背景下,2019 年 4 月 23 日,习近平主席在青岛集体会见应邀出席中国人民解放军海军成立 70 周年多国海军活动的外方代表团团长时正式提出了"海洋命运共同体"的理念。作为"人类命运共同体"理念的重要组成部分,"海洋命运共同体"理念是中国参与全球海洋治理的基本立场与方案。本文立足于探究"海洋命运共同体"理念的国际法意涵,从考察国际海洋法发展面临的困境及成因入手,探讨进行国际海洋法理念创新的必要性;通过剖析"海洋命运共同体"理念的内涵,指出该理念与完善和发展国际海洋法的现实需要相契合,并以此为基础对未来国际海洋法的制度构建提出中国方案。

一、理念创新:国际海洋法发展的现实需要

国际社会普遍认识到,建立和完善国际海洋秩序对于人类和平利用和保护海洋具有重要意义,因此国际海洋法成为国际法诸多部门中发展最为迅速的部门之一,但是在其发展过程中也面临着诸多的问题亟待解决。

(一)国际海洋法发展面临的困境

根据《国际法院规约》第 38 条[3],国际法的主要渊源可归结为三种:条约、习惯国际法和为各国承认的一般法律原则。作为国际法的一个部门法,国际海洋法的渊源主要体现为条约和习惯国际法,[4]其面临的困境主要体现在以下两个方面。

第一,作为普遍规则的习惯国际法在全球海洋治理过程中的作用非常有限。习惯国际法的作用随着《公约》的诞生而被削弱,并且证明了一项习惯国际法存在的标准本身不明确的问题进一步影响了其作用。《公约》在序言中就明确了其宗旨,即"在妥为顾及所有国家主权的情形下,为海洋建立

一种法律秩序"。因此,《公约》体系庞大,分为序言、正文、9 个附件及 2 个执行协定,其中正文共 17 个部分 320 个条款,既包含了大量的制度创新,更是对普遍承认的海洋习惯法的编纂。虽然《公约》在序言中同时承认其"未予规定的事项,应继续以一般国际法的规则和原则为准据",但存在于《公约》体系之外的、被各国所普遍接受的习惯国际法的范围是比较有限的,无法满足构建稳定的国际海洋法律秩序、治理全球海洋的现实需要。

第二,被誉为"世界海洋宪章"的《公约》在全球海洋治理中的作用被高估。作为国际政治斗争与各方利益妥协的结果,《公约》不可能为世界海洋确立全方位的法律秩序,也不可能保证每一个条款都清晰准确,否则《公约》很难被通过。有学者认为,《公约》的制定过程是一种"贸易与发展会议模式"(UNCTAD),77 国集团同由发达国家和工业化国家组成的统一战线相互对立,它们都在致力于就规范海洋空间的利用所引起的竞争和冲突制定新的理性的秩序。[5]而实力不均的国家在平等的基础上的合作,不能满足各自的利益诉求,这在海洋法领域表现尤其明显。[6]因此,《公约》作为这两种类型的国家妥协的产物,带有先天不足:

首先表现为在某些重要领域存在制度缺失。例如,《公约》中大陆国家洋中群岛制度缺位。在第三次联合国海洋法会议上,以斐济、印度尼西亚、毛里求斯和菲律宾四国为代表的群岛国积极推动制定有关群岛的特殊制度来保护它们的海洋权益,得到了相当多的支持。同时,一些拥有洋中群岛的大陆国家主张,在构成国家的群岛与属于大陆国家的洋中群岛之间不应有差别,[7]要求在《公约》中引入大陆国家洋中群岛制度。由于海洋大国强烈的反对,那些声称洋中群岛问题应该被合理解决的国家被迫让步,所以《公约》第四部分仅适用于群岛国,大陆国家洋中群岛制度没有被规定。

其次表现为条款规定上的模糊。例如,被视为"海洋领域新世界秩序的支柱之一"[8]的《公约》争端解决机制具有"整体上的强制性、解决方法上的选择性以及适用范围上的不完整性"[9]的特点,其中,"强制性"是最重要的特征。然而,《公约》规定的强制性争端解决机制自身的模糊规定,加之缺乏一致的判断标准,致使在适用导致有拘束力裁判的强制程序时,门槛不一致,结果不一致。[10]

(二)国际海洋法发展困境的成因

有学者认为,以《公约》为代表的现代海洋法律秩序[11]的形成受到三个因素的影响:科技进步、传统法律无法满足沿海国在利用海洋资源上的考量以及大量发展中国家的涌现。[12]如果深入剖析就会发现,这三个因素背后体现的是几对矛盾的共同作用:

第一,海洋强国与其他沿海国之间的矛盾。这对矛盾体现了国际海洋法发展中的传统张力;[13]沿海国出于安全与资源开发利用的考量,希望主张更大的管辖海域,所以传统海洋法上的领海与公海两分法瓦解,公海的范围缩小,沿海区域扩展以及沿海国在这些区域内权力扩张;海洋强国基于其对海洋的控制能力上的优势,热衷于保护它们的航线,主张几乎不受限制的航行自由的权利,并通过《公约》的制度设计限制沿海国在管辖海域的权力。正如有学者形容的那样,海洋法的发展始终受到两种力量的影响,即由海洋吹向陆地的自由之风与陆地吹向海洋的统治之风。[14]

第二,发达国家与发展中国家之间的矛盾。《公约》第十一部分国际海底区域(下文简称"区域")制度在立足于全人类利益的同时充分考虑到发展中国家利益和要求,通过为海底资源的勘探和开发提供一个更为公平的制度,从而使人类对最后的资源领域能够进行更好的管理和调整。[15]但是,以美国为首的大多数发达国家对此表示强烈不满,一直采取不参加条约的态度。为了争取发达国家的批准,发展中国家做出了巨大让步,于1994年7月28日签订了实质上修正《公约》第十一部分的《关于执行海洋法公约第十一部分的协定》,重新平衡了发达国家与发展中国家之间的利益。

第三,沿海国家与非沿海国家之间的矛盾。《公约》不仅赋予沿海国极大的海洋管辖权,也顾及地理不利国和内陆国的利益,为广大非沿海国设置了许多海洋权利,如利用公海的权利以及船舶悬挂其国旗的权利等。[16]引人注意的是《公约》在专属经济区部分也引入了非沿海国的权利:在公平的基础上同时考虑到所有有关国家的相关经济和地理情况,参与开发同一分区域或区域的沿海国专属经济区的生物资源的适当剩余部分的权利。[17]由于主动权掌握在沿海国手里,所以这些规定在实践中并未得到广泛执行。

这几对矛盾主要体现了两种类型国家截然不同的发展理念,它们的相互作用塑造了国际海洋法的特征,也在某种程度上构成了阻碍国际海洋法发展的内在原因。

(三)完善与发展国际海洋法需要理念创新

《公约》把原本自然一体的海洋人为地分割为许多不同区域,忽视了海洋作为"共有物"的本质属性，[18] 其制度设计也是前述两种类型的国家围绕"共有物"的外部界限的确定而进行博弈的结果。与其他领域相比，以国家主权为导向的传统思维方式与以共同体为导向的现代思维方式之间的紧张与冲突已经成为国际海洋法领域构建法律制度的前沿阵地。但是，自利主义至少在法律层面上已经占了上风，海洋法律制度仍然主要适用"人人为我"原则。[19]

国家有时认识到自身的利益存在于共同体利益之中，但是其关注的重点还是放在限制相竞争的他国利益上。[20] 20 世纪后半叶，国家开始关注共同利益而不仅仅是自身利益，国际法具有了"合作"的属性。但是，这种转变不仅未减损反而在实质上反映了国家间的合作主要是为了自身利益而非共同体或单个人的利益。[21]

完善与发展海洋法要回归海洋作为"共有物"的本质特征，超越零和博弈思维，立足真正意义上的共同体理念。随着海洋之于国家的重要程度不断提升，不同海洋法律制度间的冲突可能会愈演愈烈，而诸如"礼让"以及"协商解决"等新的理念将会用于调整这些冲突。[22]

二、中国方案：构建"海洋命运共同体"理念

理念即人们的内心信念，包括世界观、原则化的信念和因果信念。[23] 虽然近代国际法主要是威斯特伐利亚体系的产物，理念层面主要反映了西方的世界观和信条，但是"二战"后的国际法建立在体现多边主义精神的联合国宪章宗旨与原则基础之上，并非专属于西方国家，因此其他文明先进的"国际法观"应当被吸收借鉴。古代中国对外交往以"天下观"为基本世界观，"礼"是国家间的主要规范，反映了儒家思想在国际治理上的扩张；[24] 而儒家思想在当代国际治理中主要体现为构建"人类命运共同体"理念。

（一）"人类命运共同体"理念的提出

当今的国际社会正发生着重大的变革与转型，挑战层出不穷，风险与日俱增。中国作为国际社会关键的一员，一直扮演着一个核心的角色，其所发挥的作用远远超出一个安理会常任理事国的范畴。[25] 国际社会普遍关注的问题之一就是影响力越来越大的中国带给世界的是希望还是挑战、是和平还是威胁。[26] 在这样的背景下，中国需要向世界阐明和平发展的立场并贡献中

国的国际法思想体系与方案,"人类命运共同体"思想应运而生。

2011年,"人类命运共同体"的概念第一次出现在《中国的和平发展》白皮书中,并于2013年3月由习近平主席在莫斯科首次向世界提出。[27]2017年1月,习近平主席在联合国日内瓦总部发表题为"共同构建人类命运共同体"的演讲,系统阐释了"构建人类命运共同体,实现共赢共享"的中国方案。[28]2018年3月十三届全国人大一次会议通过宪法修正案,"推动构建人类命运共同体"被正式写入《宪法》序言部分,也成为我国宪法的指导原则之一。

"人类命运共同体"思想是一个具有全局性、战略性、前瞻性的思想体系。"人类命运共同体"概念是对国际共同体概念的重大发展,代表着未来国际社会的追求。国际共同体强调成员之间的相互依存,而这种相互依存产生了一种全体的更高的利益,并在成员之间创建了共同的目标和责任,而且这种共同体的组织应当扩展到国家生活的各个方面,可以是区域的,也可以是全球的。[29]另外,国家之间存在争端并不会成为构建国际共同体的障碍;相反,可以成为国际共同体构建的推动力量。这是因为国家之间由于争端而有了进行更为深入交流和理解的机会。[30]传统的国际法是西方中心主义的国际法,以国家利益为出发点,建立在零和博弈基础之上;以国家之间的对抗性为思想内核,以控制扩张为理论目标。[31]而"人类命运共同体"思想指导之下的国际法理念则坚持文明之间的交流互鉴,以合作共赢为出发点和目标,以融合性为思想内核,以伙伴关系理论为目标,是中国对国际法发展的贡献。

"人类命运共同体"内涵可以概括为利益共同体与责任共同体:国家之间交往越频繁,安全、环境等全球问题的边界就会越来越模糊,国际社会的整体利益、国家之间的共同利益与合作就会越来越多;[32]基于主权平等原则,所有共同体成员都应对国际共同体承担责任,但是可能因为能力的差异,大国会承担更重要的责任。就当前阶段来看,"人类命运共同体"依然是以国家为成员的共同体;[33]但有学者指出,这一定位不能阐明共同体发展的目的和终极问题,作为对国际共同体概念的扬弃和升华的"人类命运共同体"的终极问题是人类的命运。[34]

(二)从"人类命运共同体"到"海洋命运共同体"

"人类命运共同体"是对人类未来发展作出的一项重要顶层设计,其基本架构是政治、经济、文化、安全、生态"五位一体",所以从内容上看,必然包括"政治共同体""经济共同体""文化共同体""安全共同体"和"生态共同体";[35]从空间角度判断,至少应该包括"陆上命运共同体""海洋命运共同体"和"空间命运共同体"。正因"人类命运共同体"是内容丰富、开放性的概念,所以2019年4月23日习近平主席在青岛集体会见应邀出席中国人民解放军海军成立70周年多国海军活动的外方代表团团长时正式提出了"海洋命运共同体"的概念。作为"人类命运共同体"理念的重要组成部分,"海洋命运共同体"理念是中国参与全球海洋治理的基本立场与方案。

习近平主席指出,我们人类居住的这个蓝色星球,不是被海洋分割成了各个孤岛,而是被海洋联结成了命运共同体,各国人民安危与共。中国提出共建21世纪海上丝绸之路倡议,就是希望促进海上互联互通和各领域务实合作,推动蓝色经济发展,推动海洋文化交融,共同增进海洋福祉。人类要像对待生命一样关爱海洋。[36]

世界各国在追求自身海洋利益时,不管是单方还是共同的海洋资源分配与海域界定、海洋资源开发利用、海洋污染防治、海洋纠纷解决等事宜,都需要建立以一个确定的制度和规则为基础的、可以为各国所享有的、具有正义感和安全感的价值秩序,[37]"海洋命运共同体"理念即有助于这种价值秩序的形成。

(三)"海洋命运共同体"理念的内涵

"海洋命运共同体"是中国参与全球海洋治理的中国立场与方案,它既是理念也是实践,包括如下四个方面内容。

第一,倡导树立共同、综合、合作、可持续的新海洋安全理念,"海洋命运共同体"应该首先是"海洋安全共同体"。[38]海上安全主要包括传统的海上安全(主要是指海上军事安全、海防安全、国土安全、政治安全等)和非传统的海上安全(包括海上恐怖主义、海盗行为、环境污染、生态破坏等)。以《公约》为代表的国际海洋法体系形成后,各国军事力量正面冲突的情形虽未完全消除但大为减少,然而非传统安全的威胁逐步上升。这两种情形都要求各国增强互信、平等相待、深化合作来加以应对。

第二,促进海上互联互通和各领域务实合作、共同增进海洋福祉的海洋治理理念,"海洋命运共同体"应该是"海洋利益共同体"。当前,以海洋为载体和纽带的市场、技术、信息、文化等合作日益紧密,关于定位为人类共同继承财产的海洋公域的开发问题的讨论正在进行,这些都要求各国奉行互利共赢的开发战略,坚持正确义利观,为促进海洋发展繁荣作出积极贡献。

第三,共同保护海洋生态文明的可持续发展理念,"海洋命运共同体"应该是"海洋生态共同体"。海洋是全球生命支持系统的基本组成部分,是全球气候的调节器,是自然资源的宝库。[39]随着工业文明的进步,海洋的生态环境与资源面临巨大的压力。由于海洋的整体性以及海洋活动的国际性,任何一个国家都无法独力保护海洋生态环境,海洋生态环境问题需要所有国家协力解决。

第四,坚持平等协商的争议解决理念,"海洋命运共同体"应该是"海洋和平与和谐共同体"。构建"人类命运共同体"的首要目标就是建设一个持久和平的世界。[40]为此,要通过和平方式解决争端,以不诉诸武力或以武力相威胁为基本原则,构建"海洋和平共同体";在和平方式中选择对话协商方式,实现国家意愿真实和充分的表达,构建"海洋和谐共同体"。

有学者指出,构建"人类命运共同体"理念是相互依存理论的"中国版",它是一种保障国家间合作的有效机制,能够深化各国的相互依存程度,合力解决人类社会面临的共同挑战。[41]作为其子集的"海洋命运共同体"理念必将为维护海洋和平稳定、促进海洋发展繁荣、保护海洋生态环境、妥善解决海洋争端提供方向的指引,促进国际海洋法治的发展。

三、制度构建:形成中的"海洋命运共同体"规则体系

理念是制度构建的基础,也是评价制度成效的标准。理念创新不能停留在口头上,而要嵌入和内化于制度中,这样才能成为可信的承诺、获得制度化的力量。[42]虽然近代以来的国际体系是一个围绕"均势-霸权"不断发生变化的体系,但该体系的基本特征并未发生根本性的改变,始终体现为大国在政治经济领域具有支配地位、为国际社会提供安全产品以及在意识形态领域具有影响他国的强大能力。[43]当代大国之间的竞争已经不仅仅考虑经济实力等硬实力之间的竞争,更多地开始考虑制度层面的竞争,以维护一国的长远利益。[44]

海洋面临诸如海底资源的不合理开发、海洋生态环境的持续恶化、生物多样性遭到破坏等新的威胁,需要得到法律关注,为此海洋法将会发生变

化。将来会用什么机制发展海洋法呢？不太可能有第四次联合国海洋法会议，更可能的发展方式是缔结处理具体海洋问题的全新区域性或全球性条约。[45]

构建"海洋命运共同体"是中国为全球海洋治理提供的"中国方案"。有学者指出，中国最终可能成为全球经济大国，全球化也可能会呈现出中国的特点。[46]笔者同意这一论断。这意味着，随着中国为国际社会提供的公共产品的增多，未来的全球海洋治理方案也可能会呈现出中国的特点。这需要我们切实地将"海洋命运共同体"理念转化为制度，并通过实践不断强化。国际法的大部分规则用法律条文的形式体现了国家之间实际存在的共同的或互补的利益，[47]而这种利益如果可以体现为"人类共同的利益"，那么在制度设计上就会满足国际社会的需要。

（一）明确海上安全制度

海上安全是构建"海洋安全共同体"的基本要求，是国际社会共同的价值追求，也是国际社会通过法律制度加以保护的主要对象。然而，正如前文所述，海上安全制度包括传统的海上安全制度和非传统的海上安全制度，所以海上安全制度的体系非常庞大，几乎触及国际海洋法的每一个分支领域，如通道安全、资源安全、环境安全等。从这个意义上讲，一系列重要的国际条约都与"海上安全"有关，可以被视为是海上安全制度的组成部分，如1974年《国际海上人命安全公约》、1979年《国际海上搜寻救助公约》、1988年《制止危及海上航行安全非法行为公约》、1992年《生物多样性公约》等。但由于相关国际条约在规则制定上具有模糊性或拘束力不强，所以海上安全形势并不乐观，其中比较有代表性的问题就是航行自由问题。

航行自由作为国际海洋法最为古老的原则已经获得了普遍承认，并没有国家公开反对已经被视为"公共产品"的航行自由原则。[48]航行自由问题是海洋强国与沿海国之间争议的重要问题，因为海洋法的发展过程就是"传统航行自由的缩小与国家管辖权的扩大"[49]的过程；加之《公约》自身规定的模糊，从而给了各国任意解释的空间，更加剧了这种对立与斗争。近年来中、美两国之间围绕美国在南海的航行自由问题所展开的争论就是典型例证。2018年出版的《海洋自由：美国捍卫航行自由的斗争历程》一书是美国学者支持美国"航行自由行动"、谴责中国的立场与做法的集中发声。[50]对此，中国学者进行了有针对性的驳斥。[51]从"海洋命运共同体"所倡导的共同、综合、合作、可持续的新海洋安全理念出发去审视航行自由问题，我们会得出一个结论，即限制海洋强国对《公约》相关条款的任意解释、防止航行自由被滥用符合国际社会对海上安全的共同关切。

(二)制定国家管辖外海域开发规章

1. 制定"区域"开发规章

随着陆地矿产资源的日渐枯竭，丰富的国际海底矿产资源已经成为国际社会争相追逐的"热品"[52]。制定科学合理、公平公正的"区域"开发规章是今后几年国际海底管理局(以下简称"海管局")面临的一项重要任务。[53]在海管局已经分别于2016年、2017年和2018年主持制定了三个开发规章草案，其内容不断丰富、结构也更加合理，但各国意见尤其是发达国家与发展中国家的意见尚未统一，开发规章仍然没有获得正式通过。

中国在"区域"开发规章制定过程中应发挥"引领国"的作用，[54]这也是构建"海洋利益共同体"的一项重要内容。中国在"区域"开发规章制定过程中的基本立场可以概括为如下三点：[55]第一，制定开发规章时应体现可持续利用国际海底资源以造福全人类的精神，应当以鼓励和促进"区域"内矿产资源的开发为导向，同时兼顾海洋环保；第二，制定开发规章时应充分考虑国际社会整体利益以及大多数国家特别是发展中国家的利益，坚持两个基本原则，即循序渐进、稳步推进原则和与人类认知水平相适应原则；第三，制定开发规章时应当遵守包括《公约》在内的国际法，并应当充分考虑到联合国主持下各国正在磋商的"国家管辖外海洋生物多样性养护和可持续利用(BBNJ)法律文书"的进展情况，并且尽量与之相衔接。

2. 制定国家管辖外海洋生物多样性养护和可持续利用制度

国家管辖外的深海蕴藏着巨大的经济价值，随着人类利用海洋的能力增强，各国开始将目光投向这一宝库，国家管辖外海洋生物多样性养护和可持续利用问题成为全球海洋秩序变革中的一个重要问题和新问题，制定《国家管辖外海洋生物多样性养护和可持续利用(BBNJ)协定》(以下简称《BBNJ协定》)，为养护和可持续利用海洋生物多样性提供法律依据，成为当务之急。如果谈判成功，它将成为《公约》的第三个执行协定。《BBNJ协定》将填补《公约》的空白，调整现有海洋法律秩序。

在当下《BBNJ 协定》谈判过程中,国际社会关注的焦点是"区域"生物遗传资源的法律地位及其分配问题,对此存在"公海自由原则下的海洋利用派"和"人类共同继承财产原则下的海洋惠益共享派"两种争议,并且各国对于如何解读"人类共同继承财产原则"也存在一定的争议。中国在此问题的国际商讨中没有就海洋遗传资源适用的法律制度问题单独表达国家立场,然而"海洋命运共同体"理念可以为国家管辖外海域遗传资源分配提供一个新思路:通过唤醒国际社会的"命运共同体"意识,以资源共享、规则共建、责任共担、问题共解为伦理目标,构建公平正义的资源分配秩序。[56]这将是既相关又有别于公海自由原则和"区域"及其资源属于人类共同继承财产原则[57]的、在"海洋命运共同体"理念指导下的新的分配制度。

(三)完善国家管辖外海洋生态环境保护制度

环境安全与绿色可持续发展的生态系统本来就是"人类命运共同体"思想的题中应有之义,所以构建"海洋命运共同体"也应该把目光更多地投向探讨如何保护海洋生态环境问题上来。[58]《公约》在第十二部分专章规定了"海洋环境的保护与保全",[59]但由于其用语的"弹性"比较大,导致"硬法不硬",不能有效保护海洋环境。此外,《生物多样性公约》明确对海洋环境保护的具体措施以及减少对生物多样性的负面影响作出了规定,但是该公约依然采用了诸如"尽可能""酌情"等具有极大解释空间的模糊用语,[60]使其约束力大打折扣。

由于各国在国家管辖外海域的活动受到的约束和限制较少,致使该海域生态环境受到国家活动的威胁,设立海洋保护区成为最优选择,但各国对此存在较大争议。国家管辖外海域包括两种类型:公海和"区域"。由于二者法律地位不同,所以相关海域生态环境保护问题会在《BBNJ 协定》和"区域"开发规章中被分别讨论。

中国作为渔业大国与"区域"先驱投资者,无论是在公海建立海洋保护区还是在"区域"开发规章中规定担保国和承包商的环保责任都会对中国经济利益造成影响。但是,中国作为负责任大国和"海洋命运共同体"理念的提出者,应积极参与完善国家管辖外海洋生态环境保护制度,以利益共同体(共同开发资源)和责任共同体(共同保护环境)为基本内核,[61]以"共同但有区别责任"为原则,完善国家管辖外海洋生态环境保护制度,以应对各国所共同面临的海洋生态环境恶化与资源退化危机。

(四)丰富和平解决海洋争端制度

《公约》所处理的问题十分复杂,实质上涉及所有缔约国的重大利益,更容易引发争议,并且解决这些问题的难度也更大。所以,有必要在《公约》中建立一个有效的争端解决机制,采用所谓的"自助餐厅"式方法,为审慎地解决争端确立一个剩余可选的框架机制。[62]这被视为《公约》的一大变革。一般来说,国际争端通常通过外交途径来解决,或在国家同意的基础上提交国际司法或仲裁机构。但是,《公约》建立了一个强制性争端解决机制去处理重要的海洋争端,[63]在当时毫无疑问成为国际关系的"反趋势",却也成为《公约》的一大特色。遗憾的是,《公约》强制性争端解决程序的实际运行效果不尽如人意。[64]

和平解决海洋争端作为国际海洋法的一项基本原则,其内涵是极为丰富的。解决争端的目的是使争端国之间的关系恢复到争端发生之前的状态或至少不会导致争端国间关系的恶化或局势升级。那么,当解决争端的条件不具备或争端当事国根本无意愿去解决争端时,"管控分歧"就比"解决争端"更加务实,所以"和平搁置争端"无疑也是一种务实的选择。[65]坚持平等协商的争议解决理念是构建"海洋命运共同体"基本要求,中国所倡导的"相互尊重、合作共赢"的新型国家关系无疑为和平搁置争端提供了实践支持。

在一定程度上讲,制度是理想利己主义的产物。制度的影响似是而非:它们对美好生活至关重要,但也可能致使偏见的制度化,使得许多人难以过上美好生活。[66]如果制度构建是在公正的理念指引之下进行,那么制度会对人类的美好生活至关重要。"海洋命运共同体"理念就是可以指引构建公平合理的海洋治理制度的公正理念。

四、结语

传统的海洋法图景体现了沿海国与海洋大国间、发达国家与发展中国家间、沿海国与非沿海国间的利益妥协,全球价值观念的演变已经补充并在某些地方改变了这幅图景。有影响力的主体开始通过对外输出理念的方式来影响世界海洋秩序的走向,"海洋命运共同体"理念就是中国为全球海洋治理提供的中国方案。

"一带一路"是构建"人类命运共同体"的基本路径,而推进21世纪海上丝绸之路建设有助于构建"海洋命运共同体",为推动国际海洋法的发展提供理念与制度上的驱动力。2019年6月28日,习近平主席在G20大阪峰会上重申了构建"人类命运共同体"思想。[67]6月29日,G20各国达成蓝色海洋愿景,以2050年为目标,将努力把海洋塑料垃圾减为零。[68]这是中国理念被创新地嵌入全球治理的最新实践,未来的全球海洋治理方案也可能会呈现出越来越多的中国特色。

文章来源:原刊于《当代法学》2019年05期。

注释

1 在全世界近200个国家和地区中,有150个国家的领土直接与海洋相连,被称为"沿海国"。参见张海文编著:《〈联合国海洋法公约〉与中国》,五洲传播出版社2014年版,第6～7页。

2 Robert O. Keohane,"Institutional Theory and the Realist Challenge after the Cold War", in David A. Baldwin (ed.) , Neorealism and Neoliberalism: The Contemporary Debate, New York:Columbia University Press, 1993, pp.269-300.

3《国际法院规约》第38条规定了国际法院在处理案件时应当依据的国际法规范,该条被视为国际法各种渊源存在的权威说明。

4 由于一般法律原则在国际海洋法渊源意义上界定存在一定的困难,适用上也有严格的限定条件,因此不在本文讨论范围之内。

5 参见Lennox F. Ballah:《国家利益与建立理性的海洋秩序》,邢永峰译,载傅崐成等编译:《弗吉尼亚大学海洋法论文三十年精选集(1977—2007)》(第一卷),厦门大学出版社2010年版,第206～207页。

6 参见〔美〕路易斯·亨金:《国际法:政治与价值》,张乃根、马忠法、罗国强、叶玉、徐珊珊译,张乃根校,中国政法大学出版社2005年版,第159～160页。

7 H. W. Jayewardene, The Regime of Islands in International Law, The Hague: Martinus Nijhoff Publishers, 1990, pp.140-142.

8 A. O. Adede, "Settlement of Disputes Arising under the Law of the Sea Convention", 69 American Journal of International Law798 (1975) .

9 高健军:《〈联合国海洋法公约〉争端解决机制研究》(修订版),中国政法大学出版社2014年版,第7页。

10 典型例子就是《公约》第 281 条、第 282 条、第 283 条、第 286 条、第 288 条、第 297 条和第 298 条规定上的模糊导致解释上的分歧，而这是确立《公约》附件七之下强制仲裁的前提条件。甚至有学者认为，《公约》中的限制和例外规定以及规定的模糊性使强制性争端解决机制的实际效果与传统的以合意为基础的争端解决方式相当。See Gilbert Guillaume，"The Future of International Judicial Institutions"，44 International & Comparative Law Quarterly 848 (1995).

11 鉴于习惯国际法在全球海洋治理过程中的作用非常有限，故下文论述主要围绕《公约》展开。

12 S. Bateman，D. R. Rothwell and D. Vanderwaag，"Navigational Right and Freedoms in the New Millennium：Dealing with 20th Century Controversies and 21st Century Challenges"，in D. R. Rothwell and S. Bateman (eds.)，Navigational Right and Freedoms and the New Law of the Sea，The Hague/Boston：Martinus Nijhoff Publishers，2000，p.314.

13 See Louis B. Sohn，Kristen Gustafson Juras，John E. Noyes，and Erik Franckx，Law of the Sea in a Nutshell，2nd ed.，St.Paul, MN：West Publishing，2010，pp.516-517.

14 R. P. Anand，Origin and Development of the Law of the Sea：History of International Law Revisited，The Hague：Martinus Nijhoff Publishers，1983，pp.89-91.

15 参见 Kenneth Rattray：《确保普遍性接受：工业国家与发展中国家间利益的平衡》，黄洵译，载前引[5]，傅崐成书，第 366 页。

16《公约》第 87 条和第 90 条。

17《公约》第 69 条第 1 款和第 70 条第 1 款。

18 参见前引[6]，〔美〕路易斯·亨金书，第 113～142 页。

19 "人类共同继承财产范式"的提出不能使人们相信某种共同体利益至少已经被考虑。例如，在开发专属经济区的同时，发展中国家宣称专属经济区以外的海底属于人类共同遗产的组成部分。由于缺乏勘探及开发所必要的高技术，发展中国家呼吁发达国家应该为了所有国家利益行事。有理由认为，它们行事时考虑国家的自身利益，多于代表人类的利益。参见〔意〕安东尼奥·卡塞斯：《国际法》，蔡从燕等译，法律出版社 2009 年版，第 130～131 页。

20 参见前引[6]，〔美〕路易斯·亨金书，第 157 页。

21 参见前引[6]，〔美〕路易斯·亨金书，第 158～159 页。

22 See Louis B. Sohn，Kristen Gustafson Juras，John E. Noyes，and Erik Franckx，supra note[13]，p.521.

23〔美〕朱迪斯·戈尔茨坦、罗伯特·O. 基欧汉：《观念与外交政策：信念、制度与政治变迁》,刘东国、于军译,北京大学出版社 2005 年版,第 8 页。

24 参见汤岩:《古代中国主导的国际法:理念与制度》,《中南大学学报(社会科学版)》2015 年第 5 期,第 99～104 页。

25 〔英〕菲利普·桑斯:《无法无天的世界:当代国际法的产生与破灭》,单文华、赵宏、吴双全译,单文华校,人民出版社 2011 年版,中文版序,第 1 页。

26 参见〔美〕埃里克·安德森:《中国预言:2020 年及以后的中央王国》,葛雪蕾、洪漫、李莎译,新华出版社 2011 年版,第 1～12 页。

27 《国家主席习近平在莫斯科国际关系学院的演讲(全文)》,2013 年 3 月 23 日,http://www.gov.cn/ldhd/2013-03/24/content_2360829.htm,2019 年 3 月 20 日访问。

28 习近平:《习近平谈治国理政》(第二卷),外文出版社 2017 年版,第 537～549 页。

29 Oystein Heggstad, "The International Community", 35 Journal of Comparative Legislation and International Law 265-268 (1935).

30 Monica Hakimi, "Constructing an International Community", 111 American Journal of International Law 317-356 (2017).

31 参见黄凤志、孙雪松:《人类命运共同体思想对传统地缘政治思维的超越》,《社会主义研究》2019 年第 1 期,第 126～132 页。

32 参见肖永平:《论迈向人类命运共同体的国际法律共同体建设》,《武汉大学学报(哲学社会科学版)》2019 年第 1 期,第 137 页。

33 参见车丕照:《"人类命运共同体"理念的国际法学思考》,《吉林大学社会科学学报》2018 年第 6 期,第 15～18 页。

34 参见张辉:《人类命运共同体:国际法社会基础理论的当代发展》,《中国社会科学》2018 年第 5 期,第 55～57 页。

35 参见陈明琨:《人类命运共同体的内涵、特征及其构建意义》,《理论月刊》2017 年第 10 期,第 120～121 页。

36 《人民海军成立 70 周年,习近平首提构建"海洋命运共同体"》,2019 年 4 月 23 日,http://cpc.people.com.cn/n1/2019/0423/c164113-31045369.html,2019 年 4 月 26 日访问。

37 参见杨华:《海洋法权论》,《中国社会科学》2017 年第 9 期,第 170 页。

38 侯昂妤:《超越马汉——关于中国未来海权道路发展的思考》,《国防》2017 年第 3 期,第 54 页。

39 参见前引[1],张海文书,第 6 页。

40 参见前引[28],习近平书,第 541 页。

41 参见邱松:《新时代中国特色大国外交的理论与实践意义——兼论国际关系理论

中中国学派的构建》,《新视野》2019 年第 3 期,第 82～83 页。

42 参见王彦志:《"一带一路"倡议与国际经济法创新:理念、制度与范式》,《吉林大学社会科学学报》2019 年第 2 期,第 78 页。

43 参见郭红梅:《国际体系变革的中国方案:构建人类命运共同体》,《国际研究参考》2019 年第 4 期,第 10～11 页。

44 参见何其生:《大国司法理念与中国国际民事诉讼制度的发展》,《中国社会科学》2017 年第 5 期,第 133 页。

45 See Louis B. Sohn, Kristen Gustafson Juras, John E. Noyes, and Erik Franckx, supra note[13], pp.523-524.

46 参见巴殿君、王胜男:《论中国全球化认识观与全球治理的"中国方案"——基于人类命运共同体视域下》,《东北亚论坛》2019 年第 3 期,第 25 页。

47〔美〕汉斯·摩根索著,〔美〕肯尼斯·汤普森、戴维·克林顿修订:《国家间政治:权力斗争与和平》(第七版),徐昕、郝望、李保平译,王缉思校,北京大学出版社 2006 年版,第 328 页。

48 See Myron H. Nordquist, etc. (eds.), Freedom of Navigation and Globalization, Leiden/Boston:Brill Nijhoff, 2015, p.5.

49 杨泽伟:《航行自由的法律边界与制度张力》,《边界与海洋研究》2019 年第 2 期,第 5 页。

50 See James Kraska and Raul Pedrozo, The Free Sea:The American Fight for Freedom of Navigation, Annapolis:Naval Institute Press, 2018.

51 参见包毅楠:《中美海洋法论争的"美国之声"——对〈海洋自由:美国捍卫航行自由的斗争历程〉有关"中国特色的航行自由"观点的评析及批判》,《国际法研究》2019 年第 2 期,第 3～10 页。

52 王勇:《国际海底区域开发规章草案的发展演变与中国的因应》,《当代法学》2019 年第 4 期,第 79 页。

53 目前国际社会已经通过《公约》与 2000 年《"区域"内多金属结核探矿与勘探规章》、2010 年《"区域"内多金属硫化物探矿与勘探规章》和 2012 年《"区域"内富钴铁锰结壳探矿与勘探规章》三个"探矿与勘探规章",对于各国在"区域"的探矿和勘探活动作出了一系列规定,但是显然不能满足有效规制各国在"区域"内活动的需要。参见杨泽伟:《国际海底区域"开采法典"的制定与中国的应有立场》,《当代法学》2018 年第 2 期,第 26～27 页。

54 中国是第一批在"区域"内申请勘探合同的先驱投资者,目前中国已成为全球唯一与海管局签订富钴结壳、多金属结核和海底热液硫化物三种海底矿产资源勘探合同以及拥有四块专属勘探权和优先开采权矿区的国家。

55 具体主张参见《中国出席国际海底管理局第 21 届会议代表团副团长马新民在"制订多金属结核开发规章"议题下的发言》,http://china-isa.jm.china-embassy.org/chn/hdxx/t1286040.htm;《中国出席国际海底管理局第 22 届会议代表团副团长高风在"'区域'内矿产资源开采规章草案"议题下的发言》,http://china-isa.jm.china-embassy.org/chn/hdxx/t1388582.htm;《中国代表团在海管局第 23 届会议理事会"开发规章草案"议题下的发言》,http://china-isa.jm.china-embassy.org/chn/hdxx/t1487167.htm;《中国代表团在国际海底管理局第 24 届会上关于开发规章草案框架结构的发言》,http://chinaisa.jm.china-embassy.org/chn/hdxx/t1583497.htm;《中国代表团在国际海底管理局第 24 届会上关于开发规章草案第三部分的发言之二》,http://china-isa.jm.china-embassy.org/chn/hdxx/t1583500.htm;《2017 年评论意见》,http://www.hainu.edu.cn/stm/lawsfzc/201842/10504044.shtml;《2018 年评论意见》,https://ran-s3.s3.amazonaws.com/isa.org.jm/s3fs-public/documents/EN/Regs/2018/Comments/China.pdf,2019 年 6 月 19 日访问。

56 李志文:《国家管辖外海域遗传资源分配的国际法秩序——以"人类命运共同体"理念为视阈》,《吉林大学社会科学学报》2018 年第 6 期,第 36 页。

57 有学者建议,中国政府应结合本国的实际情况,有必要对全人类共同继承财产原则进行重新解读。See Aline Jaeckel, Kristina M. Gjerde and Jeff A. Ardron, "Conserving the Common Heritage of Humankind-Options for the Deep Seabed Mining Regime", 78 Marine Policy 156,741-742 (2017).

58 参见陈秀武:《"海洋命运共同体"的相关理论问题探讨》,《亚太安全与海洋研究》,2019 年 4 月 28 日网络首发,https://doi.org/10.19780/j.cnki.2096-0484.20190426.001,2019 年 4 月 30 日访问。

59《海洋法公约》第十二部分共有 11 节 44 条,包括:一般规定、全球性和区域性合作、技术援助、监测和环境评价、防止、减少和控制海洋环境污染的国际规则和国内立法、执行、保障办法、冰封区域、责任、主权豁免、关于保护和保全海洋环境的其他公约所规定的义务。

60 参见刘丹:《海洋生物资源保护的国际法》,上海人民出版社 2012 年版,第 17～18 页。

61 其中责任共同体是基础。责任共同体构建的缺失,就无法构建利益共同体,更谈不上命运共同体。参见江河:《人类命运共同体与南海安全合作——以国际法价值观的变革为视角》,《法商研究》2018 年第 3 期,第 160 页。

62 参见〔英〕J. G. 梅里尔斯:《国际争端解决》(第五版),韩秀丽、李燕纹、林蔚、石珏译,法律出版社 2013 年版,第 243～246 页。

63 Natalie Klein, Dispute Settlement in the UN Convention on the Law of the Sea, Cambridge: Cambridge University Press, 2005, p.349.

64 参见姚莹:《菲律宾"南海仲裁案"管辖权和可受理性问题裁决评析——以〈联合国海洋法公约〉第 298 条的解释为切入点》,载《中国国际法年刊:南海仲裁案管辖权问题专刊》,法律出版社 2016 年版,第 171~194 页。

65 参见黄瑶:《论人类命运共同体构建中的和平搁置争端》,《中国社会科学》2019 年第 2 期,第 113~136 页。

66 参见〔美〕罗伯特·O. 基欧汉:《局部全球化世界中的自由主义、权力与治理》,门洪华译,北京大学出版社 2004 年版,第 18~19 页。

67 习近平:《携手共进,合力打造高质量世界经济——在二十国集团领导人峰会上关于世界经济形势和贸易问题的发言》,2019 年 6 月 28 日,https://www.fmprc.gov.cn/web/ziliao_674904/zyjh_674906/t1676580.shtml,2019 年 7 月 1 日访问。

68《G20 各国达成蓝色海洋愿景 2050 年将海洋塑料垃圾减为零》,https://baijiahao.baidu.com/s? id=1637667059099763267&wfr=spider&for=pc,2019 年 7 月 1 日访问。

蓝色伙伴关系

共建蓝色伙伴关系
串起海上"朋友圈"

论点撷萃

三条蓝色经济通道是对海上丝绸之路重点方向的细化和延展。它们对内衔接我国沿海地区开发开放、促进陆海统筹、实现优势互补、增强国际辐射能力,对外对接沿线国家发展需求、统筹国家间和区域间海洋资源配置、与产业分工,从而实现国内与国外联动、"一带"与"一路"有效衔接、"引进来"与"走出去"相结合的海上合作新局面。这三条蓝色经济通道具有三个属性:具有开放包容性,不是封闭的体系;具有区域合作性,不是地理意义上的通道;具有动态发展性,不分先后优劣。

海上合作是一个系统工程,我国希望与沿线国家坚持共商、共建、共享的原则,进一步加强战略对接与务实合作,共同撬动海上合作的杠杆;构建蓝色伙伴关系,推进蓝色经济合作,促进海洋环境保护和防灾减灾合作,加强海洋科技创新合作,汇众智,聚合力。三条蓝色经济通道将我国与海上丝绸之路沿线地区和国家有机联系起来,海上合作之路将越铺越广,海上的"朋友圈"将越来越大。

海洋是人类共同的家园,是实现可持续发展的宝贵空间。认识海洋、关心海洋、保护海洋、利用海洋已成为世界共识,各国加强海洋合作的意愿日渐增强。日前,国家发改委和国家海洋局联合发布了《"一带一路"建设海上合作设想》,进一步串联起海上合作的"朋友圈",为沿线各国规划设计了更

作者:何广顺,国家海洋信息中心主任、中国海洋发展研究中心海洋经济资源与环境研究室主任

广阔领域互利共赢的海洋合作关系。

一、海洋是世界各国联系的纽带

自古以来,海洋不仅是人类生存与发展的重要物质基础,为人类提供生产、生活所必需的资源与空间,而且始终伴随着人类文明前进的脚步,将中华文明、印度文明、波斯文明、阿拉伯文明、希腊文明等东西方文明交流融合起来。从最初的"刳木为舟、剡木为楫",到商品流通、国际贸易的通道,再到各国间寻求合作、建构秩序的平台,海洋的桥梁和纽带作用不断拓展。时至今日,随着全球化的深入发展,各国间相互联系、相互依存的程度不断提升。海洋承载着世界经济发展与合作共赢的希望,人类命运从未如此与海洋休戚相关。

改革开放 30 多年来,快速发展的海洋经济已成为我国特别是东部沿海地区经济发展的重要引擎和对外开放的重要抓手,沿海地区以全国 13% 的国土面积承载了 40% 以上的人口的生存与发展,创造了约 60% 的国内生产总值,实现了 90% 以上的进出口贸易。海洋在国家经济发展格局和对外开放中的作用更加重要,我国高度依赖海洋的外向型经济形态和"大进大出、两头在海"的基本格局将长期存在并不断深化。在自身依海、靠海、临海快速发展的同时,我国有意愿也有能力为国际社会和世界各国人民提供越来越多的优质海洋公共产品,与沿线国家建立互利共赢的蓝色伙伴关系。正如习近平主席所言,"世界好,中国才能好;中国好,世界才更好"。

二、携手打造蓝色经济通道

"一带一路"倡议提出三年多来,理念转化为行动,愿景转变为现实,我国与沿线国家在海洋领域的合作成果丰硕,一个个合作项目开花结果,实实在在的好处惠及民众,沿线国家与我国加强海洋合作的意愿越来越强烈。

为了把海洋的桥梁和纽带作用进一步落到实处,《"一带一路"建设海上合作设想》提出"以中国沿海经济带为支撑,密切与沿线国的合作,连接中国—中南半岛经济走廊,经南海向西进入印度洋,衔接中巴、孟中印缅经济走廊,共同建设中国—印度洋—非洲—地中海蓝色经济通道;经南海向南进入太平洋,共建中国—大洋洲—南太平洋蓝色经济通道,积极推动共建经北冰洋连接欧洲的蓝色经济通道"。

其中，"中国—印度洋—非洲—地中海蓝色经济通道"着力对接丝绸之路经济带，意在经南海、孟加拉湾、阿拉伯海、阿曼湾、波斯湾、红海、地中海等，连接南亚、西亚、非洲和欧洲地区，使我国与沿线国在港口基础设施建设、临港产业园区、海上贸易、海洋资源开发利用、生态环境保护与防灾减灾等领域拥有广阔的合作前景。

"中国—大洋洲—南太平洋蓝色经济通道"着力对接中澳、中新自由贸易区，意在将我国与澳大利亚、新西兰、南太平洋岛国的海洋合作不断深化，使我国与沿线国在投资贸易和产能、海上贸易、海洋应对气候变化、海洋环境保护、海洋防灾减灾、海洋资源开发利用、海洋旅游等领域拥有广阔的合作前景，并向东延伸至中南美地区国家，共同做大、共享海洋合作的蛋糕。

"经北冰洋连接欧洲的蓝色经济通道"着力将东北老工业基地的振兴与深化东北亚区域合作相结合，意在经日本海、白令海峡，通过北冰洋，连接北欧沿海国家，打造"一带一路"的北部通道，使我国与沿线国在港口基础设施、海洋渔业资源利用、航道建设、极地科学技术研究等领域拥有广阔的合作前景，并延伸至北美地区，对接中加、中美海洋合作。

三、共建蓝色经济通道的初衷

三条蓝色经济通道是对《推动共建丝绸之路经济带和21世纪海上丝绸之路的愿景与行动》关于21世纪海上丝绸之路重点方向的细化和延展，对内衔接我国沿海地区开发开放、促进海陆统筹、实现优势互补、增强国际辐射能力，对外对接沿线国家发展需求、统筹国家间和区域间海洋资源配置与产业分工，从而实现国内与国外联动、"一带"与"一路"有效衔接、"引进来"与"走出去"相结合的海上合作新局面。

这三条蓝色经济通道具有三个属性，体现三个"不"。

第一，具有开放包容性，不是封闭的体系。虽然这三条通道具有一定的空间指向性，但没有绝对的边界；既努力深化已有的蓝色伙伴关系，也期待新的合作伙伴加入进来，通过开展各领域的海洋合作，共同保护海洋生态环境，实现海上互联互通，促进经济社会发展。大家共商共建，共迎挑战，共享成果，逐步扩大"朋友圈"。

第二，具有区域合作性，不是地理意义上的通道。这三条通道以共享蓝色空间、发展蓝色经济为主线。蓝色经济的核心就是沿线国家在发展中找到经济发展、生态环境保护、资源利用之间的最佳平衡点,互学互鉴,共走一条"与海为善、与海为伴、人海和谐"的经济发展之路。

第三,具有动态发展性,不分先后优劣。海上合作的优先次序取决于我国与沿线国家战略对接的成熟度以及利益契合点的共商结果。7月3日,习近平主席在俄罗斯与普京总统会见时表示,中方愿与俄方"共同开发和利用海上通道特别是北极航道,打造'冰上丝绸之路'"。这是我国官方最高层对中俄共建北极航道的明确表态,也是对近期俄罗斯共建"邀约"的回应。由此看来,《"一带一路"建设海上合作设想》关于"积极推动共建经北冰洋连接欧洲的蓝色经济通道"有望在高层推动下快速发展。

四、多措并举推动蓝色经济合作

海上合作是一个系统工程,我国希望与沿线国家坚持共商、共建、共享的原则,进一步加强战略对接与务实合作,共同撬动海上合作的杠杆。为此,我国致力于以下几方面工作。

构建蓝色伙伴关系。推进蓝色伙伴机制和能力建设,搭建稳定的合作平台,就共同关心的问题开展交流与协调,推进务实海上合作,增强沿线各国海上合作的战略共识,加深理解,夯实合作基础。

推进蓝色经济合作。合作建立一批蓝色经济示范区,探索和分享蓝色经济发展的成功经验,为促进沿线地区经济社会的发展和繁荣作出积极贡献。

促进海洋环境保护和防灾减灾合作。加强海洋防灾减灾技术交流与信息共享,提升沿线各国应对海洋灾害和气候变化的能力,为沿线地区提供更多、更好、更及时的海洋环境信息产品。

加强海洋科技创新合作。与沿线各国加强海洋科技合作,促进环境友好型海洋技术发展,加快海洋科技与海洋产业不断融合,依靠科技进步和创新,突破制约海洋经济发展的科技瓶颈,提高海洋科技对经济发展的贡献率。

汇众智,聚合力,三条蓝色经济通道将我国与海上丝绸之路沿线地区和国家有机联系起来,海上合作之路将越铺越广,海上的"朋友圈"将越来越大。

文章来源:原刊于 2017 年 7 月 19 日《中国海洋报》。

全球海洋治理背景下对蓝色伙伴关系的思考

■ 朱璇,贾宇

论点撷萃

伙伴关系是一种新型的治理模式,是动员多元主体参与、调动多渠道资源以实现可持续发展的途径。近十年来,随着对全球治理问题交叉化和治理主体分散化特点的认识越来越深入,强调跨部门和跨领域参与的多利益攸关方全球伙伴关系得到国际社会的积极倡导。在海洋治理领域,伙伴关系得到了多种形式的实践。

蓝色伙伴关系倡议是中国政府在全球海洋治理供给不足的背景下提出的,联合相关国家和国际组织共同应对和解决全球海洋治理问题的积极举措。在全球海洋治理进展滞后、动力不足的总体背景下,蓝色伙伴关系的构建对提高多元主体治理意愿、调动多渠道治理资源和促进治理行动的协同增效具有重要意义,是为健全全球海洋治理体系贡献的"中国方案"。

通过构建蓝色伙伴关系,中国将在蓝色经济、海洋环境保护、防灾减灾、海洋科技合作等领域与合作伙伴加强协作和协调,共同促进全球海洋治理体系的完善。通过与伙伴方增进理解、增强协调、促进协作,蓝色伙伴关系的构建将有效调动和整合相关方面的知识、技术和资金资源,为全球海洋问题的解决注入动力。当前,中国已经与葡萄牙、欧盟、塞舌尔等国家和组织就构建蓝色伙伴关系达成共识。在蓝色伙伴关系合作协议的指引下,中国

作者:朱璇,自然资源部海洋发展战略研究所副研究员
　　　贾宇,自然资源部海洋发展战略研究所研究员、国家领土主权与海洋权益协同创新中心研究员、中国海洋发展研究中心研究员

与相关国家、组织的海洋领域合作将得到进一步整合和加强,更好地服务于全球海洋的保护和可持续利用。

进入 21 世纪以来,随着经济全球化、贸易自由化、互联互通便利化的日益深入,世界各国之间的交流互动更为频繁,作为沟通和联系各国的桥梁和纽带,海洋在全球一体化中的地位更为凸显。海洋所担负的承载国际贸易、保障航行安全、支持科技创新、支撑可持续经济增长、提供生态服务等作用更加突出,海洋在人类社会实现可持续发展的道路上发挥着更为关键的作用。

在 2017 年 6 月召开的联合国支持落实可持续发展目标 14"保护和可持续利用海洋和海洋资源以促进可持续发展"会议(以下简称"联合国海洋大会")上,中国政府正式提出"构建蓝色伙伴关系"的倡议,与各国、各国际组织积极构建开放包容、具体务实、互利共赢的蓝色伙伴关系,共同应对全球海洋面临的挑战。[1]在全球海洋治理进展滞后、动力不足的总体背景下,蓝色伙伴关系的构建对提高多元主体治理意愿、调动多渠道治理资源和促进治理行动的协同增效具有重要意义,是为健全全球海洋治理体系贡献的"中国方案"。

本文将结合全球海洋治理体系的变革和海洋可持续发展进程的演变,对处于全球海洋治理网络中的蓝色伙伴关系的定位、意义和贡献进行探讨,以加深和丰富对这一重要倡议的理解,为未来蓝色伙伴关系相关研究提供参考。在研究路径上,文章首先综述全球海洋治理的现状与挑战,作为提出构建蓝色伙伴关系的国际形势与背景;其次梳理海洋可持续发展进程和已有的海洋治理伙伴关系,分析伙伴关系在海洋治理体系中发挥的作用;最后在前述研究的基础上结合中国政府提出的构建蓝色伙伴关系的倡议和相关行动进展,对蓝色伙伴关系的定位与作用提出几点思考。

一、全球海洋治理形势

海洋具有开放、流动和不可分割的天然特征,保护海洋需要各国付诸共同努力。海洋的保护和可持续利用是典型的全球治理问题。几十年来,在联合国的引领和协调下,在各国的积极参与和主管国际组织的不懈努力下,全球海洋治理的框架体系已经初步确立。该体系以包括《联合国海洋法公约》(以下简称《公约》)在内的国际法为法律框架,以联合国专门机构和相关组织为管理机构,以各国、各利益攸关方为参与主体,围绕倾废管理、污染防治、国际海底区域(以下简称"区域")、渔业资源、航行安全等问题做出了制度性安排。各国政府、国际组织以及国与国、组织与组织之间积极协作,围绕海洋及其资源的养护和可持续利用确立了丰富务实的合作计划、项目和行动。

然而,当前全球海洋治理体系远未完善,原有规则体系的实施效果欠佳,过度捕捞、营养盐污染、溢油风险等问题仍未得到彻底解决,鱼类种群持续退化,沿海死区在东南亚、北美和欧洲普遍存在。[1]同时,海水酸化、微塑料污染等新的环境问题,深海采矿、生物采探等新兴开发活动都呼吁新的治理规则和新的治理工具。新老问题的交织成为推动全球海洋治理体系变革和发展的动力。

(一)全球海洋治理的新需求:治理问题突出化和交叉化

进入 21 世纪以来,海洋环境退化与生物多样性丧失、气候变化并列成为主要的全球性环境问题。海洋污染、富营养化、过度捕捞、海洋空间利用等高强度的开发活动引发了一系列海洋环境退化现象,包括近岸海水水质下降、近海生物多样性降低、鱼类种群衰竭等;而气候及大气系统的变化又在全球范围导致不同程度的海平面上升、海水酸度改变、海水交换减弱和低氧等问题。[2]在人类活动和气候变化的双重影响下,全球海洋的健康和生产力受到了持续、广泛的威胁。

与进入工业革命以来的前 200 年相比,当前海洋所面临的问题更为突出。据测算,全球每年 480~1270 万吨塑料垃圾被排放入海。[3]全球海洋积累的海漂塑料垃圾有 15~51 万亿粒,并在北太平洋和北大西洋形成大面积集中分布带。[4]大型塑料垃圾威胁海洋哺乳动物的生存,微塑料可在贝类和鱼类体内富集,并可经由食物链进入人体。自工业革命以来,海洋大量吸收空气中的二氧化碳,引发海水酸化问题,导致表层海水的 pH 平均下降了 0.1。政府间气候变化专门委员会(IPCC)第五次评估报告预测,到 2100 年,海水 pH 将下降 0.3~0.4,从而对海洋生物和生态系统造成严重、不可逆转的影响。[5]

伴随着环境问题的突出化及其在全球范围内影响规模的扩大,海洋、气候变化、生物多样性等环境问题之间存在越来越明显的交互影响。据联合国政府间气候变化专门委员会观察,气候变化引起的海水表面温度升高很有可能导致海洋鱼类向极地方向和更深层海水迁移,很有可能造成经济鱼类种群的分布变化,这将对全球渔业生产作业的分布和管理产生巨大影响。全球海洋生物多样性热点——珊瑚生态系统正在经历严重的退化。污染、非法采挖、底拖网捕捞、海上工程建设等人类活动改变了珊瑚生存的物理、化学环境,造成大量珊瑚死亡。而气候变化导致的海水温度上升、海水酸度升高和低氧进一步加剧了珊瑚的退化,也造成热带珊瑚的白化[6]和冷水珊瑚的消亡[7]。据全球珊瑚监测网络观测,自 1998 年以来,20％的珊瑚礁已经被严重破坏,剩余珊瑚礁的 35％也受到人类活动的直接威胁。[8]

从治理的角度看,海洋与其他环境问题的交叉影响意味着海洋环境退化的减缓和控制更多地依赖于温室气体减排、塑料垃圾控制、生物多样性保护等其他部门的管理行动。海洋治理不仅仅局限于对海上活动的管理和控制,而是需要采取系统性思维、采用跨部门方案综合考虑和妥善安排影响海洋环境的各类因素。

(二)全球海洋治理体制的供给:现状和不足

目前学术界对全球/国际海洋治理这一概念并没有形成统一认识,有关学者从构成要素、基本特征和治理框架等方面探讨了全球/国际海洋治理的内涵。就治理要素来看,海洋治理被认为是围绕海洋利用和保护而发展形成的一系列规则、制度和安排。爱德华·迈尔斯(Edward Miles)认为海洋治理是规范、制度安排和实施政策的集合。[9]欧盟在《国际海洋政策咨询》背景文件中提到,海洋治理是为了管理对海洋的利用而建立和采取的规则、制度、进程、协议、安排和活动。[10]就治理目的而言,欧盟认为海洋治理的目的是规范和管理对海洋的利用活动,以保护海洋的健康、生产力和弹性。国际海洋学院的阿维尼·贝南(Awni Behnam)认为,海洋治理是人类作为一个联合体,管理其与海洋关系的过程,目的是从法律、道德等方面确保海洋、海洋资源及其服务的健康。[11]就治理主体看,国内学者王琪认为全球海洋治理具有多元主体共同参与的特征,主权国家、国际政府间组织、国际非政府组织、跨国企业、个人都是参与国际海洋治理的主体。[12]

就治理框架看,《联合国海洋法公约》及其做出的权利、义务和制度安排被认为是国际海洋治理的主体框架。爱德华·迈尔斯认为《公约》及其基础概念,包括沿海国管辖权、过境通行、专属经济区、船旗国管辖、科学研究、污染控制、争议解决和人类共同继承遗产等,构成了国际海洋治理的核心要素。[13]欧盟委员会以及欧盟外交和安全政策高级代表共同发表的《国际海洋治理:我们海洋的未来议程》通信中指出:"《公约》管理着海洋及其资源的利用。为了规范部门活动而建立的区域和国际制度、论坛进一步支持(以《公约》为主体的)框架。"[14]

面对海洋环境的持续退化,全球海洋治理研究的一个中心问题是剖析现有体制的不足。相关研究认为,尽管《公约》提供了在全球范围内规范和管理海上活动的框架,通过规定沿海国、船旗国、内陆国的权利和义务,在一定程度上实现了保护和利用海洋资源之间的平衡,但以《公约》为主体的全球海洋治理体系仍然存在明显缺陷[15]。一是体系不完整,在一些具有全球重要性的问题上存在治理缺位。举例来说,尽管关于国家管辖外海域生物多样性保护和可持续利用问题(BBNJ)的国际协定正处在紧密磋商和积极准备阶段,但截至目前,谈判各方对该协定的实质要素仍然存在明显意见分歧,未就基本管理框架和机制达成一致。二是已有国际规则得不到有效实施,重要承诺和目标得不到落实。例如,2002年约翰内斯堡世界可持续发展峰会提出的"保护和恢复鱼类种群以在2015年实现最大可持续渔获量"的目标[16]至今仍未实现,过度捕捞仍然普遍存在,2015年全球33％的鱼类种群处于过度捕捞状态。[17]三是以国际组织为主体开展的部门管理之间缺乏协调。举例来讲,同是以控制海洋污染为目标的国际法工具,《公约》关于"海洋环境保护和保全"中的第七部分、1972年伦敦公约[18]以及《国际防止船舶造成污染公约》[19]在相关规定和措施上缺乏协调,而跨领域管理——如渔业管理、生物多样性保护和野生动植物贸易管理之间的协调则更为困难。四是规范领域存在局限性,不能满足对海上风能、深海采矿等新兴产业的管理需求。

(三)全球海洋治理的变革:进展和困难

面对不断显现的问题和挑战,在有关主管国际组织和相关国家的推动下,全球海洋治理规则体系也处在积极调整和完善之中。作为国际海洋法领域最重要的立法进程,在经历了11年特设工作组会议和2年预备委员会的前期准备后,国家管辖外海域生物多样性保护和可持续利用问题政府间谈判于2018年正式启动,各国就制定"具有法律约束力的国际文书"的实质性问题开展磋商。国际海底管理进一步规范。在国际海底管理局的主管下,"区域"内矿产资源开采规章的单一文本草案于2017年8月首次发布,将促进"区域"矿产资源承包者从勘探向开采转变。极地治理体制处在变革之中,以 200 海里外大陆架划界案为代表的国家实践正在突破南极条约体系。北极理事会已公布了多个有拘束力的协定,北极治理存在"软法"硬化趋势。海洋保护区问题备受关注。自 2010 年始,《生物多样性公约》秘书处组织在全球主要海域划定"具有重要生态和生物意义的海洋区域",或将对国家管辖外海域生物多样性保护和可持续利用问题谈判要素之一——公海保护区管理体制产生影响。[20]

尽管保护海洋的意识持续增强,国际社会推进海洋治理的行动仍然面临很多困难,尤其是受到不利国际政治环境的影响。以美国为代表的极少数国家质疑全球治理规则,引发"逆全球化"危机。美国退出多个国际组织、逃避国际责任,退出《跨太平洋伙伴关系协定》《巴黎气候协定》以及伊朗核协议、联合国教科文组织和联合国人权理事会等,拒绝履行温室气体减排等环境责任,冲击着全球气候治理体系的稳定和有效。[21]其次,自联合国 1970 年确定 0.7% 的官方发展援助目标(发达国家向发展中国家提供国民生产总值的 0.7% 用于发展援助)以来,实际援助额从未达到过这一标准,用于提供公共物品的国际融资存在困难。[22]

全球海洋治理面临的另一个困境是如何实现分散化治理主体之间的有效沟通和合作。全球海洋治理的问题涉及环境、经济、安全等多个维度,治理规则的制定和实施涉及国家政府、地方管理者、行业活动主体和其他利益相关者。实际上,全球海洋治理主体组成了一个松散的超大组织。全球海洋治理主体的多元化和治理系统的复杂性导致全球海洋治理存在多重复合博弈。[23]由于缺乏信息、治理意愿和信任,治理主体呈现不合作和低水平无效合作状态,严重影响治理的供给水平和供给效率。

总体而言,全球海洋治理处在一个变革和发展的时代,各国政府、主管国际组织和利益相关者围绕全球海洋治理的热点问题和新兴治理需求,借助已有的和新建立的国际进程在探讨、拟定和冀图推动形成新的治理规则;然而,由于现有治理模式的信息分散、缺乏共识和合作意愿低下等问题极大地限制了提升全球海洋治理供给水平的国际行动,对治理的改进和发展造成消极影响。

二、海洋治理中的伙伴关系

早在 20 世纪 90 年代,公私伙伴关系已经在学术界和管理层得到较为普遍的研究和践行,但这些研究和践行主要集中在公共服务领域,并未上升到国际政治层面。"里约＋20"峰会以来,多利益攸关方伙伴关系成为国际社会高度重视的伙伴关系发展途径。以联合国为主的国际组织发起了缔结各类伙伴关系的倡议和行动,为多元治理主体尤其是非政府行为体提供了参与全球治理的途径和机会。

在海洋领域,以海洋垃圾、蓝色经济、综合管理为主题的伙伴关系发展迅速,通过促进主体间广泛的沟通和协作,形成一种非正式治理模式,对政府间治理起到支持、补充和促进落实的作用。例如,联合国环境署发起的海洋垃圾伙伴关系(Global Partnership on Marine Litter)、第三届联合国小岛屿发展中国家可持续发展会议发起的小岛屿发展中国家(以下简称"小岛国")全球伙伴关系、东亚海环境管理伙伴关系计划(PEMSEA)等都为相关领域治理问题提供了卓有成效的解决方案,促进了全球治理理念的推广和行动的发展。

(一)海洋治理与可持续发展

海洋治理与可持续发展是一对紧密联系的概念,这种联系反映着以《公约》为代表的海洋治理规则与可持续发展进程之间的交织影响。虽然《公约》并没有直接提及"海洋可持续发展"概念,但《公约》作出的海洋环境保护和保全规定以及整体性思维反映了可持续发展的核心精神。1992 年联合国环境与发展会议(又称"里约会议")正式确立了可持续发展作为全球环境与发展的基本原则,可持续发展成为引领包括海洋在内的各领域发展和合作的指导原则。"里约会议"所通过的《21 世纪议程》及其关于海洋和沿海地带的第 17 章是《公约》与可持续发展进程联系的开端。《21 世纪议程》第 17 章首次肯定了海洋对可持续发展的作用——海洋是"地球生命支持系统的关键组分,实现可持续发展的宝贵财富",从而将海洋纳入全球经济/环境系统的一部分。此外,第 17 章关于海洋治理的规定促进了《公约》相关原则——人类共同继承遗产原则和整体性原则的普遍化。[24]

2012 年,联合国可持续发展会议(又称"里约＋20 会议")对海洋给予了更高程度的重视,不仅把海洋作为七个主题领域之一,并且将海洋作为成果文件《我们希望的未来》的重点行动领域。会议强调海洋及其资源的养护和可持续利用有利于"消除贫穷、实现持续经济增长、保证粮食安全、创造可持续生计及体面工作,同时也保护生物多样性和海洋环境,应对气候变化的影响"。[25] 2015 年联合国通过的《变革我们的世界:2030 年可持续发展议程》(简称《2030 年议程》),把海洋列为 17 个全球可持续发展目标之一,进一步反映出海洋议题在可持续发展进程中的主流化和固定化。2017 年 6 月,为了推进关于海洋的可持续发展目标 14 的实施,联合国海洋大会召开。这是联合国首次针对可持续发展目标单目标的实施召开高层级政府间会议,代表着海洋治理与可持续发展的高度融合,标志着海洋可持续发展理念的进一步巩固和发展。

自 1992 年以来,可持续发展与海洋治理的联系逐步密切,国际社会对海洋的认知重点从其自然属性扩展到社会经济属性,海洋不再被单纯认为是自然环境的一部分,而是人类社会获取可持续经济增长和社会公平进步的保障。作为可持续发展的单领域,海洋治理越来越多地与"减贫""增长"和"就业"等国际治理核心议题相联系,逐步向可持续发展的核心议题靠拢。

(二)可持续发展伙伴关系的发展历程

可持续发展伙伴关系(Partnerships for Sustainable Development)是指由政府、政府间组织、主要群体和其他利益攸关者,为实施政府间协商形成的发展目标和承诺,而自愿采取的多利益攸关方倡议。[26] 可持续发展伙伴关系一经提出,就与落实政府间承诺的目的紧密联系在一起。《21 世纪议程》《约翰内斯堡执行计划》《我们希望的未来》《2030 年议程》等国际可持续发展文件既是可持续发展伙伴关系的渊源和出处,也构成了缔结伙伴关系的目的和行动框架。

1992 年里约会议首次使用了"可持续发展全球伙伴关系(Global Partnerships for Sustainable Development)"的表述,主要强调应加强非政府组织对可持续发展事务的参与,如在政策制定中增加非政府组织咨询机制。

随着科学界、社区、主要群体等各类主体参与治理程度的加深,2012 年"里约+20"峰会提出"重振全球伙伴关系"的倡议,并且扩展了参与伙伴关系的主体范畴,呼吁"加强公民社会和其他利益相关者对国际论坛的有效参与和贡献,以提高管理透明性,促进更广泛的公共参与和伙伴关系"。[27]此外,"里约＋20会议"创新性地建立了"多重利益攸关方伙伴关系/自愿承诺"(Multi-Stakeholder Partnerships and Voluntary Commitments)登记制度,截至2018年10月,联合国经社理事会在线平台共接受了3937个伙伴关系/自愿承诺的登记。[28]

2015年伙伴关系被正式确立为可持续发展的实施途径之一。伙伴关系是《2030年议程》的核心精神和重要组成要素,是该议程提出5P要素——人类(People)、地球(Planet)、繁荣(Prosperity)、和平(Peace)以及伙伴关系(Partnership)之一。《2030年议程》将"重振可持续发展全球伙伴关系"作为第17个可持续发展目标,强调"恢复全球伙伴关系的活力有助于让国际社会深度参与,把各国政府、民间社会、私营部门、联合国系统和其他参与者召集在一起,调动现有的一切资源,执行各项目标和具体指标"。[29]

经历了20余年的发展,伙伴关系成为实现可持续发展的重要工具,其含义也从"公私伙伴关系""政府—非政府组织伙伴关系"等相对狭义的概念发展成为包含各类利益相关者,促进国际、国家、地方和社区各层面多主体合作的网络结构。实际上,可持续发展伙伴关系的提出和演变与全球治理的发展趋势高度切合,反映出国际和区域治理的理论和实践越来越注重广泛、坚实的社会参与以及跨部门和跨领域的密切合作。

(三)伙伴关系对全球海洋治理的积极作用

伙伴关系是构建国际、区域、国家、地方多层级联动的,政府、非政府主体积极互动的一体化海洋治理的关键途径。作为灵活、包容、形式多样的合作模式,伙伴关系可以提供宽泛的协作框架,以论坛、工作组、示范区等方式吸纳地方政府和社会组织参与治理事务,并与国际组织进行互动,推进建立多元化治理模式。

伙伴关系是提高地方政府和地方社区能力建设,促进其落实国际承诺和国家政策的重要工具。海洋治理失效的根源之一是治理问题的分散化和主体间合作机制的缺乏。尽管当前海洋治理体制中存在关于各类问题的政府间磋商和合作机制,制定了相关国际协定并将其转换为国内政策,但海洋治理的有效实施还依赖于行业主体、地方社区和其他利益相关者的积极配合和全面履行责任。事实上,在海洋环境治理领域有很多成功的伙伴关系案例。发起于1993年的东亚海环境管理伙伴关系计划,在过去25年中与12个东亚和东南亚国家政府缔结伙伴关系,在各国地方层面设立了近60个平行示范区,在平行示范区内推行"跨部门、跨领域"的海岸带综合管理模式。通过这种方式,东亚海环境管理伙伴关系计划将"海岸带综合管理"这一先进管理理念和国际政治承诺转化成为可以落地实施的政策,转换成为地方利益相关者的责任和权利,有力促进了地方对国际理念的响应和落实。[30]

伙伴关系有力地促进了科学界和非政府组织等非政府治理主体对治理进程的参与。科学界在新兴环境问题的解决过程中发挥了关键作用。微塑料、酸化、生物多样性退化等海洋环境问题的识别、界定和干预都是以科学为依据的,科学研究的重要发现直接推动了相关议题的形成和扩散。菲利普·萨得(Philippe Sands)认为,自19世纪下半叶以来,科学界就发挥了启迪和动员公众意愿、促进国际环境法发展的作用。[31]

非政府组织活跃在与海洋环境保护相关的各个领域,包括海洋生物和物理信息的采集和分析、濒危物种和各类型的海洋栖息地的保护、海洋政策研究和咨询、生物采探、可持续渔业、海洋污染、公众环境教育等。[32]尽管非政府组织并不具有在政府间国际谈判中的表决权,但在很多进程中被赋予发言权,通过提供咨询意见的形式影响相关议题的发展。《2030年议程》中提出的17个可持续发展目标和169个子目标就是在同世界各地的市民社会和其他利益相关者进行了长达两年的密集公开磋商和意见交流后制定的。

伙伴关系是动员财政资源的有力手段。2017年6月,联合国海洋大会期间,各国政府、国际组织和利益相关者在会议平台登记了超过1300个伙伴关系/自愿承诺[33]。上述伙伴关系涵盖海洋污染防治、海洋生态保护与修复、海洋保护区、蓝色经济、海洋与气候变化等广泛领域,调动的财政资源达到254亿美元[34]。其中,投入最大的是欧洲投资银行为小岛国提供的80亿美元贷款项目,用于小岛国应对气候变化与发展海洋经济。通过创建伙伴关系官方平台的形式,联合国海洋大会充分调动了来自民间和国际金融机构资本的积极性,提供了社会资本注入全球治理的渠道。

近年来,伙伴关系的一个突出特点是强调对弱势群体的关注和照顾,注重发展的公平性。《2030年议程》的核心精神之一就是"不让任何一个人掉队(Leaving No One Behind)"[35]强调发展必须满足最弱势最贫困群体(如土著居民、难民和流离失所者)的需求,并且呼吁加强对有特殊发展困难的国家群体的帮助,如最不发达国家、内陆国、小岛屿发展中国家等。可持续发展目标14的具体指标也体现了照顾弱势群体的精神,如增加小岛屿发展中国家和最不发达国家从海洋中获取经济收益的能力(子目标14.7);通过培养研究能力和转让海洋技术增加海洋生物多样性对小岛屿发展中国家和最不发达国家发展的贡献(子目标14.a);确保小规模个体渔民获取海洋资源和市场准入的机会(子目标14.b)。

三、蓝色伙伴关系及其对全球海洋治理的贡献

在全球海洋治理动力不足的情况下,作为负责任的发展中大国,中国积极承担国际责任,提出构建蓝色伙伴关系的倡议。2017年以来,中国与葡萄牙、欧盟、塞舌尔就建立蓝色伙伴关系签署了政府间文件,并与相关小岛屿发展中国家就建立蓝色伙伴关系达成共识。[36] 过去五年来,中国与世界主要海洋国家合作进一步深化,共签订23份政府间海洋合作文件,建立了8个海内外合作平台,承建了13个国际组织在华中心。[37] 通过构建蓝色伙伴关系,中国将在蓝色经济、海洋环境保护、防灾减灾、海洋科技合作等领域与合作伙伴加强协作和协调,共同促进全球海洋治理体系的完善。

(一)构建蓝色伙伴关系是中国响应2030年议程"重振全球伙伴关系"倡导的重要举措

中国高度重视《2030年可持续发展议程》。中国政府提出的创新、协调、绿色、开放、共享五大发展理念顺应了可持续发展的时代潮流,与《2030年可持续发展议程》提出的人类、地球、繁荣、和平、伙伴的五大理念相融相通。中国政府在《中国落实2030年可持续发展议程国别方案》中倡议建立全方位的伙伴关系,支持各国政府、私营部门、民间社会和国际组织广泛参与全球发展合作,实现协同增效。

中国政府提出的蓝色伙伴倡议是在海洋治理这一全球治理的具体领域践行构建全方位伙伴关系总体思路的有力举措,也是促进在海洋领域落实联合国可持续发展目标的重要途径。蓝色伙伴关系具有开放包容、具体务实和互利共赢的特点,与联合国所倡导的可持续发展伙伴关系在内涵和理念上高度契合。2017年6月,中国代表团在联合国海洋大会期间举办题为

蓝色伙伴关系

"构建蓝色伙伴关系,促进全球海洋治理"的主题边会,提出"我们主张国家不论强弱,国际组织不论大小,有关各方都能够在推动全球海洋治理的进程中平等地表达关切","我们会特别倾听发展中国家特别是小岛屿国家的声音,使得蓝色伙伴关系的建立,切实适应并服务于全球海洋治理要素和主题的多元化"。[38]中国所倡导的蓝色伙伴关系紧密契合《2030年议程》所提倡的"不让任何一人掉队"和"尽力帮助落在最后面的人"的精神和理念,切实服务于建立更加公正、合理和均衡的全球海洋治理体系。

在2017年9月召开的"中国—小岛屿国家海洋部长圆桌会议"上,各国就共同构建基于海洋合作的"蓝色伙伴关系"达成共识。中国—小岛屿发展中国家蓝色伙伴关系旨在发展蓝色经济、保护生态环境、加强海洋防灾减灾、提升海洋技术发展水平等领域开展务实合作,共同推动解决各方在发展中面临的困难和问题。小岛屿发展中国家是全球海洋治理的重要参与者和倡导者。[39]中国—小岛屿发展中国家蓝色伙伴关系的构建,将为中国与小岛屿发展中国家就海洋事务建立稳定合作机制提供良好契机,为双方在全球海洋治理中加强沟通和协作提供有利条件。相关合作领域聚焦于小岛屿发展中国家所关心的应对气候灾害和增强国内发展等问题,既体现了蓝色伙伴关系注重与各国经济社会发展目标契合、切实服务于各国海洋发展现实需求的特点,又展现了蓝色伙伴关系积极推动全球持续均衡发展的作用。

(二)构建蓝色伙伴关系是强化海洋治理制度,应对全球性海洋挑战的重要途径

正如前文所述,全球海洋治理面临的一个主要障碍是治理主体缺乏合作动力,难以就治理规则的发展达成共识。而蓝色伙伴关系的构建有利于搭建国家政府、国际组织和其他主体之间的合作平台,就海洋治理面临的重要问题开展沟通交流,促进各方在主要治理议题和进程中实现协调。

目前,中国建议蓝色伙伴关系的重点领域包括"海洋经济发展、海洋科技创新、海洋能源开发利用、海洋生态保护、海洋垃圾和海洋酸化治理、海洋防灾减灾、海岛保护和管理、海水淡化、南北极合作以及与之相关的国际重大议程谈判"。[40]蓝色伙伴关系的合作领域覆盖了海洋环保、防灾减灾和极地事务等全球海洋治理的重要问题,伙伴关系的构建将切实增进伙伴方对于全球海洋治理问题的理解和共识,并为开展联合治理行动提供支撑。

2018 年 7 月签署的《中华人民共和国和欧洲联盟关于为促进海洋治理、渔业可持续发展和海洋经济繁荣在海洋领域建立蓝色伙伴关系的宣言》就是一个很好的示例。一直以来,中、欧双方都高度关注海洋环境保护、蓝色经济合作等议题,积极推动国家管辖外海域生物多样性养护和可持续利用进程取得进展,具有良好的合作基础。此次签署的中欧蓝色伙伴关系覆盖蓝色经济、渔业管理以及包括气候变化、海洋垃圾、南北极事务在内的海洋治理问题,将有力促进双方在相关领域的协调与协作,推进双方为维护和加强海洋治理机制和架构的共同行动。中欧蓝色伙伴关系的签订将推动双边海洋合作上升到新的高度,同时喻示着中国和欧盟这两个全球海洋治理的重要贡献方将在相关进程中开展更多的合作。

(三)构建蓝色伙伴关系是加强海洋科学研究,促进科学与政策交流的有力支撑

充分的科学研究是海洋治理,尤其是海洋环境治理的基础。环境政策的制定,往往依赖于最佳科学证据以及对科学证据中不确定性的评估。[41]全球海洋治理相关政策的制定和实施对海洋科学研究的条件和水平提出了更高要求,公海保护区、渔业管理、环境影响评价等管理手段都需要科学证据的支撑和指导。持续加强海洋科学研究,提高科学研究的政策相关性是提高全球海洋治理水平的重要任务。

科研机构是构建蓝色伙伴关系的重要主体。一方面,蓝色伙伴关系的构建将有利于鼓励伙伴国家间的联合科学研究活动,促进科研成果的交流共享,为海洋治理尤其是海洋环境治理提供科学信息。另一方面,通过构建科研机构与政府、非政府组织之间的常态化合作平台,蓝色伙伴关系将促进科学家与政策制定者之间的有效交流,形成科学—政策良性互动的氛围,既有利于产生基于充分科学依据的政策建议,又能鼓励科研机构围绕政策优先领域确定前瞻性科学课题。

四、结语

伙伴关系是一种新型的治理模式,是动员多元主体参与,调动多渠道资源以实现可持续发展的途径。近十年来,随着对全球治理问题交叉化和治理主体分散化特点的认识越来越深入,强调跨部门和跨领域参与的多利益

攸关方全球伙伴关系得到国际社会的积极倡导。在海洋治理领域,伙伴关系得到了多种形式的实践。

蓝色伙伴关系倡议是中国政府在全球海洋治理供给不足的背景下提出来的,联合相关国家和国际组织共同应对和解决全球海洋治理问题的积极举措。通过与伙伴方增进理解、增强协调、促进协作,蓝色伙伴关系的构建将有效调动和整合相关方面的知识、技术和资金资源,为全球海洋问题的解决注入动力。当前,中国已经与葡萄牙、欧盟、塞舌尔等有关国家和组织就构建蓝色伙伴关系达成共识。在蓝色伙伴关系合作协议的指引下,中国与相关国家、国际组织在海洋领域的合作将得到进一步整合和加强,进一步服务于全球海洋的保护和可持续利用。

文章来源:原刊于《太平洋学报》2019 年 01 期。

注释

1 中国代表团于 2017 年 6 月 7 日在联合国海洋大会全体会议上的发言。

2 "Global Environmental Outlook 5-Environment for The Future We Want", UNEP, 2012, p. 111, https://wedocs.unep.org/bitstream/handle/20.500.11822/8021/GEO5_report_full_en.pdf? sequence=5&isAllowed=y.

3 "The First Global Integrated Marine Assessment, Part 1Summary", United Nations, 2016, p.7, http://120.52.51.15/www.un.org/depts/los/global_reporting/WOA_RPROC/Summary.pdf.

4 Jenna R. Jambeck et al., "Plastic Waste Inputs from Land into the Ocean", Science, Vol.347, Issue 6223, 2016, pp.768-771.

5 Erik V. Sebille et al., "A Global Inventory of Small Floating Plastic Debris", Environmental Research Letter, Vol.10, No.12, 2015, pp.1-11.

6 Intergovernmental Panel on Climate Change (IPCC), Climate Change 2013: The Physical Science Basis, Cambridge University Press, 2014, pp.294, 528.

7 Clive Wilkinson et al., "Chapter 43. Tropical and Sub-Tropical Coral Reefs", The First Global Integrated Marine Assessment, United Nations, 2016, p.6.

8 Erik Cordes et al., "Chapter 42. Cold-Water Corals", The First Global Integrated Marine Assessment, United Nations, 2016, p. 7, http://120.52.51.16/www.un.org/depts/los/global_reporting/WOA_RPROC/Chapter_42.pdf.

9 Clive Wilkinson and David Souter，"Status of Caribbean Coral Reefs after Bleaching and Hurricanes in 2005"，Global Coral Reef Monitoring Network and Reef and Rainforest Research Centre，2008，p.148，https：//www.icriforum.org/sites/default/files/Caribbean _Status_Report_2005.pdf.

10 Edward L. Miles，"The Concept of Ocean Governance：Evolution toward the 21 Century and the Principle of Sustainable Ocean Use"，Coastal Management，Vol.27，No 1. 1999，pp.1-30.

11 European Commission"Consultation on International Ocean Governance"，https：// ec. europa. eu/info/sites/info/files/consultationocean-governance-consultation-document _ en.pdf.

12 Awni Behnam，"An Introduction to the Imperatives of Governance and Policy Formulations in Managing Human Relationship with Ocean and Seas. International Ocean Institute"（course given during 2018 IOI Training Programme on Regional Ocean Governance）.

13 王琪、崔野：《将全球治理引入海洋领域——论全球海洋治理的基本问题与我国的应对策略》，《太平洋学报》，2015 年第 6 期，第 20 页。

14 同(5)。

15 European Commission and High Representative of the Union for Foreign Affairs and Security Policy，"International Ocean Governance：an Agenda for the Future of Our Oceans"（10.11.2016 Join（2016）49 final），EUROPA，2016，https：//ec.europa.eu/ maritimeaffairs/sites/maritimeaffairs/files/join-2016-49_en.pdf.

16 European Commission and High Representative of the Union for Foreign Affairs and Security Policy，"International Ocean Governance：an Agenda for the Future of Our Oceans"（10.11.2016 Join（2016）49 final），EUROPA，2016，https：//ec.europa.eu/ maritimeaffairs/sites/maritimeaffairs/files/join-2016-49_en.pdf；Martin Visbeck et al.，"A Sustainable Development Goal for the Ocean and Coasts：Global Ocean Challenges Benefit from Regional Initiatives Supporting Globally Coordinated Solutions"，Marine Policy，Vol. 49，2014，pp.87-89；庞中英：《在全球层次治理海洋问题——关于全球海洋治理的理论与实践》，《社会科学》，2018 年第 9 期，第 3～11 页。

17《可持续发展问题世界首脑会议的报告》（A/CONF.199/20＊.），联合国网站，2002 年，https：//documents-dds-ny. un. org/doc/UNDOC/GEN/N02/636/92/pdf/N0263692. pdf？OpenElement。

18 参见《世界渔业和水产养殖状况 2018》，联合国粮食及农业组织，2018 年版。

19 参见《防止倾倒废弃物及其他物质污染海洋的公约》(又称"1972 伦敦公约"),1972年签订,1975 年生效。

20 参见《国际防止船舶造成污染公约》(MARPOL 73/78 公约),1973 年签订,1983年生效。

21 刘岩等著:《世界海洋生态环境保护现状与发展趋势研究》,海洋出版社,2017 年版,第 89 页。

22 任琳:《谁制造了"全球治理之殇"》,《世界知识》,2018 年第 21 期,第 50~51 页。

23 黄超:《2030 年可持续发展议程框架下官方发展援助的变革》,《国际展望》,2016年第 2 期,第 78~93 页。

24 袁莎、郭翠芳:《全球海洋治理:主体合作的进化》,《社会科学文摘》,2018 年第 8期,第 14~16 页。

25〔加〕E. M. 鲍基斯著,孙清等译:《海洋管理与联合国》,海洋出版社,1996 年版,第57~60 页。

26《我们期望的未来》(A/RES/66/288 *),联合国网站,2012 年,https://documents-dds-ny.un.org/doc/UNDOC/GEN/N11/476/09/pdf/N1147609.pdf.

27 "Multi-stakeholder Partnerships and Voluntary Commitments", Sustainable Development Goals Knowledge Platform, https://sustainabledevelopment. un. org/sdinaction.

28 同(1)。

29 "Multi-stakeholder Partnerships and Voluntary Commitments", Sustainable Development Goals Knowledge Platform, https://sustainabledevelopment.un.org/sdinaction.

30《变革我们的世界:2030 年可持续发展议程》(A/RES/70/1),联合国网站,2015年,https://documents-dds-ny.un.org/doc/UNDOC/GEN/N15/291/88/pdf/N1529188.pdf.

31 Chua Thia-Eng, Chou Loke Ming ed., Local Contributions to Global Agenda:Cases Studies in Integrated Coastal Management, PEMSEA, 2017.

32 Philippe Sands, Jacqueline Peel, Adriana Fabra and Ruth MacK enzie, Principles of International Environmental Law, Cambridge University Press, 2012, p.86.

33 刘岩等著:《世界海洋生态环境保护现状与发展趋势研究》,海洋出版社,2017 年版,第 111 页。

34《我们希望的未来》(A/RES/66/288 *),联合国网站,2012 年,https://documents-dds-ny.un.org/doc/UNDOC/GEN/N11/476/09/pdf/N1147609.pdf.

35 截至 2017 年 6 月 9 日会议结束,联合国海洋大会共登记 1 379 个自愿承诺。会后自愿承诺登记继续开放,截至撰稿日期 2018 年 10 月,会议共登记自愿承诺 1 459 个。

36 根据联合国大会第 70/226 号决议和第 70/303 号决议,为推进关于海洋和海岸带的可持续发展目标 14 的落实、配合世界海洋日活动,联合国海洋大会于 2017 年 6 月 5 日至 9 日在美国纽约联合国总部举行。会议由斐济和瑞典政府共同主办,来自 178 个国家及欧盟、相关政府间组织、非政府组织、企业界、民间组织和主要团体的代表参加了大会和会间各类活动。会议召开了全体会议、伙伴关系对话会和各种主题的边会;举办了"6·8海洋日"特别庆典;经成员国协商一致通过了会议成果文件《我们的海洋,我们的未来:行动呼吁》;伙伴关系对话会联合主席发布了对话会概念文件和对话总结,并且以各国政府、政府间组织、非政府组织、学术机构、民间团体的名义登记了 1 379 项自愿承诺。

37《2030 年议程》在序言中宣称,"我们决心动用必要的手段来执行这一决议,本着加强全球团结的精神,在所有国家、所有利益攸关方和全体人民参与的情况下,恢复全球可持续发展伙伴关系的活力,尤其注重满足最贫困最弱势群体的需求";宣言第 4 段提出,"在踏上这一共同征途时,我们保证,绝不让任何一个人掉队……我们将首先尽力帮助落在最后面的人"。

38 2017 年 9 月 21 日,"中国—小岛屿国家海洋部长圆桌会议"在福建平潭举行,中国与来自 12 个小岛屿发展中国家的政府代表签署了《平潭宣言》,就共建蓝色伙伴关系、提升海洋合作水平达成共识。2017 年 11 月 3 日,国家海洋局与葡萄牙海洋部签署《中华人民共和国国家海洋局与葡萄牙共和国海洋部关于建立"蓝色伙伴关系"概念文件及海洋合作联合行动计划框架》。2018 年 7 月 16 日,中国与欧盟签署《中华人民共和国和欧洲联盟关于为促进海洋治理、渔业可持续发展和海洋经济繁荣在海洋领域建立蓝色伙伴关系的宣言》。2018 年 9 月 1 日,中国自然资源部与塞舌尔环境、能源与气候变化部签署《中华人民共和国自然资源部与塞舌尔共和国环境、能源和气候变化部关于面向蓝色伙伴关系的海洋领域合作谅解备忘录》。

39《全球海洋治理体系的塑造力明显提升》,《中国海洋报》,2018 年 1 月 22 日。

40 参见中国代表团于 2017 年 6 月 7 日在联合国海洋大会全体会议上的发言。

41 朱璇、裘婉飞、郑苗壮:《小岛国参与国际海洋治理的身份、目的与策略初探》,《中国海洋大学学报(社会科学版)》,2018 年第 5 期,第 68～76 页。

42 参见中国代表团于 2017 年 6 月 5 日在联合国海洋大会主题边会上的主旨发言——《构建蓝色伙伴关系促进全球海洋治理》。

43 Kevin A. Hughesa, Andrew Constableb, et al., "Antarctic Environmental Protection: Strengthening the Links between Science and Governance, Environmental Science and Policy", Environmental Science and Policy, Vol.83, 2018, pp.86-95.

以深化新型大国关系为目标的
中俄合作发展探究

——从"冰上丝绸之路"到"蓝色伙伴关系"

■ 白佳玉,冯蔚蔚

论点撷萃

蓝色伙伴关系对中俄关系而言并非一个全新的概念,而是在现有基础上通过更高层次、更宽领域的蓝色合作加强两国间的蓝色联系。"冰上丝绸之路"通过拓宽中俄海洋经济合作的渠道,为两国海洋蓝色合作奠定了稳定的物质基础。为加强两国在全球海洋治理、可持续性蓝色经济、海洋生态环境保护等领域的合作,在"冰上丝绸之路"的基础上建立中俄蓝色伙伴关系并非天方夜谭,而是具有现实价值的可行提议。

中俄通过共建"冰上丝绸之路"等海洋合作已经形成了蓝色伙伴关系的雏形。以蓝色可持续发展为目标的蓝色伙伴关系作为两国交往的重要一环,在加快两国海洋合作的进程以及丰富中俄新型大国关系的内涵方面发挥了重要作用。

中国从强调可持续发展的蓝色伙伴关系出发,增加周边国家在蓝色领域的利益共同点,从而形成周边海洋利益共同体、周边海洋责任共同体,最终构建周边海洋命运共同体。在循序渐进、螺旋上升的过程中,周边海洋命运共同体可通过秉持开放包容、合作共赢的理念,吸纳其他周边国家加入共同发展的国际体系。除了与俄罗斯等海洋大国继续保持并深化已有关系

作者:白佳玉,中国海洋大学法学院教授、中国海洋发展研究中心研究员
　　　冯蔚蔚,中国海洋大学法学院助教

外,中国还可特别关注对海洋有强烈需求的发展中国家,以点带面,带动周边国家共同治理海洋。

构建以合作共赢为核心的新型国际关系,是中国在当今世界政治经济环境下提出的一大创新外交理念。中国和俄罗斯的外交渊源深远。在两国多年的努力下,中俄全面战略协作伙伴关系正处于历史最好时期。在新型大国关系外交理念的支撑下,两国如何通过合作突破现有关系的发展局限,进一步深化中俄关系?中俄共建的"冰上丝绸之路"能否在两国合作的短板领域起到补充作用?现有新型大国关系合作框架下中俄发展"蓝色伙伴关系"的前景如何?下文以中俄新型大国关系的构建与深化为线索,并以"冰上丝绸之路"和蓝色伙伴关系为抓手,分析中、俄两国关系现存不足,继而探索深化中俄新型大国关系以及构建周边海洋命运共同体的现实路径。

一、中俄新型大国关系的建立及合作特征

新型大国关系作为中国构建新型国际关系中的关键一环,指导着中国与世界其他大国的交往模式。2013 年《中华人民共和国和俄罗斯联邦关于合作共赢、深化全面战略协作伙伴关系的联合声明》明确提出中俄要建立长期稳定健康发展的新型大国关系,实现共同发展和共同繁荣。[1]

(一)中俄新型大国关系的构建重点与不足

中国与俄罗斯在构建新型大国关系的过程中,应如何把握建设重点以保持两国关系的可持续进步?中、俄两国各领域发展又存在何种不足并如何完善?下文拟通过对中俄新型大国关系内涵的分析以及两国多年交往经验的梳理给出最优解决方案。

1. 中俄新型大国关系构建的重点

中国与俄罗斯自外交关系正常化以来,经历了从"友好国家"到"战略协作伙伴关系"再到独一无二的"全面战略协作伙伴关系"的转变,此次升级为新型大国关系,标志着两国已经在外交和政治层面达到了前所未有的政治互信高度和战略协作深度。[2]新型大国关系是中国与世界其他大国间不同外交关系的总称。在中国已建立的多对新型大国关系中,中俄关系被认为系新型大国关系的典范。[3]相较于中美关系关注提升战略互信、中欧关系不断加

强战略互动、中日关系努力做到战略互惠，中俄关系的建设关键则在于战略互补。中俄间战略互补的选择是世界格局多极化和经济全球化的客观需求，不仅有利于中俄两国国内综合实力的提升，也有利于世界的和平、稳定与发展。[4]

中国与俄罗斯的互补性关系贯穿于安全、经济、能源等多个领域，这使得两国能够取他国之长补本国之短，从而达到共赢的发展效果。在安全领域，中、俄两国的地缘位置使得两国需要共同面对周边的传统安全及非传统安全问题。在维护和平的原则下，中俄两国在理论构建、技术研发方面都可相互借鉴，而两国在能源、经济等领域的互补关系可通过"冰上丝绸之路"得以体现。在能源领域，中国在高速发展的过程中对资源的需求不断增加，而俄罗斯石油和天然气产量均居世界第一位，供需差距成为两国能源互补的重要前提。亚马尔项目的建设有助于向中国供应天然气资源，"冰上丝绸之路"则为天然气出口提供了便利的海上运输通道。在经济领域，俄罗斯的经济发展状况使得其在基础设施建设、能源开发和北极治理方面仍存在大量的资金缺口。在世界经济复苏乏力、贸易增速放缓的形势下，中、俄两国可进一步发挥互补优势，为各自发展振兴和经济转型升级增添助力。早在共建"冰上丝绸之路"还未完全确定之前，俄罗斯就曾多次表示欢迎中国参与俄北方海航道的建设，[5]尤其是中国充沛的外汇储备和稳中求进的经济发展态势能够很大程度上弥补俄罗斯融资方面的不足。

中国与俄罗斯存在诸多利益互补点，同时在海洋生态环境保护、海洋资源可持续开发、海洋搜救等蓝色领域也面临愈来愈多的共同问题。鉴于上述事项可能产生区域性或全球性的影响，亟须中、俄两国以合作的形式共同应对。

2. 中俄新型大国关系的不足

中俄多年来伙伴关系的持续良好演进，表明两国已具备高度的政治互信与丰富的合作基础；但是，现有的中俄关系还存在些许不足，与两国理想中的新型大国关系构建目标仍有差距。首先，中、俄两国民间及学界仍存疑虑心态。目前，有少数俄罗斯学者担心中俄间合作的不断加强可能致使俄罗斯在经济上成为"中国的附庸"、在政治上"被中国的阴影遮盖"。[6]虽然中、俄两国政府间政治互信程度较高，但是学界及民众的不信任在一定程度上会影响两国外交政策的制定与合作项目的开展。其次，与中美、中欧其他新型大国关系相比,中、俄两国在经济领域的合作成果与两国间的密切关系不相匹配,出现了"政府预期较高、市场机制薄弱、企业动力不足"等问题。[7]虽然中、俄两国政府已经意识到该问题,但是在国际经济态势下行、两国面临经济转型压力的现实背景下,提升两国双边贸易量并非易事。最后,中俄间的双边关系不可避免地受到其他国家和世界政治局势的影响,其中美国的因素最为直接和明显。如果说美国对中、俄两国的疏远一定程度上提高了中、俄两国的交往密度,那么如何在外部压力发生变化时继续保持中俄关系的良好发展仍值得思考。

（二）以合作突破中俄新型大国关系的发展局限

中、俄两国互为地理上的最大邻国,通过双边合作在历史上积累了互利共赢的宝贵经验。近年来中俄合作日益增强,为两国发展提供了诸多宝贵的机遇与支持。中俄在"新型大国关系"建设中开展合作不仅是基于地缘政治的需要,更是在面对日益复杂的国际形势时维护两国国家利益、履行新兴大国国际责任所作出的最佳选择。[8]

1. 新型大国关系中的合作意涵

从"不结盟、不对抗、不针对任何第三国"的新型国家关系发展至"不冲突不对抗、相互尊重、合作共赢"的新型大国关系,新型大国关系的内涵定位决定了中、俄两国在应对交往过程中的问题时将"合作共赢"置于首位。首先,中俄新型大国关系建立在国家相互尊重、平等相待的基础上,不是"依附与被依附、从属与被从属"的关系。[9]其次,中俄新型大国关系是"结伴而不结盟"的状态,结盟意味着双方有共同的对抗目标,但是新型大国关系下两国合作不针对第三方。[10]这一态度表明中、俄两国间的合作秉持着和平友好的态度,不限制双方与他国的交往与合作,更非挑战他国而进行合作。最后,中俄新型大国关系视阈中的合作超越了国家自身意识形态,除了重视两国物质基础外还加大了合作理念的培育与合作机制的建构,[11]推动双方合作向着可持续发展的目标迈进。

新型大国关系理论以其全新的国际交往理念丰富了国际合作理论。以往国际关系理论如新现实主义、新自由主义、建构主义中的合作只是国家交往的一种形式,新型大国关系则将合作共赢置于大国交往的核心地位,突破了大国间以冲突和竞争为主的传统关系。对中国而言,合作不是简单的政治宣传口号,而是发展到一定历史阶段的产物,反映了中国在国际体系中的基本态度。[12]大国关系日益紧密和多国利益不断融合的现状不仅削弱了大国对抗的风险,也降低了彼此进行结盟对抗他国的意愿。新型大国关系的建立要求大国走出零和博弈的困境,通过合作共赢的国家交往方式提高两国的政治互信、促进经济共同发展、在世界多极化发展的时代以合作代替冲突和对抗。

2. 合作共赢对深化中俄新型大国关系的作用

经济发展低迷、地缘政治冲突、恐怖主义、大国对抗等问题使得中、俄两国在自身发展的过程中难以独善其身。以往零和博弈的国家关系已不适合如今的国际环境,[13]世界多极化、经济全球化、文化多样化、国际关系民主化的时代背景要求国家间不断深化合作。面对中俄新型大国关系建设中存在的不足,唯有继续深化合作方能为中、俄两国带来共赢的局面。

当今世界正从单极化向多极化过渡,国际环境发展的不平衡状态促使中、俄两国在构建新型国际秩序、加强全球治理、促进国际力量平衡方面强化协作,承担起应有的国际责任。[14]尽管单边主义、贸易保护主义和逆全球化主义不断有新的变化,但是各国利益日益融合,合作共赢乃当今世界大势所趋。中国和俄罗斯长期良好且稳定的合作状态不仅能够使得两国在复杂的国际政治环境和多变的国际经济环境中发展本国综合实力,也为其他大国的交往模式提供了宝贵的经验。

二、深化新型大国关系对中俄合作发展的要求

中俄新型大国关系的构建建立在中、俄两国长期的伙伴关系交往基础上,现阶段深化中俄新型大国关系的目标对中、俄两国的合作提出了新的要求。新型大国关系下中、俄两国的合作应达到何种标准,又需做出怎样的改变以满足新型大国关系合作理论的预期? 下文将在对比现有合作与新型大国关系合作目标后分析其存在的不足,为今后中、俄两国合作的发展方向提供思路。

(一)基于新型大国关系合作理论的中俄合作目标

中俄新型大国关系理论对国际合作意涵进行了扩充与重释。理想的合作状态兼顾了中、俄两国当下的共同利益,以及未来更具发展前景的合作共

赢。中俄全面战略伙伴关系的建立代表着中、俄两国已经跨越了冲突和对抗的阶段，在保持相互尊重的同时继续发展"合作共赢"关系成为中俄新型大国关系的落脚点。在现有合作的基础上，中、俄两国间合作有必要满足不同层面的要求，以达到深化中俄新型大国关系中"共赢"的目标。

首先，中俄合作既需要浓厚的合作意愿，也需要与之匹配的合作能力加以保障。纯粹的物质因素无法完整地解释和预测国家实践，而国家间的共有观念即合作意愿赋予物质性因素以意义。[15]唯有在国家层面确认了双方的合作方向方能在宏观上为开展具体合作项目提供一条正确的路径。但是，仅有政治上的共识还只是"空中楼阁"，从长远来看，为了稳定中、俄两国间的战略协作关系并推动其不断发展，确保两国间友好关系的不可逆性，[16]需要借助高水平的经贸合作，为国家发展和两国合作奠定稳定的物质基础。合作意向是合作的开始，合作能力则是保障合作持续发展的重点。增强中、俄两国合作能力是提高两国经济发展水平、增大合作深度和广度的长久之计。

其次，中俄合作应具备领域的多样化和空间的立体化，既包括传统安全领域合作，也有必要将安全合作拓展至环境安全等非传统安全领域，同时包括经济、科技、人文等一般性事项合作。多领域合作的开展可覆盖陆、海、空三大空间类型，进而形成全方位的战略合作。中俄新型大国关系建立在中、俄两国"全面战略协作伙伴关系"的基础之上，要求两国间合作除聚焦于传统领域还可积极扩展至新兴行业，尤其是符合两国国家发展战略的领域，以扩展合作的广度。

再次，横跨中央、地方两个维度的中俄合作，将逐步扩展两国合作的深度。中、俄两国地方合作是国家间合作的产物，得益于两国长期以来在高度政治互信基础上取得的诸多合作成果。全国性合作项目在国家战略层面具有全局引领的作用，国家层面合作发展至一定水平，地方层面合作也将应运而生，进而在地方层面为双方经贸、基础设施建设等领域的合作带来不竭动力。中、俄两国地方政府和企业若能抓住中央积极倡导地方合作的契机，将会对两国毗邻地区的稳定和繁荣发挥重要作用。

最后，中俄合作发展至一定程度将不止从双边利益出发，而是通过大国责任的履行增强两国的国际话语权，将中俄新型大国关系的影响力通过双边关系辐射到周边乃至全球范围。这一创新性国际关系的建立除了基于发展两国经济的需求外，更是在全球性问题多发的环境下为维护全人类利益所做的选择。因此,中、俄两国合作的眼光并非仅局限于国家利益,而是将其与全人类利益结合,发挥大国在国际舞台上的作用。

(二)新型大国关系目标下中俄合作的发展方向

中俄合作虽已获得显著成果,但以深化新型大国关系为目标,中、俄两国间合作仍与目标间存在一定差距,唯有洞察现存不足方能明确两国今后合作的进路。

1. 增强合作能力使之与合作意愿匹配

随着中俄伙伴关系从"全面战略协作伙伴关系"跃升至新型大国关系,中、俄两国间可通过提升合作创新能力、合作对接能力、合作落实能力与合作意愿相匹配。之后以切实的合作实践增强两国的硬实力和软实力,不仅符合中、俄两国各自的发展战略,更能为今后中俄新型大国关系的建设提供物质保障。中、俄两国正在依托《关于丝绸之路经济带建设和欧亚经济联盟建设对接合作的联合声明》[17]实现两国经济建设的对接,而"冰上丝绸之路"作为"一带一路"的新延伸,更是增强两国北极合作中合作能力的新平台。

2. 积极拓展海洋空间合作

中、俄两国的海洋合作虽起步晚于陆上合作,但是在现阶段具有更强的发展潜力。因此,中、俄两国可积极拓宽海洋领域合作内容,从海洋经济、海洋环境保护、航道建设等低政治敏感度领域着手,同时关注海洋搜救等其他非传统安全领域合作,形成适宜中俄新型大国关系海洋发展的合作模式。除在西太平洋开展合作外,中、俄两国还可将合作地域拓展至俄罗斯北极地区。近年来,中俄北极合作受到中、俄两国从中央政府到地方企业的多方关注,中俄北极合作的地域广泛性和主体多样性将逐步加强。

3. 提高多层次合作机制完整度

新型大国关系中的伙伴关系和大国属性要求中、俄两国合作建立地方、国家、全球三个层次的合作机制。新型大国关系是指导中、俄两国合作的总体框架,首先可将国家层面的友好协商理念传递至地方,减少两国民间的不安情绪;其次可积极寻求两国的利益共同点,提高双方合作意愿,提升项目落实的能力;最后,互联互通是地方合作的重要纽带,通过提高地方间经济通道的顺畅度,为今后多领域合作奠定基础。

中、俄两国在联合国、上海合作组织、金砖国家等多边合作框架下已经逐步建立了针对国际事务的统一立场和态度,并在推动世界多边主义发展的进程中积极合作。在新型大国关系的目标下,中、俄两国有必要在更多关切全人类共同利益的新领域加强合作,深化两国在地区以及全球性问题上的沟通和协调。共建"冰上丝绸之路"等北极合作可在纵深发展中、俄两国地方合作的同时强化国家层面的合作,并在北极治理等跨区域问题上为两国多边框架下的合作提供机遇。

三、"冰上丝绸之路"对中俄合作内涵的拓展

为了推进中俄合作向着深化新型大国关系的目标拓展,中、俄两国可借助共建"冰上丝绸之路"的契机,进一步发掘合作领域、合作地域、合作机制方面新的增长点。"冰上丝绸之路"是中、俄两国经济互补发展的重要纽带,有助于对接两国的北极政策。以"冰上丝绸之路"带动的其他海洋领域合作既有利于丰富"全面战略伙伴关系"的内涵,又有利于加强双方海洋经济的发展,有望为建设适应国家需求的中俄合作提供新思路。

(一)"冰上丝绸之路"对中俄合作的补充作用

中、俄两国共建"冰上丝绸之路"不仅包括建设东北航道中北方海航道途经港口的基础设施,还囊括了以"冰上丝绸之路"为依托的蓝色经济、蓝色科技等一系列衍生产品。"冰上丝绸之路"建设是中俄合作中一种新的一体化形式,[18]陆地拓展至海洋的合作不仅体现了两国发展空间的扩大,亦是对以往合作交往中不足的完善。

1. 提高合作需求层次,改善两国合作能力

"冰上丝绸之路"作为中国和俄罗斯多年合作的最新成果,进一步满足了国家的发展需求。"冰上丝绸之路"以其建设领域的创新性为中、俄两国又好又快地发展经济、挖掘两国经贸增长点提供了新路径。

中、俄两国均处于经济转型和转变经济结构的过渡阶段,海洋经济逐步成为两国不可忽视的经济增长点。"冰上丝绸之路"不仅具备一般航道的属性,更在海洋运输、海洋科技、海洋生态、基础设施建设等方面发挥了合作纽带作用,进一步加快了中、俄两国海洋经济等多领域发展的速度。

2. 拓宽合作空间范围,增强两国合作动力

21世纪是海洋的世纪,"冰上丝绸之路"的建设将中、俄两国的合作重点

逐步转向海洋,这一合作空间的拓展在顺应世界经济发展态势的同时也为两国合作提供了新的着力点。通过"经济外交"等柔性外交途径较采取"硬性外交"将为两国带来更多的收益。[19]"冰上丝绸之路"互联互通的纽带作用将中国与俄罗斯乃至整个欧洲地区相连接,可以为欧亚地区打造一个新的交通格局。[20]借由"冰上丝绸之路"这一经济通道加强与俄罗斯的合作,不仅可以提升中国的海洋软实力、增强中俄海洋合作动力,还将传达中、俄两国蓝色、和平、可持续的海洋发展理念。

3. 完善多层次合作机制,落实两国合作项目

中国和俄罗斯的中央政府多年来一直呼吁加快俄罗斯远东地区和中国东北地区的合作建设,但是由于两地的经济发展水平不高,加之靠近中国边境地区的俄罗斯民众仍对中国存在防备心理,[21]地方合作的潜力未得到充分挖掘。中国东北地区和俄罗斯远东地区是"冰上丝绸之路"的东部端点和枢纽,"冰上丝绸之路"在双边投资、基础设施建设、通道运输领域为中、俄两国地方合作创建了新的合作平台。

东北航道作为现有航运通道的重要补充,其航运价值和战略地位不断受到全世界的关注。在联合国和北极理事会的合作框架下,俄罗斯最新组建的北极委员会倡导在北极地区与他国开展合作,[22]中国等北极利益攸关方也开始加大在北极事务上的参与度。"冰上丝绸之路"建设和中俄北极可持续开发合作可成为两国合作的新增速点;[23]在国际合作层面,"冰上丝绸之路"也将成为中俄合作参与北极治理体系的全新国际舞台。

4. 建立长远战略协作,弥补非传统安全合作不足

虽然现今"冰上丝绸之路"的通航状况仍受到一定质疑,但从长远来看,中、俄两国共建的"冰上丝绸之路"将成为两国缓解西方压力及开展北极经济、环境、非传统安全合作的重要蓝色通道。不论是中国面临的潜在能源安全问题抑或俄罗斯北极建设中的资金困境,西方国家的影响短时间内难以被单一国家解决。《中国的北极政策》或《2020年前俄罗斯联邦北极地区发展和国家安全保障战略》都将合作共建北极航道作为开发北极的重要途径。"冰上丝绸之路"一方面可以为中俄能源合作开拓全新地域范围,改善中国的能源安全状况;另一方面也可吸引中国的北极投资,加快俄罗斯北极开发战略的进程。

随着"冰上丝绸之路"建设的逐步完善、通航的船舶数量增加,一旦造成

海上事故,将会对船舶、人员的安全和北极生态环境带来严重影响。北极地区经济开发程度较低、地区保障条件建设较为滞后、搜救力量严重不足,因此在大规模开发利用北极之前首先需考虑北极的非传统安全事项。"冰上丝绸之路"作为中、俄两国北极合作的前驱,重点在于以和平、可持续的方式开展北极经济活动、维护北极生态环境安全。因此,以"冰上丝绸之路"的航道建设为契机,中、俄两国可通过搜救联合演习等方式进一步加强北极非传统安全合作,弥补现今北极事务合作的不足。

(二)建设"冰上丝绸之路"的现实路径

从中、俄两国"对联合开发北方海航道运输潜力的前景进行研究"到"加强北方海航道开发利用合作,开展北极航运研究",[24] 2015 年至 2017 年 3 年间中、俄两国对该航道的态度由前景研究转变为积极合作,代表着"冰上丝绸之路"倡议已由初见雏形发展至实质推进阶段。

1. 顶层设计与重点项目相结合全面开展项目实施

"冰上丝绸之路"是中、俄两国开展互补合作的一项最新成果,为保证其顺利建设,首先,需制定较为完善且切合两国实际的整体规划,从宏观层面为两国的战略设计提供指导,同时配套具体方案可为应对周边复杂的地缘政治环境谋划布局;其次,由于"冰上丝绸之路"所在地区的自然环境较为脆弱,加以恶劣的航行状况对船舶航行、基础设施建设等设置了现实的障碍,中、俄两国共建"冰上丝绸之路"更需在海洋科学研究、北极科学考察和北极治理等领域开展持续的深层次合作;最后,顶层设计需借助支点项目逐一落实,在实践过程中检验现有规划的不足,为两国后续合作进一步积累经验。

2. 以东北地区多种类运输方式开拓入海通道

"冰上丝绸之路"作为一条贯穿欧亚地区的重要经济通道,结合中国东北三省独特运输优势,可通过"江海联运""陆海联运"以及海运的多种类运输方式实现中国东北地区与"冰上丝绸之路"的衔接。

中国黑龙江省内河流网络纵横交错,黑龙江在俄罗斯的尼古拉耶夫斯克注入鄂霍次克海,其通向北方海航道的航道通行状况良好且距离较短。一系列双边协议的签署为黑龙江-阿穆尔河江海联运消除了法律阻碍,[25] 使得中、俄两国发展黑龙江和"冰上丝绸之路"的"江海联运"拥有了更多的主动权。"滨海 1 号"国际交通走廊的开通既为东北地区货物运输提供了一条高效的陆海联运通道，又使得绥芬河成为"东出西联"的交通枢纽，为中国东北地区出海提供了新路线。

自"滨海2号"国际交通走廊开通后，中国吉林省将其作为一个重要的载体，以全面加强中俄之间的经贸合作。虽然现阶段中、朝、俄三国还未就图们江出海的事项达成统一意见，但是"滨海2号"通过连接图们江沿岸的珲春与扎鲁比诺港，最终可实现中国从图们江出海的目标。中国在图们江的朝鲜一侧租借了罗津港作为出海的另一支点，但是该港还同时被俄罗斯、瑞士等国家使用，[26] 租用的形式也给中国长期使用罗津港带来诸多不确定性。相比之下，随着中俄港口运输合作的逐步完善，"滨海2号"国际交通走廊更具稳定性。

"滨海1号"与"滨海2号"的设立通过加强中俄"陆海联运"合作的协调度提高了中国东北地区出海的便利性，因此中国可借助这一国际交通走廊将东北地区作为"冰上丝绸之路"的起点，通过与俄罗斯合作加强符拉迪沃斯托克港与扎鲁比诺港的基础设施建设提高中俄间通关便利度，解决中、俄两国交通运输领域的标准对接问题，共同提高货物运输的安全性，为今后运输大宗货物提供更为便利的条件。

大连港位于辽宁省辽东半岛南端，不仅港口航运能力居于全国前列，同时借助"哈大铁路"、沈大高速公路等陆上线路，与东北地区乃至俄罗斯的运输网络相连接。近年来，中远旗下商船多次从大连港出发，经"冰上丝绸之路"抵达欧洲各港口。大连港可在加强现有优势的同时，提高同周边港口的联系，同周边港口密切合作，充分发挥港口产业集群的规模效应。[27]

中国与俄罗斯毗连而存，畅通的多层次运输网络、具有发展潜力的港口与"冰上丝绸之路"建设规划得以有机结合，若能充分开发中国东北各省份与"冰上丝绸之路"的对接潜力，可为两国的合作发展带来源源不断的动力。

3. 以地区间的互联互通创新合作形式

习近平主席指出，国家合作要依托地方、落脚地方、造福地方，地方合作越密切，两国互利合作基础就越牢固。[28] 中、俄两国可以通过建立中俄合作园区等创新形式，以政府、企业和科研机构为载体，积极开展中俄口岸及边境基础设施的建设与改造、地区运输、环保、地区旅游、金融和人文等领域的合作。

通过海上通道与公路、铁路的紧密结合，形成地方合作的立体交通网络。中国东北地区在地方规划的指导下与俄地方政府和企业开展先期合作,不但能够为"冰上丝绸之路"的商业化利用提早布局,还能够推动中国东北老工业区的振兴、加快东北部港口运输贸易发展。[29] 在这一机遇的推动下,中、俄两国可以利用已有的合作对话机制进一步加强两国合作。

四、中俄新型大国关系框架中的蓝色伙伴关系展望

蓝色伙伴关系是中国率先提出的一种创新性合作形式,也是中国提出的"全球伙伴关系"在海洋领域的新延伸,可发展为中俄构建新型大国关系的重要组成部分。通过共建"冰上丝绸之路"展望中、俄两国构建蓝色伙伴关系的前景,也将从侧面反映两国新型大国关系的发展远景。

(一)以"冰上丝绸之路"开创中俄蓝色伙伴关系的新起点

海洋经济的可持续发展是"冰上丝绸之路"建设过程中的重要一环,在此基础上中国《"一带一路"建设海上合作设想》前瞻性地将"一带一路"与蓝色伙伴关系相结合,[30] 从战略高度明确了两者的紧密联系。蓝色伙伴关系对中俄关系而言并非是一个全新的概念,而是在现有基础上通过更高层次、更宽领域的蓝色合作加强中、俄两国间的蓝色联系。21 世纪是海洋的世纪,国家发展面临的问题日趋复杂,构建一种以海洋为纽带、聚焦于国家间共同利益的蓝色伙伴关系显得至关重要。

为推动联合国制定的《2030 年可持续发展议程》在海洋领域的落实,加强国家间在海洋事务的务实合作,中国提出了与他国一道建立蓝色伙伴关系的合作倡议。得益于多年来在海洋领域的持续合作和相近的海洋发展理念,中国已与葡萄牙和欧盟相继建立蓝色伙伴关系。[31] 为了拓展蓝色伙伴关系的"朋友圈",中国可以中葡、中欧为示例吸引更多的国家和国际组织加入;其中,俄罗斯与中国已积累了一定的海洋合作经验,发展两国间的蓝色伙伴关系具有更为坚实的基础。中、俄两国秉持"尊重、合作、共赢、可持续"的原则共建"冰上丝绸之路",[32] 将推动双方建立从中央到地方的对话机制和切实有效的合作机制,为两国的蓝色合作提供长远发展的制度支撑。

共建北冰洋蓝色经济通道是中国推动海洋和极地等全球公域治理的重要一环。[33]"冰上丝绸之路"通航得益于北极的冰雪融化,但航运活动也给航道所在海洋环境带来潜在威胁。[34] 海洋环境保护无法仅依靠本国的力量取得预期的成效。中、俄两国以负责任大国的态度为国家间海洋环境保护合作

树立了典范,可加速其他国家共同参与蓝色事业发展的进程。

"冰上丝绸之路"通过拓宽中俄海洋经济合作的渠道,为中、俄两国海洋蓝色合作奠定了稳定的物质基础。中国在金砖国家峰会上曾提出"蓝色经济"这一重要议题,随后俄罗斯也积极回应,愿以自身的海洋发展优势加入蓝色经济建设的进程中。[35]"冰上丝绸之路"虽然地处北极地区,却是对多年来双方海洋合作的总结与发展。为加强中、俄两国在全球海洋治理、可持续性蓝色经济、海洋生态环境保护等领域的合作,在"冰上丝绸之路"的基础上建立中俄蓝色伙伴关系并非天方夜谭,而是具有现实价值的可行提议。

(二)以蓝色伙伴关系扩大中俄新型大国关系所辐射的伙伴圈

中、俄两国通过共建"冰上丝绸之路"等海洋合作,已经形成了蓝色伙伴关系的雏形。以蓝色可持续发展为目标的蓝色伙伴关系作为中、俄两国交往的重要一环,在加快两国海洋合作的进程以及丰富中俄新型大国关系的内涵方面发挥了重要作用。

1. 以互利共赢的原则增强中俄合作的内在动力

伙伴关系的定位决定了中国与周边国家休戚与共的命运,在解决如何将中俄新型大国关系与中、俄两国海洋战略有效融合的问题时,蓝色伙伴关系从蓝色发展的角度提供了参考。一方面,继续构建包括海洋关系在内的总体稳定、均衡发展的大国关系框架;另一方面借由"冰上丝绸之路"、蓝色伙伴关系等新型合作平台,建立多层次的沟通对话机制,通过扩大中、俄两国在海洋经济、海洋能源、海洋科技、海洋环境等领域的合作规模,促使海洋成为深化新型大国关系的重要依托。[36]

蓝色伙伴关系以创新性的合作模式为全面深化中俄海洋合作提供了外交保障。其建设重点贯穿了中俄海洋合作建设的各领域,有利于将中、俄两国的海洋发展战略在经济建设、环境保护、非传统安全保障、科学研究等维度上推进,以实现蓝色治理的合作目标。中俄蓝色伙伴关系可以"冰上丝绸之路"为支撑,秉持可持续性、包容性、合作性的原则,结合中、俄两国的海洋发展战略,将合作领域聚焦于两国共同面临的海洋预报减灾、勘探开发深海大洋、渔业可持续开发、海洋生态环境保护、海洋生物资源养护等问题,建立政府、科研机构、民间组织等多元化主体参与的合作机制。

蓝色伙伴关系不只是双方政府间的政治倡议,也是为国家经济发展带来切实利益的发展战略。中国和欧盟建立蓝色伙伴关系以来,双方在该合作框架下已开展积极务实的经济合作。[37]蓝色伙伴关系将在"冰上丝绸之路"的基础上继续加大双方经济合作的增长点,以实现"共走绿色发展之路,共创依海繁荣之路、共筑安全保障之路、共建智慧创新之路、共谋合作治理之路"的蓝色发展目标。[38]

2. 以负责担当的态度增强中俄的大国影响力

当今全球治理体系正处于变革时期,中国和俄罗斯等新兴大国通过主动发挥自身力量、与相关利益国家进行政治经济合作,共同推进全球蓝色治理步入新阶段。中、俄两国作为世界大国,两者的蓝色合作将为其他国家起到模范带头作用,为今后大国间建立蓝色伙伴关系提供丰富的经验借鉴。蓝色伙伴关系有利于构建国家、国际组织和其他主体之间的合作平台,便于各方就海洋治理面临的问题开展合作交流,并在主要治理议题及进程中实现协调发展。[39]

中、俄两国作为能够影响世界格局变化的大国,将合作延伸至事关全人类的国际事务也是新型大国关系的应有之义。蓝色伙伴关系着眼于全球蓝色领域,促使中国和俄罗斯将其影响力扩展至北极等全球性蓝色事务。中俄北极合作虽然存在战略布局的契合性、利益诉求的互补性、国家关系的稳定性、深化合作的必要性等潜在优势,却也需要注意北极环境的特殊性、法律体系的碎片化、国际社会的阻碍和两国文化的差异性等现实障碍。因此,中俄北极合作除可通过"冰上丝绸之路"开展经济活动外,还需发掘如北极生态保护等争议较小的切入点,从而确保北极地区的可持续发展。

3. 以可持续的路径发展周边海洋命运共同体

现今中国形成了以新型大国关系为主题、构建人类命运共同体为目标的新时代中国外交战略。在求同存异的基础上,以海洋的可持续发展为契机促进中、俄两国与海洋国家的合作交流,是两国外交合作中不可忽视的机遇。

中俄蓝色伙伴关系虽然还处于起步阶段,其中蕴含的海洋发展理念与人类命运共同体"构筑绿色发展的生态体系、营造共建共享的安全格局、谋求包容互惠的发展前景"的建设目标不谋而合,[40]即构建人与自然和谐共生的海洋生态体系,在开发利用海洋的过程中着重关注海洋生态环境变化,积极与其他国家共同应对海洋气候变化问题,统筹应对海洋非传统安全问题,

蓝色伙伴关系

推动海洋经济可持续发展。中、俄两国的蓝色发展理念将丰富现有海洋发展机制，推动互利共赢的海洋经济发展、包容互鉴的海洋文化发展、和谐共生的海洋生态保护目标的实现。

中、俄两国共建"冰上丝绸之路"的过程中，西太平洋地区作为两国海域的交界地带，以周边海洋命运共同体的构建理念促进该海域的经济发展和海洋生态环境保护，既符合两国的现实需求，又可为今后中国与其他周边国家共建海洋命运共同体提供经验借鉴。融合了蓝色伙伴关系的新型大国关系是中、俄两国继续发展新型国际关系的重要依托。

中国可以从强调可持续发展的蓝色伙伴关系出发，增加周边国家在蓝色领域的利益共同点，从而形成周边海洋利益共同体、周边海洋责任共同体，最终构建周边海洋命运共同体。在循序渐进、螺旋上升的过程中，周边海洋命运共同体可通过秉持开放包容、合作共赢的理念，吸纳其他周边国家加入共同发展的国际体系。除了与俄罗斯等海洋大国继续保持并深化现有关系外，中国还可特别关注对海洋有强烈需求的发展中国家，以点带面，带动周边国家共同治理海洋。

五、结语

中俄合作历史源远流长。中国秉持新型大国关系的外交政策，中、俄两国在政治层面达到了前所未有的互信高度，但现有合作仍与深化新型大国关系的期望值存在一定差距。"冰上丝绸之路"建设为中、俄两国地区合作、航运开发、北极治理等领域带来契机，也可成为两国蓝色伙伴关系建立的开端。蓝色发展理念的丰富与蓝色活动的开展将推动中、俄两国在新型大国关系的框架下不断加强合作，继而推动中、俄两国周边海洋命运共同体的构建。

文章来源：原刊于《太平洋学报》2019 年 04 期。

注释

1《中俄合作共赢、深化全面战略协作伙伴关系联合声明》，中国政府网，2013 年 3 月 23 日，http://www.gov.cn/ldhd/2013-03/23/content_2360484.htm。

2《中俄战略协作伙伴关系》，中华人民共和国外交部，2000 年 11 月 7 日，https://www.fmprc.gov.cn/web/ziliao_674904/wjs_674919/2159_674923/t8985.shtml；"胡锦涛：

开创中俄战略协作伙伴关系发展新局面",中华人民共和国中央人民政府,2011 年 6 月 17 日,http://www.gov.cn/ldhd/2011-06/17/content_1886227.htm。截至 2018 年,中国在所有建交和建立伙伴关系的国家和地区中,仅有中俄关系达到了"全面战略协作伙伴关系"的高度。

3 杨洁勉:《新型大国关系:理论、战略和政策建构》,《国际问题研究》,2013 年第 3 期,第 9～19 页。

4 倪世雄、潜旭明:《十八大以来的中国新外交战略思想初析》,《人民论坛·学术前沿》,2014 年第 6 期,第 72～83 页。

5 "Холодный《Шелковый путь》:Китай придет с деньгами на Север",7 декабря 2015 года,https://rueconomics.ru/133243-holodnyiy-shelkovyiy-put-kitay-pridet-s-dengami-na-sever.

6 陈立中、陈静:《十八大以来中俄新型大国关系研究述评》,《长沙理工大学学报(社会科学版)》,2018 年第 3 期,第 43～54 页。

7 王志远:《"一带一盟":中俄"非对称倒三角"结构下的对接问题分析》,《国际经济评论》,2016 年第 3 期,第 97～113 页。

8 王海运:《"结伴而不结盟":中俄关系的现实选择》,《俄罗斯东欧中亚研究》,2016 年第 5 期,第 6～15 页。

9 邢广程:《中俄关系是新型大国关系的典范》,《世界经济与政治》,2016 年第 9 期,第 14～18 页。

10 柳丰华:《中俄战略协作模式:形成、特点与提升》,《国际问题研究》,2016 年第 3 期,第 1～12 页。

11 刘建飞:《构建新型大国关系中的合作主义》,《中国社会科学》,2015 年第 10 期,第 189～202 页。

12 黄真:《中国国际合作理论:目的、途径与价值》,《国际论坛》,2007 年第 6 期,第 42～46 页。

13 刘丹:《中俄新型大国关系构建探析》,《俄罗斯学刊》,2015 年第 5 期,第 32～40 页。

14 王海运:《新形势下的中俄关系》,《俄罗斯学刊》,2014 年第 5 期,第 36～44 页。

15 宋秀琚:《浅析建构主义的国际合作论》,《社会主义研究》,2005 年第 5 期,第 117～119 页。

16 张学昆著:《中俄关系的演变与发展》,上海交通大学出版社,2013 年版,第 207 页。

17《中华人民共和国与俄罗斯联邦关于丝绸之路经济带建设和欧亚经济联盟建设对接合作的联合声明(全文)》,新华网,2015 年 5 月 9 日,http://www.xinhuanet.com//

world/2015-05/09/c_127780866.htm。

18 "Брифинг официального представителя МИД России М. В. Захаровой, Москва, 9 ноября 2017 года", 9 ноября 2017 года, http://www. mid. ru/ru/brifingi/-/asset _ publisher/MCZ7HQuMdqBY/content/id/2943560.

19 Christine R. Guluzian, "Making Inroads: China's New Silk Road Initiative", Cato Journal, Vol.37, No.1, 2017, pp.135-147.相较于政治和军事等高阶政治外交方式,经济、文化等外交形式更具柔和性。

20 邓洁:《俄罗斯驻华大使:欢迎中方积极参与北方航道的开发和利用》,人民网, 2017 年 7 月 5 日,http://world.people.com.cn/n1/2017/0705/c1002-29383470.html。

21 赵鸣文:《中俄关系:在复杂形势下奋力前行》,《当代世界》,2017 年第 3 期,第 27 页。

22 "Утвержден новый состав Госкомиссии по Арктике", 12 декабря 2018, http:// www.arctic-info.ru/news/politika/Utverzhden_novyy_sostav_Goskomissii_po_Arktike_/.

23 赵隆:《中俄北极可持续发展合作:挑战与路径》,《国际问题研究》,2018 年第 4 期, 第 49～67 页。

24《中俄总理第二十次定期会晤联合公报(全文)》,中华人民共和国外交部,2015 年 12 月 18 日,https://www.fmprc.gov.cn/web/zyxw/t1325537.shtml;《中俄总理第二十一 次定期会晤联合公报(全文)》,中华人民共和国外交部,2016 年 11 月 8 日,https://www. fmprc.gov.cn/web/ziliao_674904/1179_674909/t1413731.shtml;《中俄总理第二十二次定 期会晤联合公报(全文)》,新华网,2017 年 11 月 1 日,http://www.xinhuanet.com//2017- 11/01/c_1121891023.htm。

25 包括《中俄关于船只从乌苏里江(乌苏里河)经哈巴罗夫斯克城下至黑龙江(阿穆尔河)往返航行的议定书》《关于中国船舶经黑龙江俄罗斯河段从事中国沿海港口和内河港口之间货物运输的议定书》《中华人民共和国东北地区和俄罗斯联邦远东及东西伯利亚地区合作规划纲要》《关于开展黑龙江省内贸货物经俄罗斯港口运至我国东南沿海港口试点工作的公告》等法律文件。

26《瑞士获得朝鲜罗津港 2 号码头租用权》,韩联社,2011 年 6 月 14 日,https://cn. yna.co.kr/view/ACK20110614000700881。

27 李振福、刘硕松:《东北地区对接"冰上丝绸之路"研究》,《经济纵横》,2018 年第 5 期,第 66～67 页。

28 霍小光、李建敏:《习近平和俄罗斯总统普京共同出席中俄地方领导人对话会》,新华网,2018 年 9 月 11 日,http://www.xinhuanet.com/world/2018-09/11/c_1123415050. htm。

29 徐广淼:《将北方海航道纳入"一带一路"建设的前景分析》,《边界与海洋研究》,

2018 年第 2 期,第 83～95 页。

30《国家发展改革委 国家海洋局关于印发"一带一路"建设海上合作设想的通知》,国家发展和改革委员会,2017 年 6 月 19 日,http://www.ndrc.gov.cn/zcfb/zcfbtz/201711/t20171116_867166.html。

31 王自堃:《王宏与葡萄牙海洋部部长签署文件建立蓝色伙伴关系》,中国海洋在线,2017 年 11 月 6 日,http://www.oceanol.com/content/201711/06/c69968.html;刘娟娟:《中欧签署〈宣言〉建立蓝色伙伴关系》,中国海洋在线,2018 年 7 月 20 日,http://www.oceanol.com/content/201807/20/c79284.html。

32《中国的北极政策》,中华人民共和国中央人民政府,2018 年 1 月 26 日,http://www.gov.cn/xinwen/2018-01/26/content_5260891.htm。

33 杨鲁慧、赵一衡:《"一带一路"背景下共建"冰上丝绸之路"的战略意义》,《理论视野》,2018 年第 3 期,第 75～80 页。

34 白佳玉:《中国参与北极事务的国际法战略》,《政法论坛》,2017 年第 6 期,第 142～153 页。

35 Анатолий Комраков, "Китай перехватывает у России морские ресурсы", 7 сентября 2017 года, http://www.ng.ru/economics/2017-09-07/4_7068_beijing.html.

36 杨洁勉:《新时代大国关系与周边海洋战略的调整和塑造》,《边界与海洋研究》,2018 年第 1 期,第 14～23 页。

37 徐晓美:《首届中欧蓝色产业合作论坛在深圳开幕》,中国新闻网,2017 年 12 月 8 日,http://www.chinanews.com/cj/2017/12-08/8395776.shtml。

38《国家发展改革委 国家海洋局关于印发"一带一路"建设海上合作设想的通知》,国家发展和改革委员会,2017 年 6 月 19 日,http://www.ndrc.gov.cn/zcfb/zcfbtz/201711/t20171116_867166.html。

39 朱璇、贾宇:《全球海洋治理背景下对蓝色伙伴关系的思考》,《太平洋学报》,2019 年第 1 期,第 50～59 页。

40《携手构建合作共赢新伙伴 同心打造人类命运共同体》,人民网,2015 年 9 月 29 日,http://politics.people.com.cn/n/2015/0929/c1024-27644905.html。

蓝色伙伴关系

全球海洋治理视野下
中非"蓝色伙伴关系"的建构

■ 贺鉴,王雪

论点撷萃

中国以"蓝色伙伴关系"的建构作为其参与全球海洋治理的重要途径,不断拓展与其他国家在海洋领域的合作,在世界范围内强化"蓝色伙伴"共识,推动构建全球海洋治理伙伴关系。中非"蓝色伙伴关系"的建构不仅是全球海洋治理理论和实践层面上的需要,也是来自全球层面、中方层面和非方层面海洋合作的现实需求。

全球海洋治理的时代背景给中非"蓝色伙伴关系"建构带来了诸多有利条件,但同时中国参与全球海洋治理仍然面临着一定挑战,这也给中非"蓝色伙伴关系"的建构带来不确定性影响。建构中非"蓝色伙伴关系"有利于建构公正合理的国际海洋政治关系、发展全球可持续性蓝色经济、形成并巩固全球"海洋命运共同体"的观念、重塑全球海洋安全治理秩序、改善全球海洋生态环境。

推进中非"蓝色伙伴关系"的发展,应从加快中国自身的海洋治理体系和治理能力现代化入手,合理规划中非海洋合作的重点领域和重点国家;在涉非三方合作问题上积极作为,减轻域外大国势力带来的不利影响;要特别重视与联合国和非洲发展计划相关议程相对接,为化解全球海洋治理难题和完善全球海洋治理机制作出贡献。

作者: 贺鉴,中国海洋大学海洋发展研究院副院长、法学院教授,中国海洋发展研究中心研究员
　　　王雪,中国海洋大学国际事务与公共管理学院硕士

在 2017 年 6 月举行的第一次联合国海洋大会期间,中国政府率先启动了实施 2030 年可持续发展议程国家计划,将可持续发展目标 14 的落实与中国的海洋发展相结合,倡导建立"蓝色伙伴关系"[29],增进全球海洋治理的平等互信。中非作为传统友好伙伴,相互之间的联系紧密,在海洋方面的合作也日益增多。非洲地区海洋空间广阔、海洋资源丰富,中非合作潜力与合作需求很大。2018 年 9 月,《中非合作论坛——北京行动计划(2019—2021年)》多次提及海洋。在全球海洋治理背景下,中非"蓝色伙伴关系"的建构不仅是全球海洋治理理论的内在要求,也是实现联合国 2030 年可持续发展议程、中国海洋强国战略和非洲《2063 年议程》的现实需要。

一、建构中非"蓝色伙伴关系"的理论基础与现实需求

中国以"蓝色伙伴关系"的建构作为参与全球海洋治理的重要途径,不断拓展与其他国家在海洋领域的合作,在世界范围内强化"蓝色伙伴"共识,推动构建全球海洋治理伙伴关系。中非"蓝色伙伴关系"的建构不仅是全球海洋治理理论和实践层面上的需要,也是来自全球层面、中方层面和非方层面海洋合作的现实需求。

(一)建构中非"蓝色伙伴关系"的理论基础

全球海洋治理理论是建构中非"蓝色伙伴关系"的理论基础。全球海洋治理理论的产生与发展根植于全球治理理论,其政治设想也应当包括自由主义的国际主义、激进的共和主义和世界主义民主,并在此基础上形成了全球主义、国家主义和跨国主义三种范式。这三种理论流派的共性是都把全球海洋治理中面临的全球性问题和利益放在了突出地位,但彼此之间就全球海洋治理的主体认知存在巨大分歧,并成为实现真正全球海洋治理的重要观念阻碍。[1]如果参与全球海洋治理的主体不能跳出现实主义的思维,摆脱国家主义的束缚,在全球海洋治理中通过建立伙伴关系进行通力合作,那么真正的全球海洋治理就不可能实现。全球化和海洋世纪的到来更加模糊了"高级政治"和"低级政治"的界线,海洋政治领域多渠道联系的增加也增大了不同国家在海洋领域合作和伙伴关系建设的可能性。在此背景下,中非"蓝色伙伴关系"倡议来源于全球海洋治理理论,也在实践层面上不断丰富和发展着全球海洋治理的理论内涵。

中非"蓝色伙伴关系"的建构是践行全球海洋治理理论的重要路径。2016 年 11 月 10 日,欧盟发表"国际海洋治理:我们海洋的未来议程"联合声明。作为欧盟层面的首个全球海洋治理声明文件,这一联合声明在改善全球海洋治理架构层面突出强调了构建全球海洋治理伙伴关系的重要意义。[2]此外,世界银行也发起了"全球海洋伙伴关系"的倡议,致力于通过整合 150个合作伙伴的力量,共同应对海洋生态和健康面临的挑战。[3]21 世纪以来,全球海洋治理取得了一定成就,但国家间政策分歧与利益冲突的普遍存在使全球海洋治理的效果大打折扣。如何在最大程度上聚合起相关国家的利益共同点是未来全球海洋治理面临的重要课题。就这个层面而言,中非"蓝色伙伴关系"的建构不仅是全球海洋治理的中国方案和中国实践,也是践行全球海洋治理理论的重要路径。

(二)中非建构"蓝色伙伴关系"的合作需求

从全球层面上看,中非"蓝色伙伴关系"的建构不仅是全球海洋治理的题中之义,也是实现联合国 2030 年可持续发展目标的内在要求。2030 年可持续发展议程规模宏大,其将伙伴关系作为重要执行手段,以恢复全球伙伴关系的活力。2030 年可持续发展议程也肯定了非盟《2063 年议程》和非洲发展新伙伴关系方案作为新议程组成部分的重要作用,并明确表示支持其实施相关的战略和行动方案。因而,全球海洋治理背景下的中非"蓝色伙伴关系"倡议,不仅有利于实现联合国 2030 可持续发展议程所体现的共同原则和承诺,也有利于中国与非洲携手重振可持续发展全球伙伴关系,实现变革世界的可持续发展目标和具体目标。

就中方而言,自 2000 年 10 月中非合作论坛首届部长级会议在北京召开以来,历次中非合作论坛的部长级会议都不同程度地促进了中非在海洋领域的合作。《中非合作论坛——沙姆沙伊赫行动计划(2010—2012 年)》规划了双方在包括亚丁湾和索马里相关海域的航道安全及该地区的和平与安全等领域的合作;《中非合作论坛第五届部长级会议——北京行动计划(2013—2015 年)》重申了双方在海运、海关方面的合作,明确提出要加强与索马里、非盟以及非洲次区域组织在相关领域的合作;《中非合作论坛——约翰内斯堡行动计划(2016—2018 年)》使双方在加强海上基础设施、海洋经济、海外贸易、海上安全等领域的合作进一步达成共识;《中非合作论坛第五届部长级会议——北京行动计划(2019—2021年)》也明确强调了进一步释放双方蓝色经济合作潜力,促进中非在海运业、港口、海上执法和海洋环境保障能力建设等方面的合作。以上中非合作论坛框架下的重要成果见证了中方推进中非海洋合作的坚定信心和中非伙伴关系的稳步推进,同时也彰显了中非建构"蓝色伙伴关系"的共同需求和巨大潜力。

从非方角度看,中非"蓝色伙伴关系"的建构不仅是实现非盟《2063年议程》的需要,也是非洲一些国家海洋发展政策的要求。一方面,非洲在2014年提出的《2050年非洲海洋总体战略》和2015年非盟出台的《2063年议程》中均提到大力发展海洋经济。[4]非盟《2063年议程》中明确提到,非洲海洋面积广阔,蓝色经济对大陆经济的转型升级有重要作用,非洲将进一步发展海洋和水生生物技术、航运业、渔业,充分开发深海矿产资源和其他海洋资源,并强调不断寻求与其他地区和大陆建立互利关系和伙伴关系,就在伙伴关系中加强双边共同关心的话题达成更多一致。可以预见,在《2063年议程》的框架下,未来中非海洋合作和伙伴关系也将得到进一步加强。另一方面,以肯尼亚、毛里求斯等为代表的非洲国家海洋政策也体现出了明显的海洋合作需求。中国与肯尼亚可在"21世纪海上丝绸之路"框架下,进一步促进中国"海洋强国建设"与肯尼亚"2030年愿景建设"[5]的结合,逐渐建立"蓝色伙伴关系"。[6]毛里求斯从2014年开始将海洋经济纳入其国家发展计划,近年来中、毛两国在深挖双方海洋领域的合作潜力方面不断努力,两国在海洋领域的合作需求不断增加。因而,中非"蓝色伙伴关系"的建构不仅是非洲作为一个整体实现其《2063年议程》的需要,也是非洲众多国家海洋发展的现实需求。

二、全球海洋治理背景下中非建构"蓝色伙伴关系"的有利条件与面临的问题

全球海洋治理的时代背景给中非"蓝色伙伴关系"建构带来了诸多有利条件,但同时中国参与全球海洋治理仍然面临着一定挑战,这也给中非"蓝色伙伴关系"的建构带来不确定性影响。

(一)全球海洋治理背景下中非建构"蓝色伙伴关系"的有利条件

当前全球海洋治理主体和客体的变化、中国参与全球海洋治理意识的强化和能力的快速提升以及"21世纪海上丝绸之路"建设的稳步推进,给中

非"蓝色伙伴关系"的建构提供了诸多有利条件。

1. 全球海洋治理主体和客体的变化

一方面,全球海洋治理主体的多元化为新时代中国参与全球海洋治理和建构"蓝色伙伴关系"提供了机遇。当前全球海洋治理中传统海洋大国影响力下降,新兴海洋大国的地位不断上升,非国家行为体的作用日益凸显,国际非政府组织也日益深入参与全球海洋治理。因而,全球海洋治理主体的多元化为作为新兴海洋大国的中国参与全球海洋治理和发展中非"蓝色伙伴关系"打开了窗口。另一方面,全球海洋治理客体的复杂化也在某种程度上为新时代中国参与全球海洋治理和建构"蓝色伙伴关系"创造了条件。当今全球海洋治理中新问题不断涌现,海洋治理新疆域的出现加剧了全球海洋治理客体的复杂性。在这种情况下,全球海洋善治的实现比以往任何时候都迫切需要双边和多边共同努力。中国综合实力的不断上升和海洋合作的增强提高了其全球海洋治理的能力,国际社会需要中国参与全球海洋治理,也欢迎中非"蓝色伙伴关系"的建立,为全球海洋治理贡献更多来自双边与多边合作的智慧和力量。

2. 中国参与全球海洋治理意识的强化和能力的快速提升

20 世纪末至 21 世纪前 10 年,由于综合国力和国际地位的限制,中国在国际体系和国际事务上呈现被动参与的态度。党的十八大以来,随着中国国际话语权的不断提高和中国特色大国外交影响力的不断上升,中国积极参与和塑造国际体系的意愿与能力不断提高,对全球海洋治理也显示出了积极参与的态度。2018 年全国海洋工作会议指出,我国要深度参与全球海洋治理,务实推进"蓝色伙伴关系"。同时,中国积极在深海、极地、大洋等领域展开科考活动,积极与包括非洲地区在内的众多国家进行海洋合作,通过多种场合推动与其他国家"蓝色伙伴关系"的建立。[7]此外,中国在与非洲携手打击索马里海盗和全球海洋生态的治理中表现积极,日益主动地参与到全球海洋治理之中,从而为中国更深入地参与全球海洋治理和中非"蓝色伙伴关系"的建构奠定了能力和经验基础,也极大提高了中国在全球海洋治理和"蓝色伙伴关系"建设中的国际声誉和话语权。

3. "21 世纪海上丝绸之路"建设的推进

"21 世纪海上丝绸之路"作为中国参与全球海洋治理的重要抓手,也给中非"蓝色伙伴关系"的建构注入了新的动力。一方面,"21 世纪海上丝绸之路"的推进有力地推动了涉海国际合作全方位的展开,进一步提升了其在国际双边和多边海洋治理体制中的地位,它还为中国参与全球海洋治理创造了更多的机会和条件。非洲是"21世纪海上丝绸之路"的自然延伸,对"一带一路"表现出了较高的参与热情,应当成为中国"蓝色伙伴关系"倡议重点关注对象。另一方面,"21世纪海上丝绸之路"的推进,本着"共商、共建、共享"的原则,倡导全方位、高层次、多领域的蓝色伙伴关系[8]。因而,"21世纪海上丝绸之路"建设有利于中非携手应对全球海洋治理的挑战,推动"蓝色伙伴关系"和海洋命运共同体的构建,为实现世界范围内的海洋可持续发展作出贡献。此外,"21世纪海上丝绸之路"的推进促使中国积极创设新的海洋话语平台,使中国更深入地参与海洋事务,不断增强中国在全球海洋治理和中非"蓝色伙伴关系"中的能力建设。

4. 中非海洋利益交汇点的增多

随着中非在海洋方面利益交汇点的增多,中非"蓝色伙伴关系"迎来更加美好的前景。一方面,繁荣海洋经济将是未来中非合作中极具潜力的发展方向。非洲70％以上的国家是临海国家,非洲海运量占整个运输量的90％,非洲海洋经济发展前景广阔。《洛美宪章》[9]的签署标志着实现海洋经济可持续发展将作为非盟成员国一致的行动。目前,以毛里求斯、南非等为代表的非洲国家已经逐步意识到其蓝色经济的发展潜力,未来中、非双方在海洋经济领域的利益重叠区将不断扩大。另一方面,中、非双方在海洋能力建设方面具有很强的互补性。海洋问题的跨国性质凸显了海洋国家进行区域海洋合作的必要性,非洲大多数沿海国家缺乏单独处理复杂程度较高的海洋治理问题的能力。[10]中国在海洋基础设施、海洋研究和管理能力、海洋科学调查与研究、海洋防灾减灾等领域具有较高的能力和水平,可以为非洲国家提供巨大帮助。[11]

(二)全球海洋治理背景下中非建构"蓝色伙伴关系"面临的主要问题

全球海洋问题的复杂化、全球海洋治理机制的缺陷以及中国国内的一些问题,在不同程度上限制了新时代中国在全球海洋治理中的深度参与,也给中非"蓝色伙伴关系"的建构带来了负面影响。

1. 中国诸多国内问题给中非"蓝色伙伴关系"的建构带来不利影响

中国国内问题给中非"蓝色伙伴关系"的建构带来的不利影响主要表现

在以下几个方面。第一，国民海洋意识不强。虽然近年来中国国民的海洋意识得到明显提高，但和世界主要传统海洋大国相比仍然有较大差距。中国国民海洋意识相对淡薄会在一定程度上限制中国与非洲建构"蓝色伙伴关系"的动力。第二，中国海上力量不足。当前中国的海军和渔船等海洋基础设施建设仍处于起步阶段，难以满足中国远洋护航和走向深蓝的全球海洋伙伴关系建设需求。第三，"海洋"未入宪法。当前关于海洋的政策和国家战略还处于政府文件当中，宪法尚未涉及海洋方面，难以持续为中国与非洲建构"蓝色伙伴关系"提供法律层面的保障。第四，海洋基本法尚未颁布。当前中国的海洋基本法还处于酝酿之中，尚未颁布，因而不能为中国与非洲建构"蓝色伙伴关系"提供法律层面的具体指导。第五，刑法无海盗罪。当前中国尚未把海盗罪纳入刑法，这在很大程度上限制了中国在处理相关海盗犯罪的能力，也降低了中国在全球海盗犯罪问题上的话语权。第六，渔业法有待完善。中国渔业法的不完善不仅影响了其在中国解决与他国在渔业纠纷问题上的适用性，也在一定程度上限制了中国处理中非渔业纠纷的能力和水平。以上国内问题的存在不仅对中国参与全球海洋治理形成了一定限制，也在不同程度上给中非"蓝色伙伴关系"的建构带来负面影响。

2. 非洲地区各国具体情况各异增大了中非建构"蓝色伙伴关系"的难度

非洲地区共有 50 多个国家，各国经济发展水平、政治安全环境、自身海洋发展战略和海洋能力建设存在不同程度的差异。就经济而言，南非、埃及、尼日利亚等作为非洲主要经济体，能够为中非"蓝色伙伴关系"的建构提供较好的经济基础。就政治安全环境而言，非洲一些国家政局不稳，内部冲突与动乱多发并产生"外溢"效应，给相关国家带来影响。比如，埃及、布隆迪、刚果、肯尼亚等国家存在选举暴力多发带来的政局不稳现象，可能会影响建构中非"蓝色伙伴关系"的连续性。以索马里、尼日利亚、马里等为代表的部分非洲国家常年面临着恐怖主义的威胁，也给该地区的安全与稳定带来威胁。此外，非洲地区大多数国家海洋管理能力欠缺，只有南非拥有一支完整的海军力量。[12]在此背景下，如何把握好中国对非合作的侧重点，实现中非海洋合作的点面结合，将是中非"蓝色伙伴关系"建构的难点。此外，双边或多边的海洋合作涉及海洋政治、海洋经济、海上安全等多个方面，在建构中非"蓝色伙伴关系"过程中，合理规划重点领域也是该项议题的难点。

3. 域外势力的介入使中非"蓝色伙伴关系"的建构面临更多的威胁

冷战后的几十年里,非洲被视为全球棋盘上的一个棋子,虽然 20 世纪 90 年代短期内遭到忽视,但非洲大陆现在已经成为战略和地缘政治竞争的重要舞台。[13]一方面,以法国、英国等为代表的部分欧洲传统国家对中非合作高度敏感,部分国家在国内营造有关涉非三方合作的舆论并努力推进不包含中国的三方合作。[14]比如,法国近年来以"安全领域"为重要抓手,对争取在非洲的竞争优势方面表现得尤为积极。[15]另一方面,随着中国在非洲影响力的增强,美国、日本、印度等域外国家在非洲地位相对下降,其牵制中国在非洲战略的意图更加明显。2006 年中非论坛北京峰会的召开引起了美国、日本等非洲域外大国的注意,它们通过加强与非洲原有的合作机制增强与非洲的关系,更加巩固了在非洲的军事存在。比如,美国利用安全援助计划来增强其在非洲的军事影响力,包括销售军事装备和其他武器转让计划、在非洲部署特种部队等。而日本在"亚非增长走廊"计划下,不断调整其对非合作的整体视角与谋篇布局,并酝酿在非洲使用其通过的新安全法案。印度则利用经济手段努力将中国排除在与非洲国家合作范围之外。在这种情况下,中国和以美、日、印等为代表的非洲域外国家在非洲的政治博弈面临升级的风险,这将对中非"蓝色伙伴关系"的构建带来巨大威胁。

4. 全球海洋问题和全球海洋治理机制的负面作用

一方面,全球海洋问题的复杂化将在不同程度上影响全球海洋治理的效果,并给中非"蓝色伙伴关系"的建构带来负面影响。其一,全球海洋问题发生频率高,持续时间长,影响范围广,受人为因素影响大。人类对海洋问题的了解受到主观和客观原因的限制,再加上国际协调和决策过程的复杂性,全球海洋治理的难度正在上升。其二,海洋的流动性使海洋利益分配呈现全球化特征,海洋危机也会向更广泛的范围扩散,涉及更多的利益主体。非洲有大大小小 50 多个国家,中非之间"蓝色伙伴关系"的建构更加面临着多方利益协调的矛盾与困境。其三,随着陆地资源的枯竭,人们正把目光转向海洋,人为因素带来的海洋领域资源开发与保护失衡不断加剧,中非之间同样存在着不同程度的渔业纠纷与冲突。另一方面,全球海洋治理机制的缺陷也将对中非"蓝色伙伴关系"的建构带来不利影响。其一,由于内容的模糊性,《联合国海洋法公约》虽然是全球海洋治理的重要规范,但它处理国际海域划界争端和岛礁主权争议等问题的适用性明显不足。《联合国海洋法公约》缺少足够的法律约束力,无法对某些违反国际规制原则的行为进行有效制裁,其在全球海洋治理中的权威也在不断降低。[16]其二,目前各国海上执法系统尚未统一。海上执法力量的角色和定位在不同国家有所差别,有些是军事化和准军事化的,有些则偏向政府管理,全球性海上执法多边合作机制的构建进展艰难。其三,全球海洋治理机制在管理上也存在缺陷。[17]全球海洋治理的目标体现了一定的公共目的,其在管理体制上也同样面临着国际公共产品的供给和管理方面的困境,使中非"蓝色伙伴关系"的建构面临更多的风险。

三、中非建构"蓝色伙伴关系"对全球海洋治理的影响

为了将中非新型战略伙伴关系升级为全面战略合作伙伴关系,习近平主席强调要加强和夯实包括政治、经济、文明、安全、国际事务在内的"五大支柱"。具体到建构中非"蓝色伙伴关系"层面上,这五个方面也将对全球海洋治理的不同领域产生重要影响。

(一)中非海洋政治合作有利于建构公正合理的国际海洋政治关系

就目前的国际政治经济秩序而言,传统海洋大国在国际政治中的话语权仍占有较大优势,海洋话语权的缺失使包括中国在内的发展中国家在国际海洋话语体系中处于不利地位。借助2018年中非合作论坛北京峰会,中、非双方又一次并肩宣示:面对变化莫测的国际环境,中国要和非洲国家一起,补齐全球治理体系中的南方短板,汇聚南南合作力量。具体到海洋政治领域,中非之间的海洋政治合作有利于建构更为公平合理的国际海洋政治关系,为后发型海洋国家赢得更多的话语权。中非海洋政治合作有利于支持和汇聚南南合作的力量,弥补南方国家在全球治理中的不足,更多地反映大多数国家特别是发展中国家的意愿和利益,促进全球海洋政治关系更加公平合理。

(二)中非海洋经济合作有利于发展全球可持续性蓝色经济

2012年联合国可持续发展大会召开以来,作为可持续利用海洋的一种表现形式——蓝色经济在全球范围内异军突起。深入开展中非蓝色海洋经济合作不仅是推动双方"蓝色伙伴关系"构建的利益基础,也有助于实现全球蓝色海洋经济可持续发展与包容性增长。未来,中国应持续加强与非洲在海洋经济领域的合作,帮助非洲培育新的经济增长点。在政府的引导下,

中、非双方应充分发挥企业的力量,推动建立国际蓝色产业联盟,共享信息和资源,在市场、技术、资金等方面发挥各自优势,在智慧海洋、海洋装备集成、生物资源开发、攻克重大关键问题等方面发挥作用,以线带面地为发展全球可持续性蓝色经济作出有益贡献。

(三)中非海洋文化合作有利于形成并巩固全球"海洋命运共同体"的观念

当前海洋治理中主体的单边行动普遍存在,一些国家基于自身海洋利益的考虑选择"搭便车"以逃避在全球海洋治理中应承担的责任。这些现象的出现严重影响了全球海洋治理的效果。全球"海洋命运共同体"观念的形成有利于各治理主体从关注自身海洋私利转向关注全球海洋公利,真正将自身利益融入全球利益中。[18]中非海洋文化合作不仅是中非"蓝色伙伴关系"构建的重要组成部分,也将对在全球治理层面实现"海洋命运共同体"起到样板作用。目前,中、非双方达成了包括"政府间文化合作协定"在内的多项协议,双方文化合作与交流机制较为完善,为双方加强海洋文化合作提供了良好的制度保障。中非海洋文化的合作有利于推动"海洋命运共同体"理念成为全球共识,推动在更广的范围内形成并巩固"海洋命运共同体"的观念。[19]

(四)中非海洋安全合作有利于重塑全球海洋安全治理秩序

中国已成为联合国维和行动的重要力量,也是安理会五个常任理事国中最大的部队派遣国。其中,非洲是中国最重要的维和地区。欧盟外交关系委员会的报告指出,非洲的和平安全事业已经成为"中国外交政策明确的一部分"。中国通过与吉布提、尼日利亚等为代表的非洲国家在多边和双边层面保持同步,积极参与非洲海上安全热点问题的调停和谈判,并在联合国框架下开展维和行动,为全球海洋安全治理付出了巨大努力。以《联合国海洋法公约》《中国对非洲政策文件》等为代表的多边和双边协议,都在不同层面上对中、非双方在海上安全和全球海洋治理的协调一致提出了要求。中非海洋安全合作不仅可缓解中国与非洲在海洋通道、海盗、联合执法等方面面临的海上安全威胁,也可为重塑全球海洋安全治理秩序作出贡献。

(五)中非海洋生态与环保合作有利于改善全球海洋生态环境

海洋资源合理开发利用与海洋环境保护是当前全球海洋治理的重要部分。中国与非洲国家的海洋生态与环境保护合作,不仅有利于双方更好地利用海洋、发展海洋,也将为全球海洋保护与全球海洋治理作出贡献。当前中国与非洲在海洋生态与环境保护领域的合作进展缓慢,未来双方应积极做出更多努力。比如,中国可不断创新与非洲海洋生态与环境保护合作模式:参与国际涉海组织对非洲的海洋开发与保护能力建设,如沿海、海岛、离岸海洋保护区建设;政府支持下的企业和投资机构对非直接投资,涵盖海洋重大工程、海洋产业化开发项目等;参与非洲及其周边海域海洋组织合作计划,如环印度洋合作计划,承担促进区域海洋合作的相关职责;开展政府主导和公益组织具体推动的非洲沿海(海岛)中低收入国家的海洋基础设施和公益事业建设,等等。

四、建构中非"蓝色伙伴关系"的有效途径

如前所述,全球海洋治理视阈下中非"蓝色伙伴关系"的建构面临着许多问题,建构中非"蓝色伙伴关系"应当从以下几个方面着手。

(一)中国应当完善海洋治理体系并加强海洋治理能力的现代化建设

中国在推动中非海洋合作的过程中,促进国家海洋治理体系和治理能力的现代化建设,有利于减轻国内问题给中非"蓝色伙伴关系"建构带来的不利影响。

1. 完善海洋治理体系

一方面,作为海陆复合型国家,中国应抓住当前全球海洋治理和海洋强国建设的机遇,坚持陆海统筹,推进海洋经济、海洋政治、海洋安全、海洋生态发展、海洋资源保护与开发"五位一体"的海洋治理体系和治理能力现代化建设;同时,注意分阶段循序渐进推进自身海洋治理体系现代化建设,实现海洋治理短期目标和长期目标相结合。另一方面,中国应从海洋治理法律体系入手,根据国家海洋治理体系和治理能力现代化的要求,进一步健全和完善相关法律体系;学习借鉴《联合国海洋法公约》及其他相关国家较为完善的海洋治理法律经验,强化涉海法律的制定与补充、完善,积极推进中国的海洋法体系建设,为依法治海提供法律依据。[20] 随着在海洋治理中具体实践的日益丰富,中国应当确立"海洋"在国家法律体系当中的地位,补充修订和实施与海洋功能性事项有关的法律,使海洋法与中国具体的海洋实践相吻合。

2. 加强海洋治理能力的现代化建设

一方面,海上力量是海洋治理能力的重要组成部分,也是维护国家海洋利益的强有力保障。当前中国面临着诸多涉海维权的争端,"一带一路"建设带来了更多的中国与沿线国的海上合作实践问题。在此背景下,中国需要进一步加强海上力量建设,优化海上力量结构,发挥海军维护国家海洋安全和海洋利益的重要作用,提高海上力量维护国家海洋利益和参与全球海洋治理的能力与水平。另一方面,中国在积极促进自身海洋治理能力现代化建设的同时,也要注意与其他全球海洋治理主体建立伙伴关系,相互取长补短、优势互补,共同为全球海洋治理作出贡献。中国应坚持人海相协调的原则,推动构建互利共赢的和谐海洋国际关系,积极发展蓝色伙伴关系,[21]为中国自身的海洋治理能力现代化建设汲取外部营养,为中非"蓝色伙伴关系"的建构增砖添瓦。

(二)把握好重点领域和重点国家

目前中、非双方之间的海洋合作涉及海洋政治、海洋经济、海洋安全等多个方面,非洲国家的具体情况和经济发展水平各异,要注意把握好重点领域和重点国家,确保中非"蓝色伙伴关系"的建构有效展开。

1. 中非"蓝色伙伴关系"的构建要把握好重点领域

第一,持续推进中非海洋外交。中、非双方之间和谐的海洋外交关系可为双方"蓝色伙伴关系"的构建提供源源不断的动力,对"蓝色伙伴关系"的构建起着催化剂的作用。在与非洲的海洋合作中,中国应继续秉持"亲诚惠容"的外交理念,妥善协调双方的利益,实现互利共赢、开放包容的伙伴关系。具体而言,中国要促进中非之间海军外交、海洋法律外交以及涉海民间外交与公共外交,从机制体制上完善对非海洋公共外交政策体系;同时,可以基于已有的中非合作平台,发挥学术外交的助推作用,共同主办或承办有关海洋的国际性会议、海洋交流会等。

第二,加快中非海洋经济合作。中、非双方之间海洋经济合作是构建双方"蓝色伙伴关系"的基础,也是持续推进双方海洋合作的物质保障。2018年9月2日,几内亚共和国与中国船舶工业集团有限公司签署了海洋领域一揽子合作项目协议,双方将在海洋渔业及渔业区安全、海洋运输装备、修造船设施等多领域开展实质性合作。中非"蓝色伙伴关系"的构建需要双方在更广泛的层次上开展海洋经济合作。例如,中、非双方应进一步加强在海洋渔业、海洋基础设施、海上互联互通和海洋资源开发等方面的合作,加快实现双方在海洋经济中的互利共赢。

第三,促进中非海上安全合作。近年来,几内亚湾已超过索马里周边海域成为非洲乃至世界范围内的海盗犯罪高发区。这不仅给尼日利亚等非洲国家的海上贸易带来安全隐患,也对中国公民的人身安全造成了严重影响。[22]大多数非洲国家是《联合国海洋法公约》的缔约国,公约在具体条款中强调要在海运、海上安全、控制海洋污染和保护海洋环境、开发海洋生物资源等领域开展区域合作。中国在非洲的重要海上通道上面临着严峻的安全形势,例如,中国—北非航线的索马里段已经成为世界上最不安全的国际航道之一,中国与西非的必经之路——好望角存在许多自然灾害。因而,中、非双方可将海上安全作为中非“蓝色伙伴关系”的重点领域,促进双方在海洋非传统安全、共同打击海盗、海上通道等方面展开更加密切的合作,进一步完善海上执法国际合作机制,为中非“蓝色伙伴关系”的构建提供有利的外部条件。

第四,加强中非海洋生态与环保合作。中、非双方的海洋生态与环保合作是建构中非“蓝色伙伴关系”的重要内容,有利于双方在海洋合作领域达成更多共识。当前,一些犯罪集团和西方公司把非洲海域当成垃圾场,随意倾倒大量电子垃圾、医疗垃圾,甚至有毒、带有放射性的核废料,污染了当地水域,危害了当地人健康。[23]未来中国可将对非洲实施的绿色发展和生态环保援助项目扩展至海洋生态领域,加强双方在海洋环保、海洋污染防治、绿色经济等领域的合作。

2. 中非“蓝色伙伴关系”的构建要把握好重点国家

第一,促进与埃及在海陆运输枢纽方面的合作。凭借优越的地理位置,埃及是“一带一路”倡议的地理交汇点,也是构建中非“蓝色伙伴关系”中中、非双方必须十分重视的重要国家。中、埃两国之间长期保持着良好的伙伴关系,并于2016年签署了《中埃关于加强两国全面战略伙伴关系的五年实施纲要》,就双方在“一带一路”框架下加强基础设施方面的合作达成共识。埃及水产养殖业历史悠久,中、埃两国可加快水产养殖业合作与发展,推进养殖产业结构升级;[24]同时,促进双方在扩建苏伊士运河等国际航道规模上的合作,充分发挥埃及在“21世纪海上丝绸之路”上的运输枢纽作用。在构建中非"蓝色伙伴关系"过程中,促进中国与埃及在海洋旅游业、港口建设与海洋运输等方面的合作,不仅是中、埃两国全面战略伙伴关系的需要,也是中非"蓝色伙伴关系"构建的内在要求。

第二,促进与毛里求斯海洋领域的务实合作。作为中国西进非洲的桥梁,毛里求斯在非洲和印度洋地区事务中有着"小岛大国"的地位,理所当然地成为中非"蓝色伙伴关系"构建中中、非双方重点关注的国家。中国已成为毛里求斯重要的贸易伙伴,中、毛两国政治互信程度较高,在教育、旅游、文化等领域的合作也成就颇丰。近年来,两国合作的注意力已经向海洋领域转移。毛里求斯从 2014 年开始将海洋经济纳入其国家发展计划,并制定了详细的海洋经济发展路线图。在毛里求斯独立 48 周年暨共和国成立 24 周年的招待会上,中、毛两国就进一步推进两国海洋领域务实合作达成共识。未来双方可进一步挖掘在海洋经济、海洋旅游、海洋资源开发利用、海洋科学研究等领域的合作潜力,把路易港建设成地区海运中心之一;建立稳定的交流磋商机制,适时制定两国海洋合作领域的文件,在促进双方海洋领域达成更多共识的同时加快中非"蓝色伙伴关系"的建构。

第三,促进与吉布提海洋安全的合作。吉布提港是中国参与非洲和西亚护航与维和、人道主义救援以及其他任务的有效保障,其对中国进行联演联训、紧急救援、撤侨护侨等海外工作大有裨益。2017 年 7 月 11 日,中国在吉布提建立第一个海外军事保障基地。当前中、吉两国政治外交环境良好,双方已有海洋安全合作的相关基础。但吉布提是世界最不发达的国家之一,工农业基础薄弱,80% 以上的发展资金依靠外援,60% 的人口为贫困人口[25],难以为中吉海洋安全合作提供良好的经济基础。中国可通过"一带一路"倡议,帮助吉布提成为地区性的航运港口和商业中心,给予吉布提更多经济援助,加紧实施基础设施建设,改进其传统捕鱼方式,使其进一步释放渔业资源的经济潜力,为中吉海洋安全合作的持续开展提供物质保障。

第四,促进与尼日利亚海洋能源合作。尼日利亚多个城市在资本、连通性和消费规模方面占据着非洲百强大市场主导地位。尼日利亚拥有丰富的自然资源,是非洲最重要的石油生产和出口地区,与中国保持着密切的能源合作。近年来中国与尼日利亚在油气资源领域的合作进展迅速,双方在海洋能源领域合作的潜力逐渐凸显。2012 年 8 月,"大洋一号"科考船完成了首次中尼联合海洋考察,将中、尼两国在海洋领域的合作推向了一个新的高度。尼日利亚陆上、近海油田的勘探和开采权长期主要被西方石油公司掌控,中方没有太多的选择空间,[26]但中、尼两国在浅海,尤其是深海油田勘探开发、近海大陆架油田和石油提炼工业、海上基础设施建设等领域合作前景广阔。中、尼两国在海洋能源尤其是海上油气资源方面的合作,不仅有利于双方伙伴关系的建立,也会在很大程度上促进中非"蓝色伙伴关系"的构建。此外,尼日利亚拥有丰富的海洋能源资源,但长期面临着海盗的袭扰,货物进出港效率有待提高。中国可与尼日利亚政府一道加强海上安全,改善对航道与港口的管理,落实港口贸易便利化措施。

第五,促进与南非海洋渔业合作。南非在非洲有着重要的经济地位,已经连续 7 年成为中国在非洲的第一大贸易伙伴。南非海岸线绵长,渔业资源丰富,海洋捕捞业发达,中国与南非在海洋渔业方面有巨大的互补性。南非政府致力于把海洋经济发展同《2030 国家发展规划》相融合。为了充分释放其海洋经济的发展潜力,南非政府于 2014 年正式提出"费吉萨"计划[27]。在中国的"一带一路"倡议和南非"费吉萨"计划的背景下,双方可进一步挖掘在海洋渔业方面的合作潜力。[28]比如,中国与南非可以建立一个专门的海事银行,加大对双方海洋渔业发展和港口基础设施建设的金融支持力度,促进"费吉萨"计划与中国"一带一路"倡议的对接。

此外,中、非双方在海洋产业方面的国际合作也要根据具体情况展开,如与西非国家的海洋渔业合作,与北非、几内亚湾沿岸的海洋石油合作,与东非、西非国家沿岸及海岛海洋保护区合作,与非洲东部沿海及印度洋、大西洋海域海岛海洋科学、教育与文化合作等。

(三)做好域外大国协调

中非"蓝色伙伴关系"的构建不仅需要关注非洲地区的海洋战略、海洋政策、国家间海洋合作的意向与动机等,还需考虑域外大国的影响,做好与有关域外大国的协调。

1. 做好与欧盟和欧洲国家的协调

"二战"结束后,欧洲国家失去了在非洲的宗主国地位,但欧洲有关国家在非洲仍有很大的影响力。"中国威胁论"在欧洲也有一定市场,部分欧洲国家将中国看作对其在非洲传统经济和战略利益的威胁。中国和欧洲国家对非洲都非常重要,中欧关系和谐与否必将对中非"蓝色伙伴关系"产生重要影响。可喜的是,在 2017 年 11 月,葡萄牙与中国签署文件,成为第一个同中国建立"蓝色伙伴关系"的国家。2018 年 7 月,中国与欧盟签署建立蓝色伙伴关系的宣言,从而为协调中、欧双方在非的关系和构建中非"蓝色伙伴关系"奠定了良好基础。未来中国应注重协调与欧洲国家海洋领域的对非政策,寻找两者的共同点,在全球范围内不断加强双边和多边合作。比如,中、欧双方在维护非洲稳定和发展上存在共同的立场,双方在构建中欧"蓝色伙伴关系"的同时,把非洲纳入海洋安全、海洋经济、海洋生态等相关领域,实现各方的合作交融、互利共赢。

2. 做好与美、日、印等域外大国的协调

中国可通过在一些重要领域扩大同美、日、印等国的利益交叉点,在更广泛的范围内实现合作以缓解竞争风险。比如,在非洲的海洋安全方面,中、美、日都不希望看到非洲局势的动荡,各方可在索马里护航、海上非传统安全、海上走私、海上灾难等领域进行合作,帮助非洲减轻威胁。中、美两国同为世界能源消费大国,国际石油供需平衡符合中、美两国能源战略安全利益,双方可合作帮助非洲进行可持续海洋能源开发。就中、印两国在非洲的经济博弈而言,中国应加强对两国在能源、经贸领域摩擦的管控。非洲地区的发展和稳定符合中、印两国共同的利益,双方可在非洲国家自身能力建设方面寻求合作,促进其民主、人权等事业的进步。

(四)与联合国和非洲发展计划相关议程对接

在构建中非"蓝色伙伴关系"过程中,重视与联合国和非洲发展计划相关议程对接,对全球海洋治理中重要议题的解决和促进全球海洋治理机制的完善有着重要意义。一方面,联合国 2030 年可持续发展议程和中非发展战略的整合可为非洲的发展和振兴开辟新空间、提供新动力。积极推动与联合国和非洲发展计划相关议程对接有利于实现中国梦和非洲梦的高度契合。另一方面,促进与联合国和非洲发展计划相关议程的对接有利于在联合国框架下为全球海洋治理和全球海洋治理机制的完善凝聚更多合作力量。非洲有大大小小 50 多个国家,中非"蓝色伙伴关系"的建构,也可为全球海洋治理范围内协调多方利益与矛盾提供借鉴。在与联合国和非洲发展计划相关议程的对接过程中,各国可在联合国的框架下更为有效地整合各国海上执法力量,促进全球海洋治理管理机制和相关公约与协议的进一步发展完善,甚至推动构筑以联合国为中心的多层次海洋治理体系,从而弥补当前全球海洋治理机制的缺陷。

在促进中非"蓝色伙伴关系"的构建与联合国和非洲发展计划相关议程对接的过程中,中国应当重视以下方面问题。首先,加强顶层设计,促进中非海洋发展战略的对接,如加强"一带一路"与非洲《2063 年议程》的对接,积极将中非合作的领域向海洋方向延伸和拓展。其次,更多地重视非洲国家的利益和诉求,让非洲国家切实感受到从中非"蓝色伙伴关系"构建中获得的利益。再次,不断开辟新的领域,如加强在海洋安全、海洋经济、海洋生态与环境保护等方面的合作,为中非"蓝色伙伴关系"的建设创造新的增长点。最后,充分发挥联合国、非盟、世界银行、非洲开发银行等国际组织的作用,更好地汇聚国家与非国家行为体的力量,推动全球海洋治理目标的实现。

文章来源: 原刊于《太平洋学报》2019 年 02 期。

注释

1 江涛等著:《全球化与全球治理》,时事出版社,2017 年版,第 34~44 页。

2《欧盟委员会发布首个全球海洋治理联合声明》,青岛市发展和改革委员会,2016 年 11 月 29 日,http://www.qddpc.gov.cn/n32205328/n32205340/n32205341/161129103624 216780.html。

3 "Global Partnership for Oceans (GPO) ", The Word Bank, July 1, 2015, http://www.worldbank.org/en/topic/environment/brief/global-partnership-for-oceans-gpo.

4 刘立涛、张振克:《"萨加尔"战略下印非印度洋地区的海上安全合作探究》,《西亚非洲》,2018 年第 5 期,第 128 页。

5 为了实现国内生产总值(GDP)年均增长 10% 以上,到 2030 年成为新兴工业化、中等发达和具有竞争力的国家,2007 年肯尼亚政府制定《2030 年愿景建设》,该愿景涵盖了贸易、农业、工业等领域。

6 徐静静、谭攻克:《21 世纪海上丝绸之路战略构架下中国—肯尼亚海洋合作之探讨》,《海洋开发与管理》,2018 年第 5 期,第 13 页。

7 中国在 2017 年 6 月联合国首届"海洋可持续发展会议"上正式提出"合作建立开放包容、具体务实、互利共赢的'蓝色伙伴关系'"的倡议。在同期发布的《"一带一路"建设海上合作设想》官方文件中,也多次就建设"蓝色伙伴关系"(Blue Partnership)进行阐释。2017 年 11 月,中国与葡萄牙签署文件,共建"蓝色伙伴关系"。2018 年 7 月 16 日,中国与欧盟签署《中华人民共和国和欧洲联盟关于为促进海洋治理、渔业可持续发展和海洋经济繁荣在海洋领域建立蓝色伙伴关系的宣言》。

8 楼春豪：《中国参与全球海洋治理的战略思考》，《中国海洋报》，2018 年 2 月 14 日，第 2 版。

9 2016 年 10 月 15 日，在多哥首都洛美举行的非盟海事安全特别峰会上，为了进一步预防和打击包括恐怖主义、海盗行为、跨国犯罪、毒品买卖、偷渡、人口贩卖等在内的海上非法交易行为，非盟成员国国家元首、政府首脑以及代表签署了《非盟关于海事安全、防卫与发展的宪章》(又称《洛美宪章》)，就各签约国加强在海洋环境保护、海洋经济等方面的团结一致行动达成更多共识。"非盟海事安全特别峰会通过《洛美宪章》"，新华社，2016 年 10 月 16 日，http://www.xinhuanet.com//world/2016-10/16/c_1119726486.htm.

10 Paul Musili Wambua, "Enhancing Regional Maritime Cooperation in Africa：The Planned End State", African Security Studies，Vol.18，No.3，2009，p.46.

11 洪丽莎、曾江宁、毛洋洋：《中国对推进非洲海洋领域能力建设的进展情况分析及发展建议》，《海洋开发与管理》，2017 年第 1 期，第 27 页。

12 刘立涛、张振克：《"萨加尔"战略下印非印度洋地区的海上安全合作探究》，《西亚非洲》，2018 年第 5 期，第 126 页。

13 Michael Klare and Daniel Volman, "America, China and the Scramble for Africa's Oil", Review of African Political Economy，Vol.33，No.108，2006，p.297.

14 张春：《涉非三方合作：中国何以作为？》，《西亚非洲》，2017 年第 3 期，第 7 页。

15 同 14，第 19 页。

16 王琪、崔野：《将全球治理引入海洋领域——论全球海洋治理的基本问题与我国的应对策略》，《太平洋学报》，2015 年第 6 期，第 24 页。

17 〔英〕托尼·麦克格鲁著，陈家刚编译：《走向真正的全球治理》，《马克思主义与现实》，2002 年第 1 期，第 40～41 页。

18 袁沙：《倡导海洋命运共同体凝聚全球海洋治理共识》，《中国海洋报》，2018 年 7 月 26 日，第 2 版。

19 同 18。

20 胡志勇：《积极构建中国的国家海洋治理体系》，《太平洋学报》，2018 年第 4 期，第 22 页。

21 同 20，第 18 页。

22 曹峰毓：《几内亚湾海盗问题及其治理》，《西亚非洲》，2017 年第 6 期，第 73 页。

23 谢意：《画去东来——中非共迎"海洋世纪"》，《中国投资》，2016 年第 22 期，第 24 页。

24 方松、赵红萍：《埃及渔业现状、问题及建议》，《中国渔业经济》，2010 年第 3 期，第

71 页。

　　25 顾学明、祁欣:《吉布提的战略区位很重要》,《经济》,2014 年第 8 期,第 46 页。

　　26 汪峰:《中国与尼日利亚石油合作面临的挑战与对策》,《上海商学院学报》,2010 年第 5 期,第 11 页。

　　27 2014 年,为了进一步释放南非蓝色经济潜力,南非总统雅布各·祖马推出"费吉萨(Phakisa)计划"。该计划是对"大型快速高效"模式的适应,强调开放南非国家海洋经济的增长及就业,并将海上运输、近海石油和天然气勘测、水产养殖、海洋保护服务和海洋治理四个产业作为海洋经济优先发展产业。"南非开放海洋经济 祖马将宣布发展计划",人民网,2014 年 10 月 13 日,http://world. people. com. cn/n/2014/1013/c1002-25825824. html。

　　28 任航、童瑞凤、张振克等:《南非海洋经济发展现状与中国—南非海洋经济合作展望》,《世界地理研究》,2018 年第 4 期,第 142 页。

　　29 "蓝色伙伴关系"指的是以海洋领域可持续发展为目标,在相互尊重、合作共赢基础上建立伙伴关系。该倡议强调共担责任、共享利益,注重蓝色经济、绿色发展、合理有效地利用海洋资源。

"四轮驱动"推进蓝色伙伴关系构建的路径分析

■ 姜秀敏,陈坚,张沭

论点撷萃

蓝色伙伴关系是以"人类命运共同体"理念为基础的进一步深化,是中国参与全球海洋治理的路径选择,是推进经济可持续发展的现实要求,是加强海洋研究的有力保障。蓝色伙伴关系构建拥有三个机遇:"一带一路"倡议下的经济关系新平台、贸易摩擦下的新通道和中国沿海城市高速发展下构建高质量贸易平台。然而,蓝色伙伴关系构建也面临着三个挑战:海洋治理问题的特殊性、海洋治理理论与实践的不足、域外某些国家对蓝色伙伴关系的疑虑。

在当前复杂的国际形势背景下,全球海洋治理面临着前所未有的挑战,急需推动构建蓝色伙伴关系,以更好地应对海洋环境保护、海洋防灾减灾、海洋科技创新、海洋资源有序开发、海洋人文交流与经济合作方面的挑战。以常态化合作论坛为政治基础、以进博会为发展平台、以各国民意交流为文化基石、以国际法律法规为法律保障来推动蓝色伙伴关系构建是可行的路径选择。

总之,蓝色伙伴关系是在百年未有之大变局的时代背景下,中国提出的应对国际海洋秩序和全球海洋治理体系变革的全新理念,是中国独立自主的和平外交政策在海洋领域的体现,必将改变长期以来以西方海权论为主

作者:姜秀敏,中国海洋大学国际事务与公共管理学院教授,中国海洋发展研究中心研究员
陈坚,大连海事大学公共管理与人文艺术学院硕士
张沭,大连海事大学公共管理与人文艺术学院硕士

导思想的旧的海洋秩序和海洋格局，推动相互尊重、公平正义、合作共赢的新型海洋国际关系的建立，加快海洋命运共同体的构建。如何有效促进蓝色伙伴关系的构建是一个值得持续深入研究的时代课题。

建立蓝色伙伴关系是中国应对新形势下全球海洋治理体系变革的"中国方案"，是中国全方位外交布局中的重要一环，能够为各方共同参与、各国共同发展搭建互助合作的平台。但由于蓝色伙伴关系理论研究尚不成熟，海洋合作缺乏有效抓手，旧的全球海洋治理格局正在调整，新型全球海洋治理机制尚未建立，蓝色伙伴关系构建还面临着诸多问题和挑战。因此，本文以蓝色伙伴关系构建为研究主题，以进博会为平台，从政治、经济、文化和法律四个层面进行探讨，尝试为蓝色伙伴关系的构建提供一条新思路，以推动国际海洋秩序和全球海洋治理体系朝着更加公正合理的方向发展。

一、蓝色伙伴关系的内涵和意义

当今时代海洋领域纷争不断，国际社会期待更为公平、包容、合理的新型全球海洋治理体系。2017 年 6 月，国家海洋局在联合国海洋可持续发展大会上提出了"构建蓝色伙伴关系""大力发展蓝色经济""推动海洋生态文明建设的倡议"[1]，不仅为全球海洋治理提供了新的方案，也明确了构建蓝色伙伴关系的任务和地位。构建"蓝色伙伴关系"，是以开放包容、具体务实、互利共赢为主要目标，构建更加公平、合理和均衡的全球海洋治理体系。2017 年 11 月中、葡双方政府部门签署了关于建立"蓝色伙伴关系"的概念文件及海洋合作联合行动计划框架，2019 年 9 月中欧蓝色伙伴关系论坛在布鲁塞尔召开，标志着蓝色伙伴关系的概念越来越受到国际社会的关注，引起越来越多国家的共鸣。构建蓝色伙伴关系是对新时代全球海洋治理体系变革和挑战的回应，是中国以发展和创新的眼光所做的时代响应。

（一）蓝色伙伴关系的内涵

蓝色伙伴关系是"一带一路"倡议的重要补充，是"一带一路"倡议下的新型合作模式和重要组成部分，是健全海洋治理体系现代化的重要途径。"蓝色伙伴关系"的重点在于"伙伴关系"，它是不同国家、国际组织、政府和企业等不同层次的多元主体，为了共同的治理目标而相互协作的一种国际合作形式。

　　蓝色伙伴关系是以人类命运共同体理念为基础的进一步深化。"人类命运共同体"理念是中国对当前人类社会所面临困境的思考和对策,是对人类未来发展提出的中国方略。构建人类命运共同体包含三层内涵:一是构建以经济发展为内容的物质共同体,二是构建以繁荣各民族国家文化为目标的文化共同体,三是构建以人的自由发展和依赖关系为表现形式的社会共同体。"人类命运共同体"理念的内涵要求是积极参与国际事务,与多国进行广泛的交流与合作。这与"蓝色伙伴关系"有着内在的逻辑联系。蓝色伙伴关系构建,需要秉持"人类命运共同体"理念,以蓝色可持续发展为目标,在海洋领域内进行积极的交流与合作。在新型海洋治理体系中,"构建蓝色伙伴关系""大力发展蓝色经济""推动海洋生态文明建设"三者有所交融;蓝色伙伴关系构建虽然更侧重于外交层面,但其在经济领域和生态文明领域均有所涉及,三者之间相互交融共同促进新型全球海洋治理体系构建(图1)。

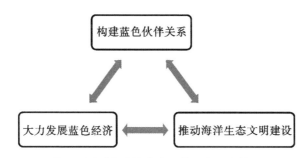

图1　新型全球海洋治理体系中三者关系

(二)蓝色伙伴关系构建的意义

　　蓝色伙伴关系是中国提出的全球伙伴关系在海洋领域的新延展,是新型全球海洋治理体系在政治与外交层面上的表达。蓝色伙伴关系最典型的案例即是中俄冰上丝绸之路合作,中、俄两国以互利共赢的原则增强中俄合作的内在动力,以负责担当的态度增强大国影响力,以可持续的路径发展周边海洋命运共同体,积极有效地推动新型全球海洋治理体系的构建。

　　1. 蓝色伙伴关系构建是中国参与全球海洋治理体系的关键途径

　　全球海洋治理失效的根源是治理问题的分散和相关主体合作机制的欠

缺,而伙伴关系的构建能为此提供积极有效的平台,能以灵活包容的合作模式,有效推进国际、区域、国家和地方的联系以及政府与非政府实体之间的积极互动,积极促进多元化治理模式的建设。

当前全球海洋治理正处于转型中,治理体系正从无序状态向更为包容、均衡、公正的状态转换。海洋治理能力的提高不仅需要政府之间的合作和磋商,也需要目标团体(相关行业、社区和利益集团)的积极配合。这就需要治理体系呈现更包容、灵活的形式,以应对现有的转型困境。

蓝色伙伴关系构建是中国应对现有海洋治理体系转型的现实倡议,是中国主动发挥负责任大国的主要举措之一。蓝色伙伴关系侧重于海洋伙伴合作的现实发展,可以有效促进建设全面、可持续、包容、互利的海洋伙伴关系,并对国际社会各类主体参与全球海洋事务、提供海洋治理政策和海洋合作交流平台发挥着积极的作用。

在海洋治理领域已有许多伙伴合作的成功案例。例如,1983年的东亚海环境管理伙伴关系计划,为蓝色伙伴关系构建奠定了制度和理念基础,有利于提高中国在全球海洋治理中的国际声誉。

2. 蓝色伙伴关系构建是推进海洋经济可持续发展的现实要求

稳定发展的海洋经济是促进经济可持续发展、创造就业机会、创造财富的重要源泉,蓝色伙伴关系构建能有力地推动各国不同层次的海洋资源管理主体进行深入的合作与交流,有利于进一步激发海洋经济发展活力,推动海洋经济可持续发展。这具体表现在以下三方面。

第一,蓝色伙伴关系要求各级主体及机构对海洋治理提出更有效的新方案,为海洋领域的合作交流提供良好的发展机遇。各国政府之间的伙伴关系能为海洋治理提供资金、制度等方面保障,非政府组织的伙伴关系能为海洋治理提供信息、教育等方面的支持,这些都有利于相关国家的科研机构开展层次更深入、领域更广阔的海洋事务研究与合作,为海洋经济可持续发展提供动力。

第二,蓝色伙伴关系能有效鼓励伙伴国家共同从事海洋科技、海洋经济等交流合作,满足相关国家的发展需要,为相关涉海管理主体、科研机构提供发展动力,继而形成良性循环;有利于推动海洋科技创新,引领海洋经济可持续深入发展,为整体经济发展作出蓝色贡献。

第三,蓝色伙伴关系构建能够实现共同发展。蓝色伙伴关系的构建有助于各国聚焦海洋合作机制建设,建立稳定的对话磋商机制,进一步拓展合作领域,加强资源共享,打造多元平台,拓展相应的海洋合作领域,将海洋经济合作向更高水平、更广空间推进,从而实现共同发展,打造海洋经济发展的利益共同体。

二、构建蓝色伙伴关系的机遇和挑战

当今世界处于全球化与反全球化并存的时代,存在着政治经济矛盾以及贸易保护与自由、政策干预与市场配置等的相互博弈。在这种情况下构建蓝色伙伴关系既有机遇也面临着挑战。

(一)蓝色伙伴关系构建面临的机遇

1. "一带一路"倡议下的经济合作新平台

构建蓝色伙伴关系将会为"一带一路"沿线国家经贸合作提供新的平台。"一带一路"倡议提出后,得到越来越多的国家和地区的响应,沿线国家和地区基础设施已经有了较大的改善,为蓝色伙伴关系的构建奠定了良好的物质和民意基础。

2. 贸易摩擦下的新通道

贸易伙伴关系是蓝色伙伴关系构建的重要基础,蓝色伙伴关系又能促进贸易伙伴合作的深化。因此,在构建蓝色伙伴关系的同时,需要考虑建立贸易伙伴关系,为各种贸易摩擦寻求解决的新通道。中国是世界上产业链最完整的国家,进出口具有很强的吸引力。随着中国的产业升级,"中国制造"将转变为"中国智造",中国的出口产品能与各国产品相辅相成、共生共赢,为蓝色伙伴关系构建提供了有力的经济基础。

3. 中国沿海城市的高速发展为蓝色伙伴关系构建提供条件

中国沿海城市大多具有经济上和地缘上的优势,为蓝色伙伴关系的构建提供了良好的物质基础。

以上海为例,将上海作为蓝色伙伴关系的重要节点,具有以下几个作用。首先,在交通运输中,上海作为国际化的主要交通枢纽,为沿线国家的交流合作提供了物质基础。世界各国进行货物运输时,主要采用水运的方式。在港航发展方面,上海港是世界第一大集装箱港口,其集装箱运输量为全球的1/20。这意味着上海具有发达的港航基础设施,为沿线国家货物的海上运输提供便利。其次,2013 年,我国提出建设上海自贸区,在"一带一路"倡议下,充分发挥上海优良港湾优势。2018 年上海自贸区新引入外企10000 余家,较 5 年前增长 20%[2]。政策、关税的优势促使上海具有更大的发展潜力。自贸区的建设为各国交流合作提供便捷区域优势的同时,进一步向外商展现了我国改革开放的显著成果。最后,上海是国际会议、会展的中心城市,先进的科学技术、便利的基础设施能为蓝色伙伴关系的高质量发展提供良好的基础。

(二)蓝色伙伴关系构建面临的挑战

1. 海洋治理问题的特殊性

当前全球海洋治理问题的重点是海洋环境治理与生态安全、海洋经济与科技创新以及海洋人才培养等。以海洋环境治理为例,海洋具有流动性、海洋防灾减灾受科技研发水平的限制、海洋治理涉及主体众多、渔业纠纷频发、资源分配不均等诸多问题是蓝色伙伴关系构建面临的基础性和关键性问题。同时,不同国家间在海洋治理的协调和决策上存在困难,是蓝色伙伴关系构建面临的现实挑战。

2. 海洋治理理论及实践经验不足

首先,相关国家对海洋治理的重视不够,参与合作治理的积极性不高。其次,有关海洋法律体制建设不健全,难以为蓝色伙伴建设提供法律保障。最后,全球海洋治理体系存在一定缺陷,蓝色伙伴关系构建理论研究欠缺,并且没有和具体的项目进行深层次的结合,理论研究和实践经验的系统性和层次需要继续提高。

3. 域外某些国家对蓝色伙伴关系的质疑

目前,全球海洋治理体系正处于转型阶段。域外某些国家对蓝色伙伴关系存在疑虑,特别是霸权主义和强权国家对于蓝色伙伴关系高度敏感,在舆论上阻碍蓝色伙伴关系构建,制造舆论歪曲中国提出的"一带一路"倡议,在政治上孤立中国,在经济上发动贸易战,极大地影响了相关国家参与建立蓝色伙伴关系的积极性,使蓝色伙伴关系构建陷入困境。

三、"四轮驱动"推动蓝色伙伴关系构建

在当前复杂的国际形势背景下,全球海洋治理面临着前所未有的挑战,

急需推动构建蓝色伙伴关系,以更好地进行海洋环境保护、海洋防灾减灾、海洋科技创新、海洋资源有序开发和海洋人文交流与经济合作。以常态化合作论坛为政治基础、以进博会为发展平台、以各国民意交流为文化基石、以国际法律法规为法律保障来推动蓝色伙伴关系构建是可行的路径选择。

(一)以常态化合作论坛为政治基础推动蓝色伙伴关系构建

蓝色伙伴关系中政治合作主要表现为三大主题:海权、海洋开发以及海洋治理。围绕现阶段海洋政治三大主题举办常态化合作论坛,有利于蓝色伙伴关系的秩序构建。

1. 常态化合作论坛的重要性分析

(1)常态化合作论坛有利于沿海国家捍卫海权。国家海域安全的保障,领海权力的维护是推动海上贸易有序进行的根本保证。全球海洋治理发展的现状,对各国海权的明晰与维护提出了更高的要求。常态化合作论坛的举办是当今国际社会进行政治、经济交流的新模式。以俄罗斯举办的东方经济论坛为例,从2015年举办第一届开始至今已成功举办四届,吸引了越来越多国家参与,经济方面的签约大幅提高,从1.3万亿卢布到超过3万亿卢布。此外,中国借助论坛宣传海洋外交政策,能打破国际社会对我国海洋外交的误解,达成海洋领域合作交流的共识,促进蓝色伙伴关系的构建。

(2)常态化合作论坛有利于保障全球海洋治理战略的实施。

第一,有助于各国围绕海洋问题进行深度讨论。在全球海洋治理的共同问题之外还存在海洋气候变化、海洋资源、海洋环境等特有问题。以南太平洋岛国为例,该区域发展相对落后,在海洋治理理念上也存在较大缺陷。常态化合作论坛可围绕南太平洋的特殊海洋问题号召南太平洋岛国参与论坛,促使各岛国针对南太平洋问题共同商讨,积极与国际海洋治理组织进行合作,达成共识,推动南太平洋严峻形势得以缓解。

第二,有助于维护多方海洋权益。在进行蓝色贸易合作中,海洋权益产生的争端逐年增多,并且出现恶化倾向。各国借助常态化论坛可以就眼下海洋冲突进行协商,维护海洋权益,防止海洋权益争端进一步恶化。通过多国共同参与论坛,以共同涉及的海洋权益问题为中心,各国提出发展与维护海洋权益的理念,达成共识,形成互融互通的海洋合作观念。

第三,有助于推动海洋外交。在全球化的趋势下,海洋外交不再仅仅是海洋大国的专属模式,而是各个具有海洋权益的国家相互交流沟通的渠道。海洋外交涉及的主体多样,不仅仅是各个沿海国家,还包括非政府组织。例如,东盟、亚太经合组织等涉海国际组织的参与为海洋主权国家的磋商搭建了新的桥梁。在推动各国的海洋外交方面,常态化合作论坛的作用不可忽视。按一定的周期举办论坛,结合当下背景围绕海洋事务展开讨论,可以带动其他相对落后的沿海国家共同发展。打破地理位置的限制,在固定场合进行海洋外交问题讨论,拓宽海洋发展的渠道,可以使各国共同应对当下海洋环境威胁以及解决新的海洋问题。

2. 举办常态化合作论坛的对策建议

中国已经成功举办多届国际合作论坛,为各国提供了充分交流海洋政策的平台。为了更充分地发挥合作论坛的作用,以下三个方面的工作应予以加强。

首先,论坛主题的确定应注重"重点论"和"两点论"的有机结合。为了解决合作论坛涉及内容复杂、交流研讨无法深入的问题,可以在合作论坛举办前期,对参与国所涉及的问题进行筛选与汇总,结合当下政治背景,选择一个关键的政治问题举办论坛,再以此主题及各国所涉及的政治问题举办多个分论坛,或者将论坛进行小主题划分开设多个分会场。各与会国根据本国需求参与与自己相关的论坛,与其他国家进行深入、详细的磋商,促进多国进行符合本国国情的政策交流,从而有效地提升多国交流合作达成率。

其次,以主题为依据选定论坛举办周期及地点,同时考虑举办国的发展情况,确定论坛的形式、内容。以全球《财富》论坛为例,其主要以经济发展为主题进行交流与探讨。中国四次举办该论坛是因为一方面论坛主题与中国经济相关,另一方面中国自改革开放以来,经济发展迅速,符合《财富》论坛对于选址地的要求。在论坛举办周期的选择上,以当代政治发展为主要考虑因素,根据各国对于政策磋商的需求来确定。

最后,制定国际合作论坛举办的法律条款,根据不同论坛签订具体的法律法规。合作论坛的举办涉及主体广泛,除了与会国外还有非政府组织参与,因此要根据参与主体的共同问题与需求形成一个总领性的法律文件,对各主体在合作论坛中的根本利益进行最基本的保证,要求各主体以互相尊重、和平、共同发展为第一要义举办合作论坛,并对主体交流行为进行规范。在根本文件的基础之上,围绕不同的论坛主题出台相应的法律文件,对论坛中可能出现的法律问题进行全面考虑;可针对涉及的主题开设有关法律的分论坛,使主要与会国根据自身需求制定符合论坛常态化发展的法律文件。

（二）以进口博览会为经济平台推动蓝色伙伴关系构建

中国的进博会开辟了各国间贸易和合作的新渠道,有利于经济全球化和贸易自由化,促进世界贸易的共同繁荣。进博会成为中国同各国利益交会的新平台,是中国同各国进行经济合作的新模式。

1. 以进博会为平台的重要性分析

（1）进博会可以推动贸易伙伴关系的建立。在经济先行方面,进博会能推动贸易伙伴关系的建立。由中国名义关税率、实际征收率（2010～2018）和最惠国税率（算数平均）下调最大的行业可知,进博会的举办和中国降低税率有着明显的正相关,进博会能有效推动国际贸易,在中国发展贸易渠道和合作伙伴关系方面实现新的突破,为中国进一步发展开放型经济注入活力。

（2）进博会可以推动蓝色经济通道的建立。2017 年,国家发改委与海洋局联合提出建设中国—印度洋—非洲—地中海、中国—大洋洲—南太平洋以及通过北冰洋连接欧洲的三条蓝色经济通道,作为中国沿海经济带的支撑。

进博会的举办推动了三条蓝色经济通道的建立。一是加速了我国对远东地区的投资,深化了中俄边贸关系;二是打破了各岛国所受地理位置的限制,各国集中在进博会进行经济交流,拓宽了太平洋共同体的合作伙伴关系[3];三是为东南亚的经济发展提供了极大的动力,对贸易壁垒的消除起到了推动作用。

（3）进博会能为多边外交提供有利的平台。进博会的举办不仅加强了中国与相关国家的民间交流,也加速了中国与有关国家的贸易伙伴关系。通过进博会,相关国家的政府官员和企业领导人可以直接感受到中国市场的繁荣,从而改变了过去的印象,为多边外交的开展搭建了新的平台。目前,进博会在政策沟通、设施沟通、贸易畅通、资金筹措、民心相通等方面取得了重大突破,有效地加强了沿线国家间的多层次的沟通与交流,创造了新的区域合作,促进了全球化的再平衡。

2. 推进进博会进一步发展的对策建议

进博会的成功举办是中国推进贸易自由化和蓝色伙伴关系的实际行

动。以进博会为平台推进蓝色伙伴关系构建需重点做好以下三项工作。

首先是进博会的常态化问题。进博会刚举办第2届,在城市合作、辐射功能上均存在极大的发展潜力。在常态化的过程中,由于国际形势、国家利益的变化,其举办侧重点、内容和形式都会有所改变,如何保障其持续发展是需要思考的另一问题。并且进博会想要常态化,就必须解决货源问题,通过高质量的、领先全球的产品使其更好地发挥平台作用。

其次是进博会管理协作问题。进博会参展国家和企业众多,如何使其协调运行以充分发挥进博会辐射作用是促进进博会发展必须解决的必要问题,其主要包括以下方面。第一,在管理过程中,如何妥善处理不同国家的风俗、语言问题? 第二,如何明确中国与外国、中国与国际组织、外国与外国、外国与国际组织、国际组织与国际组织的五重关系,充分发挥进博会的作用,加强三方之间的协作? 第三,如何提高进博会组织和管理效率?

最后是进博会所涉及的法律问题。在进口产品的引进中,可能会出现贸易争端和产品侵权等诸多法律问题。在此过程中,如何处理好进博会所涉及的法律问题、规范进口产品引进,是推动进博会发展中必须思考的问题。

总体而言,进博会的举办对蓝色伙伴关系构建起到十分积极的作用。未来进博会举办将常态化,管理方式将多样化,人才储备将丰富化,举办城市将向内陆地区延伸,通过自由贸易区(港)发展国际物流,再进行内陆港与自由港(区)间海铁联运的发展,形成规模经济,推动进博会在内陆地区举办,打破进博会港口城市举办瓶颈,从而为蓝色伙伴关系构建提供更广阔的平台。

(三)以各国民意交流为文化基石推动蓝色伙伴关系构建

文化作为国家的软实力,能够展现一个国家综合的风土人情,为国家外交工作增添更多的"人情味"。实现文化交融互鉴是"一带一路"倡议提出的愿景与初衷。民意在国家文化交流中作为文化的沟通桥梁,为蓝色伙伴关系构建在文化上起到承接的作用。

1. 民意交流的重要性分析

首先,民意交流内容多样。民意是一个国家人民群众想法的真实反映,各国民众交流的文化内容是一国软实力建立程度的映射。在"一带一路"倡议提出后,各国民众纷纷开始关注丝绸之路。以中俄关系为例,东北与俄罗斯之间具有较长的边境线,在中、蒙、俄经济走廊建设中具有区位与产业优势:多个边境口岸、边境县市等为中、俄两国人民的文化交流提供了多元渠道。边境口岸、边境县的多样为中、俄双方产业的互融互通提供了多元的渠道,从而以经济合作为基础推动了民众文化交流。在经济合作中,中、俄双方的主体主要是私人企业、个体、非政府组织等,受到制约程度也相对较少,文化交流也更加具有开放性[4]。

其次,民意交流渠道丰富,双方主体多元。蓝色伙伴关系构建过程中以经济合作为主的同时促进文化的互融互通,各大小企业以不同的经营特色为独特的发展模式,打通贸易渠道的同时推动双方企业文化的交流,借助各自发展优势以及区位地理优势,与多元主体建立合作关系。蓝色伙伴关系的构建不仅仅局限于企业与企业之间,可以与国际政府间组织、非政府间组织、个体等多元主体进行友好往来,在主体多元的同时,民意交流渠道也更加多样,进一步加强了蓝色伙伴之间的文化交流与合作。

最后,民意交流成本低,文化交流效果显著。民意交流相对其他正式的交流渠道更具有自发性,以人民群众对蓝色伙伴关系的认同感为基础,自发地与其他国家人民进行文化的互融互通,民心的认同感是蓝色伙伴关系构建的精神支柱,一国人民对蓝色伙伴关系建立的期望值促进了人民主动进行文化交流,将优秀文化向外传播的同时,将其他国家优秀文化"引进来"。

2. 推进民意交流的对策建议

为了更加有效推动蓝色伙伴关系构建,未来可以重点做好以下三项工作。

(1)建立访学机制,促进蓝色文化交融互通。文化交流是民心互通的主要方式。"一带一路"倡议的提出,蓝色伙伴关系的建立为国内外学者的交流创造了便利条件,鼓励国内学者走入其他沿海、沿线国家,将国内悠久蓝色海洋文化传播出去,将国外文化引进来,在此过程中进一步加强与国外优秀学者交流合作。访学机制建立要多注重青年学者的培养与教育,建立研究生的访学机制,推动蓝色文化的传播,提高蓝色文化交流质量。

(2)广开新媒体民意交流渠道,促进网络民意文化交流。互联网时代,网络的作用不容忽视,网络渠道成为民意交流的主要模式。要积极发挥新媒体作为文化传播渠道的优势作用,促进各国以蓝色伙伴关系为基础进行文化交流与传播。网络对于民意交流具有传播速度快、成本低、传播面广等优点,应充分利用网络新媒体传播优势,针对蓝色海洋文化创建多个网络平台,在网络平台上发布官方文化交流信息,引导各国网友参与评论,根据相关文化主题创建多种网络论坛,让各国各地网友加入论坛进行海洋文化大讨论,尤其为"一带一路"倡议以及蓝色伙伴关系的文化交流开办长期持久的网络论坛,实时更新当下有关热点话题,从而进一步推动蓝色通道的建立与疏通。

(3)保护民意交流权利,推动文化交流合法性。民意文化交流虽以民间自发性为主,但需要政府组织介入对其保护与监管,保障民众文化交流的积极性,促进文化交流中真实、可靠内容的发布,防止对事实的歪曲。政府应当构建起相对健全的法律机制,保障民众文化交流的基本权利,提高民众的发声质量,促进全球文化的阳光互通,积极引导民意表达的正确方式,建立蓝色文化交流渠道,促使全球网民可以以积极的价值观作为基础传播多国文化。

(四)以国际法律法规为保障,推动蓝色伙伴关系构建

法律作为蓝色伙伴关系构建的根本保障,是建立相互尊重、互融互通的蓝色伙伴关系以及打通多元的蓝色经济通道的基础。为此,蓝色伙伴关系主体都应参与制定多国适应的海洋法律。

首先,制定有关蓝色伙伴关系的法律规范。沿海国家大多利用本国的区位优势,打通海上贸易渠道,以海洋为中心进行海洋资源的开发与利用。为促使蓝色伙伴关系的持续发展,沿海国家应参与国际海洋法规的制定,保障相应海洋权利,制定针对不同方向的法律规范,对贸易交流、产业合作等进行详细规定,对海洋争议的处理制定相应的法律机制,为蓝色伙伴关系构建保驾护航。

其次,制定相应的监管机制,保障蓝色海洋法律的有效实施。法律文件作为法律执行的基础,在相应文件出台后,主要任务是法律的执行以及监管。各国政府组织、非政府组织应积极参与海洋相关法律的实施与监督。政府作为蓝色伙伴关系的主要主体,对于本国海洋权益的保护以及海洋发展责无旁贷。在官方组织中应当以司法机关的参与为主,积极调动多个司法部门对蓝色伙伴关系构建中涉及的法律问题进行全面关注以及监管,保证蓝色伙伴关系构建的权威性。与此同时,非政府组织的作用不可忽视。各国应通过非政府组织提供多样的法律服务,不断完善法律体系,从而提高

蓝色伙伴关系构建的有效性以及法律的可行性。

最后,培养海洋法律人才,打造专业蓝色伙伴关系法律团队。为了促进蓝色经济贸易的持续增长,专业团队的人才培养不容忽视。在蓝色伙伴关系构建中,为了有效解决涉海贸易争端与摩擦,海洋法律人才培养成为当代海洋建设的重要使命之一。法学专业应结合海洋法律的发展背景与时代要求,设计独特的培养方案,培养优秀的海洋法律人才。此外,各国应组建蓝色伙伴关系法律团队,专门进行蓝色伙伴关系、蓝色经济通道的法律研究。

四、结论与展望

蓝色伙伴关系是以"人类命运共同体"理念为基础的进一步深化,是中国参与全球海洋治理的路径选择,是推进经济可持续发展的现实要求,是加强海洋研究的有力保障。蓝色伙伴关系构建拥有三个机遇:"一带一路"倡议下的经济关系新平台、贸易摩擦下的新通道和中国沿海城市高速发展下构建高质量贸易平台。然而,蓝色伙伴关系构建也面临着三个挑战:海洋治理问题的特殊性;海洋治理理论与实践的不足;域外某些国家对蓝色伙伴关系的疑虑。对此,本文提出四条路径,并深入分析存在的问题,尝试性提出如下对策建议:中国应以常态化合作论坛为政治基础、以中国进口博览会为经济平台、以各国民意交流为文化基石和以国际法律法规为法律保障,与世界各国共同推进蓝色伙伴关系的构建。

总之,蓝色伙伴关系是在百年未有之大变局的时代背景下,中国提出的应对国际海洋秩序和全球海洋治理体系变革的全新理念,是中国独立自主的和平外交政策在海洋领域的体现,必将改变长期以来以西方海权论为主导思想的旧的海洋秩序和海洋格局,推动建设相互尊重、公平正义、合作共赢的新型海洋国际关系,推动海洋命运共同体的构建。

文章来源: 原刊于《创新》2020 年 01 期。

注释

1 参见《中国政府倡导在各国之间构建蓝色伙伴关系》,载中国新闻网,http://www.chinanews.com/cj/2017/11-03/8368061.shtml。

2 参见《上海自贸区 5 周年:外企占 20% 特斯拉等头部企业纷纷落户》,载界面新闻网,https://www.jiemian.com/article/2503654_qq.html。

3 参见《进博会为"一带一路"沿线企业拓展中国市场创造新机遇》,载新华网,http://www.xinhuanet.com/2019-10/19/c_1125125870.htm。

4 参见刘瑞华:《多元文化交流夯实"一带一路"建设民意基础》,载黑龙江日报(电子版),2018 年 10 月 27 日,http://epaper.hljnews.cn/hljrb/20181027/388045.html。

打造中欧蓝色伙伴关系新亮点

■ 程保志

论点撷萃

中欧蓝色伙伴关系的构建是推进我国海洋强国建设和21世纪海上丝绸之路建设的重要一环,同时也是进一步夯实中欧全面战略伙伴关系的重要抓手。毋庸讳言,蓝色伙伴关系的建构是一个长期任务,要从点滴做起,锲而不舍、久久为功。具体到海洋领域,中、欧双方应积极培育新的共识基础和合作领域,在应对气候变化和可持续发展、国家管辖海域外生物多样性养护和利用、南北极事务等议题上加强协调与沟通。况且,中欧目前都处于经济转型与产业结构调整的关键时期,这不仅为双方深挖传统领域的合作潜力创造了有利条件,也为拓展双方在低碳技术、生物科技、新能源、人工智能等新兴产业领域的合作提供了广阔空间。随着中欧海洋合作的深化和拓展,这一蓝色伙伴关系的内涵也会日趋丰富。

2018年7月,中国和欧盟正式签署《关于为促进海洋治理、渔业可持续发展和海洋经济繁荣在海洋领域建立蓝色伙伴关系的宣言》(以下简称中欧《蓝色伙伴关系宣言》)。该文件的签订标志着中欧海洋合作上升到一个新的高度。近年来,中、欧双方在港口经济及相关海洋产业合作、国家管辖范围外生物多样性保护与可持续利用以及南北极事务方面所取得的进展已成为中欧海洋合作的新亮点。

作者:程保志,上海国际问题研究院海洋与极地研究中心副研究员、中国海洋发展研究中心研究员

蓝色伙伴关系

一、港口经济及相关海洋产业合作

中国与希腊、意大利等欧盟成员国在港口经济合作方面取得重大成果。比雷埃夫斯港项目作为中国和希腊共建"一带一路"的旗舰项目,是两国互利共赢合作的典范。比雷埃夫斯港是希腊最大的港口。2008 年,中远集团获得了比港 2、3 号集装箱码头的特许经营权。2016 年,中远海运收购比港港务局 67％的股份。经过几年发展,港口集装箱吞吐量从 2010 年的 88 万标准箱增加到 2018 年的 490 万标准箱,全球排名从并购时的第 93 位跃升至第 32 位,可望成为全球发展最快的集装箱港口之一。根据比港港务局的统计数据,2019 年港口集装箱码头吞吐量预计将达到 580 万标准箱,比港可望成为地中海第一大港。10 月 9 日,希腊港口发展和规划委员会批准了中远比雷埃夫斯港港务局提交的后续发展规划。该规划投资总额约 6 亿欧元,其获批标志着中远比港后续发展规划进入正式实施阶段。作为中希合作的标志性项目,比港为当地提供了 3000 多个直接就业岗位和 1 万多个间接就业岗位。比港集装箱码头希方经理表示,中国在比港的投资促进了希腊经济的发展,是中国在希腊投资的典范。

3 月 23 日,中、意两国签署了共同推进"一带一路"建设的谅解备忘录,意大利成为第一个与中国签署此类合作文件的七国集团国家。中、意双方将加强"一带一路"同泛欧交通运输网络的对接,深化在港口、物流和海运领域的合作。意大利热那亚港和的里雅斯特港将承担起连接中欧海运的任务。根据协议,中国交通建设股份有限公司将协助热那亚和的里雅斯特的港务局,管理有关重组和后勤改造工程的招标。

二、国家管辖范围外生物多样性养护与南极海洋保护区

建立公海保护区是一种有效保护海洋环境和生物多样性的方式。自2004 年联合国大会建立"国家管辖海域外生物多样性(以下简称 BBNJ)养护和可持续利用问题"非正式特设工作组以来,欧盟一直是围绕 BBNJ 养护和可持续利用拟订一份具有法律约束力国际文书的主要支持者和倡导者。

2011 年,欧盟、77 国集团及中国决定将公海保护区和深海遗传资源问题列入"一揽子事项",共同推动实现各自意向。2015 年第 69 届联合国大会通过第 292 号决议正式启动就 BBNJ 养护和可持续利用,拟订一份具有法律

约束力国际文书的进程。4月,第21次中欧领导人会晤联合声明首次将设立南极海洋保护区作为有效落实海洋领域蓝色伙伴关系的交流内容。该声明释放出一个积极的信号,即双方在南极海洋保护区建设议题上存在着很大的协作空间。11月6日,中、法两国领导人在北京共同发布《中法生物多样性保护和气候变化北京倡议》,其中明确提及"动员所有国家根据《联合国海洋法公约》制定一项具有法律约束力的国际文书,以养护和可持续利用国家管辖海域外生物多样性","根据《南极海洋生物资源养护公约》促进南极海洋生物资源的养护,并继续就包括设立南极海洋保护区在内的南极海洋生物多样性的养护和可持续利用问题进行讨论,包括在那里建立海洋保护区"。这无疑为中、法两国乃至中、欧双方在该议题上开展务实合作奠定了坚实基础。

三、北极治理

在北极治理问题上,中、欧双方之间存在着颇多相似之处。欧盟强调"知识、责任与参与"3个层面,即通过进一步加大在北极生物多样性维护、基于生态系统的管理、持久性有机污染物的防治、国际海运环境标准与海事安全标准的制定及可再生能源产业等知识领域的投资以保护北极环境、促进地区和平与可持续发展;强调对商业机遇的开发采取负责任的方法,并与北极国家及原住民进行建设性的接触与对话。欧盟将北极突出的环境保护、航行安全及基础设施问题内化为其"北极责任",试图将自身界定为北极治理公共产品提供者的身份,以便其更加有效地介入北极事务。

2018年1月发布的《北极政策白皮书》是中国政府首次正式对外宣示自己有关北极事务政策立场的文件。白皮书强调,北极事务没有统一适用的单一国际条约,它由《联合国宪章》《联合国海洋法公约》《斯匹次卑尔根群岛条约》等国际条约和一般国际法予以规范。中国倡导构建人类命运共同体,是北极事务的积极参与者、建设者和贡献者,愿依托北极航道的开发利用,与各方共建"冰上丝绸之路"。经济快速发展的中国对于北极的潜在需求,无疑为中、欧双方之间的合作提供了新的增长点,北极航道尤其是东北航道的开通将大幅削减中、欧双方之间贸易的航运成本。中、欧双方已在北极科考合作方面取得丰硕成果,中国第二艘极地破冰船"雪龙2"号是中国和芬兰合作的具体成果。可以预期的是,随着"冰上丝绸之路"各类项目的逐步推进，中、欧双方在北极地区经济社会发展上进行合作的空间和潜力巨大，北极基础设施建设、北极气候变化研究、北冰洋联合考察和监测、船员能力联合培训、北极联合搜救演习以及创新与绿色发展等均是未来双方合作的重点领域。

中欧蓝色伙伴关系的构建是推进我国海洋强国和21世纪海上丝绸之路建设的重要一环，同时也是进一步夯实中欧全面战略伙伴关系的重要抓手。毋庸讳言，蓝色伙伴关系的建构是一个长期任务，要从点滴做起，锲而不舍、久久为功。具体到海洋领域，中、欧双方应积极培育新的共识基础和合作领域，在应对气候变化和可持续发展、国家管辖海域外生物多样性养护和利用、南北极事务等议题上加强协调与沟通。况且，中、欧双方目前都处于经济转型与产业结构调整的关键时期，这不仅为双方深挖传统领域的合作潜力创造了有利条件，也为拓展双方在低碳技术、生物科技、新能源、人工智能等新兴产业领域的合作提供了广阔空间。随着中欧海洋合作的深化和拓展，这一蓝色伙伴关系的内涵也会日趋丰富。

文章来源：原刊于2019年12月10日《中国海洋报》，系中国海洋发展研究中心与中国海洋发展研究会联合设立项目CAMAJJ201805"'一带一路'背景下构建中欧蓝色伙伴关系若干战略问题研究"的阶段性成果。

海洋空间规划

坚持陆海统筹 人海和谐共生

——谈构建海洋和海岸带空间规划新格局

■ 何广顺

论点撷萃

陆海统筹是建立、实施国土空间规划体系的鲜明要求。必须立足"陆海一盘棋"基本理念与"陆海一体化"基本规律,打通土地与海洋、潮上与潮下、岸内与岸外的联系;立足陆海生态的互通性,将山水林田湖草生命共同体理念运用到以海岸带为核心的沿海空间治理,实施生态系统综合管理;陆海统筹不是简单地将陆地空间管理体系、指标和措施向海洋直接复制移植套用,而是在"统"的基础上更加体现"筹"的创新。

科学构建海洋国土空间和海岸带规划体系。要在国土空间规划体系"五级三类"总体框架下,战略布局各层面,以陆海统一的主体功能区为基础,优化海洋国土空间保护与利用格局;我国海洋国土空间已由大规模开发利用转向保护为主的新阶段,应当以编制国土空间规划为契机,调整完善沿海各市、县主体功能区;应面向"统筹区域布局+指导空间管制"综合维度,将陆海统筹贯穿于沿海不同层面的宏观架构、量化调控和用途管制中,解决不同的重点问题。

充分发挥国土空间规划对陆海统筹的引领作用。切实推动陆海统筹理念在国土空间规划中的落实,支撑和保障沿海高质量发展和城乡高品质生活所需重要空间和资源条件;在编制各级国土空间规划过程中加强原海洋功能区划与土地利用规划、城市规划等成果的整合衔接,形成完整"一张图";通过海岸带规划提出城镇体系、产业分布、重大设施等在空间布局与资

作者:何广顺,国家海洋信息中心主任、中国海洋发展研究中心海洋经济资源与环境研究室主任

源分配方面的约束条件和规划底线,促使发展规划、行业规划以最优方案落实到海岸带空间。

　　海洋是高质量发展的战略要地,是维护国防安全、资源安全与生态安全的重要空间,规划好、保护好、利用好这片蓝色国土是全面改革、全新设立国土空间规划体系的一项重要任务。《中共中央 国务院关于建立国土空间规划体系并监督实施的若干意见》(以下简称《意见》)将"坚持陆海统筹"摆在重要位置,明确建立包含海洋在内的"多规合一"体系,并设置海岸带专项规划对海岸带国土空间作出专门安排,体现了"统一行使所有国土空间用途管制和生态保护修复职责"下海洋空间管理的新框架、新思路。为了深入贯彻落实中央这一重大决策部署,我们要紧紧抓住陆海统筹根本要求,以融合理顺海洋和海岸带空间规划体系为切入点,运用综合手段调控沿海资源供给,推动构建形成人海和谐的空间管理新格局。

一、陆海统筹是建立实施国土空间规划体系的鲜明要求

　　必须立足"陆海一盘棋"基本理念与"陆海一体化"基本规律,打通土地与海洋、潮上与潮下、岸内与岸外的联系。立足陆海生态的互通性,将山水林田湖草生命共同体理念运用到以海岸带为核心的沿海空间治理,实施生态系统综合管理。陆海统筹不是简单地将陆地空间管理体系、指标和措施向海洋直接复制移植套用,而是在"统"的基础上更加体现"筹"的创新。

　　我国是陆海兼备的大国,依陆向海是新时代发展的主流取向。近年来,党和国家将陆海统筹置于更高战略地位。习近平总书记在不同场合多次强调"坚持陆海统筹",使之成为我国对内深化改革和对外扩大开放的战略思维和治理方法。作为整合后覆盖全域的空间布局与保护利用顶层设计,国土空间规划既囊括960万平方千米的陆域也包含300万平方千米的主张管辖海域,强化陆海统筹理念显得尤为必要和迫切。

　　陆海统筹理念符合国土空间规划陆海一体、相互作用的客观规律。陆地和海洋两大系统在空间上连续分布、交互影响,陆海间自然要素的流动没有明确界线,陆海间自然资源的利用没有显著区分。编制实施全国和沿海地区国土空间规划,必须立足"陆海一盘棋"基本理念与"陆海一体化"基本规律,打通土地与海洋、潮上与潮下、岸内与岸外的联系。一方面,立足陆海

空间的互联性,在同一规划框架下以不同深度规划为依托,实施"从山顶到海洋"全流域、全要素规划。另一方面,立足陆海资源的互补性,最大限度地发挥各自比较优势,统筹陆域与海洋资源开发保护导向,保障国家能源资源安全;同时,立足陆海生态的互通性,将山水林田湖草生命共同体理念运用到以海岸带为核心的沿海空间治理,实施生态系统综合管理,推动可持续发展。此外,立足陆海产业的互动性,沿海产业规模与布局要同步考虑陆地及海洋发展潜力及资源环境承载能力,更加重视超载地区、产能过剩地区"以海定陆",推动内陆优势技术结合海洋需求与沿海特色的"引陆下海"。

陆海统筹理念反映了国土空间规划体系中海洋保护利用的特殊性。国土空间规划体系在通盘考虑陆海整体性的基础上进一步突出了海洋空间的独特性,表现在以下几方面。一是海洋空间具有开放性。流动的海水使局部海域变化受季风、洋流等区域乃至全球尺度海洋事件的影响,反之,溢油、采矿等局部干扰亦可能造成大范围扰动,这要求海洋空间的开发利用必须在更大尺度上考虑各类影响。二是海洋空间具有立体性。垂直维度从海空、海面到海底的不同层次对应不同的自然地理与生态环境条件,可对同一点位或区域开展能源、航运、渔业等"多宜性"海洋空间利用,一些发达海洋国家为此率先开展立体海洋空间规划探索。三是海洋空间具有脆弱性。各类用海工程"牵一发而动全身",存在很大的负外部性,且人工干预也很难在短期内修复,必须对海洋保护利用采取"最严格的特殊手段"。四是海洋空间具有不宜居性。空间利用主要体现为生产属性与生态属性,较少涉及人居因素,利用需求同陆地截然不同。因此,陆海统筹不是简单的陆海统一,陆地空间管理体系、指标和措施不能向海洋直接复制移植套用,而是在"统"的基础上更加体现"筹"的创新。

二、科学构建海洋国土空间和海岸带规划体系

要在国土空间规划体系"五级三类"总体框架下,战略布局各层面,以陆海统一的主体功能区为基础,优化海洋国土空间保护与利用格局。我国海洋国土空间已由大规模开发利用转向保护为主的新阶段,应当以编制国土空间规划为契机,调整完善沿海各市县主体功能区;应面向"统筹区域布局＋指导空间管制"综合维度,将陆海统筹贯穿于沿海不同层面的宏观架构、量化调控和用途管制中,解决不同的重点问题。

海洋主体功能区规划、海洋功能区划、海岛保护规划等各级各类海洋空间规划在构筑陆海协调发展格局、支撑东部率先发展及城镇化进程、促进海洋空间合理利用和有效保护方面发挥了积极作用,但也存在管制落实不到位、权威性稳定性不够、地方灵活弹性不足、同陆域规划内容重叠与冲突等问题。要在国土空间规划体系"五级三类"总体框架下,战略布局各层面,以陆海统一的主体功能区为基础,优化海洋国土空间保护与利用格局。坚持主体功能区战略和制度,充分发挥主体功能区构建在国土空间规划体系中的基础性作用和海洋空间治理体系中的关键性作用。按照高质量发展要求,我国海洋国土空间已由大规模开发利用转向保护为主的新阶段,应当以编制国土空间规划为契机,调整完善沿海各市县主体功能区。一是改变原有陆海分头划设主体功能区的方式,在科学评估海岸带本底条件变化、开发利用情况和国家战略需求的基础上,统一确定囊括陆地与海洋的主体功能定位。二是健全"节约优先、保护优先、生态恢复为主"的主体功能区海洋政策,打造财政、税收、投资、金融、产业、空间、环境、自然资源、农业农村等全域"政策工具箱",并进一步转向"主体功能＋区域定位"的精准政策模式。

管理协调层面,以海岸带综合保护与利用规划为抓手,形成陆海统筹空间管理的政策合力。海岸带是海洋系统与陆地系统的连接地带,是空间开发利用最密集、资源环境压力最突出、各类矛盾问题最集中的区域,为此,《意见》明确新增海岸带规划作为国土空间规划体系的专项规划。海岸带规划应面向"统筹区域布局＋指导空间管制"综合维度,将陆海统筹贯穿于沿海空间、淡水、能源、资源等供给的宏观架构、量化调控和用途管制中,在不同层面解决不同的重点问题。一是在区域层次,以"双评价"为基础协调沿海跨行政区的生产力重大布局。二是在流域层次,以机制创新协调上下游、左右岸的资源环境生态管理。三是在县域层次,以规划传导提出沿海区域划定"三区三线"或"两空间内部一红线"的特别管制条件。四是在潮间带层次,以综合手段实施特别保护。

用途管制层面,以海洋功能区划和海岛保护规划的方法内容为骨架,开展海洋国土空间分区。根据《海域使用管理法》和《海岛保护法》,海洋功能区划和海岛保护规划是海洋空间用途管制和实施行政许可的法定依据。自然资源部明确要求,新的国土空间规划体系建立后,各地不再新编和报批海洋功能区划和海岛保护规划,相关规划成果统一按照"多规合一"要求纳入同级国土空间规划。海洋功能区划和海岛保护规划的主要内容与评价方法仍有其科学性,应在海洋国土空间详细分区中予以保留和继承,作为空间分区的基本依据。在沿海省级国土空间规划中确定海洋生态空间、海洋利用空间和海洋生态保护红线,在沿海市县级国土空间规划中细分渔业、港口航运、矿产与能源、旅游休闲娱乐、工业、特殊利用和保留区,并根据具体开发利用需求编制海域海岛详细规划。

三、充分发挥国土空间规划对陆海统筹的引领作用

切实推动陆海统筹理念在国土空间规划中的落实,支撑和保障沿海高质量发展和城乡高品质生活所需重要空间和资源条件。在编制各级国土空间规划过程中加强原海洋功能区划与土地利用规划、城市规划等成果的整合衔接,形成完整"一张图"。

为切实推动陆海统筹理念在国土空间规划中的落实,必须综合运用政策手段统筹调控陆海空间及资源的供给总量、时序和结构,宏观上协调城镇体系、关键产业、重大设施等布局,微观上落实资源节约、防灾减灾、生态修复、保护地等措施,支撑和保障沿海高质量发展和城乡高品质生活所需重要空间和资源条件。国土空间规划引领陆海统筹包括以下着力点。

第一,统筹空间管理。严控沿海土地供给和海域资源供给"双闸门",尽快处理好围填海历史遗留问题。在编制各级国土空间规划过程中加强原海洋功能区划与土地利用规划、城市规划等成果内容的整合衔接,形成完整"一张图"。对海岸线、潮间带等海岸带特色空间实施特别的空间用途转换制度,逐步解决海岸线粗放低效利用和保护碎片化、人工化问题以及潮间带空间属性不明、权责不清问题。

第二,统筹资源供给。海水淡化是解决沿海缺水城市新增水源的重要出路,要将海水淡化纳入国家和地区的水资源配置体系,在国土空间规划中把海水淡化作为弥补水缺口、保障水平衡的重要因素加以考虑,统筹好常规用水、淡化海水与跨流域调水的供给配置。战略性统筹沿海能源供给,尽快转变对陆域地矿资源和近海油气资源"吃干榨净"的做法,坚持海洋油气资源"储近用远",严格控制海上风电规模,加强潮汐、波浪、温差等海洋可再生能源开发利用。

第三,统筹生态保护。将"蓝色海湾""南红北柳""生态岛礁"等生态修

复恢复工程纳入国土空间规划,与沿海城市改造、沿海防护林建设等重大工程协调一致,逐步形成完整的沿海生态屏障。建立"从山顶到海洋"的流域上下游管理机制以及河口、海湾、滨海湿地等典型海岸带生态系统的整体协同保护机制,规划提出陆源污染入海总量、生态需水下泄最低流量、重点区域海域资源供给限值。

第四,统筹人居建设。针对海洋防灾减灾救灾能力不足、行业协调不够、亲海空间大量私属化和工业化等影响公众安全及群众反映强烈问题,重点开展灾害风险评估和区划,划定海岸带灾害重点防御区,实施海岸建筑退缩线制度,就生态海堤提出建设布局要求,就海岸景观提出城市设计要求。

第五,统筹推进海洋经济高质量发展。针对港口、近岸养殖、风电、化工、核电等建设项目产能过剩、遍地开花、缺少约束导致海岸带过度开发、无序开发、分散开发等问题,以国土空间规划为抓手推动资源供给侧结构性改革,加强海洋产业园区统筹管理和政策协调,促进海洋产业的结构调整和布局调整。通过海岸带规划提出城镇体系、产业分布、重大设施等在空间布局与资源分配方面的约束条件和规划底线,促使发展规划、行业规划以最优方案落实到海岸带空间。

文章来源:原刊于 2019 年 6 月 13 日《中国自然资源报》。

海岸带生命共同体有哪些特点

■ 叶属峰,温泉

论点撷萃

从推进海洋生态文明建设的角度来看,应考虑海岸带具备海域海岛及高强度人类活动这两个重要特征,将这个生命共同体的概念稍作拓展,增加"海"与"人"两大模块。构建"山水林田湖草海—人"的海岸带生命共同体,坚持陆海统筹和以海定陆,要着重强调由人地关系发展延伸至人海关系,关键在于人海关系的和谐构建。

对海岸带的生态重要性特别是其生态屏障功能,目前还缺乏系统分析与深入研究,其研究远没有达到海洋地质学、物理海洋学、海洋化学及海洋生物学方面的认识深度。在构建海岸带生命共同体过程中,我们要从生态学角度对海岸带重要性特别是其生态屏障功能进行再认识。从陆海统筹和我国海陆生态系统完整性角度,本文建议将我国生态安全战略格局由"两屏三带"改为"三屏三带",增加的"一屏"为海岸带海岛生态屏障,代表抵御海洋灾害的生态安全屏障。

构建海岸带生命共同体,须以国土空间为载体,坚持陆海统筹、以海定陆原则,统筹陆域和海洋的生产空间、生活空间和生态空间布局,重点处理城市与农村、东部与西部区域、陆地与海洋之间的关系,根据陆海自然生态系统的承载力、适应力、恢复力进行空间规划,以"多规合一"模式,协调海岸带复合生态系统中的经济社会资源的空间配置。

作者:叶属峰,自然资源部东海局海洋自然资源调查与科技处副处长、中国海洋发展研究中心研究员
温泉,国家海洋环境监测中心研究员

海洋空间规划

海岸带是陆海相互作用强烈且受人类活动高度影响的生态脆弱带。这样一个由陆向海的狭窄过渡性区域,兼具陆、海特征而自成特色,属于典型的生命共同体,是海洋工作的重点区域。在海洋强国战略和高质量发展的新时代,海岸带管理的核心应该是贯彻落实习近平生态文明思想,构建新时代海岸带生命共同体。

一、海岸带生命共同体构建,要强调人海和谐

生命共同体的理论发展有两个重要标志:一是 2013 年 11 月关于《中共中央关于全面深化改革若干重大问题的决定》的说明,提出"山水林田湖草是一个生命共同体",二是 2017 年 10 月党的十九大报告,提出"人与自然是生命共同体"。

山水林田湖草是一个生命共同体。其生态是生命共同体的"脊柱",也是生命共同体的血脉,以相互依存、紧密联系的有机链条统一了地球自然系统。在海岸带生态文明建设中,我们还要重点考虑"海"的模块。从太空来看,地球是一个蓝色星球,海洋约占地球表面积的 71%,陆地是海洋之岛屿。我国主张管辖的海域面积约 300 万平方千米,约为陆地国土面积的 1/3。我国拥有巨大的资源和生存发展空间。海洋通过大气环流与海洋环流,输送水、风、能、物质等,是地球作为生命星球的重要支撑。

人与自然是生命共同体,人与自然和谐共生。生命共同体是人与自然构成的复合生态系统,具有整体性、协调性与连通性三个重要特征,其核心是关爱自然界和生命。生命共同体强调依赖性,特别是人的发展与外部环境的和谐。人类以劳动为中介主动调整和控制人与自然之间的物质、能量与信息变换,建构特殊的生态位,通过其实践活动与自然生态相互影响、相互适应,人与自然在相互作用中协同演进。

从推进海洋生态文明建设的角度来看,我们应考虑海岸带具备海域海岛及高强度人类活动两个重要特征,将这个生命共同体的概念稍做拓展,增加"海"与"人"两大模块。构建"山水林田湖草海一人"的海岸带生命共同体。坚持陆海统筹和以海定陆,要着重强调由人地关系发展延伸至人海关系,关键在于人海关系的和谐构建。

二、生态安全战略格局中,海岸带应成为重要一屏

对海岸带的生态重要性特别是其生态屏障功能,目前还缺乏系统分析与深入研究,研究远没有达到海洋地质学、物理海洋学、海洋化学及海洋生物学方面的认识深度。在构建海岸带生命共同体过程中,我们要从生态学角度对海岸带重要性特别是其生态屏障功能进行再认识。

广义上的海岸带指向陆上延伸 10 千米,向海到大陆架。狭义的海岸带是指潮间带,即波浪作用的最上限与最下限之间的区域。我国社会经济调查统计则把沿海占有海岸线的县级行政单位或设市的市区行政边界(重点是海岸线以上 10 千米范围)作为海岸带的陆域范围,向海至领海外部界限。

海岸带是陆地、海洋、大气间相互作用最活跃的地带,也是全球人类经济活动最频繁区域,是全球经济持续发展且最富有生命力的地带。占地球表面 8％的海岸带提供了全球 28％的生物生产,距海不到 200 千米的海岸带地区集中了全球 50％以上人口。

与地球上其他区域相比,影响海岸带最为显著的三大驱动力有三个:一是全球气候变化,二是人类高强度活动,三是海洋性气候。因此,通常将海岸带海域作为抵御海洋灾害的重要生态屏障,同时海岸带也是海洋生物生长、繁殖、育幼、避难等重要栖息生境。

在我国,海岸带包括大陆海岸带和岛屿海岸带两大部分,是践行海洋强国战略、“一带一路”倡议以及实现东部地区率先优化发展的重要支撑带,是陆海统筹、推进海洋生态文明建设的主战场,涉及 11 个省(自治区、直辖市)的 54 个地级以上城市以及港澳台地区。海岸带地区集中了全国 30％的大中城市、近 20％的人口和 35％的 GDP 总量,是我国经济社会发展的黄金地带。

2010 年颁布的《全国主体功能区规划》提出了“两屏三带”生态安全战略格局,即“青藏高原生态屏障”“黄土高原—川滇生态屏障”和“东北森林带”“北方防沙带”“南方丘陵山地带”。这是我国的绿色发展生态轮廓;遗憾的是,其中没有包括具有海上生态屏障作用的海岸带。

2014 年颁布的《全国生态保护与建设规划纲要(2013—2020 年)》,虽然已将海岸带作为海岸线看待,纳入“两屏三带一线多点”的生态安全战略格局表述之中,不过,有关表述仍然难以全面体现海岸带海岛在我国国民经济

与社会发展中的重要地位与作用。

从陆海统筹和我国海陆生态系统完整性角度,本文建议将我国生态安全战略格局由"两屏三带"改为"三屏三带",增加的"一屏"为海岸带海岛生态屏障,代表抵御海洋灾害的生态安全屏障。

三、海岸带生命共同体实践,要坚持陆海统筹、以海定陆

构建海岸带生命共同体,既是海岸带自然资源管理与生态保护的需求,又是建立以生态系统为基础的新时代海洋管理新模式的需求。

构建海岸带生命共同体,须以国土空间为载体,坚持陆海统筹、以海定陆原则,统筹陆域和海洋的生产空间、生活空间和生态空间布局,重点处理城市与农村、东部与西部区域、陆地与海洋之间的关系,根据陆海自然生态系统的承载力、适应力、恢复力进行空间规划,以"多规合一"模式,协调海岸带复合生态系统中的经济社会资源的空间配置。

海岸带生命共同体的核心建设内容可以用 28 个字来概括,即"生态文明、陆海统筹、整体保护、系统修复、综合管理、以海定陆、多规合一";换句话说,就是在生态文明思想指导下,坚持"陆海统筹、以海定陆"两大原则,实施"整体保护、系统修复、综合管理"的措施,实现"多规合一、多法归一"的管理目标。

从生态学视角来看,新时代海岸带资源管理与生态保护的目标是,建立以生态系统为基础的管理新模式,拓展海洋发展空间,增强海岸带资源环境承载能力。在具体实践中,我们要改变过去一贯使用的要素化、条块分割的模式,而从增强海岸带生态系统的整体性、联动性与协调性入手进行海岸带资源管理与生态保护。其中,重点目标是建设海岸带生态屏障和生态廊道,通过整体保护、系统修复、综合管理提高海岸带生命共同体的生态系统服务。

坚持陆海统筹原则构建海岸带生命共同体,一要将海洋与陆域放在同等地位来考虑;二要坚持系统性、整体性与协调性;三要坚持以海定陆原则,考虑海之"低"与"大"的特征。

我国以生命共同体理论为指导开展的生态文明建设已经有了广泛实践,如海岸带海域范围内实施的田园综合体、海岸带自然保护地体系(包括国家级海洋公园、滨海湿地公园、自然保护区等)、蓝色港湾整治以及海洋经

济发展示范区等都取得了良好的效果。

　　未来的海岸带生命共同体实践应更加注重发挥海洋特色,以海洋生态系统服务为理论基础,以海洋文明社区构建为管理单元,以海洋文化培育传播为构建方向,以海洋生态文明建设为重点内容,高度重视以物联网、人工智能与大数据为特征的信息技术在海岸带生命共同体建构中的应用。

文章来源:原刊于《中国生态文明》2019 年 04 期。

用海建设项目海洋生态损失
补偿评估方法及应用

■ 郝林华,陈尚,夏涛,李京梅,陈碧鹃,崔正国,马方奎

论点撷萃

　　海洋生态补偿是一种防止海洋生态破坏、增强和促进海洋生态系统良性发展的环境政策,是用海者履行海洋资源有偿使用责任,对因开发利用海洋资源造成的海洋生态价值损失进行的货币化补偿。2009 年山东省首开海洋生态损害补偿赔偿制度先河,在全国率先发布了地方标准《山东省海洋生态损害赔偿和损失补偿评估方法》;又于 2010 年 6 月出台了《山东省海洋生态损害赔偿费和损失补偿费管理暂行办法》,提出"凡用海,必补偿"的原则,为保护山东海洋生态环境和处罚破坏海洋生态环境行为提供了重要的法律依据。然而,在实施过程中发现,上述标准由于未将重要的海洋生态服务价值损失和邻近影响海域的生态价值损失纳入核算范围,只考虑了占用海域的海洋生物资源价值损失,导致目前政府所征收的生态补偿资金数额普遍偏低。另外,该标准所规定的评估范围、方法和参数已经滞后于技术的发展

作者:郝林华,自然资源部第一海洋研究所生态研究中心、海洋生态环境科学与工程国家海洋局重点实验室副研究员
　　　陈尚,自然资源部第一海洋研究所生态研究中心、海洋生态环境科学与工程国家海洋局重点实验室研究员,中国海洋发展研究中心海洋经济与资源环境研究室副主任
　　　夏涛,自然资源部第一海洋研究所生态研究中心、海洋生态环境科学与工程国家海洋局重点实验室助理研究员
　　　李京梅,中国海洋大学经济学院教授,中国海洋发展研究中心研究员
　　　陈碧鹃,中国水产科学研究院黄海水产研究所研究员
　　　崔正国,中国水产科学研究院黄海水产研究所研究员
　　　马方奎,山东省淡水渔业研究院研究人员

和海洋管理的需求,迫切需要尽快修订并与 2014 年修订通过的《海洋工程环境影响评价技术导则》相衔接,这样才能满足党中央实施海洋生态文明建设、党政干部生态环境损害责任追究和领导干部自然资源离任审计等有关法规和政策的新要求。

建立海洋生态补偿机制是调整海洋开发与海洋生态保护关系、促进海洋资源集约利用和海洋生态环境保护的有效途径,也是长远之策。

生态补偿是协调经济社会发展与生态环境健康的一种有效激励手段,是以保护自然生态环境、促进人与自然和谐发展为目的,将环境外部成本内部化,并运用政府和市场手段调节生态保护利益相关者之间利益关系的公共制度。国际上生态补偿的研究主要集中在森林、流域、矿产资源和保护区等方面,对海洋生态补偿研究较少。埃利奥特和卡茨从理论上对海洋生态补偿问题进行了研究,认为海洋生态补偿可分为经济补偿、资源补偿和生境补偿 3 种类型。德蓬特和格林通过对东南亚、印度洋以及大西洋沿岸国家的调查,提出了海洋保护区生态补偿的资金支撑体系,分析了实施生态补偿的机遇和阻碍。莫等以哥伦比亚圣安德烈群岛地区的海岸带和海洋资源合作计划与管理为案例,分析了海洋资源使用者和保护者之间的利益冲突,提出了生态补偿可以作为解决这些冲突的有效手段。博穆特等探讨了英国海洋生物多样性保护的生态补偿问题,认为采用经济学评估方法,通过最佳分配有限的管理资源和提升管理者对海洋生物多样性保护重要性的认识来推动海洋生物多样性保护管理工作。史提芬以博内尔岛国家海洋公园为案例,探讨了将使用者付费作为对海洋保护区可持续发展生态补偿的资金来源机制,确定了使用者付费的支付意愿范围。

我国关于海洋生态补偿也开展了一些探索性研究。韩秋影等分析了海洋生态补偿的利益相关者、补偿强度和补偿途径 3 个基本问题,提出了海洋生态补偿的未来研究方向是海洋生态资源价值评估等。丘君等提出应根据海洋生态系统服务功能变化及其对利益相关者的影响界定补偿主体和补偿对象,补偿途径应以财政转移支付和环境资源税费为主,遵循理论计算值与现有实践相结合的原则制定补偿标准,并提出了构建渤海区域生态补偿机制的初步设想。李京梅和刘铁鹰针对填海造地造成的资源和生态环境损失,对其外部生态成本补偿的关键点进行了实证分析,认为补偿的标准应以被填海域资源和生态环境损失成本为依据。李睿倩和孟范平通过能值分析方法核算填海造陆造成的海湾生态系统服务价值损失,认为现有的生态补偿评估方法不能全面反映填海造地对海湾生态系统造成的影响,低估了损失的总价值。曲艳敏等阐述了海洋生态补偿的内涵和我国海洋生态补偿的发展现状,指出应当建立健全海洋生态补偿政策法律体系和完善海洋生态补偿的管理体制。饶欢欢等建立了海洋工程生态损害评估框架和生态损害补偿标准估算模型,并将其运用于厦门杏林跨海大桥的案例研究。

总体来看,国内外关于海洋生态补偿的研究侧重于从宏观角度考虑海洋生态补偿的实施问题,并对补偿的主体和对象、补偿途径和补偿资金的筹集渠道等方面进行了探讨,但对于海洋生态补偿中补偿资金的核算、补偿标准的确定和补偿的范围、期限等关键问题尚缺乏深入研究。

海洋生态补偿是一种防止海洋生态破坏、增强和促进海洋生态系统良性发展的环境政策,是用海者履行海洋资源有偿使用责任对因开发利用海洋资源造成的海洋生态价值损失进行的货币化补偿。2009 年山东省首开海洋生态损害补偿赔偿制度先河,在全国率先发布了地方标准《山东省海洋生态损害赔偿和损失补偿评估方法》(DB37/T1448—2009);又于 2010 年 6 月出台了《山东省海洋生态损害赔偿费和损失补偿费管理暂行办法》,提出"凡用海,必补偿"的原则。截至 2014 年底,该标准已实施 4 年,其间山东省共审批了近 400 个用海建设项目,其中 295 个项目缴纳了生态补偿资金,累计征收 4.22 亿元,平均每公顷用海生态补偿资金为 3.34 万元,为保护山东海洋生态环境和处罚破坏海洋生态环境行为提供了重要的法律依据。然而,在实施过程中发现,上述标准由于未将重要的海洋生态服务价值损失和邻近影响海域的生态价值损失纳入核算范围,只考虑了占用海域的海洋生物资源价值损失,导致目前政府所征收的生态补偿资金数额普遍偏低。另外,该标准所规定的评估范围、方法和参数已经滞后于技术的发展和海洋管理的需求,迫切需要尽快修订并与 2014 年修订通过的《海洋工程环境影响评价技术导则》(GB/T19485—2014)相衔接,这样才能满足党中央实施海洋生态文明建设、党政干部生态环境损害责任追究和领导干部自然资源离任审计等有关法规和政策的新要求。

本文基于海洋生态资本理论、生态损失补偿理论,建立了一种新的用海建设项目海洋生态损失补偿评估方法体系,针对 2016 年山东省 5 个典型用海项目,核算了其需要缴纳的海洋生态补偿资金并与旧标准的评估结果进行了对比。本评估方法可为国家和地方海洋主管部门的生态补偿核算、环评审批和发放许可证提供科学基础,对我国海洋生态环境保护和海洋经济绿色发展具有积极推动作用。

一、用海建设项目海洋生态损失补偿评估体系及其结构要素

基于快速化、定量化和差别化补偿评估原则,本文建立了用海建设项目海洋生态损失补偿评估体系(图 1)并编制了山东近海海域生态资本价值基准值表、生态损害系数表以及补偿系数表,用以快速、定量评估用海项目的海洋生态损失补偿。该评估体系主要包括以下几个关键指标和结构要素。

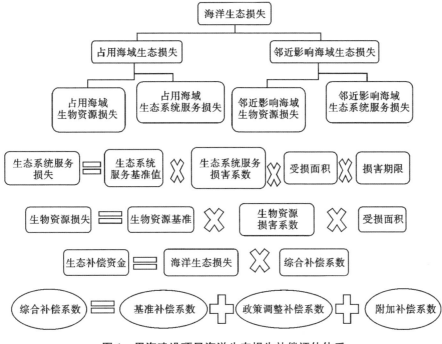

图 1 用海建设项目海洋生态损失补偿评估体系

(一)受损海域的生态价值基准值确定

海洋生态价值基准值包括海洋生物资源价值基准值和海洋生态系统服务价值基准值。该评估体系把山东海域按 7 个沿海地市划分为 9 个评价单元(图 2)。滨州、东营、潍坊、威海、青岛和日照等 6 个评价海区按照行政管

辖海域划分。烟台海区划分为3个评价海区。(1)烟台一区包括莱州、招远和龙口的管辖海域。(2)烟台二区包括蓬莱、长岛、开发区、芝罘区、莱山区和牟平区的管辖海域。蓬莱和长岛海区处于黄海和渤海分界线上,但是它们的生态特征更接近黄海,因此与烟台开发区、芝罘区、莱山区和牟平区一起划为烟台二区。(3)烟台三区包括莱西和海阳的管辖海域,位于山东半岛南岸近海,处于威海海区和青岛海区之间。该评估体系基于国家标准《海洋生态资本评估技术导则》(GB/T28058—2011),评估了2013年山东近海生物资源价值和生态系统服务价值,进行了空间插值叠加,绘制了其空间分布图并计算了其平均分布密度(表1)。

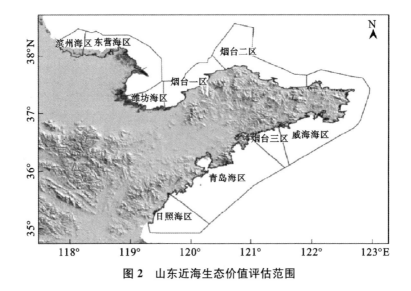

图2 山东近海生态价值评估范围

表1中取9个海区生物资源价值的平均分布密度作为海洋生物资源价值的基准值。但是,由于表1中9个海区生态系统服务价值的平均分布密度存在较大地区差,为方便实际操作中生态补偿标准的施行,需要做适当科学调整以减少地区差。表1中山东9个海区生态系统服务价值的平均分布密度,最小值为1.6000,最大值为7.6100。最小值保持不变,仍取1.6000;将最大值减少到原来的1/3调整为2.5300。调整后最小值和最大值的差距从原来的6.0100缩小到0.9300。然后,各海区生态系统服务价值的基准值(X)按下式调整,调整后9个海区生态系统服务价值的基准值取值见表2。

$$X = \frac{某海区生态系统服务价值的平均分布密度 - 1.6000}{(7.6100 - 1.6000) \times 0.9300 + 1.6000}$$

表1　山东9个海区生态价值及其平均分布密度

评价海区	面积/hm²	生物资源价值/万元	生物资源价值平均分布密度/(万元/hm²)	生态系统服务价值/亿元	生态系统服务价值平均分布密度/(万元 hm⁻² a⁻¹)
滨州海区	144071	700	0.0050	43.89	3.0500
东营海区	644034	5100	0.0080	123.21	1.9100
潍坊海区	178104	2100	0.0120	28.55	1.6000
烟台一区	340482	4500	0.0130	68.20	2.0000
烟台二区	618807	12300	0.0200	301.96	4.8800
烟台三区	218414	6600	0.0300	55.59	2.5400
威海海区	997011	42500	0.0430	402.92	4.0400
青岛海区	1196550	20100	0.0170	910.49	7.6100
日照海区	399331	3000	0.0070	193.95	4.8600

表2　山东近海海洋生态价值基准值

评价海区	海洋生物资源基准值/(万元/hm²)	海洋生态系统服务基准值/(万元 hm⁻² a⁻¹)	评价海区	海洋生物资源基准值/(万元/hm²)	海洋生态系统服务基准值/(万元 hm⁻² a⁻¹)
滨州海区	0.0050	1.8200	烟台三区	0.0300	1.7500
东营海区	0.0080	1.6500	威海海区	0.0430	1.9800
潍坊海区	0.0120	1.6000	青岛海区	0.0170	2.5300
烟台一区	0.0130	1.6600	日照海区	0.0070	2.1000
烟台二区	0.0200	2.1100			

（二）用海建设项目生态损害系数确定

海洋生态损害系数定量表征了用海项目对海洋生态系统整体及其要素的损害程度，包括生物资源损害系数和生态系统服务损害系数。海洋生态系统包括3个结构要素：生物群落、水体和表层海底。生态损害系数由生物群落、水体、表层海底三者的权重及其损害程度通过加权求和得到。设计调查问卷时,采用德尔菲法,组织海洋生态、渔业、水动力、地质地貌、海洋环评、海域使用论证等专业领域的专家 30 人,分 4 次进行圆桌式面对面讨论,解释疑问,基于专家共识原则整体把握海洋生态损害程度;之后,专家根据用海建设项目在施工期、使用期(不同建设项目习惯称为使用期、运营期或恢复期)对工程占用海域、邻近影响海域的水动力、水质、沉积物、浮游植物、浮游动物、底栖生物、游泳生物和鱼卵仔稚鱼等结构要素的损害程度及权重进行独立打分;综合每个生态系统结构要素的权重和损害程度的得分再进行一致性检验,得到不同的生态损害系数,见表 3~表 6。

1. 用海建设项目施工期和使用期占用海域的生态损害系数确定

根据用海建设项目生态损害作用方式、损害对象和损害程度等指标,提出评估海洋生态损失的海域占用方式分类体系(划分为 11 类),确定不同占用方式对施工期和使用期用海建设项目占用海域的生态损害系数(表 3)。

表 3　施工期和使用期建设项目占用海域生态损害系数

占用方式	时期	生物资源损害系数	生态系统服务损害系数
填海(指从海底到海面占用海域,例如填海造地、海堤、桥墩、基桩、人工岛等)	施工期	1.00	1.00
	使用期	1.00	1.00
排水口与港池泊位建设(港池内水域、泊位前回旋水域)	施工期	0.29	0.40
	运营期	0.18	0.21
航道建设	施工期	0.29	0.40
	恢复期	0.03	0.10
潜坝建设	施工期	0.21	0.34
	使用期	0.14	0.31
海砂开采与航道清淤	施工期	0.28	0.31
	恢复期	0.03	0.10
海底管线开挖	施工期	0.14	0.26
	恢复期	0.01	0.09
筑地晒盐	施工期	0.13	0.20
	运营期	0.53	0.06

占用方式	时期	生物资源损害系数	生态系统服务损害系数
人工增殖渔礁	施工期	0.09	0.13
	使用期	0.06	0.05
人工构筑物的透水部分（如跨海桥梁、栈桥、高脚屋、桩基平台等设施的透水部分，不含基桩、桥墩）	施工期	0.10	0.12
	使用期	0.07	0.10
浴场与游乐场	施工期	0.02	0.02
	运营期	0.05	0.06
取水	施工期	0.01	0.02
	使用期	0.02	0.30

2. 用海建设项目施工期邻近影响海域的生态损害系数确定

围填海工程在施工期对环境的主要影响方式是悬浮泥沙排放。因此，施工期对邻近影响海域的特征性影响要素是悬浮泥沙。评估中，根据悬浮泥沙增加量的变化幅度确定对施工期邻近影响海域的生态损害程度；设计 3 个变化幅度，对应不同的生态损害系数（表 4）。

表 4　施工期用海建设项目邻近影响海域生态损害系数

影响因素	变化幅度	生物资源损害系数	生态系统服务损害系数
悬浮泥沙增加量（S）	10 mg/L$<$S$\leqslant$100 mg/L	0.06	0.10
	100 mg/L$<$S$\leqslant$150 mg/L	0.32	0.29
	S$>$150 mg/L	0.44	0.40

3. 用海建设项目使用期邻近影响海域的生态损害系数确定

使用期邻近海域的特征性影响要素主要是潮流改变、局部冲刷或淤积。潮流明显改变或局部冲刷或淤积都会造成某种程度的生态破坏。评估中，参照国家标准《海湾围填海规划环境影响评价技术导则》（GB/T29726—2013)中的水动力评价指标，分别根据生态敏感区特征点最大潮流速改变量或者潮流速改变率、年冲刷减少量、年淤积增加量 3 个特征性要素的变化幅度确定使用期邻近影响海域的生态损害程度;设计了若干个变化幅度,对应不同的生态损害系数(表5)。

表5 使用期用海建设项目邻近影响海域生态损害系数

影响因素	变化幅度	生物资源损害系数	生态系统服务损害系数
最大潮流速改变量(V)或者最大潮流速改变率(Vx)	10 cm/s<V≤20 cm/s 或 20%<Vx≤40%	0.10	0.15
	20 cm/s<V≤30 cm/s 或 40%<Vx≤60%	0.15	0.21
	V>30 cm/s 或 Vx>60%	0.22	0.28
年冲刷减少量(E)	5 cm/a<E≤10 cm/a	0.10	0.03
	10 cm/a<E≤20 cm/a	0.12	0.04
	20 cm/a<E≤30 cm/a	0.16	0.05
	E>30 cm/a	0.21	0.07
年淤积增加量(D)	10 cm/a<D≤20 cm/a	0.10	0.06
	20 cm/a<D≤30 cm/a	0.12	0.08
	D>30 cm/a	0.15	0.11

4. 温排水占用方式使用期的生态损害系数确定

滨海热(核)电厂建设项目利用大量海水作为冷却用水,冷却水把热(核)电厂产生的巨大热能传递到附近海域,致使水温升高,产生热污染。温升主要导致海洋生物死亡,水体和底栖生态破坏。对于温排水占用方式的用海项目,海上施工期较短,占用海域很小,可不考虑施工期生态损害,主要考虑使用期的生态损害。根据徐晓群等研究,浮游动物48h平均半致死温度为温升13℃,温升7℃以内影响轻微;根据国标《海水质量标准》,一类和二类温升标准≤1℃(夏季)、≤2℃(春季、秋季、冬季),三类和四类温升标准≤4℃。评估中,设计5个温升变化幅度,对应使用期不同的生态损害系数(表6)。

表6　电厂取水用海项目使用期的生态损害系数

温升幅度(T)/℃	生物资源损害系数	生态系统服务损害系数
$1<T\leqslant2$	0.01	0.01
$2<T\leqslant4$	0.12	0.14
$4<T\leqslant7$	0.20	0.25
$7<T\leqslant13$	0.27	0.34
$T>13$	0.37	0.45

（三）用海建设项目生态补偿系数确定

生态补偿系数包括基准补偿系数、政策调整补偿系数和附加补偿系数，三者之和为综合补偿系数。评估中，通过建立差别化的生态补偿系数，实行不同产业差别化的生态补偿政策，以期推动海洋产业结构转型升级，转向绿色发展模式。

1. 用海建设项目基准生态补偿系数确定

根据用海建设项目所属产业的集中度、发展程度、利润水平和就业岗位提供等经济社会指标，考虑反映企业经济状况的偿债能力、资金周转能力、赢利能力和反映企业社会责任的社会贡献指标，借助于层次分析法、专家打分法确定各项指标的权重，使用 Vague 值相似度方法最终确定出基准补偿系数（表7）。不同产业类型根据国标《海洋及相关产业分类》GB/T20794—2006)来确定，样本企业选择各产业的上市公司和龙头企业。这里，商业与服务业用海指围填海后进行城镇和商业设施建设，其他经营用海指其他非海洋产业的经营性用海，公益用海指主要提供公共服务的非经营性用海项目，如科研、教育、科普宣传、防灾、救援、航行保障和军事等用海。

2. 用海建设项目政策调整补偿系数和附加补偿系数确定

考虑用海建设项目是否符合山东产业政策和是否影响海洋生态敏感区，确定政策调整补偿系数和附加补偿系数。用海建设项目的建设内容属于现行的《山东省海洋产业发展指导目录》中"鼓励"类，政策调整系数取－0.1；如属于该《目录》中"限制"类，政策调整系数取 0；如属于该《目录》中"淘汰"类，政策调整系数取 0.1；如不在该《目录》中，政策调整系数取 0.1；对于公益性用海项目和主要提供公共服务的非经营性项目，按照鼓励类对待，其政策调整系数取－0.1。

表7　不同产业类型用海建设项目的基准补偿系数

产业类型	基准补偿系数值	产业类型	基准补偿系数值
海洋渔业用海	0.20	海洋船舶工业用海	0.20
海洋油气业用海	0.35	海洋工程建筑业用海	0.35
海洋矿业用海	0.15	海洋交通运输业用海	0.35
海洋盐业用海	0.25	滨海旅游用海	0.30
海洋化工业用海	0.20	商业与服务业用海	0.35
海洋生物医药业用海	0.15	海洋能开发用海	0.25
海洋电力业用海	0.35	其他经营用海	0.35
海洋利用业用海	0.20	公益用海	0.25

　　生态敏感区主要指国家级和省级海洋自然保护区、水产种质资源保护区、海洋特别保护区、《山东省海洋生态红线》中其他海域、国家一类和二类保护物种分布区、《中国物种红色名录》中其他物种分布区以及省级及以上政府部门批准的其他保护物种的分布区等（表8）。用海建设项目的占用海域或邻近影响海域范围内如果存在上述生态敏感区，在计算该受损生态敏感区生态损失的补偿资金时，其附加补偿系数按照表8取值；如果不存在，则附加补偿系数取0。

　　（四）受损海域范围确定

　　受损海域是指出现生态破坏的海域，包括用海建设项目的占用海域和邻近影响海域。可把项目申请用海的海域范围确定为用海建设项目的占用海域。用海建设项目施工期的邻近影响海域范围，可根据悬浮泥沙增加量的最大包络线范围确定，并绘制不同变化幅度的海域分布图；使用期的邻近影响海域范围主要根据环评报告中预测的水动力环境和冲淤环境显著改变的空间范围与影响程度综合确定，可根据特征点最大潮流速改变量或者改变率、冲刷减少量或淤积增加量的最大包络线范围分别确定不同变化幅度的影响范围。温排水占用方式的用海项目邻近影响海域范围可根据温升幅度的最大包络线确定，并绘制不同温升幅度的海域分布图。

表8   附加补偿系数

海域	分区	附加补偿 系数值
国家级海洋自然保护区	核心区与缓冲区	1.00
国家级水产种质资源保护区	核心区	0.80
国家级海洋特别保护区	重点保护区	0.70
省级海洋自然保护区	核心区与缓冲区	0.65
省级水产种质资源保护区	核心区	0.60
省级海洋特别保护区	重点保护区	0.55
国家级海洋自然保护区	实验区	0.50
国家级水产种质资源保护区	实验区	0.45
国家级海洋特别保护区	适度利用区、生态与资源恢复区、预留区	0.40
国家保护物种分布区	一类、二类保护物种分布区	0.40
省级海洋自然保护区	实验区	0.35
省级水产种质资源保护区	实验区	0.30
省级海洋特别保护区	其他海域	0.25
《山东省海洋生态红线》中其他海域	国家级和省级保护区除外,国家一类、二类保护物种除外	0.20
《中国物种红色名录》中其他物种的分布区	国家一类、二类保护物种除外 国家级和省级保护区除外,	0.20
省级及以上政府部门批准的其他保护物种的分布区	国家一类、二类保护物种除外 国家级和省级保护区除外,	0.20

(五)损害期限确定

在评估体系中,海洋生物资源损失,定为一次性损失;而海洋生态系统服务价值损失,每年产生,按年核算,因此计算其损失时要乘以损害期限。损害期限包括施工期和使用期。施工期占用海域和邻近影响海域的损害期限按实际施工年限计算;使用期占用海域的损害期限等于用海建设项目拟申请或者批准用海年限扣除施工年限,使用期邻近影响海域的损害期限规定按 5 年计算。对于海砂开采、航道建设与清淤、海底管线开挖等占用方式,使用期邻近影响海域的损害期限取 2 年。对于温排水占用方式,使用期邻近影响海域的损害期限按设计排水期限计算。

二、用海建设项目海洋生态损失补偿评估方法应用研究

本文选取了 2016 年山东海域 5 个典型用海建设项目,按照本评估方法进行了海洋生态损失补偿资金的核算(由于篇幅关系,具体核算过程不详细展开),并同旧标准所评估的结果分别进行对比(表 9)。这 5 个案例分别是莱州港航道建设工程项目、青岛港董家口港区大唐码头(二期)工程项目、莱州电厂用海项目、日照渔港用海项目和东营广利海堤用海项目。

表 9　2016 年山东海域 5 个典型用海项目的海洋生态损失补偿资金核算

用海建设项目	占用方式和用海面积	按本评估方法核算应缴纳的生态补偿资金/万元	按旧标准核算应缴纳的生态补偿资金/万元	本方法核算的生态补偿资金/旧标准核算的生态补偿资金
莱州港航道建设工程	开挖航道 5400 hm²	3192	2461	1.30
青岛港董家口港区大唐码头(二期)工程	填海 23.8442 hm²,新建港池 62.0426 hm²	1317	500	2.63
莱州电厂用海项目	建设码头、港池、取水、温排水;填海 8 hm²,建设排水口 2 hm²	1112	200	5.56
日照渔港用海项目	码头(填海)11.0616 hm²,防波堤(填海)3.0925 hm²	394	105	3.75
东营广利海堤用海项目	海堤(填海)43.8997 hm²,潜坝建设 9.4089 hm²	2770	645	4.29

由表9可以看出，按照本评估方法核算用海建设项目的生态补偿资金，相比按照旧标准核算需要缴纳的补偿金额会有不同程度的增加，大致是原来的1～6倍。这会导致用海企业需要缴纳的生态补偿资金占总投资额的比重有所提高，也就是说，企业的用海成本增加了。这将有利于用海企业增强资源有偿使用意识，引导企业理性用海，在市场经济条件下有利于海洋资源的优化配置，提高用海效率。

三、结论

党的十八大以来，海洋生态文明建设成为国家生态文明建设的重要组成部分，一系列海洋生态文明制度相继在全国落地生根。建立海洋生态补偿机制是调整海洋开发与海洋生态保护关系，既是促进海洋资源集约利用和海洋生态环境保护的有效途径，也是长远之策。本文所建立的用海建设项目海洋生态损失补偿评估方法体系，是对山东省旧的补偿标准的更新和完善，也体现了对党的十八大将生态文明建设纳入五位一体战略布局的积极响应与实践。

首先，基于快速化、定量化和差别化补偿评估原则。本方法编制了山东近海海域生态价值基准值表和生态损害系数表，在调整受损海域的生态价值基准值基础上，用以快速、定量评估用海建设项目的海洋生态损失；在此基础上，加入了创新性的研究成果，提出了补偿系数的概念，即在充分考虑企业的经济能力和支付意愿的基础上，利用补偿系数对企业需要缴纳的补偿资金进行调整。

其次，在生态补偿资金的核算方面，根据本评估方法，在确定申请用海所在的海区位置之后，可以快速查出申请用海建设项目的基准海洋生态价值；再根据用海的占用方式、产业类型等因素采用生态损害系数和补偿系数对基准生态价值进行调整，核算出用海企业最终需要缴纳的生态补偿资金，可谓标准统一、核算迅速。在执行的可行性方面，补偿资金的核算充分考虑了用海企业支付能力，利用补偿系数对生态补偿资金进行调整，保证了补偿资金的征收在企业的支付能力之内，从而保证了征收的可执行性。因此，本评估方法使得生态补偿资金在核算的便利性和执行的可行性两方面的效率明显提高。

通过上述案例研究，可以看到按照本评估方法所核算的用海项目生态补偿资金相比旧标准会有不同程度的提高。生态补偿资金的上涨对企业赢利将产生一定的压力,这将有利于用海企业增强资源有偿使用意识,引导企业理性用海,有利于进一步优化配置海洋资源。值得一提的是,本评估方法并不是单纯地提高生态补偿资金的征收额度,而是更加全面地考虑了受影响海域的生态脆弱性、企业的投资意愿、政府对海洋产业发展的政策导向等因素,对用海建设项目造成的海洋生态损失进行差别化补偿,使得海洋生态补偿标准的评估结果更加科学合理。

目前,本评估方法已经被新发布的山东省地方标准《用海建设项目海洋生态损失补偿评估技术导则》(DB37/T1448—2015)吸收采用,成为新出台的《山东省海洋生态补偿管理办法》的配套技术文件。本评估方法紧密切合国家和山东省海洋生态文明建设需求,可为海洋管理部门的生态资本核算、生态补偿核算、环评审批和发放许可证提供科学基础,对我国海洋生态环境保护和海洋经济绿色发展以及生态补偿制度实施具有积极推动作用。

文章来源:原刊于《生态学报》2017 年 20 期。

基于海域使用综合管理的
海岸线划定与分类探讨

■ 张云,吴彤,张建丽,赵建华

论点撷萃

对于海域使用综合管理、海岸线保护与利用、自然岸线管控等工作来说,海岸线的划定与分类是重要的基础依据。

海岸线受自然和人为因素的影响,处于动态变化过程中。从海域使用和海域空间资源动态监测角度出发,为了展现海岸线长时间序列的动态变化过程以及满足海域使用管理和各项研究的需求,可将海陆分界条带划分为自然形态和人工形态两个区块。

基于海域使用角度的海岸线分类,是从海洋资源开发与综合管理的核心内容,以及为海域使用管理与开发利用规划提供决策服务角度出发,依据海岸线毗邻海域使用的用途来进行的;基于生态演替角度的海岸线分类,则要考虑到从生态学上来看,生态系统演替的原因分为内因和外因,内因演替是一个漫长的进程,而外因演替是一个突发或短期的快速演替进程。对于海域使用综合管理和海域使用岸线变迁研究,更多关注的是一段时期内人为外因主导因素下海岸线自然属性改变的阶段特征,因此,要根据自然生态系统演替不同阶段的系统结构和功能特征进行分类。为了满足多角度、多

作者:张云,国家海洋环境监测中心、国家海洋局海域管理技术重点实验室高级工程师,中国海洋发展研究中心研究员
吴彤,国家海洋环境监测中心、国家海洋局海域管理技术重点实验室研究人员
张建丽,国家海洋环境监测中心、国家海洋局海域管理技术重点实验室工程师
赵建华,国家海洋环境监测中心、国家海洋局海域管理技术重点实验室正高级工程师

条件的海岸线统计与分析,有必要将两种岸线分类进行关联,遵循排他性、生态结构、公众亲海等原则来区分自然岸线与人工岸线。

一、引言

海岸线是海洋与陆地的分界线,从地理学中的实体概念来看,具有位置、形态、特征、演化等几何和物理属性。由于潮汐和风暴潮等影响以及人类用海活动对海陆空间形态的改变,事实上海水与陆地的分界时刻处于变化之中。因此,海岸线应该是高、低潮间无数条海陆分界线的集合,在空间上是一个条带。

鉴于海岸线资源的稀缺性和海域使用综合管理的实际需求,国内外关于海岸线的定义与分类研究繁多,但尚未形成统一的分类标准。目前,对于海岸线,主要围绕海面潮位线的高低,从自然地理学、测绘学和政治领域3个方面进行不同的界定;而海岸线分类标准多从海岸线自然属性、海岸底质与空间形态和海岸线开发用途角度来确定,如:依据海岸线自然属性是否改变,将海岸线划分为自然海岸线、人工海岸线和河口岸线;依据海岸底质与空间形态,将自然岸线细分为基岩岸线、砂质岸线、淤泥质岸线和生物岸线;依据海岸线开发用途,将人工岸线细化分为农田围堤、养殖围堤、盐田围堤、港口码头岸线、建设围堤、交通围堤、护岸和海堤、丁坝等。

对于海域使用综合管理、海岸线保护与利用、自然岸线管控等工作来说,海岸线的划定与分类是重要的基础依据。本研究根据海域使用综合管理的内涵,基于海域使用和生态演替角度,进行了海岸线划定与分类探讨,以期为海岸线资源综合管控提供参考依据。

二、海岸线划定

海岸线受自然和人为因素的影响,处于动态变化过程中。从海域使用和海域空间资源动态监测角度出发,为了展现海岸线长时间序列的动态变化过程以及满足海域使用管理和各项研究的需求,将海陆分界条带划分为自然形态和人工形态两个区块,并分别划定了3条和2条区块内部分界线,可两两组合为6条岸线,以供多方面的需求(图1)。

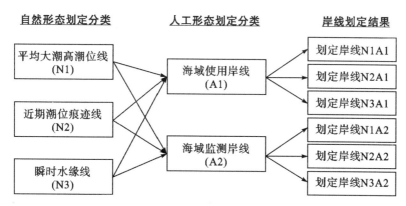

图 1   基于空间资源动态监测角度的海岸线划定分类

在自然形态区块中,划定了平均大潮高潮位线(N1)、近期潮位痕迹线(N12)、瞬时水缘线(N3)3 条分界线。平均大潮高潮位线是指平均大潮高潮时的海陆分界线的痕迹线,通常根据当地的海蚀阶地、海滩堆积物或海滨植物来确定,可以理解为海水能够到达的上限;近期潮位痕迹线是指由于短期或近期内大潮和高潮共同作用而产生的痕迹线,具体来说是潮高加波浪上升而产生的海浪冲蚀、潮流冲刷、水体浮力等形成的海蚀阶地和海滩堆积物痕迹线,可以理解为海水近期到达的上限;瞬时水缘线是指某一时刻的潮位线,也可以理解为某一时刻的水陆分界线。

在人工形态区块中,划定了海域使用岸线(A1)和海域监测岸线(A2)两条分界线。海域使用岸线即现状围填海界线,是指海域使用工程界线中切除构筑物以后的岸线;海域监测岸线即《海域使用分类》(HY/Y123—2009)中的有效岸线,是指在海域使用岸线中切除围海工程部分的界线。

二、基于海域使用角度的海岸线分类

从海洋资源开发与综合管理的核心内容以及为海域使用管理与开发利用规划提供决策服务角度出发,依据海岸线毗邻海域使用的用途,可将海岸线划分为渔业岸线、工业岸线、交通运输岸线、旅游娱乐岸线、海底工程岸线、排污倾倒岸线、造地工程岸线、特殊用途岸线和未利用岸线等 9 个一级类、29 个二级类(表 1)。

渔业岸线指用于渔业资源开发利用、渔业生产的岸线,包括渔业基础设施岸线和围海养殖岸线两类。

工业岸线指用于建设盐业、固体矿产、油气开采、船舶工业、电力工业、海水综合利用和其他工业的海岸线。

交通运输岸线指用于港口码头、路桥建设的海岸线,包括用于码头、港池、航道、仓储区等建设功能用途的海岸线。

旅游娱乐岸线指用于开发利用滨海和海上旅游资源,开展各类旅游、娱乐、休闲活动的海岸线,包括景观绿化、景观建筑、浴场、游乐场等开发功能用途占用的海岸线。

海底工程岸线指用于建设海底工程设施,主体及其海底附属设施所使用的海岸线。

排污倾废岸线指用于排放污水和倾倒废弃物等设施所使用的海岸线。

造地工程岸线指用于城镇建设、农业生产和废弃物处置所使用的海岸线,包括城镇建设、农业填海造地和废弃物处置填海造地三类岸线。

特殊用途岸线指用于科研教学、军事、自然保护区及海岸防护工程等用途所使用的海岸线,包括科研教学、军事、海洋保护区和海岸防护工程4类岸线。

未利用岸线指当前无明显用海活动特征或没有明确开发利用用途且自然属性保持完好的海岸线,包括基岩、砂质、淤泥质、生物和河口5类岸线。

表1 基于海域使用角度的岸线分类

一级类	一级编码	二级类	二级编码	功能用途
渔业岸线	A1	渔业基础设施岸线	A101	渔业码头、港口、港池、引桥、堤坝、渔港航道、附属的仓储地、取排水口等
		围海养殖岸线	A102	封闭或半封闭式养殖
工业岸线	A2	盐业岸线	A201	盐田、盐田取排水口、蓄水池、盐业码头、引桥及港池等
		固体矿产岸线	A202	开采海砂及其他固体矿产资源
		油气开采岸线	A203	石油平台、油气开采用栈桥、浮式储油装置、输油管道、油气开采用人工岛及其连陆或连岛道路等
		船舶工业岸线	A204	船厂的厂区、码头、引桥、平台、船坞、滑道、堤坝、港池及其他设施等

一级类	一级编码	二级类	二级编码	功能用途
工业岸线	A2	电力工业岸线	A205	电厂、核电站、风电场、潮汐及波浪发电站等
		海水综合利用岸线	A206	海水淡化厂、制碱厂及其他海水综合利用工厂的厂区、取排水口、蓄水池及沉淀池等
		其他工业岸线	A207	水产品加工厂、化工厂、钢铁厂等的厂区、企业专用码头、引桥、平台、港池、堤坝、取排水口、蓄水池及沉淀池等
交通运输岸线	A3	港口码头岸线	A301	港口码头、引桥、平台、港池、堤坝及堆场等
		路桥岸线	A302	跨海桥梁、跨海和顺岸道路等及其附属设施
旅游娱乐岸线	A4	景观绿化岸线	A401	植被、花园、园区道路、木栈道等
		景观建筑岸线	A402	亭子、走廊、门楼、平台等设施
		浴场岸线	A403	游人游泳、嬉水等
		游乐场岸线	A404	游艇、帆板、冲浪、潜水、水下观光及垂钓等
海底工程岸线	A5	海底工程岸线	A500	海底隧道出口、通风竖井等
排污倾废岸线	A6	排污倾废岸线	A600	排污口、排污管道等
造地工程岸线	A7	城镇建设岸线	A701	城镇、工业园区建设
		农业填海造地岸线	A702	农、林、牧业生产
		废弃物处置填海造地岸线	A703	处置工业废渣、城市建筑垃圾、生活垃圾及疏浚物等
特殊用途岸线	A8	科研教学岸线	A801	科学研究、试验及教学活动
		军事岸线	A802	军事设施和开展军事活动
		海洋保护区岸线	A803	自然保护区、特别保护区、保护区等
		海岸防护工程岸线	A804	防潮堤、防波堤、护坡、挡浪墙等

海洋空间规划

（续表）

一级类	一级编码	二级类	二级编码	功能用途
未利用岸线	A9	基岩岸线	A901	
		砂质岸线	A902	
		淤泥质岸线	A903	
		生物岸线	A904	
		河口岸线	A905	

三、基于生态演替角度的海岸线分类

从生态学上来看,生态系统演替的原因分为内因和外因;内因演替是一个漫长的进程,而外因演替是一个突发或短期的快速演替进程。对于海域使用综合管理和海域使用岸线变迁研究,更多关注的是一段时期内人为外因主导因素下海岸线自然属性改变的阶段特征。因此,根据自然生态系统演替不同阶段的系统结构和功能特征,海岸线被划分为原生自然岸线、伴生自然岸线、人工岸线、再生自然岸线4类(表2)。生态系统是动态变化的,其一直处于不断地发展、变化和演替中,根据海岸线的自然地理特性和正反生态演替方向,加入时间影响因素,其生态演替过程是一个环状结构。

表2　基于生态演替角度的岸线分类

分类名称	分类编码	系统结构与功能	功能样例
原生自然岸线	B1	自然生态系统	基岩岸段、自然砂质岸段、自然淤积滩涂岸段、原生生物岸线等
伴生自然岸线	B2	自然与人工协同存在,自然生态功能为主导,人工保护功能为辅助	海洋保护区、滨海湿地、自然沙滩浴场等内部的防潮堤、防波堤、护坡、挡浪墙等构筑物
人工岸线	B3	人工生态系统	工业、城镇、产业园区等
再生自然岸线	B4	人为改造形成的自然生态系统,保留有人为活动痕迹	人工滨海湿地、人工沙滩、人工保育海堤植被等

原生自然岸线是指由自然界本身形成,保持自然生态功能特征,并且生态系统结构和功能演替序列未直接受到人为因素而改变形态与属性的自然海岸线。例如:基岩岸段、自然砂质岸段、自然淤积滩涂岸段、原生生物岸线等。

伴生自然岸线是指在原生自然岸线基础上,伴随着以生态保护、旅游娱乐、海岸防护等为目的人为活动痕迹特征,自然与人工功能特征协同存在,生态系统结构和功能演替序列受到轻微影响,但仍然保持自然生态功能特征的岸线,如海洋保护区、滨海湿地、自然沙滩浴场等内部的防潮堤、防波堤、护坡、挡浪墙等构筑物所使用的岸线。

人工岸线是指在伴生岸线的基础上,人为活动改变岸线的自然形态和属性,形成的人工特征岸线,已严重影响生态系统结构和功能演替序列,自然生态功能特征受损或已消失的海岸线,如工业、城镇、产业园区等建设所使用的岸线。

再生自然岸线是指人为外因或自然内因引导生态系统结构和功能演替,修复受损或已消失的自然生态功能特征,恢复或再生自然岸线形态与功能,形成自然生态功能特征的海岸线,也可以理解为具有自然生态功能的人工岸线,如人工滨海湿地、人工沙滩、人工保育海堤植被等所使用的岸线。

四、分类关联性分析

为了满足多角度、多条件的海岸线统计与分析,有必要将两种海岸线分类进行关联,遵循排他性、生态结构、公众亲海等原则来区分自然岸线与人工岸线,建立对应关联分析表(表3)。海岸线自然属性的变化受多种因素的影响,随着时间的推演,其关联关系并非绝对的,仅表示某一时间的现状关联。

表3　两分类关联性分析

一级类	二级类	关联关系
渔业岸线	渔业基础设施岸线	人工岸线
	围海养殖岸线	人工岸线
工业岸线	盐业岸线	人工岸线
	固体矿产岸线	人工岸线
	油气开采岸线	人工岸线

（续表）

一级类	二级类	关联关系
工业岸线	船舶工业岸线	人工岸线
	电力工业岸线	人工岸线
	海水综合利用岸线	人工岸线
	其他工业岸线	人工岸线
交通运输岸线	港口码头岸线	人工岸线
	路桥岸线	伴生自然岸线、人工岸线
旅游娱乐岸线	景观绿化岸线	伴生自然岸线、再生自然岸线
	景观建筑岸线	人工岸线
	浴场岸线	伴生自然岸线、再生自然岸线
	游乐场岸线	人工岸线
海底工程岸线	海底工程岸线	人工岸线
排污倾废岸线	排污倾废岸线	人工岸线
造地工程岸线	城镇建设岸线	人工岸线
	农业填海造地岸线	人工岸线
	废弃物处置填海造地岸线	人工岸线
特殊用途岸线	科研教学岸线	原生自然岸线、伴生自然岸线、人工岸线、再生自然岸线
	军事岸线	人工岸线
	海洋保护区岸线	原生自然岸线、伴生自然岸线、人工岸线、再生自然岸线
	海岸防护工程岸线	伴生自然岸线、人工岸线
未利用岸线	基岩岸线	原生自然岸线、伴生自然岸线
	砂质岸线	原生自然岸线、伴生自然岸线
	淤泥质岸线	原生自然岸线、伴生自然岸线
	生物岸线	原生自然岸线、伴生自然岸线
	河口岸线	原生自然岸线、伴生自然岸线

五、结语

本研究提出的海岸线划定与分类,适用于现场监测和利用卫星遥感影像对岸线类型、岸线变迁进行判别、提取和分析工作。随着海岸线空间资源动态监测工作的开展,在海域使用综合管理的新模式下,海岸线划定与分类在其中处于关键地位。深入分析和探讨海岸线分类,有助于对海岸线空间资源进行有效的控制和管理,而且还是自然岸线生态系统恢复与重建的重要理论基础,同时为海域使用动态监测中海岸线分类体系的建立提供思路指引。

文章来源:原刊于《海洋开发与管理》2018 年 09 期,系中国海洋发展研究中心与中国海洋发展研究会联合设立项目 CAMAJJ201810"环渤海海岸线综合利用格局与分区发展对策研究"的研究成果。

海洋空间规划

融合、嬗变与实现：
跨界海洋空间规划方法论

■ 马学广，赵彩霞

论点撷萃

海洋空间规划是一个改进海洋资源利用决策的规划框架，同时也是一种减少海洋使用者冲突的机制，因其采用生态系统方法和基于生态系统的管理原则，而成为一种可持续的管理海洋环境和使用海洋资源的手段。

海洋环境的特殊性使得对待共享海域的事务运用海洋空间规划跨界思维的方式来处理显得格外重要。根据海洋发达国家的海洋空间规划相关政策，我们可以梳理出跨界海洋空间规划方法论的演变趋势。这种演变具体分为三个阶段：确定海洋空间规划的作用，建立海洋保护区制度框架，并且明确海洋空间多用途性的阶段；世界各国的海洋空间规划研究和实践注重基于自然生态系统的海洋空间综合管理的阶段；在国际组织及全球大环境推动下，海洋空间规划开始强调跨界合作的阶段。

近年来，基于生态系统的海洋空间规划已经开始注重跨界合作，在我国的海洋空间规划中运用跨界思维来分析、解决问题是海洋环境的属性、对海洋空间进行科学的开发和保护、建设21世纪海上丝绸之路的内在要求，但由于法律缺失、跨界数据难以获取和有效管理、治理体系差异等问题的存在，跨界海洋空间规划难以推进。跨界海洋空间规划的实现机制，即以政策趋同、建立跨界协调机构、优化数据管理为核心可以为我国在各个层次展开跨界海洋空间规划提供参考。

作者：马学广，中国海洋大学国际事务与公共管理学院教授

赵彩霞，中国海洋大学国际事务与公共管理学院硕士

进入 21 世纪以来,海洋资源价值的日益凸显,尤其是海洋环境的包容性所决定的允许不同的海洋使用者开展各种活动,使得海洋空间在共同使用过程中不可避免地产生各种冲突和矛盾。海洋空间规划(Marine Spatial Planning,MSP)是一个改进海洋资源利用决策的规划框架,同时也是一种减少海洋使用者冲突的机制,因其采用生态系统方法和基于生态系统的管理原则,而成为一种可持续的管理海洋环境和使用海洋资源的手段。虽然大多数海洋空间规划是在司法管辖区水域内进行的,但越来越多的人认识到,海洋空间规划活动必须跨越管辖范围,提供基于生态系统的综合管理。对于共享海域的事务运用海洋空间规划跨界思维方式来分析、解决问题尤为重要,因为在治理污染等生态问题时可能跨越行政管辖边界;在沿海人工管理时可能会跨过海洋、陆地、河流、海岸线等空间边界,而且这些空间边界在地理层面本来就存在重叠和交错的情况;在进行海洋空间规划的数据获取、管理与共享并以此来治理和决策时,也会跨越技术以及不同利益相关者团体的边界。因此,跨界思维是海洋空间规划的核心。但在实际操作过程中,由于人为因素或自然因素的限制,海洋空间规划被局限在狭隘的层次来实施。因此,基于海洋环境的独特性以及资源管理的观点,引入一种更为广泛的跨界思维来突破边界设置显得尤为重要。跨界思维是海洋空间规划生态系统方法的重要组成部分,跨界海洋空间规划被视为一个过程,允许在现有管理框架之间进行更大范围的整合和协调,以促进实施基于生态系统的方法、保护有价值的生态系统服务、强化有效的渔业管理、解决海洋污染问题以及推动跨界海洋保护区(Marine Protected Areas,MPA)规划的实施。

海洋空间规划中的跨界思维已经被许多沿海国家和地区广泛采用。基于独特的地理位置和海上活动的频繁性,欧洲十分重视发展跨界海洋空间规划,其在海洋空间规划上的跨界思维方式运用也处于世界前列。欧洲议会 2014 年批准的《海洋空间规划指令》(*Maritime Spatial Planning Directive*,MSPD)要求沿海成员国就其海洋区域在海洋空间规划领域开展合作,欧盟内外的一些国家已经在其海洋空间规划系统中引入了与邻国保持联系的措施。欧洲正在运用跨界思维在环境保护、河流流域管理、海洋保护分区等领域制定跨界合作政策。2019 年 2 月 12 日,联合国教科文组织政府间海洋学委员会(Intergovernmental Oceanographic Commission,IOC)和欧盟委员会在法国巴黎启动了"全球海洋空间规划"(MSP Global),这是一项促进全球跨界海洋空间规划的最新联合倡议。

但是,我国海洋空间规划对跨界思维方式的应用尚有待进一步加强。我国在 2006 年"十一五"规划中提出推进形成主体功能区、编制全国功能区划,其中与海洋空间规划相对应的就是海洋功能区划。虽然海洋功能区划是我国的一项创举,但由于我国海洋空间规划起步较晚且缺少跨界思维的运用,实际操作起来仍然困难重重。因此,本文在梳理海洋空间规划方法论的演变之后,整理出跨界海洋空间规划的内涵层次,并在此基础之上分析海洋空间规划跨界合作的必要性和挑战,提出我国跨界海洋空间规划的实现机制。

一、跨界海洋空间规划方法论的演变

当前国际学术界对海洋空间规划的关注程度逐年上升。在 Web of Science 数据库中以"Marine Spatial Planning"为主题进行检索,并且按照国家和地区对检索结果进行分类,可以发现以研究成果数量表征的不同国家对于海洋空间规划和跨界海洋空间规划的重视程度。研究结果表明,美国、英国、澳大利亚和德国等国家的海洋空间规划研究处于世界前列。

结合文献检索结果,根据海洋发达国家的海洋空间规划相关政策,可以梳理出跨界海洋空间规划方法论的演变趋势。这种演变分为三个阶段。第一阶段是 1950 年至 1980 年,确定了海洋空间规划的作用,建立海洋保护区制度框架,并且明确海洋空间的多用途性。1958 年,第一届联合国海洋法会议对海洋区域进行了划分,这是最初意义上的海洋空间规划,之后许多海洋发达国家开始制定海洋总体规划和分区用途规划,以解决海域使用矛盾和保护海洋环境。比如,美国在 1959 年提出《海洋学十年规划(1960—1970年)》,强调发展海岸经济和海洋经济。第二阶段是 1980 年至 2010 年,世界各国的海洋空间规划研究和实践注重基于自然生态系统的海洋空间综合管理。其中,1987 年澳大利亚发布的《大堡礁珊瑚海洋公园海域多用途区划》,注重运用综合方法对整个生态系统实施管理;联合国环境与发展大会 1992年通过的《21 世纪议程》提出了开展海洋综合管理的建议;2002 年发布的《欧盟海岸带综合管理建议书》(*EU Recommendations on Integrated Coastal Zone Management*, IC-ZM)将海洋空间规划确定为整体区域资源管理的重要组成部分;2006 年联合国教科文组织召开的第一届海洋空间规划国际研讨会讨论了利用海洋空间规划手段实施基于生态系统的海岸带管理;

2007 年发布的《欧盟海洋综合政策蓝皮书》(*An Integrated Maritime Policy for the European Union*)将海洋空间规划视为海洋地区和沿海地区可持续发展的基础工具,并且提出了"综合海洋空间规划"(Integrated Maritime Spatial Planning,IMSP)的概念。第三阶段是 2010 年至今,在国际组织及全球大环境推动下,海洋空间规划开始强调跨界合作。2014 年欧盟《海洋空间规划指令》(MSPD)要求沿海成员国就其海洋区域在海洋空间规划领域开展合作,在其指引下,很多欧洲国家已经在海洋空间规划中采取了与邻国保持互动与联系的做法;联合国教科文组织政府间海洋学委员会(IOC-UNESCO)和欧洲委员会海事和渔业局(DG-MARE)于 2017 年联合发布了《加速全球海上/海洋空间规划进程联合路线图》(*Joint Roadmap to Accelerate Maritime/Marine Spatial Planning*(MSP)*Processes Worldwide*),强调决策者在制定和执行海洋空间规划时应考虑跨界合作;2019 年,联合国教科文组织海委会和欧盟委员会推出"全球海洋空间规划"(MSP Global)倡议,旨在优化全球跨界海洋空间规划,缓解和规避海洋空间冲突事项,改善人类海上活动。

综合国际海洋发展形势和海洋发达国家的政策进展可以看出,世界上海洋发达国家在确定了海洋空间规划在海洋管理中的重要地位之后的演变趋势:从制定海洋空间规划总体规划,到专属经济区规划,再到强调区域间合作;从海洋保护区单一管理,到实现多重目标,再到综合性海洋管理;从关注内海,到关注远海,再到关注跨界合作;从注重单一区域的发展,到注重海、陆、空多种要素的联系;从注重经济发展,走向注重科技创新,具体情况见表 1。

表 1　部分主要海洋发达国家与国际组织海洋空间规划政策进展

地区	政策、法律	主要内容
联合国、欧盟等国际组织	《21 世纪议程》(1992 年)、《欧盟海岸带综合管理建议书》(2002 年)、《面向一个未来的欧盟海事政策:欧洲海洋愿景》(2006 年)、《欧盟海洋综合政策蓝皮书》(2007 年)等	确定海洋空间规划是整体区域资源管理的重要组成和基础工具,建立沿海国家以生态系统为基础的海洋空间规划体系
	《卑尔根宣言》(2002 年)、《海洋空间规划指令》(2014 年)、《加速全球海上/海洋空间规划进程联合路线图》(2017 年)等	考虑人类活动、陆地和海洋的互动,加强成员国的协调;强调在发展与海洋空间规划有关的跨界合作

海洋空间规划

(续表)

地区	政策、法律	主要内容
英国	《海洋和海岸带准入法案》(2009 年)、《英国海洋政策宣言》(2011 年)等	扭转海洋管理分散的局面,明确英国所属海域的管理权限,为建立海洋空间规划体系提供制度基础
	《英国海洋空间规划——爱尔兰海试点规划》(2006 年)、《莱姆湾海洋规划》(2008 年)、《马恩岛海洋空间规划》(2012 年)、《英格兰南部近海和远海规划》(2014 年)、《彭特兰和奥克尼群岛海洋空间规划》(2016 年)等	在海洋空间规划体系中体现了可持续、协调和综合管理的观念
德国	《联邦空间秩序规划法》(2004 年)等	德国海洋空间规划的法律依据
	《联邦北海和波罗的海专属经济区空间规划》(2009 年)等	保护海洋生态环境;将海洋空间规划扩大到专属经济区和领海
荷兰	《国家国土空间战略》(2006 年)、《北海政策文件》(2009 年)、《北海空间议程2050 年》(2014 年)等	提出海洋空间规划措施,划分海洋功能分区,为海洋空间规划提供了远景框架
	《瓦登海洋空间规划》(1997 年)等	与德国跨界实施规划,共同保护和管理共享的滨海湿地系统
加拿大	《加拿大海洋法》(1997 年)、《加拿大海洋战略》(2002 年)、《国家海洋保护区法》(2002 年)等	海洋综合管理的纲领性文件,坚持以生态系统为基础的管理导向,注重海洋可持续发展,强调政府、产业界与公众之间的协调;侧重于保护海洋生物及其栖息地
	《加拿大海洋行动计划》(2005 年)、《联邦海洋保护区战略》(2005 年)等	是加拿大海洋发展的主要计划,聚焦于改善海洋气候与海洋生态环境
澳大利亚	《澳大利亚海洋产业发展战略》(1997 年)、《澳大利亚海洋政策》(1998 年)、《海洋研究与创新战略框架》(2009 年)等	为保障海洋可持续利用提供框架,为海洋资源规划与管理提供政策依据
	《大堡礁珊瑚海洋公园海域多用途区划》(2003 年)、《大堡礁 2050 长期可持续性计划》(2014 年)等	注重创新、保护海岸带和沿海水域环境和资源,强调运用综合方法,对整个生态系统实施管理

(续表)

地区	政策、法律	主要内容
日本	《海洋基本法》(2007 年)等	日本海洋政策的基石,注重发展海洋经济,强调跨学科、跨领域的海洋综合管理
	《海洋基本计划》(2018 年)等	强化科学技术支撑,高度重视海洋权益的维护,强调信息共享与情报合作
美国	《海洋法令》(2000 年)、《21 世纪海洋蓝图和海洋行动计划》(2004 年)、《21 世纪海上力量合作战略》(2007)、《海洋、海岸带和五大湖管理国家政策》(2015 年)等	不断改善和提升国家海洋政策体系
	《专属经济区和州管辖外领海海洋空间规划》(2016 年)、《纽约州海洋行动计划》(2017 年)、《美国加利福尼亚州海洋资源管理规划》等	以区域为基础,建立起较为完善的海洋空间规划体系

二、跨界海洋空间规划的内涵

跨界海洋空间规划主要包括以下三个层面的内涵:跨行政边界海洋空间规划、跨地理边界海洋空间规划、跨治理边界海洋空间规划。其中,跨行政边界海洋空间规划是跨地理边界海洋空间规划和跨治理边界海洋空间规划的对外表现,跨地理边界海洋空间规划是跨行政边界海洋空间规划和跨治理边界海洋空间规划的内在要求,跨治理边界海洋空间规划是跨地理边界海洋空间规划和跨行政边界海洋空间规划的实质特征(图 1)。跨行政边界海洋空间规划是指海洋空间规划活动跨越了至少两个司法管辖区,共同管理一个共享海域的海洋空间资源配置形式和过程。这种跨界资源配置既可以是横向的跨越超国家组织之间的边界、国家之间的边界、州或市之间的边界、部门之间的边界,也可以是纵向的跨越国家、州或市、部门之间的边界。跨地理边界海洋空间规划是指海洋空间规划的活动不仅仅局限于海洋空间,还跨越陆地、河流、海岸、大气等的边界,实现海洋空间规划的空间一体化。跨治理边界海洋空间规划是指海洋空间资源配置过程中,制度规范、治理体系、数据信息、利益相关者等层面的跨界合作过程,是多种类、多尺度、多时序海洋空间治理形式和过程的相互叠加与渗透。跨界海洋空间规划的核心是利益相关者在跨界海洋公共资源配置和跨界海洋公共物品生产与分配等议题上的跨界合作。

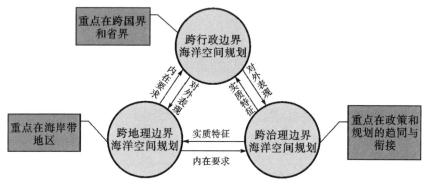

图 1   跨界海洋空间规划的内涵关系

(一)跨行政边界海洋空间规划的内涵和实践

众多的跨行政边界海洋空间规划事务中,国内外学者对跨国界海洋空间规划的研究较为丰富。每个国家都有明确的行政管辖范围,但由于海洋生态系统强烈的内在关联性,超国家尺度海洋空间规划的跨境合作变得非常有必要。哈桑等将跨界海洋空间规划定义为"至少两个国家在领海或专属经济区共享一个边界,共同管理一个海洋区域的过程"。但是,这种"边界"具有较高的尺度弹性,涵盖了国家、次国家、区域乃至城市等尺度层级或形态。因此,跨行政边界海洋空间规划合作既包括横向的(跨越同一层级的行政管辖区,如国家与国家之间、区域与区域之间、城市与城市之间等)不同行政单元之间的跨界合作,又包括纵向的(跨越不同层级的行政管辖区,如国家与区域之间、区域与城市之间等)不同行政单元之间的跨界合作。

在多数情况下,跨行政边界海洋空间规划是由大尺度对象(超国家级)解决环境或生态系统退化的需要来驱动的。在这种情况下,需要多个国家或行政当局共同努力保护生态系统、减少破坏活动和对抗气候变化。如欧盟《海洋空间规划指令》要求各成员国在 2021 年之前制定海洋空间规划,并为此类海洋空间规划制定了一套最低要求和标准(如加强国家间一致性和合作性的指标）。现在，通过这一指令建设欧盟区域统一的海洋空间规划框架的理念已经基本实现。联合国教科文组织政府间海洋学委员会（IOC-UNESCO）和欧洲委员会海事和渔业局（DG-MARE）于 2017 年通过的《加速全球海上/海洋空间规划进程联合路线图》表明决策者在发展跨行政边界海洋可持续利用机制方面的决心。《加速全球海上/海洋空间规划进程联合路线图》呼吁各国将海洋安全计划作为一个重要的跨部门工具，加强国际合作、保持政策一致性，从而实现海洋资源可持续管理和利用的目标。

在我国，作为一种海洋资源配置和海洋环境管理创新途径的海洋空间规划方兴未艾。我国的海洋空间规划大多局限于特定行政边界内部的规划探索，在跨国家尺度上与周边国家合作开展的海洋空间规划较为罕见，甚至国内跨省界的海洋空间规划也并不多见。但是我国跨境渔业资源冲突和跨省海洋资源与环境问题屡见不鲜且有愈来愈频繁化和尖锐化的倾向，因此跨行政边界海洋空间规划势在必行。比如，在长江三角洲地区，上海、江苏和浙江这三个省级行政单元的海洋法规虽在各自区域内能够有效运行，但涉及跨界公共资源分配和跨界公共问题的解决却陷入"囚徒困境"，这对海洋环境保护和区域一体化目标的实现带来不利影响。

（二）跨地理边界海洋空间规划的内涵和实践

海洋空间规划具有综合性、生态性以及跨越海陆地理边界的特点，因此与其他规划之间存在不可避免的整合和衔接。向陆地一侧的土地利用规划、流域综合管理规划、向海一侧的海洋空间规划、跨越向陆地和向海区域的海岸带综合管理规划等四种类型和属性的区域管理工具可能在具体沿海区域内集中甚至重叠。但是，在我国当前空间规划实践"多规合一"的政策背景下，将内陆边界、沿海流域或者汇水地区以及领海等综合规划成功地有机融合的空间规划实践仍然较为稀缺。

土地利用规划是环境规划中最常用和最早启用的方法，而海洋空间规划是海岸向海一侧的首选工具，也被视为解决海洋环境问题的首选策略。由于实现海洋和陆地系统的统一规划需要在自然、政治、法律、经济和可操作性等方面达成统一，因此两者结合的研究尚不多见。流域综合管理规划和海岸带综合管理规划与以上两种工具相比更像是一种治理方案，其视角更广且不局限于单一的政策工具。流域综合管理规划侧重于特定水文边界内的土地、水源和植被等自然资源的开发管理和应用，与沿海生态系统和海洋联系密切。但实际上，流域综合管理规划在沿海地区与其他相关规划之间并没有获得科学充分的整合和合作。海岸带综合管理规划是指对海岸资源和空间的保护和可持续利用做出合理决策的过程。这一过程旨在促进海陆空的空间一体化、从地方到国际的纵向一体化、跨部门的横向一体化等。海岸带综合管理规划方案实施的范围跨越海岸带的向陆侧和向海侧，是四种方法中能同时处理陆地和海洋资源配置关系的核心方案，具有综合性、参与性和强烈的实践性等特点。目前，虽然海洋环境中的空间边界存在较多重叠，但是上述四种空间规划方案缺乏必要的整合，空间集成度很低。因此，迫切需要运用跨界思维方式，跨越土地利用规划、流域综合管理规划、海岸带综合管理规划和海洋空间规划单独设置的地理边界，推动海洋空间规划向陆侧和向海侧规划工具的有机融合和一体化。

（三）跨治理边界海洋空间规划的内涵和实践

跨界思维方式在海洋空间规划中的运用不仅仅局限于行政、地理和生态边界方面，由于在邻近管辖区的社会、文化、政策不同，因此在制度规范、治理体系、数据信息以及利益相关者的偏好上很难取得完全一致，亟须跨越不同领域、治理体系和利益相关者的边界，实现利益相关者在跨界海洋公共资源配置和跨界海洋公共物品生产与分配等议题上的跨界合作。

海洋空间规划应该更多地和生态系统和资源的地理位置相一致，海洋空间规划更多地依赖该地区的自然要素空间分布和人类活动时空过程的相关信息，因此数据的收集、处理、共享和可视化应该受到优先重视。但是，边界的分割性导致数据信息在收集、管理和共享等领域遇到较多挑战，数据不兼容、数据缺口、收集数据的不同标准、数据属性、敏感数据的共享、早先数据与现有数据的不统一等问题给跨界海洋空间规划带来了极为突出的困难。因此，进行规划不仅要融合不同单位采集而来的互不兼容的空间数据，还需要了解相邻司法管辖区的治理体系和治理结构。对不同边界限制下所实施治理框架的分析有助于简化跨界合作与融合的步骤，加速治理体系的跨界一体化。另外，由于跨区域文化、实践和意识活动差异的存在，利益相关者的能力和意识在不同的海洋空间规划发展阶段有不同的水平，识别冲突并在共同关心的问题上达成一致，无疑是冲破文化与利益偏好等形成的治理体系边界并形成集体认同感的重要途径和策略。

三、在我国推行跨界海洋空间规划的必要性

为实现建设海洋强国的目标,在我国推行跨界海洋空间规划有环境、经济、政策、战略四方面的考虑。首先,海洋环境的流动性和不稳定性要求在实行海洋空间规划时考虑跨界因素;其次,跨界海洋空间规划有利于海洋空间的合理利用和保护;再次,我国实现陆海统筹离不开海洋空间规划的跨界合作;最后,跨界海洋空间规划是打开 21 世纪海上丝绸之路新局面的"先锋"。

(一)海洋环境特殊性的要求

自然环境是一个持续运动的状态和过程,海洋环境中的物质流动时刻都在呈现着全球性运动态势,必然会跨越行政边界。以自然环境流动性为载体的人类活动(如航运)以及人类活动带来的影响(如海洋污染)同样会跨越行政边界、打破海洋空间边界。与此同时,一个管辖区的海洋资源以及海洋活动的有效规划和管理离不开邻近管辖区的合作。作为一种全球性资源,海洋占全球地表面积的 70.8%,如此广袤且不断变化中的海洋环境是没有地理边界限制的,因此在海洋环境中一切都是相互联系的。海洋空间规划是基于生态系统,而不是基于地域的,旨在以一种更广泛的方式来治理海洋,维持自然环境的完整性和海洋资源的可持续利用以及实施对海洋物种多样性的保护。有效实施海洋空间规划可以降低由人类活动带来的海洋环境的破碎化,海洋环境的特殊性要求海洋事务利益相关者在共享海域内进行合作。

(二)海洋空间科学开发和保护的基础

海洋是地球上最大的生态系统,但是人类对海洋系统的保护和规划却远远落后于对陆地系统的保护和规划。尤其是在工业革命以来,人类的海上活动愈加频繁,过度捕捞、石油污染、物种灭绝等问题在海洋环境中层出不穷,导致海洋生态环境的急剧恶化。这迫切要求在海洋资源开发与利用的过程中通过海洋空间规划,既解决用海者之间的矛盾和冲突,又实现人类与海洋环境的和谐共处。另外,经营性海洋牧场集中区、海上风电场、港口区等海洋空间利用类型的开发强度较大,需要大尺度的区域进行配合,从而

制定大比例尺的详细规划(图2)。这就要求海洋管理者和其他利益相关者对横向上的涉海行业,如环保、旅游、渔业、交通运输和能源等进行协调;同时,还要对纵向上的涉海地域,如包括海底在内的海洋表面拓展到整个水域的各个层面进行规划。跨界海洋空间规划承认海洋区域的差别和不平衡,要求全方位、全海域、全过程进行协调;为此,可以对整个海洋空间进行综合管理,立体化配置海洋空间资源,保护海洋生态环境与资源。

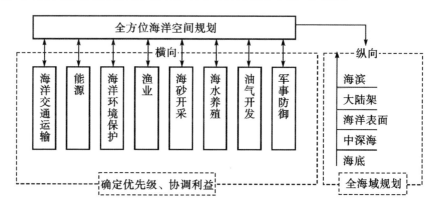

图 2　全方位海洋空间规划设想图

(三)实现陆海统筹新格局的措施

党的十九大报告指出:"坚持陆海统筹,加快建设海洋强国。"依据这一指示,中央和各级地方政府相继制定政策推动建设陆海统筹新格局。陆海统筹是指立足海岸带海陆资源环境特点,对海洋和陆地资源开发、产业布局、生态环境保护及综合管理等进行宏观调控,促进经济社会的持续发展和人与自然的健康和谐。跨界海洋空间规划与陆海统筹在内容的广泛性、手段的多样性、目标的持续性上一脉相承。陆海统筹的重点区域在海岸带,这也是跨界海洋空间规划跨越陆海边界的核心地带,但是海岸地带的空间规划、建设和使用存在较多因土地利用功能不兼容而引起的功能性空间冲突。因此,实现陆海空间互补和陆海生态互通依赖于在编制和实施海洋空间规划时运用跨界思维方式,改变陆海规划割裂的现状,统筹陆海空间的协调发展。

(四)建设 21 世纪海上丝绸之路的途径

建设 21 世纪海上丝绸之路是一个以海洋为载体、以跨界为方法、以合作为本质的跨国行动倡议,其目的是为了适应新世纪世界发展态势,寻求并扩展中国与沿线国家的利益交会点，与相关国家共同打造政治互信、经济融合、文化包容、互联互通的利益共同体和命运共同体，实现沿线各国的共同发展。因此，建设 21 世纪海上丝绸之路首先就是在海上推进中国与沿线国家的务实合作，这与跨界海洋空间规划存在内在的一致性。目前，共建 21 世纪海上丝绸之路在经济、政治、安全、观念、法律等方面存在诸多挑战，但是共同保护海洋环境、合理开发利用资源是达成一致意见的基础。因此，在解决敏感的国际战略和政治博弈的背景下，跨界海洋空间规划方法在国家规模、发达程度、历史传统、民族宗教、语言文化、利益诉求的差异方面能得到发挥。21 世纪海上丝绸之路的重点区域在南海，加强南海区域相关国家之间的政治、经济、文化合作，要求运用跨界海洋空间规划思维方式，首先打开海上的交流与合作，从海上逐渐到内陆，展开全方位的合作与交流。

四、跨界海洋空间规划合作中的挑战

综合国际上已经进行的实践探索和我国实行海洋空间规划跨界合作上遇到的困难，可以总结出跨界海洋空间规划最主要的三个困难：缺乏法律基础、跨界数据管理困难、司法管辖区间治理体系的差异。

（一）缺乏法律基础

跨界海洋空间规划几乎没有坚实的法律基础，这意味着大多数国家的跨界海洋空间规划是自愿的，通常是以非正式项目合作的形式出现的。虽然欧洲有些国家已经开始在跨界海洋空间规划上做出努力，如波罗的海国家根据《赫尔科姆公约》（1975 年）共同商定实现波罗的海环境地位行动计划，但由于国家之间以及各部门间的治理结构不同，往往缺乏一致性和综合性的政策；不管是在国家层面上还是在次国家层面上，都没有专门的跨界海洋空间规划法律和政策的出台与规定。

在我国，国家层面的领海外海洋空间资源的使用审批、规划管理制度等相关领域存在法律与规划的空白，在自然资源法一般法和海洋专门法之间存在逻辑冲突，如《中华人民共和国矿产资源法》和《中华人民共和国海域使用管理法》之间的冲突和人工岛制度的缺失。在次国家层面，规划系统和部门规章之间存在内部矛盾。例如，海洋资源是外向型的、开拓性的，以发展为价值取向；海洋环境是一个内向型的、守成性的，以保护为价值取向。海

洋环境与海洋资源由同一部门管理时,通过行政命令手段对其进行协调,确定保护手段以及开发利用方式;但是,现在是由国务院不同的部门在管理,部门之间容易出现摩擦与牵制。然而,由于在跨界海洋空间规划方面缺少法律依据,不管是国家之间还是部门之间,只能进行自愿且较弱的合作,通常以试点项目的形式进行。

(二)跨界数据管理困难

搜集和整理空间数据是跨界海洋空间规划中最常见的挑战。搜集数据时存在尺度的不统一往往导致不兼容的情况出现,从而使得数据管理困难重重。数据搜集过程同样是跨界过程,需要跨越不同司法管辖区与不同空间领域,然而不同尺度的数据可比性不高,导致数据搜集工作徒劳无功。因此,休斯等提出识别尺度是数据搜集过程的关键问题。另外,不同领域的界限不清,如在河流入海口如何定义河海界限、如何在多辖区交汇处定义规划单元等问题亟须解决。

数据搜集过程中层层累积的、不兼容的数据对数据管理设置了重重障碍。由于不同国家的海洋空间规划进程不同,在数据管理的发展水平上出现差异,导致在进行海洋空间规划合作时数据不对口,无法有效匹配;也可能出现同一司法管辖区的早期数据与当前搜集数据的不兼容情况,如搜集的目的不同导致所搜索到具体条目的区别,技术进步导致数据管理工具、坐标系、数据属性、文件格式等存在差异,给数据管理带来了挑战。由于敏感数据不宜共享,敏感区域难以实现数据合作等问题较为突出。此外,在国家之间和较为敏感的海域,跨界海洋空间规划的合作往往会存在某些政治色彩。各个国家主体基于自身利益,对于某些关键的数据不愿共享,导致跨界海洋空间规划在实际推进过程中阻力重重。

(三)司法管辖区间治理体系差异

跨界海洋空间规划的推进之所以存在困难,并不仅仅因为在数据收集和整理上的技术问题,更在于规划的实质是治理。不同国家有不同的治理结构和空间规划体系,部门间的治理可能存在很大差异,海洋空间规划跨界合作所依据的法律法规、想要实现的预期目标、规划实施的时间、审批程序、语言沟通等诸多方面都容易产生大量分歧、争议、矛盾和冲突。比如,某些沿海国家已经发展出较为系统的海洋空间规划政策并付诸运行,在这种情况下跨界海洋空间规划应该着重考虑如何与之相适应而不发生冲突和矛盾。另外，由于各个国家和地区对跨界海洋空间规划的认识程度不同，因此会对其产生不同的态度。如德国已经制定并实施了海洋空间规划，波兰的海洋空间规划却仍然处于比较早期的阶段。在欧洲大西洋规划中，北爱尔兰已经开始协商海洋空间规划进程，但是爱尔兰还在审议海洋空间规划的结构。如果邻国没有在海洋空间规划跨界合作上做出明确的努力，就很难进行有效的合作。而在我国，次国家尺度海洋资源与环境开发管理的冲突和矛盾非常严重；即使在一个沿海省域内，各个分辖区也难以形成海洋开发利用的整体统筹或充足、有效的跨辖区统筹协调机制。

五、跨界海洋空间规划的实现机制

空间合作是城市合作的重要形式，同时又是一个涉及领域、网络和尺度等多维度的社会空间过程；海洋空间也不例外。从最广泛的意义上讲，跨界海洋空间规划可以被视为从信息交流到制订联合跨境计划的任何事项，因此要想成功实现跨界海洋空间规划，需要在实现政策趋同、优化数据管理、建立跨界协调机构、融合治理体系四个层面做出努力，如图3所示。

（一）加快立法，实现政策趋同

相邻司法管辖区的跨界政策和立法安排的融合程度是实现跨界海洋空间规划的关键因素，政策和法律结构融合程度和衔接性越高，实现跨界海洋空间规划的可能性就越大。在政策趋同上包括相邻国家间、不同部门间、不同领域间政策的融合与衔接。海洋资源跨主权、跨边境的特性决定了海洋资源法律制度的特殊性，进行这方面的规划仅仅依靠单独的法律是远远不够的，必须制定系统的、综合性的法律体系。

在国际层面，应推动形成新的稳定的具有创新意义的国家实践，促进国际习惯法的形成与发展。《联合国海洋法公约》修改工作中可以充实跨界海洋空间规划法律的条款；《南海行为准则》中的自然资源活动规则也正在制定中，可推动中、非双方海上资源协作，推动形成区域性的《海洋资源保护利用协定》；在21世纪海上丝绸之路建设方面，也可以融入海洋空间规划的跨界合作。

在不同领域不同部门之间，国土空间规划框架下必须以不同深度规划为依托，在注重海洋管理的特殊性的前提下，实施陆海统筹的全域全类型空间规划,避免陆海资源法制建设失衡。土地利用规划、流域综合管理规划、海洋空间规划、海岸带综合管理规划等空间治理策略相互之间衔接不够,需要进一步实现四种规划管理方法的整合。例如,《中华人民共和国海域使用管理法》与《中华人民共和国领海及毗连区法》《中华人民共和国专属经济区和大陆架法》之间要实现细化衔接;《中华人民共和国海岛保护法》与《中华人民共和国海域使用管理法》《中华人民共和国土地管理法》等之间需要进一步衔接等。有关海洋空间规划跨界合作的相关法律规划的制定,不能简单地套用陆地资源开发与管理的理论方法,或者直接照搬国际上相关法律和理论。这些做法都是远远不能满足我国海洋资源与环境管理的实际需要的。每个地区都应该根据自己特殊的文化背景、治理结构、目标与相邻管辖区进行跨界合作。

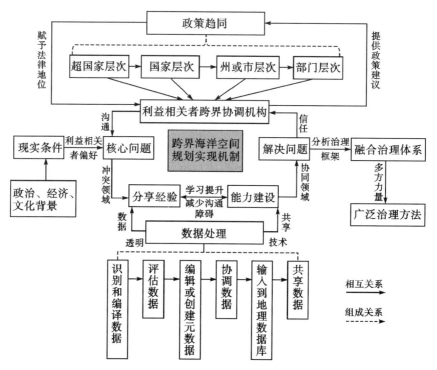

图3 跨界海洋空间规划实现机制

(二)建立跨界协调机构,分享经验、建设能力和解决共同问题

不同国家有不同的治理结构,不同部门的规章、依据和准则往往大相径

庭,独特的利益、价值以及管理海洋的不同方法极其容易引发冲突,因此迫切需要建立一个促进利益相关者参与承诺的协调机构。这个跨界协调机构既可以是超国家层级的,也可以是次国家层级的,甚至可以跨越项目本身而建立更加永久的协调机构。

实践证明,基于问题导向的项目式合作是海洋空间规划跨界倡议中最为有效的手段。只有把注意力放在共享领域中将要共同解决的问题上,跨界合作才会更有针对性、更具有效率。首先,利益相关主体应该根据所处背景、现实条件、实际情况等确定想要解决的问题和解决问题的方式,而不是采用"一刀切"的办法予以处理。其次,在确定跨界倡议的核心问题后,各个利益相关者定期面对面交流分享经验,了解相关国家或地区的文化、实践、意识、规划系统和偏好,减少沟通障碍,识别冲突领域,最大限度地发挥合作潜力,寻找协同领域并最终制订一套共同的目标和计划来解决共同关注的问题。第三,协调机构提供定期且不断的交流对话机会,使利益相关者的集体认同感得以建立,从而反过来更加促进跨界协调机构的发展。第四,由于参加跨界合作的国家或地区可能在社会经济发展情况、知识水平等方面存在差异,因此能力建设至关重要。在进行能力建设的过程中,各利益相关主体能够在学习中形成共同语言,对关键概念形成一致的理解,从而在海洋空间规划合作中构建通用性语言。第五,法律和政策趋同的过程可以赋予跨界协调机构法律地位,使其运行有法可依。跨界协调机构在发展过程中产生许多符合实际的政策建议,是立法和政策趋同过程的"催化剂"。

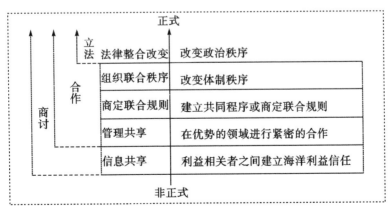

图4 跨界海洋空间规划合作关系评估体系

在建立跨界协调机构之后,海洋空间规划与政策、倡议等的互动可能影响其效能发挥,因此适时地以科学方法评估其发挥的作用和影响至关重要。基德和麦高文开发的跨国伙伴关系评估体系不仅适用于超国家机构,在次国家尺度上也同样适用(图 4)。信息共享是第一级别,其含义是在各个国家、市场和民间社会利益相关者之间建立海洋利益的信任。第二级别是管理共享且主要集中在合作更紧密的优势领域。这种合作既可以是短期的,也可以是长期。第三个级别是联合规则的商定。在这一阶段利益相关者开始希望建立与特定活动领域相关的共同程序或协议的商定联合规则。第四级别是组织的联合。在这一阶段利益相关者开始建立新的联合研究机构、小组。最后一个级别是法律的整合。这种新的整合可能会为特定海域的管理带来新的政治秩序。从下往上的过程是由非正式合作向正式合作过渡的过程;其中,可以把信息共享归于商讨阶段,把管理共享、商定联合规则和组织联合归于合作阶段,把法律整合置于立法阶段。在建立合作关系时,不一定所有的合作都寻求最高等级,也可以循序渐进的方式进行交流,毕竟信息共享是所有合作的起点。

(三)优化数据管理,实现数据共享

在进行数据管理上的跨界合作时,应该基于信息需要,按照一套技术准则对行政边界、生物特征、人类活动(包括过去、现在以及将来可能进行的活动)等信息进行收集、整理、协调工作。欧洲大西洋跨界海洋空间规划(Transboundary Planning in the European Atlantic, TPEA)项目定义了六个收集和协调数据的步骤:识别和编译数据、评估数据、协调数据、编辑或创建元数据、输入到地理数据库和共享数据,通过这六个步骤,实现数据管理在不同司法管辖区的跨界。目前,为了帮助跨界数据集标准化,常用的操作平台是 ArcGIS 空间分析系统。这一系统允许用户以多种形式观察、理解、查询、解释数据并使数据可视化,保证跨界数据集拥有共同的测量框架和数据标准。让利益相关者参与实地调查和数据收集、共享会使经验的分享过程更为顺畅和有效,同时还会提高数据质量和数据的相关性。值得注意的是,相关参与主体共享敏感数据,从而共创可以指导跨界讨论的公开透明的跨界数据集,这对海洋空间规划跨界合作至关重要。但是,在对数据进行管理的过程中,不同的相关主体在技术能力方面可能存在差异,导致数据质量良莠不齐。

融合治理体系，寻找更广泛的治理方法。每个国家和地区都有独特的行政和管理系统，这些系统在可能产生海洋空间规划跨界合作的国家中有较大差异，同时国家的优先事项可能与目标不兼容，所以跨界海洋空间规划面临着将它们连接、融合和重构的挑战。关于跨界海洋空间规划治理框架的分析，Jay 等认为，对治理框架的分析应有助于确定国家和区域的优先事项；有助于确保跨界海洋空间规划的战略目标考虑到立法、政策和行政结构，尤其是尚未涵盖的问题；不需要对法律和程序进行标准化；强调信息流和持续沟通；对于识别需要跨界的海洋活动非常有用。因此，在建立更广泛的治理结构时，我们需要考虑现有的经济、政治、文化、法制结构，将在其他领域得到的经验运用到跨界海洋空间规划中，充分利用利益相关者的力量，借助官方和民间的有关组织寻求更广泛的合作。

六、结语

基于海洋环境的独特性和对海洋生态系统的综合管理，跨界思维方式的运用显得尤为重要。跨界海洋空间规划的内涵主要包括跨行政边界海洋空间规划、跨地理边界海洋空间规划、跨治理边界海洋空间规划等三个层面。在我国的海洋空间规划中运用跨界思维方式分析、解决问题是海洋环境的属性、对海洋资源与环境实施科学开发与保护、建设 21 世纪海上丝绸之路的内在要求。但是，综合国际学者研究和实践经验，跨界海洋空间规划存在缺乏法律基础、跨界数据管理困难、司法管辖区间治理体系差异等现实挑战。本文通过对跨界海洋空间规划实现机制的梳理和框架构建，总结出我国实现跨界海洋空间规划的可行性措施：加快立法，实现政策趋同；建立跨界协调机构，分享经验，提升能力建设，以解决共同问题；优化数据管理、实现数据共享。考虑到不同国家和地区拥有不同的海洋资源环境开发与保护的背景和特色，本文提出的方法并不适用于所有国家和地区，但却在客观上提供了实施跨界海洋空间规划的方法论选择。

文章来源：原刊于《中国海洋大学学报（社会科学版）》2019 年 05 期。

海洋空间规划

"多规合一"视角下海洋功能区划与土地利用总体规划的比较分析

■ 李滨勇,王权明,黄杰,林勇

论点撷萃

海洋功能区划作为海洋领域唯一法定的空间规划,与土地利用总体规划等共同构成了我国的国土空间规划体系。海洋功能区划是针对海域进行不同类型的功能区划分,目的是合理界定海洋开发与保护的主导功能和使用范围;而土地利用总体规划是以土地利用为对象的空间规划,旨在综合调控土地资源,并强调耕地、生态资源的保护。把握海陆相互依托的关系,正确协调处理海洋功能区划与土地利用总体规划之间的联系,促进海陆国土空间统筹发展,将成为优化国土空间开发格局的重点战略。

海洋功能区划作为国土空间规划体系的重要组成部分,必须纳入"多规合一"要求下所构建的统一空间规划体系,统一其规划目标、管制要求、核心内容和空间基准体系。海洋功能区划必须从区划的期限、目标、层级、分类、评估等方面进行调整和完善,才能适应国土空间治理体系现代化要求。对海洋功能区划,建议:完善海洋功能区划期限及目标的设置,明确不同层级的细化标准和要求,增加海洋保护、生态环境整治修复类等功能区类型,加强海洋功能区划实施情况评估制度的建设。

作者:李滨勇,国家海洋环境监测中心、国家海洋局海域管理技术重点实验室高级工程师
王权明,国家海洋环境监测中心海域研究院副院长、副研究员,中国海洋发展研究中心研究员
黄杰,国家海洋环境监测中心、国家海洋局海域管理技术重点实验室工程师
林勇,国家海洋环境监测中心、国家海洋局海域管理技术重点实验室副研究员

一、引言

空间规划是各级政府进行空间治理、用途管制的核心手段,是调控资源配置、引导发展的空间政策工具,是坚持"五位一体"的总体布局、落实生态文明建设的重要举措。中共中央、国务院 2015 年 9 月印发的《生态文明体制改革总体方案》,对空间规划体系提出了"全国统一、相互衔接、分级管理"的新要求。中共中央办公厅、国务院办公厅于 2017 年 1 月印发《省级空间规划试点方案》提出了统筹各类空间性规划、推进"多规合一"的战略部署,并明确了"建立健全统一衔接的空间规划体系""统一规划基础"等要求。目前关于"多规合一"的改革和试点工作正在全国逐步展开。海洋功能区划和土地利用总体规划作为海洋和陆域重要的空间规划,两者的有效统一和衔接,对于实现陆海统筹、推进"多规合一"具有重要意义。对比分析两者的规划体系,探索相互之间的关联性与互补性,成为实现从海陆统筹的角度统一规划国土空间的关键。而目前关于这方面的研究尚不多见。因此,本研究旨在厘清海洋功能区划与土地利用总体规划的区别与联系,提出完善海洋功能区划的对策和建议,为统筹衔接海洋功能区划与土地利用总体规划提供基础研究,以便进一步完善"多规合一"的空间规划体系。

二、海洋功能区划与土地利用总体规划的内涵

海洋功能区划基于诸如海域地理位置、自然环境和自然资源以及社会需求等因素,按照海洋功能标准,进行不同类型海洋功能区的选划,用以指导、约束海洋开发利用实践活动,旨在加强海洋生态环境保护建设,促进海洋资源合理开发利用。

土地利用总体规划是在各级行政区域内,一段时期内(通常为 15 年),对土地利用的总体安排,是根据土地资源特点和社会经济发展要求,从时间和空间上对部门之间(用途之间)土地资源数量、质量、区位分布状态的总体安排和布局,是国家实行土地用途管制的基础。

三、海洋功能区规划与土地利用总体规划在我国规划体系中的关系

徐东、李剑等学者认为,我国现行的规划体系根据功能的不同可以分为总体规划、区域规划和专项规划 3 类,其中国土空间规划、环境保护规划、产

业发展规划等属于专项规划。笔者结合其他相关文献研究认为,国土空间规划按照陆地、海洋和城镇等规划对象的不同,可分为土地利用规划、海洋功能区划、城市规划以及涉及海岛的海岛保护规划等,其中土地利用规划按照等级层次可以划分为土地利用总体规划、土地利用详细规划和土地利用专项规划。环境保护规划按照陆地、海洋和海岛等规划对象的不同,可分为涉及陆地的环境保护规划(环境功能区划、水功能区划和城市环境保护规划)和涉及海洋的环境保护规划等。可见,海洋功能区划是国土空间规划的重要类型(图1)。另外,海洋功能区划又具备总体规划的宏观性、战略性和政策性的特点,这也决定了海洋功能区划在海洋开发利用与保护中的特殊地位。

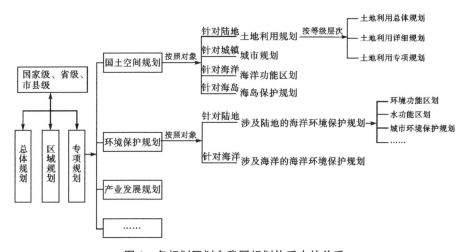

图1　各规划区划在我国规划体系中的关系

四、海洋功能区划与土地利用总体规划的区别

(一)区划与规划定位不同

编制海洋功能区划,要掌握不同海域的主导功能和功能顺序,目的是科学合理地开发和保护海洋资源,为海洋资源开发与管理提供宏观指导,使得海洋开发符合海洋功能需求;其区划基础也在于以海域自然属性为主,以海域社会属性为辅,拟解决的是明确某海域最适宜的开发或保护行为的问题,与时间关系不密切。

土地利用总体规划是在一定的规划期内,根据国民经济发展战略目标与产业结构布局,合理调整土地利用结构和布局,以解决有限的土地资源与不断增长的用地需求之间矛盾,实现土地资源利用的优化配置;其作用旨在引导和优化人们的土地利用行为,在资源保护与可持续发展、土地节约集约利用、生态环境保护等方面符合国家政策及法律要求。

海洋功能区划与土地利用总体规划均具备引导国土空间开发、保障地方发展经济的需求、保护生态空间的作用,但由于区划与规划特征的区别,前者侧重于现实空间状况的类型界定,而后者侧重于空间发展前景的预测与政策建设。

(二)时间定位不同

海洋功能区划目的是如何最佳地划分各种功能区,关注空间要素而不强调从现状到实现目标状态的时间过程。因此,依据科学方法制定的海洋功能区划具有相对稳定性,短期内不会发生大的改变。

土地利用总体规划是以国民经济和社会发展需要为依据,以土地本身适宜性为基础,针对土地资源的开发、利用、整理、复垦、保护等,做出时间进程的总体安排。"规划"具有时间坐标,体现一种时间上的安排,规划指标中的预期指标在未来的不同时间节点将实现不同的预期值;其往往根据土地利用现状及未来需求,分别设置近期和远期目标。

相比而言,海洋功能区划仅设置了区划期限及需实现的最终目标,而未像土地利用总体规划分阶段设置近期和远期目标。这使得海洋功能区划在评估实施效果、判断区划目标实现程度、适时修编海洋功能区划方面略显灵活性不足。

(三)层级体系不同

海洋功能区划的层级体系,按照行政区划可分为国家、省(自治区、直辖市)、市、县四级。全国海洋功能区划侧重于宏观指导,主要提出指导思想和主要目标,明确海洋功能区划分区分类体系及其管理要求,明确保障区划实施的政策措施。省级区划较为宏观,但又强调可操作性。该层次区划需要从目标要求、功能定位等方面分解落实全国海洋功能区划,同时还要发挥指导市、县级区划编制和实施的作用。省级海洋功能区划将划定一级类和二级类海洋功能区,并进一步确定其主要功能。市级、县级区划为微观操作型区划,主要根据省级海洋功能区划,详细划分海洋功能区。

土地利用总体规划按行政区分为国家、省(自治区、直辖市)、市、县、乡5级。国家和省级土地利用总体规划属于宏观管理型规划,其功能主要是落实社会经济发展目标,明确土地利用方向,并制定土地利用配套政策措施、保障规划的实施。市级、县级2级则属于微观型规划,其功能主要是积极落实上级土地利用控制指标体系,具体实施土地利用布局分区,同时针对分区进一步确定土地管控措施。乡(镇)级是实施型规划,其功能主要侧重于土地用途分区管制和用途编定。

2015年9月,中共中央、国务院印发的《生态文明体制改革总体方案》提出要编制国家、省、市县三级统一的空间规划。海洋功能区划的层级设置符合要求,但目前省(自治区、直辖市)、市县海洋功能区划的宏观区划和微观区划的区别不明显;尤其是两者均属于具有分区功能的可操作型区划,编制内容体系有一定程度的雷同,市县级海洋功能区划未发挥其更加具体、便于操作的作用。

(四)分类体系不同

现行海洋功能区划基于《海洋功能区划技术导则》(GB/T17018—2006)的规定,对原来海洋功能区划分类体系进行了优化调整,提出了8个一级类、22个二级类的分类体系(表1)。

表1 海洋基本功能区分类

一级类	二级类
农渔业区	农业围垦区
	养殖区
	增殖区
	捕捞区
	水产种质资源保护区
	渔业基础设施区
港口航运区	港口区
	航道区
	锚地区

(续表)

一级类	二级类
工业与城镇用海区	工业用海区
	城镇用海区
矿产与能源区	油气区
	固体矿产区
	盐田区
	可再生能源区
旅游休闲娱乐区	风景旅游区
	文体休闲娱乐区
海洋保护区	海洋自然保护区
	海洋特别保护区
特殊利用区	军事区
	其他特殊利用区
保留区	保留区

　　土地利用总体规划中主要涉及的两类土地分类体系分别是土地利用现状分类体系和土地规划用途分类体系。对土地利用现状分类主要是为了客观描述土地利用现状数据，而对土地规划用途分类主要是在规划编制过程中，依据规划管理需要，将土地利用现状分类利用规划基数转换而成的土地规划用途类别。2017 年 11 月，国家质检总局、国家标准化管理委员会批准并发布实施国家标准《土地利用现状分类》(GB/T21010—2017)，为第三次全国土地调查土地利用类型的划分提供了标准。目前，与最新土地利用现状分类体系相对应的土地用途分类体系尚未出台。因此，基于从规划用途分类的角度比较海洋功能区划与土地利用总体规划的目的，此处列出现行土地利用总体规划中采用的土地规划用途分类体系。该分类体系共分 3 级，包括 3 个一级类、10 个二级类、25 个三级类(表 2)。表 2 中仅显示一级和二级分类，以便与海洋功能区划对比分析。

表2　土地规划用途分类

一级类	二级类
农用地	耕地
	园地
	林地
	牧草地
	其他农用地
建设用地	城乡建设用地
	交通水利用地
	其他建设用地
其他土地	水域
	自然保留地

可见,土地利用总体规划中土地按照用途划分为"三大类",是基于"保证土地资源的合理利用"为目的进行的用途分类。现有分类方法对生态系统和生态功能的体现不够充分,分类类型中"生态用地类型"设置不足。而海洋功能区划是从海域资源的开发和保护的角度进行的海洋基本功能区分类,其中的"海洋保护区""保留区"等类型的设置是为了有效地保护重要的海洋资源,实现可持续的开发利用。

(五)评价制度不同

为了完善海洋功能区划的方法体系和配套制度,加强对区划实施的跟踪管理,2007年8月出台的《海洋功能区划管理规定》提出海洋功能区划评估的概念,并指出实施评估的时限及实施主体。2010年,国家海洋局印发《关于开展省级海洋功能区划修编工作的通知》中明确了海洋功能区划实施情况评估的主要内容(表3)。

相对而言,土地利用总体规划较早提出开展实施情况的评价。2004年,国土资源部发文,提出开展土地利用总体规划实施情况评价。2005年、2008年国土资源部分别出台了相关文件,进一步强调土地利用总体规划评估是修编的基础与前提。2011年,国土资源部制定了土地利用总体规划评估和修改的工作指南,明确了评估内容和程序等。

表3　海洋功能区划与土地利用总体规划评估政策对比

评估政策	海洋功能区划		土地利用总体规划	
	时间	主要内容	时间	主要内容
提出开展评价(评估)	2007年	指出区划批准实施两年后,可针对区划实施情况进行评估	2004年	提出为了分析实施效果,落实规划目标、规划任务及各项措施,需开展规划实施评价
明确评估实施主体	2007年	指出海洋功能区划评估实施主体可以是海洋行政主管部门或受其委托的技术单位	2009年	明确了国土资源行政主管部门应作为评估的主体
明确评估内容	2010年	概括上一轮编制与实施基本情况,分析实施成效,梳理存在问题,提出本次区划需重点解决问题	2011年	明确了评估的目的、原则、范围和期限等

　　海洋功能区划评估是对区划进行修改的前提和依据。相对于土地利用总体规划,海洋功能区划实施情况评估制度的建设起步较晚,存在评估指标选取难度大、许多指标难以量化等难点,目前尚未形成相对完善的海洋功能区划评估技术标准和评估体系。

五、海洋功能区划与土地利用总体规划的联系

　　海洋功能区划作为海洋领域唯一法定的空间规划,与土地利用总体规划等共同构成了我国的国土空间规划体系。海洋功能区划是针对海域进行不同类型的功能区划分,目的是合理界定海洋开发与保护的主导功能和使用范围;而土地利用总体规划是以土地利用为对象的空间规划,旨在综合调控土地资源并强调耕地、生态资源的保护。

　　沿海土地利用总体规划业务范围的主体不在海上,其规划仅涉及一部分海洋的规划利用,根据海洋的某些功能规划其设想。土地利用总体规划与海洋功能区划在滨海区域具有"相衔接"的关系。

　　随着生态文明建设的持续深入推进,人民群众对清洁的海洋环境、优美的滨海空间、宜人的亲水岸线的需求不断提高,保护海洋自然生态空间,保

障和提高海洋的生态服务功能,成为新时代发展的必然要求。因此,把握海陆相互依托的关系,正确协调处理海洋功能区划与土地利用总体规划之间的关系,促进海陆国土空间统筹发展,将成为优化国土空间开发格局的重点战略。

六、对海洋功能区划的建议

海洋功能区划是国土空间规划体系的重要组成部分,必须将其纳入"多规合一"要求下所构建的统一空间规划体系,统一其规划目标、管制要求、核心内容和空间基准体系。对海洋功能区划必须从区划的期限、目标、层级、分类、评估等方面进行调整和完善,才能使区划适应国土空间治理体系现代化要求。

(一)完善海洋功能区划期限及目标的设置

海洋功能区划"侧重于现实空间状况类型的界定""缺乏区划实现的时间坐标"等不足之处需要得以完善,在国家统一的空间规划体系中将区划期限与本行政区空间规划一致起来。借鉴土地利用总体规划中设置近期和远期目标的特点,增设区划中期目标,以便定期评估海洋功能区划实施情况及适时修编。

(二)明确不同层级的细化标准和要求

针对海洋功能区划的层级体系,进一步明确不同层级海洋功能区划宏观指导或管理应用的特点,细化各级海洋功能区划的标准和要求,体现层级区别,尤其避免省级和市县级海洋功能区划之间的重复和冲突。

(三)增加海洋保护、生态环境整治修复类等功能区类型

中共中央办公厅、国务院办公厅印发的《关于划定并严守生态保护红线的若干意见》明确了"生态空间"的范畴。海洋作为"生态空间"的一种形式,其主体功能是提供生态服务和生态产品。因此,新时期的海洋功能区划应在分类体系中增加海洋保护、生态环境整治修复类等功能区类型,为新增海洋保护区的选划、海洋保护区网络的形成与完善增加依据。

(四)加强海洋功能区划实施情况评估制度的建设

国家海洋行政主管部门应统一建立海洋功能区划评估制度,健全法律

规章和标准规范。借鉴土地功能和城市功能区划实施情况评价的经验,针对海洋功能区划编制和实施的特点,形成完善的海洋功能区划实施评价技术体系、评估方法。

文章来源:原刊于《海洋开发与管理》2019 年 01 期,系中国海洋发展研究中心与中国海洋发展研究会联合设立项目 CAMAZD201713"基于生态系统的海洋综合管理研究"的研究成果。

海洋空间规划

韬海论丛

基于生态系统的海洋空间规划分区方案研究

■ 宋岳峰,余静,岳奇,冯若燕

论点撷萃

近年来,陆地空间利用已经趋向于饱和状态,利用海洋来扩大生存空间并促进经济发展已成为研究热点,海洋规划区划的模式也逐渐被人们所认可。基于生态系统的海洋空间规划已在国外广泛施行,缓解了海岸带经济快速发展对海洋生态环境的压力。我国海洋空间规划虽然实施较晚,但已经有了许多针对我国海域的有特色的海洋空间规划实践,目前实行的几种规划在一定程度上达到了海洋资源高效利用与海洋环境保护的目标,通过设立海洋保护区、禁止开发区及红线区域对海洋生态环境进行了保护,但缺少对开发区域以及非红线区域的海洋生态环境具体管理目标与措施,因此进一步加强对人类开发活动的管理、提高海洋生态系统的服务价值与可持续利用、建立基于生态系统的海洋空间规划方案尤为重要。

基于生态系统的海洋空间规划强调各个生态系统具备其独特的生态学特征。海洋中各生态系统的生态结构与功能存在一定差异,其中一些特殊的生态系统相对于一般生态系统更为重要,应对这些生态系统进行区分并实施差异化管理,识别其重要生态价值并加以保护。相较于传统海洋空间规划,基于生态系统的海洋空间规划在对人类用海活动进行管理的同时,更加注重保护海洋生态环境、维护海洋生态服务功能;在保护重要栖息地、生物多样性、生态过程和生态系统的同时,对人类活动区域进行合理分配,尽

作者:宋岳峰,冯若燕,中国海洋大学海洋与大气学院硕士
余静,中国海洋大学海洋与大气学院副教授、中国海洋发展研究中心研究员
岳奇,国家海洋技术中心研究人员

可能减少人类开发活动对海洋生态环境的影响。

一、引言

近年来的人口迅速增长给全球生态系统带来了巨大的压力,陆地空间利用已经趋向于饱和状态,利用海洋来扩大生存空间并促进经济发展已成为研究热点,海洋规划区划的模式也逐渐被人们所认可。基于生态系统的海洋空间规划已在国外广泛施行,缓解了海岸带经济快速发展对海洋生态环境的压力。欧美海洋国家逐步形成并完善了以生态系统为基础的海洋空间规划,其中英国在海洋空间规划领域进行了立法,为海洋环境的管理和保护提供了"综合的、以政策为基础的方法";比利时通过利用基于生态系统的海洋空间规划为海洋使用管理提供了综合框架和战略构思;加拿大根据1997年颁布的海洋法,为加拿大所有海洋地区划定了大型海洋管理区,以维持生态系统的自然功能;新西兰正在制定新的海洋政策来管理专属经济区开发活动的环境影响,管理范围为从海岸 12 至 200 海里;美国由联邦政府发起海域划分的概念,以便对现行的海洋活动管理措施进行彻底改革。

我国海洋空间规划虽然实施较晚,但已经有了许多针对我国海域的有特色的海洋空间规划实践,包括海洋功能区划、海洋主体功能区规划以及海洋生态红线等。目前我国实行的这几种规划在一定程度上达到了海洋资源高效利用与海洋环境保护的目标,通过设立海洋保护区、禁止开发区及红线区域对海洋生态环境进行了保护,但缺少对开发区域以及非红线区域的海洋生态环境具体管理目标与措施,因此进一步加强对人类开发活动的管理、提高海洋生态系统的服务价值与可持续利用,建立基于生态系统的海洋空间规划方案尤为重要。本文尝试针对完整生态系统的大尺度海域规划提出基于生态系统的海洋空间规划分区规划方案,建议以海洋生态重要性为判定依据,进而构建分级分区体系,将海域划分出三级保护等级,制定管理目标与措施,期望能在海洋生态环境保护的基础上进行海洋资源开发利用。

二、基于生态系统的海洋空间规划分区体系构建

(一)分区内涵

海洋空间规划是以人类用海活动为管理对象,通过对时间、空间分布进

行规划来合理布局海洋资源开发,实现海洋生态、经济与社会发展目标。但是在海洋资源开发利用过程中,人类逐渐发现追求资源多用途和持续生产的资源管理理念会使海洋生态系统退化,进而产生了利用基于生态系统的方法进行海洋空间规划的理念。

基于生态系统的海洋空间规划强调各个生态系统具备其独特的生态学特征。海洋中各生态系统的生态结构与功能存在一定差异,其中一些特殊的生态系统相对于一般生态系统更为重要,应对这些生态系统进行区分并实施差异化管理,识别其重要生态价值并加以保护。相较于传统海洋空间规划,基于生态系统的海洋空间规划在对人类用海活动进行管理的同时,更加注重保护海洋生态环境、维护海洋生态服务功能;在保护重要栖息地、生物多样性、生态过程和生态系统的同时,对人类活动区域进行合理分配,尽可能减少人类开发活动对海洋生态环境的影响。

(二)分区原则

分区原则作为分区方案制订的基础,应充分体现基于生态系统与可持续发展相结合的特点,保证海洋生态系统结构和功能完整性为前提,以生态系统为基础确定不同海域内人类开发活动的强度和类型,确保规划海域生态系统的完整性与恢复能力,维护海洋生态服务功能,促进多样化的可持续利用。为此,需要遵循以下基本原则。

1. 重要生态系统保护原则

重要生态系统保护原则是对海域内生态系统进行评价,识别出相对重要独特的生态系统,在规划时以保护这些生态系统为前提对海域进行开发利用,保证重要生态系统不受到损害。

2. 资源合理分配原则

针对不同区域的海洋生态环境特点以及人类社会发展需要,合理安排用海布局,合并兼容的人类用海活动,分散有冲突的人类用海活动,使海洋资源在利用过程中效率最大化,减少海洋生态系统的压力。

3. 生态系统完整性原则

要以生态系统为基础进行海洋空间规划,确定边界时要尊重生态系统的完整性,尽可能保持各类海洋生态系统的完整性,在确定区划方案之后再依据行政边界确定实际行政管理区域。

(三)保护区域生态重要性评价标准

纵观基于生态系统的海洋空间规划分区研究,还没有被统一认可的分区评价标准。目前世界各国所采用的分区标准在很大程度上具有相似性,但由于各个国家对规划区域、规划尺度以及规划重点的不同,仍存在着一定差异。目前研究较为成熟并被广泛认可的有世界自然保护联盟提出的保护区选划准则以及瓦尔等建立的海洋生态重要性评价准则。

世界自然保护联盟提出的保护区选划准则依据自然特点以及生态系统分布将规划海域划分为严格自然保护区、国家公园、天然纪念物保护区、栖息地/物种管理区、海洋景观保护区、资源管理保护区等几大类,并制定相应管理要求。

海洋生态重要性评价是根据海洋物种的保护级别、栖息地的独特程度以及生态过程的分布情况评价不同区域对海洋生态系统的重要性,根据评价结果将海域划分为极重要区域、中等重要区域和较重要区域,并根据不同重要性确立海域管理的目标与措施。

本文在建立基于生态系统的海洋空间规划分区方案时,以识别海洋重要生态区域并制定差异化管理目标措施为手段对其进行保护开发为主要目的,故主要参考更为直观的海洋生态重要性评价相关的研究成果。在北太平洋海岸综合管理生态重要性区域选划过程中,克拉克等采用独特性、生物聚集程度、健康影响、自然性、恢复力五个指标对海洋生态重要性进行评价。本文在此基础上进行了改进完善,从海洋生物、海洋生态功能、海洋自然环境三部分选取物种特殊重要性、生物多样性、生态功能重要性、环境自然性与生物生产力五个指标对海洋生态系统重要性进行评价。海洋生物部分选取物种特殊重要性与生物多样性作为评价指标,体现区域内独特的物种价值及其重要自然群落和生境;海洋生态功能作为海洋生态系统重要组成之一,很大程度上反映了区域内海洋生态服务价值,其重要性体现在维护海洋生态系统健康与生态安全。海洋自然环境部分则选取了环境自然性与生物生产力为评价指标,反映区域内生态系统的自然程度以及人类活动影响程度。其中,物种特殊重要性指标与生物多样性指标主要依据我国《生态功能区划暂行规程》进行评价,生态功能重要性指标主要参照海洋生态红线区评价标准相关的研究成果进行评价,环境自然性与生物生产力则是依据生态重要性区域选划中的自然性与恢复力两个指标进行评价,具体评价标准和评价指标见表1。

表 1 海域生态环境保护等级分级表

类别	重要性等级	分级标准
物种特殊重要性	高	国家自然保护区 珍稀濒危物种栖息地
	中	重要水产资源保护区、产卵场、索饵场、洄游通道
	低	其他物种分布区域
生物多样性	高	国家一级和二级保护物种集中分布区
	中	其他国家与省级保护物种分布区以及重要鸟类活动区域
	低	无保护物种
生态功能重要性	高	海洋保护区的核心区和缓冲区 对维持区域海洋生态系统结构和功能稳定性有重要生态功能的河口、湿地、珊瑚礁、红树林等生态系统
	中	海洋保护区外围保护带生态功能受损,但可通过整治修复恢复到面积尚可维生态系统的结构和要求
	低	没有明显资源优势或重要生态功能的区域
环境自然性	高	人类未开发区域 水体与沉积物污染物浓度极低
	中	人类活动干扰较小区域 环境质量较好
	低	人类重点开发区域
生物生产力	高	重要鱼类鱼卵、仔稚鱼丰富,饵料丰富且初级生产力高的区域
	中	浮游植物、浮游动物、底栖生物高丰度区域
	低	基础生物分布较少区域

依据表1的海洋生态重要性评价标准,将评价结果分为高、中、低三个等级,以此作为规划区域内生态系统属性确定的参考,从而确定每个区域的保护等级。保护等级是指在规划海域内某一区域相较于其他区域所具有的保

护价值,属于相对概念。在评价过程中,注重遵照生态保护优先原则。若生态单元有一项评分为"高",该单元就需纳入Ⅰ级保护区域;若单元评价最高项为"中",则需将该单元纳入Ⅱ级保护区域;若单元评价皆为"低",则该单元属于Ⅲ级保护区域。在进行保护区域划分的过程中,针对不同级别的保护区域采用不同程度的管理手段与管控措施是协调海洋生态环境与海洋资源开发的关键。在划定时应遵照生态环境保护优先原则,优先划分Ⅰ级保护区域,最后划分Ⅲ级保护区域。

三、分区方案

依据上述分区体系,本文借鉴海洋功能区划与海洋主体功能区划,根据海洋生态重要性,按照保护区域生态重要性评价标准将海域划分为三级保护等级。其中,Ⅰ级保护区域所包括的类型主要是重要海洋生态系统,较为脆弱敏感,对生物多样性有极大贡献,需要重点监测保护;Ⅱ级保护区域包括重要渔业生产区域以及基础生产力高输出区域,这些区域具有一定的自我恢复能力与生态价值,可以在保护生态环境完整性的前提下适当开发;Ⅲ级保护区域是已进行开发利用以及生态系统较为单一的区域,这些区域对自然生态环境贡献较小,可以在监测环境状况的同时对其进行适度开发。每个区域有具体的包括类型以及需要重点观察保护的目标,并设立相应的管理手段。在保护区域的基础上,本方案进一步设立了管理亚区,以达到区分具体生态环境的分类管理理念,具体分区方案见表2。

表2　基于生态系统的海洋空间规划分区方案

保护等级	亚区	包括的主要类型	保护目标	管理手段
Ⅰ级保护区域	严格保护区	①海洋自然保护区②濒危物种栖息地③保护级动物活动区域	濒危海洋物种及其栖息环境	禁止一切人类活动,长期监测自然活动,维持生态环境自然发展
	参观保护区	①珍贵自然地理景观②历史文化遗迹	珍贵生态环境自然人文景观	加强监测,进行生态修复

（续表）

保护等级	亚区	包括的主要类型	保护目标	管理手段
Ⅱ级保护区域	渔业、休闲用海资源保护区	①水产资源保护区、产卵场、索饵场、洄游路径、水产养殖区 ②近岸旅游休闲区域	渔业资源与相应生境近岸水质	保护自然环境特征维护生态服务功能
	生态功能养护区	①浮游植物、浮游动物、底栖生物高丰度区域 ②物种丰富度较高区域	海洋原有自然环境	长期监测，保护海洋基础生产力与生态功能
Ⅲ级保护区域	资源保护开发区	①人类开发海域 ②沿海经济亟待发展区域 ③自然生物较少区域	海水质量基础生态系统海洋环境质量	严格检测海水环境质量建立突发应急预案长期监测与评估

（一）Ⅰ级保护区域

Ⅰ级保护区域包括严格保护区和参观保护区两个亚区。此种细分是为了便于保护区分类管理；严格保护区更为敏感，应严禁人类进入造成干预，而参观保护区则可以允许人类进行参观教育等活动。这些区域生态系统极为脆弱，极易遭受不可逆破坏并对生态重要性和多样性有极大贡献，应当将这些区域作为优先划分区域，在与其他功能发生冲突的情况下，以保证其自然状态和价值为优先项。

1. 严格保护区

主要包括现有海洋自然保护区、濒危物种栖息地以及保护级动物活动区域，对区域内的生态环境进行严格保护，禁止一切人类活动，确保区域内的生态系统正常运转。在管理手段方面应保持对自然环境和生态系统的持续监测，确保该区域的自然属性与价值，严禁一切人类活动。

2. 参观保护区

主要包括有珍贵自然地理景观和历史文化遗迹，如珊瑚礁、海草草甸、软泥沙、红树林、湿地等生态景观或保护公园。在这些区域内仅可进行相关的科研、教育、参观活动，而且不可以对当地自然环境和生态系统造成干扰。

在管理手段方面应加强监测监督工作,对退化中的区域开展生态修复工作。

（二）Ⅱ级保护区域

Ⅱ级保护区域包括渔业、休闲用海资源保护区与生态功能养护区两个亚区。其中,渔业、休闲用海资源保护区整合了渔业资源区域以及沿海观光旅游区域。该区域资源主要包括渔业资源和旅游资源,在管理时应确保生物资源不被过度开发以及近岸水质达到相应要求,在维护原有生态价值的基础上进行保护性开发。而且渔业区域与旅游可以进行整合开发,如在渔业捕捞区或养殖区开展休闲垂钓活动以及在休渔期开展海上观光活动等。生态功能养护区主要包括具有丰富物种资源以及基础生产力的区域,这些区域作为维护海洋生态系统平衡的基础,应进行养护工作,保护其生态功能以及生态服务价值。这些区域生态系统较为敏感,对生态环境质量有较高要求,应选择缓和的方式进行开发利用,维护区域内生态服务功能以及生态环境健康。

1. 渔业、休闲用海资源保护区

主要包括有水产资源保护区、产卵场、索饵场、洄游路径、水产养殖区,近岸旅游休闲区域。在区域内可以进行非工业人类活动,如渔业、旅游业及商业等低强度开发活动。在管理手段方面应保证自然环境与生态系统的完整性与特征,对生态服务功能进行维护。

2. 生态功能养护区

主要包括物种丰富度较高区域以及浮游植物、浮游动物、底栖生物高丰度区域。该区域应保留其原有生态环境,禁止工业开发行为并严格控制污染情况,确保海洋基础生产力不受到破坏并维护其原有的生态功能。在管理手段方面,应进行长期监测评估,保护区域内海洋资源、海洋基础生产力与生态功能。

（三）Ⅲ级保护区域

Ⅲ级保护区域只有资源保护开发区一个亚区。该区域主要用于港口建设、工业用海以及海洋油气矿物开发等工业开发活动,并按照地区发展需求设计优化方案,缩减港口与工业以及海上矿井之间的距离,增加开发效率。

该区域包含人类开发海域、自然生物较少区域和沿海经济亟待发展区域。这些区域应当保证生态系统单一,确保生态环境价值不高,能够承受高强度的人类开发活动。在开发过程中应达到海水质量安全、基础生态系统不被破坏、海洋整体环境质量不退化的要求,并在此基础上重视提升资源利用效率,设立发展规划目标,合理安排产业布局,并做好相应应急预案以应对突发状况(如泄露、溢油等)。管理时应当保持长期的监测与评估,严格检测海水环境质量并设立突发应急预案,维护海洋经济产业持续健康发展并避免过度开发污染造成的海洋环境不可逆损害。

四、结论

制订基于生态系统的海洋空间规划分区方案时,通过建立海洋生态重要性评价标准,对物种特殊重要性、生物多样性、生态功能重要性、环境自然性与生物生产力进行定性评价,以此识别海洋重要生态系统。在此基础上参照生态红线划定准则,建立区域保护等级概念,区分区域内较为重要的生态系统与一般生态系统,并参照海洋功能区划与海洋主体功能区规划进一步划分为五个亚区,对不同重要程度海洋生态系统制定差异化管理手段,从而达到生态系统分类管理、保护海洋生态环境、海洋资源可持续开发利用的目的。

该分区方案相较于我国现行的海洋空间规划,主要区别在于以海洋生态环境为基础,确立了保护性开发的规划理念,在确保海洋生态系统与生态服务价值的完整性前提下,根据社会经济发展需要进行合理的可持续的海洋资源开发,缓解了人类开发活动对海洋生态系统的压力。本文研究成果主要为分区方案的理论与方法。我国目前的规划体系在具体管理时主要以行政边界为基础进行划分,而该分区方案主要针对完整生态系统的大尺度海域规划,如何与我国管理方式进行结合统一,完成该方案的具体应用并检验其可行性仍是今后基于生态系统的海洋空间规划的重点研究方向。

文章来源:原刊于《海洋湖沼通报》2019 年 06 期。

海洋灾害应对

基于人类命运共同体的
我国海洋防灾减灾体系建设

■ 马英杰,姚嘉瑞

论点撷萃

海洋防灾减灾工作必须放在人类命运共同体与海洋命运共同体的视角下寻找解决方案。作为共同体中的一个个个体,各个国家理应共同努力,积极构建海洋灾害防御共同体,拓宽海洋防灾减灾领域的国际合作;只有如此,才能减少海洋灾害给本国造成的损失,保护国家发展成果不被破坏,甚至缩小海洋灾害带来的连环损害。

人类命运共同体与海洋命运共同体思想除了呼吁世界各国加强合作外,还向世界宣示了中国在全球问题的解决中必定会承担起大国责任。我国理应完善海洋防灾减灾体系,以更好地回应国际社会的倡议,贡献中国智慧,提出中国方案,肩负起大国责任,树立大国榜样。无论是政策还是现实都昭示着我国完善海洋防灾减灾体系不可忽视国际合作与交流,要与共同体成员分享防灾减灾的成功经验成果,互相学习,共同提高。我国应该借鉴外国先进的防灾减灾技术,吸收人类命运共同体的理论内涵,弘扬其蕴含的中国智慧和大国责任的精神,不断完善我国海洋防灾减灾体系,建设具有中国特色的海洋灾害风险管理体制,同相关国家加强合作,共同建设海洋灾害防御制度体系。

作者:马英杰,中国海洋大学法学院教授,中国海洋发展研究中心研究员
姚嘉瑞,中国海洋大学法学院硕士

我国自 20 世纪 70 年代末实施对外开放政策以来,人口和工业不断向海洋靠拢,大规模的围填海造陆使我国国民经济的健康发展越来越靠稳定的海洋环境,但气候变化却给海洋生态环境带来了前所未有的灾难。我国的极端天气事件自 20 世纪 90 年代中期以来明显增多,尤其是登陆台风的平均强度明显增强。1980~2017 年我国沿海海平面呈波动上升趋势,每年风暴潮、海浪灾害、海冰灾害等自然灾害及海水入侵与土壤盐渍化、赤潮、海上溢油事故等人为灾害给沿海地区造成了严重的经济损失和人员伤亡。海洋灾害并非只"青睐"中国,所有沿海国家都深受其害。"人类命运共同体"思想与"海洋命运共同体"构想的提出,在这样一种无法以一国之力抗衡严峻海洋灾害的情况下给了人类应对海洋灾害的信心和希望,也提供了很好的思路和范式。因此,探究人类命运共同体与海洋防灾减灾之间的内在逻辑,用"人类命运共同体"思想指导我国海洋防灾减灾工作,强化国际合作,积极构建海洋命运共同体,同时构建国内海洋防灾减灾体系显得尤为重要。

一、人类命运共同体与海洋防灾减灾体系的内在联系

中国共产党第十八次全国代表大会的报告《坚定不移沿着中国特色社会主义道路前进 为全面建成小康社会而奋斗》提出"倡导人类命运共同体意识",旨在追求本国利益时兼顾他国合理关切,在谋求本国发展中促进各国共同发展。海洋防灾减灾体系是为应对海洋灾害而制定的包括灾害防御指导思想、灾害防御管理体制、防灾减灾救灾各项制度等在内的规范体系。人类命运共同体与海洋防灾减灾体系存在一定的逻辑关系,海洋命运共同体的提出更是明晰了这一层逻辑关系。构建海洋防灾减灾体系的一个重要环节是建立一个海洋灾害防御共同体。这个共同体是人类命运共同体在海洋领域具体为海洋命运共同体又在海洋防灾减灾领域进一步具体化的结果。海洋灾害防御共同体与人类命运共同体都以马克思主义共同体理论作为理论基础,完善海洋防灾减灾体系有利于更好地丰富海洋命运共同体的内涵与构建人类命运共同体。

(一)人类命运共同体思想中相关海洋防灾减灾内容

自 2013 年首次提出"人类命运共同体"思想以来,习近平主席在多个重要外交场合强调"人类命运共同体"的思想内涵以及"人类命运共同体"的具

体化,充分表达了中国建立合作共赢国际关系的愿望与信心。在海洋领域,习近平主席提出构建海洋命运共同体的倡议,指出"人类居住的这个蓝色星球不是被海洋分割成了各个孤岛,而是被海洋联结成了命运共同体,各国人民安危与共",因此在海洋安全领域势必要高度重视国际交流与合作。在防灾减灾方面,习近平主席提出建设灾害防御型社会,坚持以防为主,防灾抗灾救灾相结合,努力实现从注重灾后救助向注重灾前预防转变,从减少灾害损失向减轻灾害风险转变,全面提升全社会抵御自然灾害的综合防范能力。习近平主席曾在国际会议上多次强调防灾减灾国际合作的重要性,大力提倡"促进减灾国际合作、降低自然灾害风险、构建人类命运共同体",强调"防灾减灾、抗灾救灾是人类生存发展的永恒课题……希望各国为促进减灾国际合作、降低自然灾害风险、构建人类命运共同体作出积极贡献"。在国际区域合作维度,习近平主席肯定了亚洲国家同舟共济应对海洋灾害和其他自然灾害的精神,倡导金砖国家作为利益共同体、行动共同体,加强协调沟通,共同行动,携手应对自然灾害、气候变化等全球性问题。气候变化加剧使海洋与人类都面临着巨大灾难,并且灾难的频度和强度已经渐渐超出人类的可控范围。随着生态文明时代的到来,人类开始反思与海洋的关系,在海洋防灾减灾方面只有突破国家界限的限制,构建人类命运共同体与海洋命运共同体,集合全人类的智慧与力量,才能保护孕育生命的海洋、养育人类的地球和人类自己。

(二)人类命运共同体在海洋防灾减灾体系中的具体化

人类命运共同体以马克思主义共同体思想为理论基础。马克思提出的"共同体"可以概括地理解为人类基于共同利益和共同诉求形成的一种共同关系模式,个体只有通过联合形成联合体才能真正实现自身的解放,得到自由、全面的发展。由此可以看出,共同体的目的为团结个体的力量,共同应对生存中的种种风险,从而使个体得以解放与发展。人类命运共同体在海洋领域具体化为海洋命运共同体,在海洋防灾减灾方面进一步具体化为海洋灾害防御共同体。构建海洋灾害防御共同体可以化解气候变化加剧带来的各种海洋灾害风险。海平面加速上升使得河流入海口海水倒灌、土壤盐渍化加重,滩涂湿地面积的缩小降低了调节气候的功效又反作用于海面上热带气旋和温带气旋的剧烈运动,从而形成损害最惨重的风暴潮灾害。人类围填海造陆、海岸工程的大量排污以及过度侵占沿海湿地导致近海赤潮灾害,加之海上石油开采与运输的溢油事故层出不穷,海洋灾害的风险越来越大。海洋的流动性、海洋与大气的交互性决定了海洋灾害的全球性、巨大破坏性以及连锁反应的不可预知性。海洋防灾减灾涉及海洋主权问题、海洋资源的勘探开发问题、海域使用问题、海洋安全问题以及全球气候和环境的治理问题,几乎涵盖了海洋经济、防灾减灾科学技术、国际政治文化交流以及沿海各国社会稳定等方面,这就决定了海洋防灾减灾工作必须放在人类命运共同体与海洋命运共同体的视角下寻找解决方案。作为共同体中的一个个个体,各个国家理应共同努力,积极构建海洋灾害防御共同体,拓宽海洋防灾减灾领域的国际合作;只有如此,才能减少海洋灾害给各国造成的损失,保护国家发展成果不被破坏,甚至缩小海洋灾害带来的连环损害。

(三)完善海洋防灾减灾体系有利于更好地构建两个命运共同体

人类命运共同体不能只是一个口号,一些文件更应该提出通过各种路径努力实现这个伟大目标的要求。2013年中国提出"一带一路"倡议所包含的理念和所提供的战略路径使"人类命运共同体"的实现具有了可能性,其中提出陆与海协调发展的时代命题更是强调海洋安全对于人类生存、发展的重要性。2019年中国提出的推动构建海洋命运共同体倡议,更是使构建人类命运共同体又向前迈出一步。但是,海洋命运共同体倡议的初步提出旨在推动各国海军深化务实合作、共同维护海洋和平安宁,内涵相对单薄,需要不断丰富。海洋灾害作为威胁海洋安全最不稳定的因素之一,理应成为海洋命运共同体构建的重要方面,而且不仅要强化各国政府及海军在海洋治理国际合作中的作用,更要调动国际政府组织机构、非政府组织机构、民间社会团体、专家学者等各方力量共同致力于构建海洋命运共同体。只有共同努力,建立相对完善的海洋防灾减灾体系,才能更有力地应对海洋灾害的诸多风险,才能保护"一带一路"尤其是21世纪"海上丝绸之路"的优秀发展成果,从而更好地构建两个命运共同体。人类命运共同体与海洋命运共同体思想除了呼吁世界各国加强合作外,还向世界宣示了中国在全球问题的解决中必定会承担起大国责任。防灾减灾一直以来深受国际社会重视。随着全球应对气候变化等战略性问题的日益紧迫,国际上要求中国承担大国责任的呼声日益高涨。这对我国海洋领域参与全球治理提出了新要求。我国理应完善海洋防灾减灾体系,以更好地回应国际社会的要求,贡献中国智慧,提出中国方案,肩负起大国责任,树立大国榜样。我国在海洋防灾减灾做出的动作可以给世界上那些既希望加快经济发展又需要承担保护生态环境责任的广大发展中国家和民族提供了全新选择,也可以使得周边睦邻友好的发展中国家搭上我国高速发展的便车。这正是一个大国的担当与智慧。

无数事实证明,没有哪一个国家能够独立化解海洋灾害的风险。美国虽然有先进的海洋观测预报技术、完善的应急预防响应机制以及系统的海洋灾害法律体系,但在卡特里娜飓风到来时,贫富地区防灾救灾资源的分配不均造成灾后社会动荡、烧杀抢掠、几十万儿童无家可归。日本在多灾多难的国土上孕育出了极为完善的海洋灾害防御制度体系,在防灾减灾工作中以预防见长,但是"东日本大地震"引发的海底地震和海啸造成核电站泄漏等二次灾害影响范围广,后果未知。海洋灾害频发的印度尼西亚以及东盟诸多国家受经济发展水平的影响,救援技术落后,严重影响救灾效率,2004年的印度洋海啸夺走了近30万人的生命。因此,只有突破民族国家的边界,达成精诚合作,共同努力预防海洋灾害,才有希望降低灾害发生的可能性和强度,减少海洋灾害给各国带来的损失。

二、海洋防灾减灾国际合作现状

(一)全球性海洋防灾减灾合作现状

作为最具代表性的多边机构,联合国拥有呼吁国际社会共同应对灾害的一定权威性,在协调国际救灾工作方面具有不可替代的独特地位。全球性的防灾减灾活动基本上都是在联合国框架下展开的。1987年联合国大会设立了"国际减少自然灾害十年(IDNDR)"以及之后开展的全球性"联合国国际减灾战略(UNISDR)"活动,目的均为提醒各国重视自然灾害,提高社会对灾害的防御能力,并将原来对灾害的简单防御变为对风险的综合管理。联合国的减灾合作机制是由联合国国际减灾战略系统(ISDR)和人道主义事务协调厅(OCHA)制定、协调具体的行动计划,报副秘书长兼紧急救济协调员(ERC)批准,联合国相关机构协同防灾减灾救灾工作。在印度洋海啸救援中OCHA协调了16个联合国机构、18个红十字与红新月联合会救灾小组、35 个国家的军事资源以及 160 多个国际非政府组织、私营公司、民间社会团体的救灾行动,可谓意义非凡。另外,联合国召开的世界减灾大会更是为防灾减灾提供了具有现实意义的指导思想。1994 年第一次减少灾害世界会议通过了《横滨战略和行动计划》;2005 年第二次减少灾害世界会议通过了《兵库宣言》和《2005—2015 年兵库行动纲领》;2015 年第三次减少灾害世界会议通过了《2015—2030 年仙台减少灾害风险框架》,以 10～15 年为一个跨度,制定阶段内的防灾减灾主要目标和指导思想。现阶段"仙台框架"提出了大幅降低全球灾害死亡率、大幅减少受灾害影响民众人数、减少经济损失等 7 项具有时代特点的明确目标。在具体的海洋灾害领域,全球性国际合作框架也逐步建立起来,太平洋海啸预警系统国际协调组织(ICG/TTSU)建立的全新全球海啸预警机制框架、台风委员会(TC)提供的台风命名制度都为海洋防灾减灾国际交流、合作提供了技术支撑。

(二)海洋防灾减灾国际区域合作现状

欧洲、亚洲以及美洲地区都是海洋灾害较为严重的地区,基于共同利益的维护、国家安全的保障,海洋灾害防御的国际区域合作日益频繁并且逐渐形成体系。

欧洲区域重视民防救助的合作。欧盟委员会制定了《民防——预防警戒状态以应对可能的紧急事件》,以加强欧盟各成员国间的协调,通过网络动员欧盟所有成员国的资源和力量,对突发事件做出迅速的反应。应急信息沟通机制、欧盟人道主义办公室用于支持灾害管理应急联动以及向灾害受害者提供人道主义救援。亚洲区域重视防灾减灾能力的提高。以《上海合作组织成员国政府间救灾互助协定》为依托开展务实、高效的灾害防御与救援合作。亚洲减灾中心与亚洲备灾中心致力于推动各成员国实现防灾减灾信息共享、建成联合减灾机制,以及通过实施项目和工程减少灾害对亚太国家和地区的冲击,以促进亚洲地区的繁荣与安全。美洲是飓风的重灾区,中美洲飓风造成的经济损失达到国民生产总值的 3.4%。在拉丁美洲和加勒比海地区自然灾害死亡者中,由于飓风原因死亡的高达 17%。美洲地区的海洋防灾减灾国际区域合作主要为帮助拉丁美洲发展中国家建立应急机制来预防和缓解自然灾害造成的影响。中美洲国家在联合国的帮助下建立起自然灾害的预防和反应体系。美洲国家组织帮助成员国估计自然灾害的抵抗能力和减灾效果;中美洲自然灾害预防协调中心通过信息交流形成统一的分析方法,建立地区性减灾策略,发展地区减灾合作;泛美卫生组织在应对卡特里娜飓风实践中向公众及专家发布重要的卫生信息,并向受灾国家提供技术合作,减轻了灾害带来的脆弱性;中美防灾合作中心、加勒比沿海国家灾害紧急救援处、中美洲自然灾害预防协调中心及安第斯山的防灾年会同样在美洲海洋防灾减灾领域国际区域合作中发挥着积极作用。

(三)我国参与海洋防灾减灾国际合作现状

我国积极参与联合国框架下的海洋防灾减灾国际合作,与联合国开发计划署、联合国国际减灾战略、联合国亚太经社理事会、联合国世界粮食计划署、联合国人道主义事务协调办公室、世界气象组织、政府间气候变化专门委员会和台风委员会、联合国难民署、联合国教科文组织等机构建立了紧密的合作伙伴关系。随着21世纪“海上丝绸之路”的提出和建设,我国与东南亚国家的关系更加紧密、利益更加密切,《东盟灾害管理与紧急应对协议》建立的东盟灾害监测和响应体系(DMRS)可以对地震、海啸、热带风暴、洪水等自然灾害和其他灾难性事件进行视觉监测、地理性发现和综合数据分析,为东南亚地区共同应对自然灾害发挥了非常重要的积极作用。《南海及其周边海洋国际合作框架计划》也将海洋领域的合作扩展至海洋防灾减灾方面。我国还发起了诸多海洋灾害防御项目,如东南亚海洋环境预报与灾害预警系统、亚洲季风暴发监测及其社会和生态系统影响、东南亚海洋预报示范系统、西太平洋海域海洋灾害对气候变化的响应、南中国海区域海啸预警和减灾系统等。我国还参与了海洋灾害防御双边合作协议,如《中华人民共和国政府和俄罗斯联邦政府关于预防和消除紧急情况合作协定》《关于修订〈中华人民共和国国家海洋局和印度尼西亚共和国海洋与渔业部海洋领域合作备忘录〉的协定书》等。我国对赤潮灾害的防治借鉴了日本濑户内海的成功经验,于1991年与日本科学家成立了“中日赤潮研究会”的民间组织。中巴地球资源卫星(代号CBERS)是1988年由双方共同开发、研制的,因其卫星技术的优势,已成为我国监测海洋灾害的重要手段。

(四)海洋防灾减灾国际合作的局限性

随着我国海洋战略的深化和海上工程、海上船舶运输的快速发展,我国积极主导海洋灾害防御国际合作,与邻国成为海洋灾害防御实践的国际合作伙伴,形成科学合理、可持续发展的法律机制,减少海洋灾害带来的损失,以保护我国的发展成果,同时承担起我国的国际社会责任。前文所列举的典型实践均为我国海洋灾害防御国际合作制度的构建提供了实践基础,但是仍然存在一定的局限性。

第一,尚未建立完备的海洋防灾减灾国际合作体制。印度洋海啸发生后,由于受灾各国缺乏危机管理合作、联合预警机制以及开展灾害救援国际合作的意愿和能力,海啸灾害不断蔓延,相继袭击多个国家;在救灾形势如此紧急的状态下,还有些国家无视救援、互相指责推诿,因此救灾迟缓,造成了十分巨大的伤亡和损失,灾后的混乱场面也给地区极端势力和恐怖分子提供了可乘之机。

第二,全球性防灾减灾难以实现,目前大多数合作停留在“倡议层面”,非政府间组织的国际合作发展很不成熟,合作也仅停留在观测监测,早期预警预报和信息、技术传递领域,主要集中在灾前阶段,并没有涉及抗灾过程、灾后恢复、抗灾总结这三个阶段。

第三,国际合作协议框架没有足够强制力。多边、双边国际合作协议因其软法的性质,并没有法律强制力,很难起到约束作用;再者,共同体中各个国家都有各自不尽相同的利益,发达国家与发展中国家、沿海国家与内陆国家之间均存在利益冲突,极容易为追求自身利益最大化而陷入“囚徒困境”,选择不合作,从而纷纷背弃共同体的共同利益,导致共同体的分崩离析。

三、基于“人类命运共同体”思想的我国海洋防灾减灾体系完善路径

无论是政策还是现实都昭示着我国完善海洋防灾减灾体系不可忽视国际合作与交流,共同体成员彼此分享防灾减灾的成功经验成果,互相学习、共同提高。我国应该借鉴外国先进的防灾减灾技术,弘扬“人类命运共同体”蕴含的中国智慧和大国责任的精神,不断完善我国海洋防灾减灾体系,建设具有中国特色的海洋灾害风险管理体制,同相关国家加强合作,共同建设海洋灾害防御制度体系。

（一）构建多层次海洋防灾减灾国际合作机制

海洋防灾减灾的国际合作涉及全球政治、经济、文化、生态、安全等方面,包括救助、法律、信息共享等各方面的合作。海洋防灾减灾国际合作机

制的完善应该分层次、有步骤、分阶段地进行,需要充分考虑海洋灾害的特点、影响,人类认知及科技水平等方面,与有关政府、联合国机构、国际和区域防灾减灾机构进一步密切交流与合作,完善减灾救灾双边和多边合作机制;充分发挥现有国际合作机制的作用,将海洋防灾减灾救灾作为联合国、77国集团、南南合作和亚欧合作对话的重点领域,努力推动上海合作组织成员国政府间救灾协作与交流,在东盟框架下开展减灾人力资源开发合作。海洋防灾减灾国际合作机制应该是一套完整的体系,包括协商谈判机制、监督机制、危机应急机制以及保障措施等内容。针对海洋灾害事件,各机制之间应分工合作,共同服务于灾害救援与预防这一目标。另外,各方不仅要加强针对某一特定灾害预防的合作,而且要注重综合防灾减灾合作;在政府间合作的同时,尽可能地吸引非政府间组织、专家学者等的加入,充分发挥其科学、技术优势,形成更加开放、更加广泛的海洋防灾减灾合作局面。在合作过程中,合作各方具有共同的、直接的经济、国民生命利益,各方的相关政府机构应就相互合作进行交流沟通,形成长效合作机制。

(二)加强技术、信息的交流与共享

随着世界全球化发展趋势的日益加强,海洋灾害的跨国界影响日益明显,世界各国应该互相帮助、取长补短、互利双赢,在力所能及的范围内为其他国家的救灾行动和减灾能力建设提供资金、技术、物资和人力资源援助,探索出一条合理可行的减灾国际合作之路,以共同应对海洋灾害这一严峻挑战。虽然我国已有《海洋观测预报管理条例》以及各项海洋站观测、仪器设备运行和预警会商等条例,同时已初步具备全球海洋立体观测能力,已完成观测监测、预警预报和防灾减灾有效衔接工作体系的建设,但是我国海洋生态灾害监测预报监测站点难以实现大面积、连续的海况观测,缺乏致灾要素因子综合分析,缺少分辨率稳定的遥感资料、航测数据,预报方法具有一定的片面性,精细化预报的精度还有待提高,因此需要向美国、日本等技术高端的国家借鉴经验,同时鼓励国内科学技术的开发和应用,探索信息化和人工智能技术在海洋灾害防御领域的应用。加强海洋防灾减灾技术、信息的共享与交流,既要"引进来"也要"走出去"。我国多次向东南亚、拉丁美洲、南太平洋等地区的国家提供救灾资金和物资援助,派出救援队、医疗队支持受灾国家,支持有关国家救灾及灾后重建工作。我国在瓦努阿图飓风、古巴飓风、巴基斯坦洪灾等数十起灾害事件中,向对方提供了大量物资和技术援助,帮助发展中国家增强海洋灾害防御能力,为全球防灾减灾贡献中国智慧、提出中国方案,肩负大国责任,树立大国榜样。我国在海洋防灾减灾所做出的努力,可以给世界上那些既希望加快经济发展又需要承担保护生态环境责任的发展中国家和民族提供全新选择,也可以使得周边睦邻友好的发展中国家搭上我国高速发展的便车。这正是一个大国的担当与智慧。

(三)强化人类命运共同体意识

海洋灾害防御的国际合作不应只停留在机制与技术层面,更应该深入到意识领域。无论是人类命运共同体、海洋命运共同体抑或海洋灾害防御共同体,均没有足够强制力,共同体中各个国家都有各自不尽相同的利益,如何使得存在着种种矛盾冲突的共同体不破裂,那就需要将海陆统筹、合作共赢的思想深入到所有共同体成员的意识中。没有一个国家能在全球环境问题中毫无责任,任何国家的任何不作为既是对整个人类命运共同体的不负责任,更是对自己国家的不负责任,正所谓"皮之不存毛将焉附"。海洋灾害防御国际合作的制度旨在解决最根本的生存问题,而生存问题对于发展中国家来说是至关重要的。所以,尽管不同的共同体成员之间发展实力有差异,甚至有价值观的冲突和领土政治上的纠纷,但是在海洋灾害防御方面,所有国家都面临着保护对自己而言非常重要的事务。发展差异并不会阻碍一个国家加入海洋灾害防御共同体,面临着对各自而言都非常重要的利益威胁,各个国家势必会进行海洋灾害防御国际合作。另外,每个国家都可以借助法律手段帮助强化人类命运共同体意识与海洋命运共同体意识,在国内法律中规定政府代表国家进行海洋灾害防御法律合作时行为的原则、规则等内容,但是如果现实中没有国家愿意根据已经制定的国内法进行合作,那么制定相关法律内容将完全没有意义。因此,国内法在规定具体的海洋灾害防御国际合作制度内容时的模式设计可以采取原则式的规定方式,即不对具体缔结条约进行细致化规范,如此就不会发生其他国家必须遵守我国法律才能进行海洋灾害防御国际合作的尴尬场面。在这种情况下,各个国家就能够加入海洋灾害防御国际合作共同体。

(四)完善我国海洋灾害风险管理体制

为了构建海洋命运共同体与人类命运共同体,我国应当借鉴外国的先进经验,建设一个强有力的国家海洋灾害防御体系,引领海洋防灾减灾国际合作。在机构改革的背景下,我国应急管理部与生态环境部应在利用海洋防灾减灾管理部门提供的准确详细信息的基础上,发挥自然资源部、农业农村部等部门在风险评估和防控中能起到的功能和作用,综合全社会、各学科、各领域的利益诉求,及时全面地应对海洋灾害。首先,完善我国海洋防灾减灾相关法律制度。要将海洋灾害防御国际合作法律制度构建从灾前延伸到灾中、灾后全阶段。我国海洋灾害防御国际合作法律制度的内容应尽量覆盖灾害发生的全过程,做到所有海洋灾害防御阶段都能够有法可依、有章可循,所有备灾防灾救灾过程都能够稳定、有序、高效地进行。另外,加强现有海洋灾害防御法律之间的联系。我国实行的"单灾种"应急管理体系以及"一事一法"的灾害立法模式,并不符合海洋灾害发生的客观规律,所以要加强现有海洋灾害防御法律法规之间的联系,制定一部统一的海洋灾害防御法律或者法规,统领海洋防灾减灾工作。其次,完善风险评估体系与风险区划制度,为灾害风险评估管理机制提供技术支撑;研究制定风险评估的规范、程序与标准,制定综合以及各类海洋灾害的风险区划图,并根据实际情况及时修改、更新,做好普及和宣传。再次,建立海岸建设退缩线制度。在城镇发展规划等相关规划中提出海岸建设退缩线要求,所有的居民建筑都应当建在海岸退缩线之外,根据不同地区海岸确定涉海工程、城市规划和重大基础设施的安全标准。最后,在我国海洋防灾减灾体系中融入生态减灾的观念,继续完善沿海森林的建设与保护,提高海洋防灾减灾的科学性与先进性。

四、小结

人类的命运因为海洋联系在了一起从而成为一个关系紧密的共同体。在应对海洋灾害问题上没有哪一个国家可以逃避责任、袖手旁观,因为海洋防灾减灾是一项非常复杂的系统性工程,需要沿海各国人民长时间、常态化的共同努力。拥有13亿多人口的我国反思人与海洋的关系,积极预防灾害带来的损失,倡导合作共赢的理念,其影响将是世界性的。因此,我国应将人类命运共同体思想作为海洋防灾减灾体系建设的指导思想,不断深入国际交流与合作,积极构建海洋命运共同体,逐渐完善海洋防灾减灾国际合作机制,加强海洋防灾减灾国际合作法律制度建设,促进海洋观测预报、灾害救助信息共享等方面的国际合作,不断推广和强化人类命运共同体意识;在国内,构建具有中国特色的海洋灾害风险管理体制,完善相关法律制度、风险评估体系与风险区划制度、海岸建设退缩线制度以及基于生态系统降低自然灾害风险措施,为加强我国抵御海洋灾害的综合防治能力,切实维护国民经济的发展成果与人民群众生命财产安全以及人类与海洋共生共存做出不懈努力。

文章来源:原刊于《海洋科学》2019 年 03 期。

海洋防灾减灾信息共享的现状、问题和对策

■ 龚茂珣,戴文娟,陈靓瑜,高静霞,张志伟,王蕾,孙杰

论点撷萃

海洋防灾减灾工作不仅是国家防灾减灾救灾体系的重要组成部分,而且是海洋经济发展、海洋生态文明建设和人民生命财产安全的重要保障。目前我国海洋防灾减灾工作的信息支撑主要包括海洋和气象观测监测信息、海洋预报信息、海洋防灾减灾对象及其主体信息以及救灾措施和政策法规信息。这些信息分散在自然资源、气象、交通运输、水利、民政、农业农村等部门以及企业和科研院所等机构,由于缺少常态化的信息共享体制机制,只能在海洋灾害发生后临时组织和讨论相关信息的共享,不仅影响救援的时效性,而且无法实现灾害预警。

海洋防灾减灾信息共享涉及多领域、多部门和多专业的数据获取、交互融合、分布管理和协同应用等。我国海洋防灾减灾信息共享在体制机制方面均有明显不足:组织领导机构不足、统筹规划协调不足、标准规范和技术支撑不足、服务意识不足、专业人才不足,亟须组建信息管理机构、构建标准规范体系、开发信息共享平台、提高共享服务意识、培养专业技术队伍和实施考核激励办法,以建立海洋防灾减灾信息共享体制机制,有力支撑海洋防灾减灾工作。

作者:龚茂珣,国家海洋局东海信息中心教授,中国海洋发展研究中心研究员
戴文娟、陈靓瑜、高静霞、张志伟,国家海洋局东海信息中心研究人员
王蕾,国家海洋局东海信息中心工程师
孙杰,国家海洋局东海信息中心副研究馆员

海洋灾害应对

一、引言

我国海域辽阔、海岸线漫长、海岛众多,但又海洋灾害多样、频发且造成损失巨大。海洋防灾减灾工作不仅是国家防灾减灾救灾体系的重要组成部分,而且是海洋经济发展、海洋生态文明建设和人民生命财产安全的重要保障。2018 年各类海洋灾害给我国带来的直接经济损失高达 47.77 亿元,海洋防灾减灾形势依然严峻。

目前,我国海洋防灾减灾工作的信息支撑主要包括海洋和气象观测监测信息、海洋预报信息、海洋防灾减灾对象及其主体信息以及救灾措施和政策法规信息。这些信息分散在自然资源、气象、交通运输、水利、民政、农业农村等部门以及企业和科研院所等机构,由于缺少常态化的信息共享体制机制,只能在海洋灾害发生后临时组织和讨论相关信息的共享,不仅影响救援的时效性,而且无法实现灾害预警。针对数据管理分散、标准各异和融合低效等导致的海洋防灾减灾信息共享不畅问题,亟须建立海洋防灾减灾信息共享体制机制,有力支撑海洋防灾减灾工作。

二、海洋防灾减灾信息及其共享

(一)海洋防灾减灾信息

在我国海洋防灾减灾工作的众多信息支撑中,目前业务化运行较好且时效性最强的是海洋观测监测信息。截至 2018 年年底,自然资源部拥有由 124 个海洋站、30 个浮标(21 个 10 m 浮标和 9 个 3 m 浮标)和 59 艘志愿船(23 艘远洋船和 36 艘近海船)等构成的海洋观测监测体系,已初步具备我国近海海洋立体观测监测能力,并建成海洋实时观测监测信息管理平台。

截至 2018 年年底,中国气象局在我国沿海 11 省(自治区、直辖市)建有 701 个国家气象站,此外拥有约 5000 个高空探测综合站、约 45 个海洋浮标和海况站、约 3000 条测报船以及多种气象卫星资料。

我国已初步建成全球性海洋预报业务体系,覆盖我国近海以及全球各大洋和极地,海洋预报产品覆盖我国近海超过 1430 个渔区。近年来,海洋数值预报业务逐步开展;其中,我国近海和全球海洋数值预报产品的分辨率分别可达 5 km 和 25 km,预报时效为 5 d,海啸预警时效由地震发生后 30 min

大幅缩短至 15 min 以内。

原国家海洋局已对海洋防灾减灾对象及其主体编制完成一系列技术规程和导则,为在全国沿海地区全面开展海洋灾害风险防范和治理奠定基础;截至 2018 年年初,已完成 259 个岸段的新一轮警戒潮位核定,为各级政府的海洋防灾减灾决策提供重要依据。原农业部于 2016 年 1 月 1 日起全面启用全国渔船动态管理系统,实现对约 28.14 万艘渔船(包括内陆渔船、近海渔船和远洋渔船)的实时监控,监控内容包括渔船的位置、速度、航向和航时等。交通运输部掌握沿海港口码头的实时动态、防灾抗灾、进出港航线、运输船舶、应急处置和危险货物申报等信息。

在救灾措施和政策法规方面,原国家海洋局贯彻落实《中共中央 国务院关于推进防灾减灾救灾体制机制改革的意见》,针对海洋防灾减灾工作中的主要问题,提出健全体制机制等主要措施,如推进海洋灾害防御立法和制修订《海洋观测预报管理条例》配套制度等。

(二)海洋防灾减灾信息共享

全国海洋科学数据共享平台由国家海洋信息中心建设和运行,数据产品包括海洋水文、海洋气象、海洋生物、海洋化学、海洋地球物理、海底地形、实况分析和再分析等类型。全国综合气象信息共享系统由国家气象信息中心建设和运行,数据产品包括地面、高空、海洋、辐射、农业、生态、大气、灾害、雷达、卫星、科学试验和实验等气象服务。中国海事局的 AIS 信息服务平台以电子海图为基础,可查看我国沿海和沿江船位和船舶的实时信息。原农业部的全国渔船动态管理系统包括渔船档案管理、渔船实时监测、渔船救助报警、越界捕捞报警、渔船救助指挥、渔船视频监控、船员信息管理和海洋灾害预警等功能。

近年来,在海洋大数据和"智慧海洋"等项目的推动下,国家和地方各部门积极推进海洋信息共享,逐渐打破海洋信息"孤岛"。例如,2019 年自然资源部海洋预警监测司与中国气象局预报与网络司签署资料共享协议,明确双方共享的资料类型、要素种类、时空范围和观测频次,涵盖国内外海洋和气象观测数据、卫星产品、再分析产品和预警报产品,最小观测频率达分钟级,月共享数据量达 TB 级;2018 年山东省启动智慧海洋大数据共享支撑平台建设,基于该平台将适时启动海洋大数据标准制定工作,并推出覆盖山东省海洋环境监测、预报减灾、水文气象、海洋渔业、远洋运输和海上安全等领域的大数据产品。

三、海洋防灾减灾信息共享存在的问题

海洋防灾减灾信息共享涉及多领域、多部门和多专业的数据获取、交互融合、分布管理和协同应用等,我国海洋防灾减灾信息共享在体制、机制方面均有明显不足。

（一）组织领导机构不足

根据我国现有体制,自然资源部承担海洋灾害监测预警职责,但海洋防灾减灾信息管理存在环节独立、数据分散和重复建设等现象,由于缺乏强有力的组织领导机构,信息共享十分困难。国家和地方均存在不同部门管辖下的海洋防灾减灾数据生产单位;以海洋观测数据为例,其生产单位包括自然资源部直属单位、中国气象局直属单位、部分沿海省（自治区、直辖市）海洋渔业机构、军队、高校和科研院所等,管理职能的交叉和重复导致数据资源大量浪费。

此外,跨部门和跨系统的海洋防灾减灾数据较分散,数据使用的统一性和协调性较差,不同部门和系统都建立相对独立的数据获取、传输和应用网络,但缺乏有效的交互融合,亟须由专门的组织领导机构推进信息共享工作。

（二）统筹规划协调不足

我国海洋观测监测的基础设施分散在不同部门。当海洋灾害发生时,各部门在同一时间各自获取相关数据,而缺少面向整体需求的统筹规划协调,导致任务冗余和资源浪费;此外,应急获取的站位、浮标和遥感等数据在时空维度上均不完备,无法实现对灾区和灾情的全覆盖。

我国正在开展大规模的海洋数据获取能力建设,已建成全国海洋科学数据共享平台、全国综合气象信息共享系统、AIS信息服务平台和全国渔船动态管理系统等多个大型数据库,但各数据库存在资源无法共享和重复建设严重等问题,导致有限资源被大量闲置、数据得不到充分利用;因此,当海洋灾害发生时,缺少全面、综合、高水平和具有针对性的专题信息共享产品。

（三）标准规范和技术支撑不足

标准规范是信息共享的"软环境"。在我国基础类数据标准规范中，目前仅有"地球数据交换格式"成为国家标准，但仍缺少相应技术支撑，尚未被普及应用。我国海洋防灾减灾领域尚无数据标准规范，导致相关数据的集成难度大大增加。

技术支撑是信息共享的前提。由于缺乏相关技术支撑，我国尚无跨部门和跨层级的海洋防灾减灾信息共享平台，尤其是军民信息共享平台。

（四）服务意识不足

一些部门将数据作为赢利资源，加上不同部门对数据安全等级的界定不同，导致部门海洋防灾减灾信息共享服务意识较低，严重阻碍海洋防灾减灾综合应急指挥能力的提升。

（五）专业人才不足

海洋防灾减灾信息共享服务人才应具备较高的计算机技术水平和较丰富的相关专业知识，属于复合型高端人才。目前我国相关领域的专业人才缺少良好的晋升通道和福利保障，加上近年来互联网公司对相关人才的吸引力较高，导致人才流失严重和引进困难。

四、对策建议

（一）组建信息管理机构

将海洋防灾减灾信息共享上升到国家层面统筹，组建统一的信息管理机构，打破纵向层层审批和横向条块分割的信息"孤岛"，从数据产生初期即最大限度地保障质量和标准，避免因部门内部和部门之间的利益难以协调而导致信息共享困难。

切实有效建立海洋防灾减灾信息共享的法制基础，由信息管理机构承担保障数据安全的法律责任，明确信息共享的组织体系、职责分工和保障措施，使我国海洋防灾减灾信息共享有法可依。

（二）构建标准规范体系

以海洋防灾减灾需求为导向，构建科学的标准规范体系，按照积极探索、持续改进、循序渐进和不断完善的原则，全面和深入推进海洋防灾减灾信息共享标准规范体系建设工作;建立完善的数据交换、数据处理、数据质控、产品制作、数据库建设、应用系统和服务接口调用等系列标准规范,逐步形成综合、完整、协调和配套的海洋防灾减灾信息共享标准规范体系。

为加快推进海洋防灾减灾信息共享工作,亟须制定详尽的海洋防灾减灾信息共享清单,主要包括标识符、元数据、学科分类、主题分类、关键词、描述、时间、格式和数据简介等内容。

(三)开发信息共享平台

建立国家级海洋防灾减灾信息共享平台,打通海洋防灾减灾信息资源"大动脉",实现海洋防灾减灾信息的海量存储、产品制作、高速交换、在线分析、及时发布和用户访问等。基于相关单位的网络状况和数据传输流程,提高信息共享的效率和质量,明确运维职责,满足海洋防灾减灾信息实时共享的需求。

加强海洋防灾减灾信息共享关键技术研究,加快以云计算和大数据等为代表的新信息技术与社会各领域的深度融合和应用,为海洋防灾减灾信息共享平台建设提供便利和储备技术。充分利用分析挖掘、全文检索和在线制图等技术,提供基于海洋防灾减灾大数据的精细化目录、产品和定制服务。

(四)提高共享服务意识

加大对海洋防灾减灾信息共享平台建设的宣传力度,充分发挥新媒体尤其是自媒体的作用,通过各种形式促进更多相关单位提高共享服务意识和参与信息共享。

(五)培养专业技术队伍

联合相关高校和科研院所建立人才培养基地,健全业务培训体系,定期选派人员到国内外相关机构交流学习。加大资金投入,创新育才机制,建设适应新时代要求的高素质的海洋防灾减灾信息共享技术队伍。

(六)实施考核激励办法

对相关单位实施海洋防灾减灾信息共享考核激励办法,考核内容包括组织管理、基础保障和具体措施等,根据考核结果对相关单位进行表彰和奖励,提高单位信息共享的积极性。

五、结语

信息共享是海洋防灾减灾工作的基础和关键环节。近年来我国在海洋防灾减灾数据获取方面大力投入,但信息共享不畅,导致信息应用效率较低;应从体制、机制入手,加快海洋防灾减灾信息共享,为海洋防灾减灾决策提供有力支撑。

文章来源:原刊于《海洋开发与管理》2019 年 10 期,系中国海洋发展研究中心与中国海洋发展研究会联合设立项目 CAMAZD201702"推进海洋防灾减灾体制建设"的研究成果。

海洋灾害应对

韬海
论丛

风暴潮灾害风险的精细化
评估研究

■ 于良巨,施平,侯西勇,邢前国

论点撷萃

风暴潮引起的沿岸涨水而造成的人员伤亡、财产损失,被称为风暴潮灾害。对风暴潮灾害进行精细风险评价不仅是政府控制灾害风险、减少灾害损失的重要依据,也是灾害风险管理中的重要环节。

国内对风暴潮的研究主要集中于风暴潮的数值预报、潮高估算和重现期研究、危险性评估、承灾体暴露性和脆弱性评估、灾害风险区划、灾情损失评估及等级划分等方面。风暴潮灾害的风险大小,不仅受到中心气压、风暴烈度、风暴前进速度的影响,同时也受到海滩底部宽度和坡度的限制以及潮水到达海岸的角度和岸线形状的制约,更与受灾当地的承灾体特征有关。

自然灾害风险评估要向定量化、区域综合化、管理空间化的方向发展。现有的自然灾害风险评估方法由于不能定量表现空间的具体差别,无法满足灾害风险管理的要求。如何在较小空间尺度客观真实地表现风暴潮灾害风险的空间差异,即精细化评估,获得空间尺度上高分辨率的、具有确定的定量风险值的评估结果,成为沿海地区的防灾减灾工作的迫切需求。

风暴潮是指由强烈大气扰动,如热带气旋(台风、飓风)、温带气旋等引起的海面异常升高现象。风暴潮引起的沿岸涨水而造成的人员伤亡、财产

作者:于良巨,中国科学院烟台海岸带研究所助理研究员
施平,中国科学院烟台海岸带研究所原所长、研究员,中国海洋发展研究中心研究员
侯西勇,中国科学院烟台海岸带研究所研究员
邢前国,中国科学院烟台海岸带研究所研究人员

损失被称为风暴潮灾害。风暴潮灾害对沿海经济社会造成的影响越来越大，日益受到各级政府和学界广泛关注。对风暴潮灾害进行精细风险评价不仅是政府控制灾害风险、减少灾害损失的重要依据，也是灾害风险管理中的重要环节。

国内对风暴潮的研究主要集中于风暴潮的数值预报、潮高估算和重现期研究、危险性评估、承灾体暴露性和脆弱性评估、灾害风险区划、灾情损失评估及等级划分等方面。乐肯堂对风暴潮灾害损失进行了界定并讨论了风暴潮社会经济风险评估的方法；任鲁川等以风险辨识、风险估算和风险评价为主线，给出了风暴潮灾害风险分析的流程；尹宝树等基于建立海浪和风暴潮潮汐数值模式及长期预测结果，提出了风险评估方法和程式步骤。风暴潮灾害风险大小不仅受人口和财产等承灾体分布的影响，还与天文、气象、地理等孕灾环境密切相关。有学者从风暴潮增水、浪高、降雨强度、风速、潮差、气旋频数、海岸高程、海岸地貌、土地利用、人口密度、人均 GDP、海堤标准、海岸坡度等方面构建指标，但大多研究以市级或县级行政区作为评价单元，也有的以土地利用或者城市用地单元开展区域综合自然灾害风险评估，计算结果多基于数理统计关系。风暴潮的风险评估结果在空间分辨率不高，结果也难以对灾害风险管理有效支持。自然灾害风险评估要向定量化、区域综合化、管理空间化的方向发展。现有的自然灾害风险评估方法由于不能定量表现空间的具体差别，无法满足灾害风险管理的要求。如何在较小空间尺度客观真实地表现风暴潮灾害风险的空间差异，即精细化评估，获得空间尺度上高分辨率的、具有确定的定量风险值的评估结果，成为沿海地区的防灾减灾工作的迫切需求。

本文以龙口市北部沿海风暴潮灾害为研究对象，基于 GIS 的空间分析技术对研究区域单元格网划分，综合风、浪潮致灾因子，空间与地形等孕灾环境、承灾体类型等影响风暴潮灾害损失变化的有关因素，建立风暴潮灾害风险定量评价模型。这种方法对于精细分析风暴潮灾害风险的分布及变化具有重要的科学意义。

一、研究区概况

研究区位于山东半岛北部，莱州湾东岸，西起龙口市屺姆岛北部，东至黄水河，海岸线长约 10 km，面积 6.33 km²（图 1）；地形以沙滩、台地为主，地势低平,坡度一般小于 1°;沉积物以细砂为主,属于砂质海岸,地表高程大多低于 5 m;海滩最长 1800 多米,宽 50 多米。由于受风暴潮的侵蚀作用,西部沿岸坡度较大,东部地形较为平缓。研究区东侧有一新建渔港,北皂村附近养殖海参,沿岸分布众多海参育苗及大菱鲆养殖大棚。该区极易受风暴潮灾害的影响,造成鱼塘及养殖配套设施冲毁、渔船报废等损失。

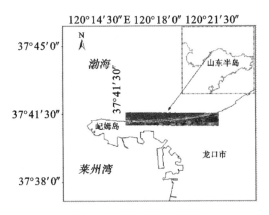

图 1 研究区位置示意图

本海域潮汐属不规则半日潮区,水深大都在 15 m 以内,最深 23.5 m,位于屺姆角附近。观测资料表明,最高潮位 3.40 m(验潮水尺零点在黄海基面下 0.86 m),最低潮位 -1.23 m;平均高潮位 1.36 m,平均低潮位 0.45 m;最大潮差 5 m,最小潮差 0.01 m。本区常风向为 NNE,冬季风向以 NE 为主,次风向为 NW。本区波浪以风浪为主,冬春波浪较大,强浪向和常浪向均为 NNE,潮波统计平均波高 1.3 m,平均周期 4.9 s,最大波高 3.9 m。

二、研究方法和数据处理

(一)研究方法

国内外对自然灾害风险的一般计算方法为

$$R = H \times V \times E \tag{1}$$

式中:R 为灾害风险;H 为致灾因子;V 为脆弱性;E 为暴露度,即风险＝致灾因子×脆弱性×暴露度。

由上可知,风暴潮灾害风险由三部分组成,致灾因子要素为潮水增水水位与持续时间,二者受到风速、宏观因子(经度、纬度)等因素的影响;暴露度主要指承灾体受局地因子(海拔高度、坡度、坡向)等因素的影响,也因距海岸线的距离(d)不同而变化;脆弱性指不同的承受体受到风暴潮的损伤程度不同,即不同单元上人口、资产等承灾体易损性不同(图 2):

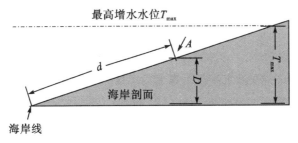

最高增水水位T_{max}

海岸剖面

海岸线

图 2　风暴潮淹没损失示意图(A 为承灾体)

综合上述因素,针对风暴潮的直接损失,本文提出风暴潮灾害风险 R 的计算方法:

$$R=(f_1(F,t,\theta)-D)\times f_2(d)\times f_3(z) \tag{2}$$

式中:$f_1(F,t,\theta)$为致灾因子指数,$f_2(d)$为暴露度指数,$f_3(z)$为脆弱性指数。下面对各指数和参数作简单说明。

1. 风暴潮致灾指数 f_1。风暴潮增水量的大小,不仅与由诱发的天气系统的路径、强度、风向、风速等因素有关,还与沿岸位置与地形有关系。

温带风暴潮增水的直接原因是随着气象扰动而产生的气压和风的变化。这种风和气压的变化作用于海面被称作风应力,从而引起海水的运动和海面的倾斜。例如,莱州湾沿岸风暴潮发生时,吹东北大风,风力 9~10 级且持续 36 h;当风向发生变化或风速减弱时海面水位开始下降、风暴潮逐渐消失。

山义昌等的研究表明,东南大风、东北大风和天文大潮对风暴潮贡献所占的比例为 3:6:1。对于海水比较浅的莱州湾地区,风的动力作用远大于气压差的作用,所以对增水量值的估计,主要考虑风向 α、岸线走向 β、风速 F 和风的持续时间 T。风暴潮各阶段的增水量的评估采用以下经验公式进行:

在东南风阶段　　　$T_{max1}=0.005Ft\sin\theta$　($0°<\theta<180°$) $\tag{3}$

在东北风阶段　　　$T_{max2}=0.01Ft\sin\theta$　($0°<\theta<180°$) $\tag{4}$

式中:T_{max1}、T_{max2}为增水高度值(m),F 为风速(m/s),t 为大风持续时间

(h),θ 为风向与岸线之间的夹角($\theta=\alpha-\beta$)。当 $\theta=90°$时,$\sin\theta=1$,大风的增水作用最大;当大风风向偏离 90°时,$\sin\theta<1$,当风向转到大于 180°时,大风没有增水作用。

2. 风暴潮暴露度指数 f_2:暴露性是指处于洪水威胁的人、财、物,该指数受两个方面因素的影响。一方面,由于距海岸线的距离 d 不一样,其损失程度也不一致。以海水淹没为例,根据野外调查,当地最大风暴潮海水上涨的淹没距离为 1969 年,海水淹没距离大约 1 km。本文取 800 m 为影响值。在一定的距离范围内,一般遵循距离衰减原则。另一方面,如果不考虑风的致灾影响,在风暴潮水位一定的情况下,位于最高潮位之上的承险体不受损失,而最高潮位之下的承险体则遭受淹没损失(图 2)。本文计算时以承险体所处位置的最小高程 D 表示。

3. 风暴潮浪对岸线的易损性指数 f_3:易损性是指承灾体易于受到致灾洪水的破坏、伤害或损坏的特性,反映了各类承灾体对洪灾的承受能力。风暴海浪对各种承灾体的破坏作用是不同的,损失率由于承灾体不同,其损失程度不一样。根据其作用强度、破坏程度不同,本文采取一种简单的分类方法对研究区的岸线进行赋值。岸线可分为建设围堤、码头岸线、砂砾质岸线、养殖围堤,其他类型岸线包括基岩岸线、河口岸线、交通围堤、淤泥质岸线等。各岸线受风暴潮的破坏作用是不同的,资产价值和人类活动将各类岸线的易损性值对其取值范围 z 赋值:建设围堤为 0.8~1.0,养殖围堤为 0.6~0.8,码头岸线为 0.4~0.6,砂砾岸线为 0.2~0.4,其他岸线为 0~0.2。

(二)数据来源与处理

数据主要来源 Google 高分影像,对影像下载后进行空间校正,DEM 地形数据比例尺为 1∶10000,在 ARCMAP 中将二者统一到 UTM-WGS84-50 直角坐标系。主要处理步骤包括:首先提取海岸线,以海岸线为边界生成 100 m 为单元的影响区域;其次,根据风暴潮致灾指数 f_1,利用式(3)和式(4)计算不同岸线走向下的风暴潮增水;再次,根据所在单元的中心高程和到海岸线的距离计算每个单元的暴露度指数 f_2,然后根据致灾因素、经纬度和海拔高度的定量关系计算各单元淹没深度;最后,根据各岸线的易损度标准,计算风暴潮灾害的风险值。

三、结果

以研究区 2007 年 3 月 4 日发生的特大温带风暴潮为例,海域风速平均达到 9~10 级(根据风力等级表,风速在 20.8~28.4 m/s 之间)。假设风暴潮风的风向、持续时间不变(风速=20 m/s,25 m/s,时间为 36 h),在不同的风速大小情景下,计算研究区的淹没范围和损失程度变化。由于研究区的岸线主要为砂质岸线,z 值取为 0.3。研究区的岸线走向为 NNE,为简化计算,假定东北大风与岸线之间的夹角始终保持为 $\theta=90°$。

表 1   研究区不同风速下的增水和淹没范围

	风速/(m·s⁻¹)	持续时间/h	风暴潮增水值/m	淹没面积/hm²
情景 1	20	36	2.47	491
情景 2	25	36	4.34	545

图 3   不同风速下的淹没范围和风险水平

(假定风向持续 36 小时,风速为 20 m/s 和 25 m/s)

(一)两种风速下的淹没面积变化

根据经验统计式(4)计算,风暴潮增水在风速 25 m/s 时比 20 m/s 时增加 1.87 m,而淹没面积也相应地增加了 54 hm²(表 1 和图 3)。

(二)不同风速下的风险值变化

风速增大不仅导致淹没范围增大,而且研究区的整体风险水平也随之上升。通过对 6 种状态下的风险值统计对比发现(图 4 和表 2),风险值在 0~0.066 之间的面积减少了 47.4%,风险值在 0.066~0.23 之间面积减少了 26.9%;与此相应,风险值在 0.23~0.44 之间的面积增加了 82%,风险值在

0.44～0.64 之间的面积增加了 60%,风险值在 0.64～1 之间的面积的仅增加了 5.7%,处于 1～3.14 之间的风险水平则增加了 386%。

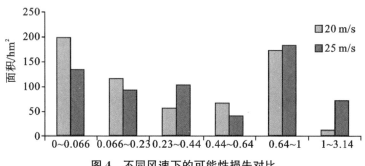

图4　不同风速下的可能性损失对比

表2　不同风险水平下的受灾面积 hm²

风速	风险值					
m/s	0～0.066	0.066～0.23	0.23～0.44	0.44～0.64	0.64～1	1～3.14
20	199	118	58	69	174	15
25	135	93	106	43	184	73

可以看出,可能性损失呈现规律性的分布,离海岸线越近,可能性损失值越大;在沿海岸线方向上(由于研究区各部分地形的差异,中部地区高程都高于 4 m,相比于其他部分风险值可以忽略),受所在单元高程对海水淹没的影响,风险值规律不明显。但是,在风速 20 m/s 和 25 m/s 两种情况下,一方面后者比前者淹没的范围大,另一方面对于靠近岸线的同一网格单元内可能性损失值,后者也比前者大。此外,即使在同一增水情况下,由于空间变化与经度、纬度和高度的关系,各单元内的风险值在空间上也存在差异。

四、讨论

(一)结果分析

由于研究区各单元距岸线的距离不同,在空间上风险值呈现有规律性的分布。越靠近岸线,致灾危害性大,容易遭受到损失的可能性越大,风险值大;相反,离岸线越远,风险值越小。

从图 4 可以看出,对 20 m/s 和 25 m/s 两种不同的风速比较,风速越大,淹没的范围越大,后者淹没地区比前者增加了 87 hm² ;同一地区的风险值,在风速增大的情况下,其风险等级也变大。

在风暴潮灾害风险的空间分布上,风险值较高者(风险等级为 1～3.14)位于研究区右上方(图 5 中最下侧渔港所在位置)。根据 2014 年现场调查(图 5),证实研究区东侧(一处无名小型渔港)是风险值比较严重的地区。在 2012 年的一次风暴潮灾害过程中,研究区海水养殖和渔船等受损严重。尤其是,港内渔船受损严重,有大量的渔船被毁,总价值达 65 万元的 8～9 条船被破坏;另外,周围的房屋被淹(图 5),岸边的养殖大棚进入海水,渔民损失惨重。调查结果与评估结果相一致,从而验证了该评估方法的可靠性。

图 5　渔港内被损毁渔船(位于图 1 所示东北角)

(二)进一步需要研究的问题

本文提出的方法具有普遍性,既可以对单次风暴潮灾害进行受灾区域不同岸线类型的风险计算与比较,指明风暴潮灾害风险重点防护区域,为防灾减灾提供指导;也可以对同一岸段不同风暴潮大小下的风险值进行对比,以确定该岸线的最大可能损失程度,为灾害保险提供依据。由于研究水平受限,本文研究方法中也存在一些问题。

1. 研究中计算的风暴潮最大增水可能与实际增水有出入。一方面,尽管基于经验统计模型建立了风速与增水值之间的关系,但风速与增水值的线性关系不一定具有普适性,这是因为即使风速同等条件下风暴潮最大增水受气象条件和地理环境的约束。特别强调的是,整个渤海海水较浅,大风增水比气压差增水更迅速,风暴潮瞬间即可形成;东南大风使渤海湾增水,给风暴潮的形成奠定了基础。但是,由于东南大风系离岸风,对该区来说增水并不显著;当转为东北大风时,由离岸风改为向岸风,增水速度骤然加快,海水短时就会冲向岸边并掀起滔天巨浪,尤其当天文潮差与气象大潮发生耦合效应的时候即是较大风暴潮灾害发生时刻。另一方面,本文计算时风速为常量。实际上,风速不能保持相同的速度大小,有一个从逐步增大再由大到小的过程;此外,风向也不能在一定的时间保持不变化。

2. 研究中简单地对每种岸线类型作了承灾体的脆弱性赋值,没有考虑每种承灾体的具体物理损失率;如果考虑每一种承灾体的灾损率,针对不同的承灾体,建立风暴潮的物理脆弱性曲线,用来衡量不同灾种的强度与其相应损失之间的关系,结果更符合实际。

3. 在计算各单元距海岸线的距离时,亦没有考虑到岸线变化的影响。实际上,风暴潮对岸线的影响特别严重,尤其是砂质岸线,由于较大风暴潮的影响发生海岸侵蚀现象,导致海岸线后退,这对风险值的计算有影响;如果岸线后退,待评估网格单元距离海岸线变小,实际风险值比计算的大。

4. 坡度高低和地面粗糙程度对于消减风暴潮的能量具有重要的作用,需要考虑坡度和下垫面的影响。

五、结论

风暴潮灾害的风险大小,不仅受到中心气压、风暴烈度、风暴前进速度的影响,同时也受到海滩底部宽度和坡度的限制以及潮水到达海岸的角度和岸线形状的制约,更与受灾当地的承灾体特征有关。

相比于前人研究中以不同级别行政区域作为评价单元,其评估结果只有一个行政区域,风险评价的空间分辨率不高。本文根据灾害风险一般计算方法,从致灾因子、暴露度、承灾体 3 个角度,分别从气象、地形、地貌等多角度选择因子,综合考虑了岸线类型、高程、离岸线的距离、风向、风速等因素,提出了风暴潮灾害风险的计算方法,从而在微观尺度上实现了风暴潮灾害风险的空间评价,评价结果精度较高,能在空间上较好地反映了风暴潮损害的可能性损失差异。这既为沿海风暴潮灾害频发的地区灾害保险的实施,如灾害保险费率的计算提供了依据,也为该地区今后的区域规划等提供了决策依据。

文章来源:原刊于《自然灾害学报》2017 年 01 期,系中国海洋发展研究会与中国海洋发展研究中心联合设立项目 AOCZD2013-2"我国围海造地资源配置优化与生态补偿问题研究"的研究成果。

海洋灾害应对

韬海
论丛

全球海啸预警系统发展及其对我国的启示

■ 董杰,田士政,武文,陈韶阳,郭佩芳

论点撷萃

建立和完善海啸监测和预警系统对沿海各国,尤其是环太平洋沿岸国家和地区而言十分重要。世界各沿海国家都在着力推动本国海啸预警系统的建设,并在该领域进行了广泛的国际合作;相比之下,我国海啸预警工作起步较晚,有许多问题亟待解决。

尽管各国积极建立海啸预警系统,但海啸灾害依然以其突发性强、危害性高和受灾区广的特点对海啸预警系统的建设不断提出更高的标准和要求。日本、美国等沿海国家的海啸预警系统建设较早,发展较为成熟,具有丰富的发展经验,为我国海啸预警工作提供了有益参考。国外的海啸预警系统拥有统一决策的最高防灾机构、灾前计划性的预防措施、全民性的防灾教育、区域性防灾地方自治机构、多渠道预警信息发布平台和依法防灾减灾理念,这些先进经验为我国海啸预警系统的高效化、业务化、集成化和有序化提供了渠道和方向。

借鉴国外海啸预警建设的先进经验,并结合我国海啸预警建设现状,建议侧重于几方面的改进:建立和完善针对海啸灾害的管理体系;制定完善海

作者:董杰,中国海洋大学海洋与大气学院硕士
田士政,中国海洋大学海洋与大气学院硕士
武文,中国海洋大学海洋与大气学院副教授
陈韶阳,国家海洋信息中心副研究员
郭佩芳,中国海洋大学海洋与大气学院教授、中国海洋发展研究中心南海研究室副主任

啸防灾减灾相关法律法规；加强海啸灾害监测；完善海啸预警信息发布平台的建设；加强海啸相关知识宣传，组织海啸灾害防护演练；扩大海啸减灾国际合作。

海啸是由海底地震、海底火山爆发、海底山体滑坡等产生的拥有 100 km 以上超长波长和短则几分钟长至 1 小时或者更长周期的大洋行波，是一种具有极大破坏力的海洋灾害。据统计，绝大部分海啸产生的源是海底地震，因此全球的海啸发生区与地震带大致相同。海啸来临时，淹没陆地，往往会危及财产和生命，毁坏港口设施与沿海建筑；海啸过后，城市一片狼藉，给沿海居民带来极大灾难。截至目前，全球有记载的破坏性海啸有 260 次左右，其中约 80% 发生在环太平洋地区（雷海，2005）。只有采取有效预警和工程措施，才能减轻此类灾害。因此，建立和完善海啸监测和预警系统对沿海各国，尤其是环太平洋沿岸国家和地区而言十分重要。鉴于此，世界各沿海国家都在着力推动本国海啸预警系统的建设，并在该领域进行了广泛的国际合作；相比之下，我国海啸预警工作起步较晚，有许多问题亟待解决。在这一背景下，本文首先介绍海啸预警系统的基本原理，随后阐述美国、日本等国以及国际海啸预警系统的建设现状，并对当前中国海啸预警系统建设情况进行分析，指出我国现阶段取得的成绩和尚待解决的问题，最后借鉴国外先进经验提出对我国海啸预警系统建设的改进建议。

一、海啸预警系统基本原理

海啸预警的物理基础在于地震纵波的传播速度为 6～7 km/s，比海啸的传播速度快 20～30 倍，因此对于较远区域，地震波要比海啸早到达数十分钟乃至数小时。例如，1960 年智利地震激发的海啸 22 h 后才到达日本海岸。利用二者传播速度差造成的时间差进行数据整合和分析，模拟计算海啸到达海岸的时间及强度，运用卫星遥感等空间技术监测海啸在海域中传播的进程，将预报信息通过建成的通信网络及时有效地传达给潜在受灾区域的民众，并在潜在受灾区域定期开展防灾减灾科普教育与应急演练，这样就可以实现灾前的有效应对、减轻海啸袭击时造成的损失。

韬海
论丛

　　以美国为例,海啸预警系统的工作流程如图 1 所示。当发生大型海底地震或是海底山体滑坡时,海啸预警中心会通过地震测量设备、潮海平面仪器和美国国家海洋和大气管理局（National Oceanic and Atmospheric Administration ,NOAA）海啸探测浮标等采集的相关数据来判断海啸是否

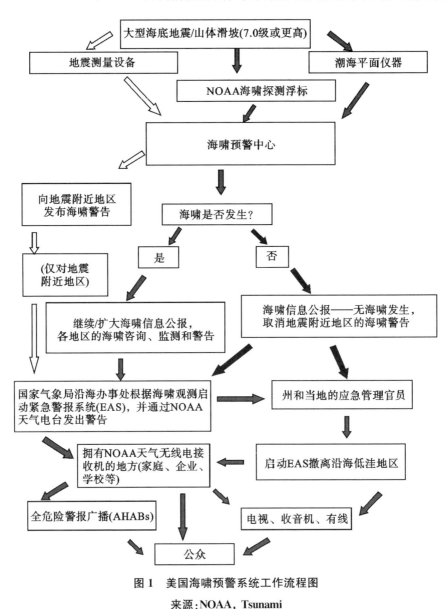

图 1　美国海啸预警系统工作流程图

来源:NOAA, Tsunami

发生,同时向地震附近地区发布海啸可能发生的警告。经分析判断后,若海啸未发生,则发布无海啸发生的信息公报,并取消地震附近地区的海啸警告;若海啸已发生,则继续发布海啸信息公报,并向各受灾地区提供海啸咨询、监测和警示服务。在收到预警中心的海啸警告后,国家气象局(National Weather Service,NWS)沿海办事处将通过 NOAA 天气电台启动紧急警报系统(Emergency Alert System,EAS),当地的紧急管理官员也将启动紧急警报系统,在最初的海啸波到来之前疏散沿海低洼地区民众;与此同时,华盛顿全危险警报广播(All Hazard Alert Broadcasts,AHABs)将启动位于沿海偏远地区的室外警报系统,以提醒当地的人们注意;公众可以通过 NOAA 天气无线电接收器、电视、AM/FM 广播、有线电视等多种途径获取最新的海啸预警信息。

不难看出,海啸预警中心是海啸预警系统的核心部分,预警中心能否第一时间收集到地震海啸数据,能否根据这些数据快速、准确地判断出海啸来临的时间和波及范围,是预警系统顺利运行与否的关键所在。目前,海啸预报的有效方式之一是数值模拟。海啸数值模式可准确模拟海啸传播和爬高过程,从而有效地提升海啸灾害评估的精确性。

二、国际海啸预警系统建设现状

鉴于海啸的破坏程度,世界各大沿海国家着力建立或完善本国的海啸预警系统,并就海啸预警和防灾减灾进行广泛的国际合作,通过建立国际海啸预警系统整合各国力量。本部分选取海啸预警系统发展较早、体系较为完备成熟的美国和日本以及国际海啸预警系统的发展过程和建设现状,按照由国家到区域的建设历程进行阐述,并对美国的预报监测技术和日本的海啸灾害应急体系建设进行重点评述。

(一)美国海啸预警系统

美国官方的海啸预警系统建设始于 1949 年。作为 1946 年阿留申群岛海啸的应对措施,首个海啸预警机构在夏威夷伊娃海滩中心(Ewa Beach Center)组建,并于 1952 年和 1957 年两次成功预警了海啸的发生,降低了灾害造成的影响。1960 年智利 9.5 级大地震发生后,其引发的海啸给太平洋周边国家造成了严重危害,建立一个统一协调的海啸预警业务组织成为太平洋各国的共同愿望。在联合国的主持下,政府间海洋学委员会(Intergovernmental Oceanographic Commission,IOC)于 1968 年成立了太平洋海啸预警系统政府间协调组(Intergovernmental Coordination Group for the Pacific Tsunami Warning System,ICG/PTWS)。随后美国提出将伊娃海滩中心作为太平洋海啸警报的业务总部,这一机构也被重新命名为太平洋海啸预警中心(Pacific Tsunami Warning Center,PTWC)。该中心直接服务于夏威夷群岛、美国太平洋和加勒比海地区以及英属维尔京群岛。2004 年印度洋海啸之后,太平洋海啸预警中心承担了包括印度洋、南中国海、加勒比海以及波多黎各和美属维尔京群岛在内的海啸预警职责(其中波多黎各和美属维尔京群岛的职责于 2007 年 6 月转至西海岸和阿拉斯加海啸预警中心)。

作为 1964 年阿拉斯加地震海啸的应对措施,西海岸和阿拉斯加海啸预警中心(West Coast & Alaska Tsunami Warning Center,WCATWC)于1967 年成立,其职责包括监测所有可能影响加利福尼亚州、俄勒冈州、华盛顿州、不列颠哥伦比亚省和阿拉斯加海岸的所有太平洋范围的海啸源并发布海啸预警信息;2004 年印度洋海啸灾难发生后,这一范围又扩大到美国大西洋和墨西哥湾沿岸、波多黎各、维尔京群岛和加拿大大西洋沿岸(Tang 等,2009)。2013 年 10 月 1 日,西海岸和阿拉斯加海啸预警中心更名为国家海啸预警中心(National Tsunami Warning Center,NTWC)。

目前,美国的海啸预警系统由国家海洋和大气管理局(NOAA)下属的不同部门和机构分工合作共同构成,由 NOAA 进行统一协调和管理。海啸预警系统的工作主要由观测系统快速检测地震和海啸生成、模型预测海啸影响、及时准确发布预警信息、在海啸发生期间提供决策支持以提高社会反映、进行灾后准备工作以减少或消除灾害潜在影响等部分组成;其中,两个海啸预警中心负责指定服务区域内海啸信息的准备和发布工作(Bernard,2005)。

为了降低海啸灾害的危害性,尽可能地避免发出虚假警报以及由其所致的高经济成本,基于美国海洋与大气管理局下属的太平洋海洋环境实验室(NOAA Pacific Marine Environmental Laboratory,PMEL)研制了海啸仪(Bottom Pressure Recorder,BPR),PMEL 自 1986 年开始实施海啸浮标项目(Deep-ocean Assessment and Reporting of Tsunamis,DART)(Wei

等，2008；刘佳佳，2007）。每个 DART 海啸浮标都包括一个锚定在海底的海底压力记录仪和一个锚系海面浮标；其中，海底压力记录仪利用压力传感器探测到由海啸引起的海水压力变化，并通过声学连接方式把信息传送给浮标，而浮标可以用来监测海面的情况，通过地球同步环境气象卫星（Geostationary Operational Environmental Satellite，GOES）将来自海底和海面的数据发送到地面站（图 2）（Mungov 等，2010）。自 1995 年第一代 DART 投入使用以来，目前 DART 已经发展到第四代 DART（图 3），DART 的投放数量截至 2013 年也增加至 60 个（图 4）。

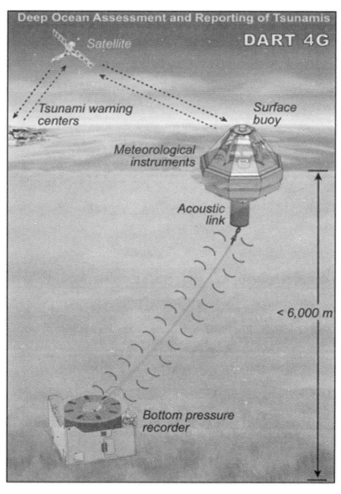

图 2　DART 工作原理示意图

来源：Pacific Marine Environment Laboratory

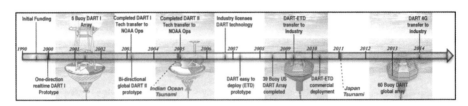

图3　DRAT 发展时间线

来源：Pacific Marine Environment Laboratory

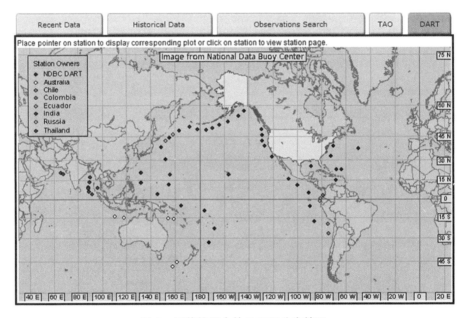

图4　目前使用中的 DART 分布情况

来源：Pacific Marine Environment Laboratory

基于这一浮标监测网，NOAA/PMEL 开发了实时海啸预警系统（Short-term Inundation for Tsunamis，SIFT），根据深海浮标观测数据和相关单位震源的假想地震海啸模拟数据反演推算震源信息，然后结合单位震源数据库快速算出海啸的波高（Titov 等，2003；Gica，2015）。该系统已在美国投入业务化运行，应用该系统对多个历史海啸事件进行后报试验，得到的预报效果都非常好（王君成，2012）。

为了响应印度洋海啸预警系统政府间协调组（Intergovernmental

Coordination Group for Indian Ocean Tsunami Warning and Mitigation System，ICG/IOTWS）关于开发基于网络的社区海啸模型的建议，美国国际开发署（United States Agency for International Development，USAID）资助，国家海洋和大气管理局海啸研究中心（NOAA Center for Tsunami Research，NCTR）开发了海啸社区模型接口（The Community Model Interface for Tsunami，ComMIT）。ComMIT 是一种支持互联网界面访问的建模工具，使政府机构及其他机构能够使用本地或远程数据库中的数据运行海啸模型。该工具主要有三个方面的优势：（1）弥补了因缺少海啸建模技术人员的国家或地区无法进行海啸预报的不足；（2）规避了国家或地区专有海洋的测量数据的外泄，它允许限制共享地理空间数据的国家在本地输入数据，不与其他基于网络的模型用户共享，但同时在区域或全球共享模型结果；（3）基于互联网的方法创建了一个虚拟的区域和全球建模者社区，在社区中使用相同的工具和方法来了解海啸威胁，实现海啸预报的发展与完善。

（二）日本海啸预警系统

日本是一个地处太平洋、四面环海的岛国，位于世界上最活跃的地震区，其环太平洋沿岸经常性地遭受到地震海啸的侵袭。因此，日本国内海啸预警和咨询的唯一机构——日本气象厅（The Japan Meteorological Agency，JMA）早在 1941 年就着手通过建设预警系统减轻海啸的危害。尽管日本已经完成早期海啸预警系统，但是鉴于海啸预警能力的有限性和海啸警报的延时性，1993 年日本又遭受了一次海啸灾害的侵袭（Sato，2009）。为了更好地发挥海啸预警系统的功能，1994 年起日本开始研发新一代海啸预警系统，其包括地震监测网、基于数据库技术的快速数值预报以及基于卫星通信的海啸预警快速分发系统三部分。1995 年建立基于海啸预警数据库的定量海啸预警系统，1999 年基于数值预报技术的新一代海啸预警系统研制完成，实现定量海啸预警信息的发布。该系统所运用的原理是：首先，从日本近海地震高发地区选取一定数量的假定震源，通过对假定震源设置相关地震参数，致使这些假定震源引发地震海啸；其次，将每个由假定震源引发的地震海啸的模拟结果整合并存储到数据库中；最后，当真实的地震海啸事件发生时，海啸预警系统会迅速从数据库中搜索与当前的地震海啸事件最相符的 8 个假定地震海啸模拟数据结果,并通过线性插值的方式对数据结果进行处理实现海啸的预报(于福江等,2005)。

"3·11"东日本大地震导致的海啸灾害造成大约 1.9 万人遇难或失踪,说明日本尚未拥有应对处理此类规模地震海啸事件的能力。作为对地震海啸预警工作自我评价较好的国家,日本积极反思当前海啸预警系统的潜在问题,即自然现象预测的不稳定性和不稳定性的认识融入民众认知的困难性。吸取了"3·11"东日本大地震的教训,日本对当前海啸预警系统进行了修订,并于 2013 年正式启动全新的海啸预警系统。新系统对预警发布信息进行了修改,将预测海啸高度的级别由原有的 8 个阶段减至 5 个阶段;此外,发布预警信息时的标准分别是海啸预警消息为 1 m、海啸警报为 3 m、大海啸警报为 5 m 或 10 m,超过 10 m(表 1)。而对于规模无法准确判定的海啸事件,将使用"巨大"或者"很高"的措辞描述。除修改发布讯息内容外,新的预警系统重视通过仪器设备和计算方法的完善实现预警信息发布的及时和准确,包括地震监测站的数量由 2011 年的 221 个增加为 2013 年的 261 个;地震监测站电池系统更新,显著提升监测续航能力;安装环形装置"宽频强震仪",量度地震所触发的地震波等。一般情况下,地震发生后最迟 20 min、最快不到 5 min 海啸就会冲击海岸。这一目标的确立将显著地减少海啸带来的危害(图 5)。

表 1　日本海啸公告/警报发布标准

类别	预示内容	估计最大海啸高度	
		定量表达	定性表达
大型海啸预警	海啸高度将超过 3 m	超过 10 m/10 m/5 m	巨高
海啸预警	海啸高度达到 3 m	3 m	高
海啸注意预报	海啸高度达到 1 m	1 m	N/A

日本的海啸警报发布机制非常发达完善。根据《气象业务法》规定,灾害发生后,气象厅须立即通过多种信息传输渠道,向各级政府机构、媒体通信机构、自卫队和警察机构通报灾害信息,并进一步传递至社会大众。

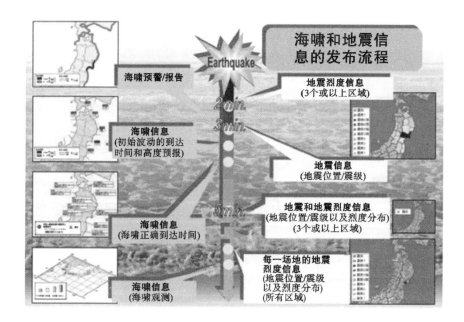

图 5 日本海啸预警信息发布流程示意图
来源：中国地震局工程力学研究所海啸研究网站

2004 年，日本研发全国地震海啸火山灾害瞬间警报系统 J-ALERT，并于 2007 年 2 月正式运营。该系统最显著的特点是实现从国家到民众最迅速的信息传达。当海啸等大型灾害发生时，通过 J-ALERT 系统，日本政府，包括日本内阁官房、气象厅、消防厅等部门可以利用通信卫星（SUPERBIRD B2）向地方政府直接传达相关预警信息，并自动启动应急通信系统，即时向社会公众发送灾情信息。

日本《放送法》规定，日本广播协会（Japan Broadcasting Corporation，NHK）为负责灾时信息分发的公共机构。"3·11"东日本大地震发生后，HNK 的 8 个电视、广播频率立刻发出紧急地震信息，东京等各地电视台紧急中断各类节目，代之以 NHK 播送的早期地震警报（刘轩，2016）。

目前，日本已在札幌、仙台、东京、大阪、福冈、冲绳六处建立区域海啸预警服务中心，并将全国分为 66 个海啸预报区，多个区域海啸预警服务中心的建立为日本海啸预警的高效运行提供了坚实保障。

（三）国际海啸预警系统

国际海啸预警系统由地震与海啸监测系统、海啸预警中心和信息发布

海洋灾害应对

系统构成(图6),其中地震台站、地震台网中心、海洋潮汐台站共同构成了地震与海啸监测系统(刘瑞丰等,2005)。

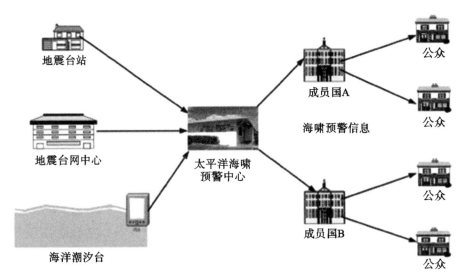

图6 国际海啸预警系统示意图
来源:中国地震局工程力学研究所海啸研究

通常情况下,国际海啸预警系统的工作流程是:首先汇集各成员国采集的地震信息,通过数值模拟,判定海啸发生的位置、估计最大海啸高度等相关灾情信息;然后及时将海啸警报传递至各成员国,并依照实时观测资料修正灾情信息。

目前全球范围内共有四个国际性海啸预警系统,分别是太平洋海啸预警系统(Pacific Tsunami Warning and Mitigation System,PTWS)、印度洋海啸预警系统(Indian Ocean Tsunami Warning and Mitigation System,IOTWS)、加勒比海啸预警系统(Caribbean and Adjacent Regions Tsunami Early Warning and Mitigation System,CARIBE-EWS)和东北大西洋与地中海海啸预警系统(Northeastern Atlantic and Mediterranean Tsunami Early Warning and Mitigation System,NEAMTWS)(刘晓昌,2016)。

PTWC是太平洋海啸预警系统的行动预警总部,与其他国际、次区域和国家中心密切合作,监测太平洋地震和海啸活动。PTWS利用世界各地约600个高标准地震台站定位潜在的地震与海啸,并在全球范围内访问约500

个沿海和远海海平面站验证海啸的发生并评估海啸严重程度。当海啸发生时,PTWS 会向全世界 100 多个指定国家主管部门传播海啸预警信息。

2004 年的印度洋海啸造成了超过 22 万人死亡以及巨大的财产损失,为此,IOC 在得到国际社会协助的条件下协调成立了印度洋海啸预警和减灾系统政府间协调组(ICG/IOTWMS),印度洋海啸预警系统(IOTWS)正式成立。发展至今,IOTWS 拥有包括印度、澳大利亚、南非在内共 28 个成员国,形成了三个工作小组和两个任务团队,建立起一套从海啸风险与防范、海啸监测与预警到海啸信息发布的完善预警体系。

在吸取 2004 年印度洋海啸经验教训的基础上,加勒比和邻近地区海啸和其他沿海灾害预警系统政府间协调组(ICG/CARIBE-EWS)于 2005 年成立,其目的是提供高效的灾害援助以降低海啸风险。CARIBE-EWS 形成了四个工作小组,分别负责海啸监测与预警、风险评估、海啸相关服务和灾害准备与应变。

同样是吸取了印度洋海啸的教训,2005 年 6 月 21 日至 30 日召开的IOC 大会第二十三届会议通过第 IOC-XIII-14 号决议,在东北大西洋、地中海和相邻海域建立了海啸预警和减灾系统政府间协调组(ICG/NEAMTWS),东北大西洋与地中海海啸预警系统(NEAMTWS)成立。NEAMTWS 拥有40 个成员国和 8 个观察员国,并邀请相关的国际及政府间组织作为观察员。

三、中国海啸预警系统建设现状

(一)中国海啸预警系统概述

从地质构造条件上看,我国位于环太平洋地震带的边缘,具备发生地震的地质构造条件。从地理位置上看,我国东侧为冲绳海槽和琉球海沟,南海东部为马尼拉海沟,根据 2006 年美国地质调查局(United States Geological Survey, USGS)对整个太平洋俯冲带的地震源的潜在危险性评估报告来看,我国海区存在三个风险较高的潜在海啸震源区,分别是琉球俯冲区、马尼拉俯冲区和苏拉威西俯冲区,因而我国存在发生海啸灾害的可能性。

我国的海啸预警工作相较于其他国家起步较晚,自 1983 年加入 ICG/PTWS 以后,我国的海啸预警信息主要是通过 PTWC 获取。20 世纪 90 年代,国家海洋局组织开发了太平洋海啸资料数据库、太平洋海啸传播数值预报模式和越洋、局地海啸数值预报模式(任叶飞,2007)。2004 年印度尼西亚苏门答腊岛发生里氏 9 级地震并引发海啸,海啸造成的巨大损失促使国内学者开始针对中国海啸预警系统建设的相关研究。2006 年,国家海洋局开设 24 h 海啸预警业务值班,主要工作为及时向相关涉海单位、机构和工作发送海啸警报(刘桦等,2008)。海啸浮标是海啸预警系统的一部分,是国际公认的最有效的海啸监测技术手段。2010 年,国家海洋局在南海马尼拉海沟西侧布放了两个海啸监测浮标,用来监测其可能发生的地震海啸。

依据《国家中长期科学和技术发展规划纲要(2006—2020)》,"十·五"期间,国家海洋环境预报中心联合其他相关单位组建了"海啸预警关键技术研究"课题组,课题研究主要针对高精度越洋海啸数值预报与传播时间预报模式、海啸数值预报同化技术、南海海啸定量预警系统等相关技术。2009年,该课题顺利结题,众多研究成果通过集成形成"第一代南海定量海啸预警集成平台",标志着我国第一代南海定量海啸业务化预警系统的建立;但该平台所运用的预警技术主要是借鉴日本海啸预警系统,我国自主研发技术部分所占比例不高。

2013 年,我国成立国家海洋局海啸预警中心,依托国家海洋环境预报中心开展相关业务工作,该中心是我国综合性的国家级海啸预报中心。此外,第一代海啸预警集成平台在预警中心的架设,实现了预警中心地震监测信息获取、海啸预警分析和制作发布自动化和一体化。海啸预警中心的成立标志着我国海啸预警工作的专业化和业务化。同年,中心引入全球地震监测分析系统,不再依赖国外相关机构,开始独立开展地震定位工作。海啸发生时,预警中心首先通过短信发布平台向当地的相关机构发出海啸预警信息,再由地方相关部门向可能受影响的地区发布预警;同时,海啸预警中心网站上也会向公众发布海啸预警信息。此外,国家突发事件预警信息发布系统已经建成并正在运行,是多灾种预警信息的汇集与发布的权威平台。

2014 年,为进一步提升我国对海底地震的监测能力,国家海洋局牵头搭设了 25 个宽频地震台。同年,国家海洋局与中国地震局实现了数据互通,搭建全球及区域海啸地震自动监测分析系统,标志着我国已具备独立的海底地震监测能力。

近年来,我国的海啸预警能力实现了飞跃式的发展。2016 年,我国自主研发的智能化海啸监测预警人机交互平台投入业务化运行。该平台涵盖 12

个子系统,包括全球海底地震监测、全球水位监测和太平洋海啸并行预报模型等,实现了多个国内外业务及数据中心的实时连接,包括全球的 570 个和我国的 25 个海啸预警专业地震台网等,首次实现了以全球地震自动触发报警为基础的海啸预警标准业务全流程运行。

在自身海啸预警能力不断提升的同时,我国还积极促进国际协作,提升区域内海啸灾害的预警能力,其主要体现在南中国海区域海啸预警中心的建设。2013 年,ICG/PTWS 第 25 次大会正式同意依托中国国家海洋局海啸预警中心建设南中国海区域海啸预警中心。该中心是中国国家海洋局首个 24 小时业务化运作的国际预警中心,其服务区域包括南海、苏禄海和苏拉威西海,覆盖了该区域主要的地震俯冲带。2018 年 5 月 8 日,南中国海区域海啸预警中心授牌仪式在京举行。

(二)中国海啸预警系统建设现状分析

根据海啸防灾减灾研究的具体流程(图 8),本部分将结合国外海啸预警系统建设现状,从海啸预警管理体系、海啸监测、危险性分析、海啸防灾减灾立法等方面对我国海啸预警系统的建设进行客观分析与评价。

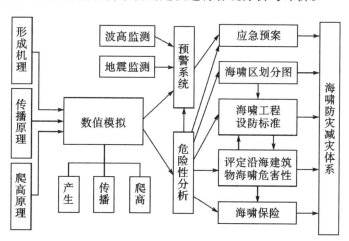

图 8　海啸防灾减灾研究的流程示意图(任叶飞,2008)

1. 海啸预警管理体系

从当前我国的海啸预警体系来看,负责我国海啸预警工作的部门仅有国家海啸预警中心和南中国海区域海啸预警中心,其具有独立监测、预报海啸和发布预警的能力。我国拥有 18000 千米的大陆海岸线和 14000 千米的岛屿海岸线,沿海各省区市虽然设有防灾减灾应急办公室,但并不具备独立主动地应对海啸的能力,仅能够被动接受海啸预警中心发布的预警信息并采取相对应急措施。

2. 海啸监测

近年来,我国海啸监测体系日趋完善,当前可实时获取全球 800 余个潮位站、60 个海啸浮标数据和我国沿岸及岛屿 112 个分钟级验潮站的数据。此外,在公认最有效的海啸监测技术——海啸浮标实时监测方面,2010 年在南海马尼拉海沟西侧布放了两个海啸监测浮标来监测马尼拉海沟可能发生的地震海啸,2017 年再次于南海布放两个第四代多功能集成海啸监测浮标,标志着我国南海海啸浮标监测网络的建成。我国主张管辖的海域为 300 余万平方千米,实现对全海域的海啸监测的难度较大,因而对海啸高风险海域进行监测是一个行之有效的方式;然而,我国仍缺乏在琉球海沟、台湾东部等海啸高风险区的海啸监测浮标建设,无法进一步提升对日本南部海槽、东海琉球海沟、冲绳海槽等的地震海啸波动的监测能力。

3. 预报警报服务系统

预报警报服务系统是海啸预警工作的最后一步,被称为海啸预警的“最后一公里”,是对于海啸预警工作的成效展示;然而,鉴于我国海啸灾害的发生频率较低,因而相比于美、日等国家,我国在这方面的差距较大,主要表现在海啸预警警报的涵盖内容较少,且在公众获取预报的方式上电视、广播等发布途径没有真正建立,缺乏灾情分发的高效性、主动性和公众性。

4. 海啸防灾减灾立法

当前我国针对海啸灾害,各沿海省区市和涉海单位制订了一系列的规范和准则,但是在国家层面上缺乏对应的法律规范,缺乏海啸灾害防治的强制保证,致使相关部门及民众的海啸防灾减灾意识淡薄。

5. 公众海啸灾害科普教育

鉴于我国海啸灾害的发生概率整体上较低,政府与民众对于海啸灾害的认识和关注仍相对不足且对于公众海啸防灾科普教育滞后。海啸预警迅速反应和海啸警报高速运转是公众开展防灾减灾活动的前提,但是公众防灾减灾的根本目的是确保个人生命、财产安全,因而在灾情面前我国公众个人应急处理能力亟待进一步提升。

四、中国海啸预警系统建设改进建议

借鉴国外海啸预警建设的先进经验,并结合我国海啸预警建设现状,本文建议侧重于以下几方面的改进。

（一）建立和完善针对海啸灾害的管理体系

综合考量我国沿海地理环境,发生大海啸的概率较小,但仍不能排除发生严重海啸灾害的可能性。鉴于海啸强大的破坏性,沿海地区应时刻保持警惕。因此,我国应建立由政府统一领导、分级管理、部门分工合作的海啸灾害综合管理体系,确保应急工作协调有序、高效运转,以便海啸灾害发生时能及时采取措施,最大限度地减轻海啸的危害性,是十分必要的保障性举措。

（二）制定完善海啸防灾减灾相关法律法规

整合已有的防灾减灾规章、条例和办法,结合国外防灾减灾法规制定的先进经验,我国应尽快制定海啸减灾法规,为防灾减灾工作提供法律依据。

（三）加强海啸灾害监测

为提升地震和海啸预警的准确性,要实现双方的技术、信息和业务的互通。除此之外,还可从以下 4 个方面对我国的海啸灾害监测系统进一步完善:(1)更新已老化的监测设备,适应监测工作的需要;(2)增加观测站点的布设密度;(3)增加海啸监测浮标的投放,加强遥感技术对灾害的监测;(4)更新信息传输渠道,实现信息传输的高效化。

（四）完善海啸预警信息发布平台的建设

我国未来可建立起类似于中国天气台风网的海啸动态信息发布平台,以利于民众更好更快地了解实时海啸信息,同时,建立完善海啸预警信息发布的相关制度,实现信息发布的多形式化和多渠道化。

（五）加强海啸相关知识宣传,组织海啸灾害防护演练

我国应对潜在受灾区域进行评估、科普和演练,实现潜在受灾区域民众从认识灾害到了解灾害,再到应对灾害的实质性转变。

（六）扩大海啸减灾国际合作

我国应通过国际协作,实现国家地区之间的技术交流和信息交互,有效提升区域性防灾减灾能力。例如,"一带一路"沿线国家防灾减灾建设与灾

害发生频率不对等,对于海啸这类破坏性极强的灾害,国际协作的方式不仅完善了本国的防灾减灾建设,而且使"一带一路"建设更加通畅。加强海啸减灾国际合作,不仅有利于提高我国海啸技术研究水平,还有利于提升我国在该领域的国际影响,是我国大国担当的重要体现。

五、结论与展望

20 世纪以来,海啸灾害的频发引起了国际社会对此类灾害的关注。尽管各国积极建立海啸预警系统,但海啸灾害依然以其突发性强、危害性高和受灾区广的特点对海啸预警系统的建设不断提出更高的标准和要求。日本、美国等沿海国家的海啸预警系统建设较早,发展较为成熟,具有丰富的发展经验,为我国海啸预警工作提供了有益参考。国外的海啸预警系统拥有统一决策的最高防灾机构、灾前计划性的预防措施、全民性的防灾教育、区域性防灾地方自治机构、多渠道预警信息发布平台和依法防灾减灾理念,这些先进经验为我国海啸预警系统的高效化、业务化、集成化和有序化提供了渠道和方向。尽管我国海啸预警系统起步较晚,但是经历十余年的时间已经走向成熟,相信未来我国海啸预警系统将越发趋于完善。

鉴于我国海啸预警系统相关网站的建设现状和近年相关文献的数量较少,因此文中相关论述的专业性有待进一步提升。此外,本文对各国海啸预警系统的理论介绍所占比重较大,对系统的量化相对来说较为匮乏,因此未来可从海啸预警系统评价的指标量化入手,为相关研究提供更多数据佐证。

文章来源:原刊于《海洋通报》2019 年 04 期。

"一带一路"沿海国家的自然灾害特点与减灾对策

——以洪水灾害与风暴灾害为例

■ 张鑫,洪海红,王嘉鑫

论点撷萃

"一带一路"沿海国家受洪水灾害和风暴灾害的影响显著,亚洲区洪水灾害和风暴灾害的频发、经济发展水平相对落后、国家经济受洪水灾害和风暴灾害的冲击等均会对"一带一路"沿海各国经济、贸易合作的稳定产生较大的影响。

因此,建立区域合作共同体应对自然灾害,共享灾害信息、经验及技术具有现实的迫切性。第一,建立区域合作共同体,这不应仅仅局限于经济、贸易等方面,在自然灾害应对上也需要秉承"命运共同体"的理念。沿海国家应在灾情信息共享、灾害应急救援和灾后恢复重建等方面合作联动,共同应对灾害。第二,"一带一路"倡议的可持续发展要求各国重视灾害防御工作,将防灾减灾工作融入"一带一路"沿海城市的建设与规划,特别是具有便利交通运输条件的沿海城市,更应加强对洪水与风暴灾害的防御与应对工作。第三,加强工程措施建设以提高灾害应对能力。"一带一路"沿海国家应针对各地不同的自然灾害风险隐患点,共同围绕海岸防护设施进行规划设计,采取工程措施加强受灾体自身的灾害防御能力和各国之间的综合防灾减灾能力。

作者:张鑫,河海大学公共管理学院副教授,中国海洋发展研究中心研究员
　　　洪海红,河海大学公共管理学院硕士
　　　王嘉鑫,河海大学公共管理学院硕士

一、引言

为了顺应世界多极化、经济全球化、文化多样化、社会信息化的潮流,基于开放的区域合作精神,实现各国共同发展,中国国家发展和改革委员会、外交部和商务部于 2015 年发布的《推进共建丝绸之路经济带和 21 世纪海上丝绸之路的愿景与行动》提出"一带一路"倡议。"一带一路"涉及亚、欧、非三大洲 65 个国家、44 亿人口,包括 10 个沿海国家的 20.54 亿人口。"一带一路"沿海国家和城市大多处于自然灾害易发、频发和多发区,特别是洪水与风暴灾害等气象灾害发生频繁。随着各国经济互通的频繁以及合作的增多,重视实时监测、防御灾害并减少其带来的损失成为必然。减轻自然灾害风险和提升防灾减灾能力在"一带一路"倡议实施中具有基础性和服务性的保障作用,成为"一带一路"沿海国家联合防灾减灾的必要支撑。

基于"一带一路"的背景,本文将"一带一路"沿海城市作为研究对象,以 EM-DAT 的灾害数据为基础,对这些沿海城市的自然灾害特点进行研究。EM-DAT(Emergency Events Database)是由世界卫生组织(WHO)和灾害流行病学研究中心(CRED)于 1988 年共同创建的全球灾害数据库,也是目前国际上影响最大、应用最为广泛的灾害数据库,包含了自 1900 年以来世界各地发生的 2.2 万余起大规模灾害的重要数据,其主要目的是为各国和国际人道主义行动提供服务,旨在使备灾决策合理化,为脆弱性评估和确定优先事项提供客观基础。我们从 EM-DAT 数据库下载了 1900～2018 年"一带一路"沿海 10 个国家的自然灾害数据,提取了灾害类型、发生次数、死亡人数和经济损失等方面的数据信息,其中灾害类型选择沿海国家的多发灾害——洪水灾害和风暴灾害;结合世界银行数据库资料(http://databank.worldbank.org/data/reports),收集整理"一带一路"沿海国家的经济统计数据,对洪水灾害与风暴灾害发生的时间及空间特征进行分析,提出"一带一路"沿海国家防灾减灾的对策建议。

二、"一带一路"沿海国家自然灾害的时空特征

(一)"一带一路"沿海国家灾害的区域特征

1. 区域受灾明显

依据国家遥感中心(地球观测组织 GEO 中国秘书处)发布的《全球生态环境遥感监测 2017 年度报告》对"一带一路"覆盖国家和地区的划分标准,本文涉及的"一带一路"亚、欧、非三大洲 10 个沿海国家主要分布在东亚区、南亚区、东南亚区、欧洲区、非洲南部区五大区(图 1)。

图 1 "一带一路"沿海国家分区图

本文通过整理和分析 EM-DAT 数据库数据发现,在 1900～2018 年的 118 年间,"一带一路"沿海国家共发生洪水和风暴灾害 1575 次,其中洪水灾害发生 895 次,造成约 667.22 万人死亡,经济损失约 4.39 亿美元;风暴灾害发生 680 次,造成约 83.35 万人死亡,经济损失约 1.25 亿美元,"一带一路"沿海国家区域受灾明显。

2. 亚洲区受灾风险偏高

《亚行对自然灾害和风险的应对》报告指出亚洲遭受自然灾害的可能性远高于非洲,是欧洲和北美受灾概率的 25 倍;由于濒临印度洋与太平洋,东南亚、东亚、南亚三区深受季风气候与气旋系统的影响,洪水灾害与风暴灾害发生最为频繁。在"一带一路"沿海五区十国中,洪水灾害与风暴灾害主要集中在东亚、南亚、东南亚等亚洲地区的各个国家,占灾害发生总次数的 87.30%(表 1)。

表1 1900～2018年"一带一路"沿海区域两种灾害损失统计表

区域	国家	发生次数	死亡人数 (万人)	经济损失 (亿美元)
欧洲区	希腊	34	0.02	0.02
	荷兰	29	0.2	0.06
	意大利	70	0.14	0.30
东亚区	中国	582	677.58	3.56
东南亚区	马来西亚	56	0.06	0.02
	越南	191	2.44	0.14
	印度尼西亚	204	0.87	0.07
	斯里兰卡	74	0.32	0.03
南亚区	孟加拉国	268	68.76	0.19
非洲南部区	肯尼亚	67	0.20	0.005

数据来源:根据EM-DAT数据库(https://www.emdat.be)资料整理而得

位于东亚区的中国作为"一带一路"倡议的发起国,遭受洪水灾害和风暴灾害最为严重,1900～2018年累计发生洪水和风暴灾害582次,死亡人数高达677.58万人,经济损失3.56亿美元。东南亚地区是"一带一路"倡议中重要的海上交通枢纽,同时也是亚洲重要经济体集中地。该地区两类灾害共发生525次,造成死亡3.69万人,经济损失0.26亿美元。南亚地区在"一带一路"中起着连接东亚、东南亚以及非洲、欧洲各区的重要作用,其陆地交通要道对于"一带一路"沿线国家的货物运输起着关键作用。该地区共发生灾害268次,造成68.74万人死亡、0.19亿美元的经济损失。亚洲区洪水灾害和风暴灾害的频发对"一带一路"沿海各国之间经济、贸易合作的稳定性有着较大的影响,因此需要通过区域合作降低风险,共筑沿海国家应对灾害的协同保障。

3. 区域经济损失与经济发展水平相关

各区域洪水灾害和风暴灾害的经济损失与经济发展水平呈相关关系,经济发展水平越高的地区,灾害一旦发生,带来的经济损失越大。"一带一路"沿海5个区域中经济发达程度最高的欧洲区灾害发生次数相对较少,

1900～2018 年累计发生洪水灾害和风暴灾害 133 次,仅占总次数的 8.44％,其灾害发生频次仅高于非洲南部区,灾害发生总频次位列第四,但其经济损失高达 0.38 亿美元,经济损失总量仅低于灾害频发的东亚区;非洲南部区在 1900～2018 年累计发生洪水灾害和风暴灾害 67 次,但由于其经济发展水平相对落后,灾害仅造成 0.005 亿美元的经济损失。

值得注意的是,与经济发展水平较高的国家相比,对于经济发展水平相对落后的国家来说,自然灾害造成的经济损失对其国民经济的影响更加明显。例如,地处非洲区的肯尼亚 2017 年洪水及风暴灾害损失在其 GDP 中的占比为9.14^{E-5}％;同期欧洲区的意大利这两类灾害损失在其 GDP 中的占比仅为1.62^{E-5}％。加之欠发达地区的恢复力、居民的抗逆力均明显弱于发达地区,这进一步扩大了洪水灾害和风暴灾害对欠发达地区经济的影响。

这种因灾害而带来的经济损失的影响将对“一带一路”沿海国家经济、政治、文化等方面合作带来不稳定因素,因此需要针对各国不同的发展阶段进行重点防御,同时将防灾减灾的工程措施与非工程措施相结合,增强各国的防灾减灾能力。

(二)“一带一路”沿海国家灾害的时间特征

1. 灾害发生次数呈波动趋势

“一带一路”沿海国家的洪水灾害与风暴灾害发生次数总体呈波动趋势。以 20 世纪 70 年代为界,1961～1970 年的洪水灾害和风暴灾害发生频率,除孟加拉国灾害发生频次较高以外,其余 9 国发生的总次数均在 10 次以内,洪水灾害和风暴灾害的发生并不频繁。但 20 世纪 90 年代以后,除荷兰以外的沿海国家发生洪水灾害和风暴灾害的次数均呈指数倍增长,以中国、印度尼西亚表现得最为明显。中国在 1981～1990 年之间,共发生洪水灾害和风暴灾害 89 次,是 20 世纪 70 年代以前所发生灾害次数之和的 3.56 倍;1971～1980 年的十年间,印度尼西亚的洪水灾害和风暴灾害发生次数是 1961～1970 年的两倍。如图 2 所示,各国灾害发生次数在 2000～2010 年间的增长表现得最为明显,2010 年之后“一带一路”沿海各国自然灾害发生次数总体上开始呈现下降趋势。

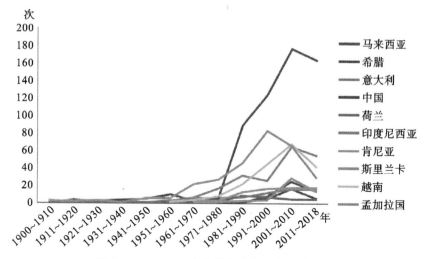

图 2　1900～2018 年各国灾害发生次数统计图

2. 经济损失总额持续增加

随着各国经济的发展,洪水和风暴灾害带来的经济损失总额不断增加。总体来看,1900～2018 年"一带一路"沿海国家因洪水灾害与风暴灾害带来的经济损失总体呈上升趋势(图 3)。在 1900～1980 年的 80 年间经济损失数额较为稳定。与 20 世纪 80 年代以来各国的经济增长相对应,各国在此阶段因洪水灾害和风暴灾害而遭受的经济损失明显增多。在此阶段,"一带一路"沿海国家,特别是基础建设依旧相对薄弱的发展中国家,面对洪水与风暴灾害时承灾体的抗灾能力有限,因而在经济快速发展时期因自然灾害造成的经济损失总量激增,洪水灾害和风暴灾害直接引致巨额经济损失。随着受灾国家纷纷重视防灾减灾工作,随后出现经济损失总额减少。21 世纪以来,"一带一路"沿海国家受洪水灾害和风暴灾害频发和经济总体呈良好发展态势的双重影响,由洪水灾害和风暴灾害带来的经济损失仍呈上升趋势。尽管对于具有不确定性特征的洪水灾害和风暴灾害无法做到完全的风险规避,但随着各国对防灾减灾工作认知的提高和防御措施的增强,损失总额增速逐步放缓。

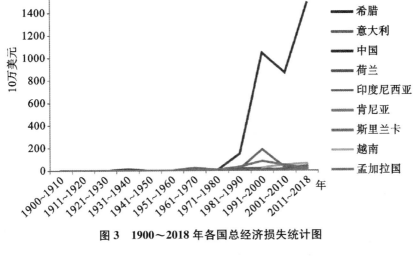

图3 1900～2018年各国总经济损失统计图

3. 死亡人数大幅减少

与经济损失的时间特征不同,"一带一路"沿海国家因灾害造成的死亡总人数近年来呈现急剧下降的趋势(图4)。以20世纪80年代为分界点,1980年以前,"一带一路"沿海10国因洪水和风暴灾害而死亡的总人数为730.11万人,1980年以后死亡总人数为20.47万人;其中,1931～1940年和1951～1960之间,"一带一路"沿海国家因灾害死亡人口总数达到高峰值,1980年以后灾害死亡人数下降趋势明显。

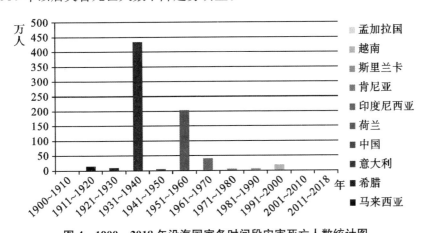

图4 1900～2018年沿海国家各时间段灾害死亡人数统计图

就中国而言,1980年以前特别是在1930～1960年间洪水灾害与风暴灾害的致死人数每十年均达到10万人以上,尤其是在20世纪60年代发生灾害致死人数高达204.33万人。1961年广东、福建、浙江等地遭受台风袭击11次,由台风引起的连续且严重的洪水与风暴灾害使得因灾死亡人数剧增。20世纪80年代以后,中国洪水与风暴灾害致死率明显下降,即使在1990～2000年全国发生洪水灾害次数较多,尤其是1998年爆发全国性夏季洪水致使全国大面积受灾的情况下,人员伤亡人数却较少。

总体而言,"一带一路"沿海各国在1980年以后洪水与风暴灾害造成的死亡人数明显低于之前同等灾情的死亡人数。特别是21世纪以来,"一带一路"沿海国家以人为本观念的深化以及城市减灾工程的建设,从根本上提高了城市抗灾能力、增强了房屋及其他设施的承灾能力,从而实现了洪水与风暴灾害致死人数的减少。

三、"一带一路"沿海国家减灾对策

(一)建立区域合作共同体

"一带一路"沿海国家地理位置上相互毗邻,经济文化传统相互影响,以灾害链为基础的环境破坏会产生一系列的连锁反应和波及效应。构建区域合作共同体不应仅仅局限于经济、贸易等方面,在自然灾害应对上也需要秉承"命运共同体"理念。沿海国家应在灾情信息共享、灾害应急救援和灾后恢复重建等方面合作联动,重点加强以下几个方面的合作。

一是灾情信息共享方面,"一带一路"沿海国家应充分利用网络信息技术,建设自然灾害风险共享数据库,建立基于"一带一路"沿海国家及城市的区域综合防灾减灾空间信息服务平台。二是灾情监测方面,"一带一路"沿海各国联合建立区域灾害监测系统,共享灾情监测信息,将监测到的灾情信息与可能受到的灾害影响区域共享,建立灾情监测区域合作机制,实现对自然灾害全方位、多角度、全天候的监测预警。三是灾害应急救援方面,各国在灾害物资的运输、医疗设备及人员的供给上尤其要加强合作。特别是拥有先进技术的国家可以为较为落后的国家提供技术支持,减少因技术支持不到位而造成的灾害损失。如果灾害发生在"一带一路"沿海国家的交界处,而本国物资无法及时送达或者由于灾害重大本国物资缺乏时,邻近国家

可为其提供必要的物资。这将大大地减少灾害带来的人员伤亡及经济损失。四是灾后重建方面,共同体涉及的国家能给予受灾国灾后重建提供指导和必要的实物帮助,共同应对灾害。

(二)将减灾工程融入城市规划

在人口相对聚集的沿海城市,承灾体灾害应对能力的增强直接提高了防御洪水灾害与风暴灾害的能力,表现为洪水与风暴灾害经济损失和人口死亡数的持续下降。"一带一路"倡议的可持续发展要求各国重视灾害防御工作,将防灾减灾工作融入"一带一路"沿海城市的建设与规划,特别是具有便利交通运输条件的沿海城市更应加强对洪水与风暴灾害的防御与应对工作。

开拓城市新地区时,注重区内土地的多功能用途的混合与叠加,使其不仅具有日常使用价值还具有应对突发灾害的功能。比如,城市绿地的建设既可以在日常发挥净化空气与观赏的作用,又可以起到城市储水与城市疏散场所的作用。在原有城市建设的基础上,应逐步选择多核心的城市地域结构,通过多核心模式的发展增加城市应对洪水灾害与风暴灾害的冗余度。当面对不可预测的灾害时,即使城市内部分地区基础建设等发生瘫痪,其他区域仍可作为后备补充力量进行应援,保证城市各系统的正常运作,通过将减灾工程真正融入城市发展规划的方式不断提高城市的韧性,提高沿海城市对于不确定性灾害冲击的适应能力以及应对灾害的能力。

图5　斯里兰卡卡卢特勒的洪水袭击的房屋

海洋灾害应对

（三）加强工程措施建设以提高灾害应对能力

"一带一路"沿海国家应针对各地不同的自然灾害风险隐患点,共同围绕海岸防护设施进行规划设计,采取工程措施增强受灾体自身的灾害防御能力和各国之间的综合防灾减灾能力。

各国应加强沿海、沿岸防洪堤坝建设,尤其是海岸极低的亚洲国家,堤坝的高度和强度要根据灾害日益增长的破坏力进行加固,并定期进行检修,保证堤坝的防护能力。在河流上游,加强河道的径流调节能力,利用水库开发洪水资源的转化功能,将蓄积的洪水用于发电以及灌溉,从源头上进行洪水灾害的初次调节。对于由降水集中造成的洪水灾害,要加强水利工程建设,通过分洪蓄洪区的建设以及对河道的拓宽和河床淤泥的清理,保证其在降水集中时期能发挥分洪、蓄洪功能。同时,通过沿海国家国内"水网"系统的建设,对洪水进行统一的调度和管理,进一步增强分洪能力。此外,毗邻的国家和城市需要在致灾因子、承灾体与孕灾环境风险评估的基础上,加强防灾减灾工程设施项目合作,联合提高对自然灾害的应对能力,共同抵御灾害发生带来的冲击。

四、结语

"一带一路"沿海国家受洪水灾害和风暴灾害的影响显著,洪水灾害和风暴灾害的频发、经济发展水平相对落后、国家经济受洪水灾害和风暴灾害的冲击等均会对"一带一路"沿海各国经济、贸易合作的稳定产生较大的影响,因此建立区域合作共同体应对自然灾害,共享灾害信息、经验及技术具有现实的迫切性。针对不同的发展阶段进行重点防御,各国需要加强防洪堤坝、水利工程等工程设施建设,并与防灾减灾的非工程设施建设相结合,增强自然灾害的防灾减灾能力,共筑"一带一路"沿海国家应对自然灾害的协同保障共同体。

文章来源:原刊于《城市与减灾》2018 年 04 期,系中国海洋发展研究中心与中国海洋发展研究会联合设立项目 CAMAJJ201607"风暴潮灾害损失评估研究"的研究成果。

机构改革背景下的
广东省海洋灾害应急管理

■ 周圆,赵明辉

论点撷萃

　　自然灾害应急管理的"一案三制"即应急预案以及体制、机制和法制:应急预案是应急管理的操作指南;体制明确应急管理的主体,包括指挥主体、协调主体和行动主体等;机制明确应急管理的程序,包括预备、监测、预警、响应、联动和保障等;法制明确应急管理的规则,包括主体和程序等的合法性。

　　目前广东省海洋灾害应急管理已初步建立"一案三制"体系,尤其是机构改革后成立广东省应急管理厅,有力地促进了全灾种、全流程和全方位的应急管理,其中海洋灾害应急管理体制由应急管理领导议事机构、应急管理综合调度机构、海洋灾害专业管理机构和海洋灾害辅助管理机构四个部分组成;但仍存在制约广东省海洋灾害应急管理发展的问题,主要表现在法律法规、应急预案和标准规范不足、体制机制建设不足、技术支撑和成果转化不足、全面参与不足等方面,亟须完善地方性法规等制度、优化管理体制机制、加强技术支撑和成果转化、提高社会和市场参与度。

一、引言

　　广东省是海洋经济大省,但海洋灾害种类多、分布广和影响大,造成的经济损失呈上升趋势,海洋灾害已成为影响经济发展和社会稳定的重要因素。近年来,广东省海洋灾害应急管理工作在观测监测、预警预报能力建设和

作者:周圆,广东省海洋发展规划研究中心工程师
　　　赵明辉,广东省海洋发展规划研究中心高级工程师、中国海洋发展研究中心研究员

海洋灾害应对

灾害风险管理等方面取得长足进展,但与现实需求和潜在风险相比仍有不足。

2016 年《中共中央、国务院关于推进防灾减灾救灾体制机制改革的意见》印发。根据《国务院机构改革方案》,2018 年中华人民共和国应急管理部成立;同年,广东省政府组建广东省应急管理厅。自此,广东省形成省委、省政府统一领导,应急管理厅综合协调,各灾种主管部门依法防治的自然灾害应急管理格局。面对防灾减灾救灾体制机制改革的新要求和应急管理机构改革的新形势,有必要梳理广东省海洋灾害应急管理状况,查找存在的问题并提出对策,为全面提升全社会抵御海洋灾害的综合防范能力提供有力保障。

二、广东省海洋灾害应急管理"一案三制"体系

自然灾害应急管理的"一案三制"即应急预案以及体制、机制和法制:应急预案是应急管理的操作指南;体制明确应急管理的主体,包括指挥主体、协调主体和行动主体等;机制明确应急管理的程序,包括预备、监测、预警、响应、联动和保障等;法制明确应急管理的规则,包括主体和程序等的合法性。目前广东省海洋灾害应急管理已初步建立"一案三制"体系。

(一)应急预案

1. 国家总体应急预案

《国家突发公共事件总体应急预案》是全国应急预案体系的总纲,明确各类突发公共事件的分级分类和预案框架,规定应对特别重大突发公共事件的组织体系和工作机制等内容,是指导预防和处置各类突发公共事件的规范性文件;其中,突发公共事件主要分为自然灾害、事故灾难、公共卫生事件、社会安全事件 4 种类型,海洋灾害属于自然灾害类。

2. 国家专项应急预案

国家专项应急预案是国务院及其有关部门为应对某种或数种突发公共事件而制订的应急预案。目前地震、地质和森林等领域均有国家专项应急预案,而海洋领域尚未制订,与海洋灾害应急管理相关的包括《国家自然灾害救助应急预案》《国家海上搜救应急预案》和《国家防汛抗旱应急预案》。

3. 部门应急预案

部门应急预案由国务院有关部门根据总体应急预案、专项应急预案和部门职能制订。原国家海洋局发布的应急预案包括《风暴潮、海浪、海啸和海冰

灾害应急预案》《赤潮灾害应急预案》《海洋石油勘探开发溢油事故应急预案》。

4. 地方应急预案

根据《广东省突发事件总体应急预案》,广东省专项应急预案包括《广东省自然灾害救助应急预案》《广东省森林火灾应急预案》《广东省突发性地质灾害应急预案》等。目前广东省未发布海洋灾害应急管理的地方应急预案,但原广东省海洋与渔业厅针对热带气旋制订了部门应急预案。

(二)体制

根据《广东省机构改革方案》,广东省应急管理厅负责统一组织、统一指挥、统一协调自然灾害类突发事件应急救援,统筹综合防灾减灾救灾工作;各主管部门依法承担相关行业领域自然灾害的监测、预警和防治工作。广东省应急管理厅的成立在很大程度上实现全灾种、全流程和全方位管理,有利于构建统一领导、权责一致、权威高效、专常兼备、反应及时、上下联动和平战结合的应急管理体制。

目前广东省海洋灾害应急管理体制由应急管理领导议事机构、应急管理综合调度机构、海洋灾害专业管理机构和海洋灾害辅助管理机构4个部分组成(图1)。

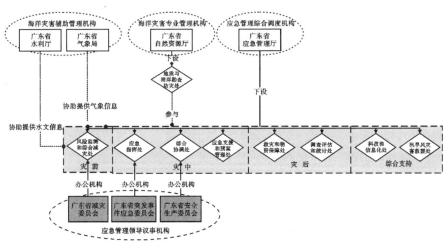

图1 广东省海洋灾害应急管理体制

1. 应急管理领导议事机构

应急管理领导议事机构主要包括广东省减灾委员会、广东省突发事件应急委员会和广东省安全生产委员会,均是由省委书记和省长担任主要领导的综合性决策机构,在广东省机构改革后转入广东省应急管理厅,奠定了广东省应急管理体制基础。

目前广东省应急管理厅下设风险监测和综合减灾处、应急指挥处以及综合协调处,分别承担广东省减灾委员会、广东省突发事件应急委员会和广东省安全生产委员会的日常工作;3 个委员会的具体职能、组成单位和运行机制正在研究编制,尚未正式公布。

2. 应急管理综合调度机构

应急管理综合调度机构即新成立的广东省应急管理厅,集中原本分散在各部门的防灾减灾救灾工作职能。(1)全灾种:涉及危化品泄露、爆炸和火灾等安全生产事故以及地震、洪涝和地质等自然灾害;(2)全流程:涉及灾前的观测监测和预警预报,灾中的指挥协调和救援处置以及灾后的救灾恢复、物资储备和灾情统计等;(3)全方位:承担应急管理领导议事机构的日常工作,同时整合广东省抗震救灾、防汛防旱和森林防火等指挥部职能,高效配置资源。

根据应急管理流程,广东省应急管理厅相关处室的职能可分为灾前、灾中、灾后和综合支持 4 个类别:灾前包括风险监测和综合减灾处,灾中包括应急指挥处、综合协调处以及应急支援和预案管理处,灾后包括救灾和物资保障处以及调查评估和统计处,综合支持包括科技和信息化处以及汛旱风灾害救援处。

3. 海洋灾害专业管理机构

广东省自然资源厅(加挂广东省海洋局牌子)整合自然资源管理职能,构建"山水林田湖草"统一规划、保护和利用体系,下设地质与海洋勘查防灾处,通过观测监测、预警预报和调查评估等方式参与海洋灾害应急管理,为海洋灾害应急管理提供专业信息。

4. 海洋灾害辅助管理机构

广东省水利厅可为海洋灾害应急管理提供水文信息,还可承担重要水利工程的调度工作;广东省气象局可为海洋灾害应急管理(尤其是海洋气象灾害)提供沿海城市环境气象、海洋气象和灾害性天气等的预报信息。

(三)机制

在长期的工作实践中,我国已建立符合国情和具有特色的自然灾害应急管理机制。广东省根据实际情况也已建立相应机制。

1. 应急响应机制

在重大自然灾害发生后,灾区各级政府在第一时间启动应急响应机制,按照三级突发性自然灾害应急预案体系,成立应急指挥机构,统一制定应对策略和措施,并组织开展现场处置工作。

2. 信息发布机制

采取授权发布、组织采访和举办新闻发布会等多种方式,及时向公众发布灾害发生和发展情况、应对处置工作进展以及防灾避险知识等相关信息,保障公众的知情权和监督权。

3. 灾情预警会商和信息共享机制

建立由民政、国土、水利、农业、林业、统计、地震、海洋和气象等主要相关部门参加的灾情预警会商和信息共享机制,建立数据库以及信息共享和发布系统。

4. 救灾物资储备机制

各级政府建立地方救灾物资储备仓库,初步形成救灾物资储备体系;通过与生产厂家签订救灾物资紧急购销协议和建立救灾物资生产厂家名录等方式,保障救灾物资的供给。

5. 社会动员机制

初步建立以抢险、搜救、救护、救助和捐赠为主要内容的社会动员机制,注重发挥民间组织、基层自治组织和志愿者等在灾害防御、紧急救援、救灾捐赠、医疗救助、卫生防疫、恢复重建和心理支持等方面的作用。

(四)法制

1. 法律

我国针对自然灾害的专门法律包括《中华人民共和国防洪法》《中华人民共和国水土保持法》《中华人民共和国防沙治沙法》《中华人民共和国防震减灾法》等。目前我国没有海洋灾害应急管理的专门法律,相关法律包括《中华人民共和国突发事件应对法》《中华人民共和国消防法》《中华人民共和国公益事业捐赠法》等。

2. 行政法规

我国海洋灾害应急管理的专门行政法规仅有《海洋观测预报管理条

例》。相关行政法规包括《自然灾害救助条例》《军队参加抢险救灾条例》《气象灾害防御条例》《中华人民共和国防汛条例》等。

3. 部门规章

原国家海洋局发布的海洋灾害应急管理的相关规定可分为海洋观测、预报和减灾3种类型,其中预报类较多而减灾类较少。(1)观测类包括《海洋观测站点管理办法》《海洋观测资料管理办法》《海上船舶和平台志愿观测管理规定》等;(2)预报类包括《海洋预报业务管理暂行规定》《海洋环境预报与海洋灾害预报警报发布管理规定》《海洋数值预报系统业务化应用管理暂行办法》《海洋预报员业务发展专项管理暂行规定》《全国海洋预警报视频会商暂行办法》《全国海洋预警报会商规定》等;(3)减灾类包括《警戒潮位核定管理办法》等,《海洋灾情调查评估和报送规定(暂行)》已于2019年被列入《自然资源部第一批已废止或者失效的规范性文件目录》。

4. 地方性法规

目前广东省地方性法规中没有海洋灾害应急管理的专门法规,相关法规包括《广东省突发事件应对条例》《广东省海上搜寻救助工作规定》《广东省自然灾害救济工作规定》《广东省社会力量参与救灾促进条例》《广东省渔业船舶安全生产管理办法》《广东省气象灾害防御条例》《广东省突发气象灾害预警信号发布规定》等。

5. 标准规范

我国海洋灾害应急管理相关的海洋技术标准规范可分为海洋观测、预报和调查评估3种类型。(1)观测类包括《海洋调查规范》《海洋站水文气象观测设备与系统集成通用技术要求(试行)》《海况视频监控系统建设技术规程》《海洋观测浮标通用技术要求(试行)》《赤潮监测技术规程》《海啸浮标作业规范》《海洋资料浮标作业规范》《船舶海洋水文气象辅助测报规范》《海洋调查观(监)测档案业务规范》等;(2)预报类包括《海洋预报和警报发布》《绿潮预报和警报发布》《中国近岸海域基础预报单元划分》等;(3)调查评估类包括《警戒潮位核定规范》《赤潮灾害处理技术指南》《风暴潮防灾减灾技术导则》《风暴潮灾害风险评估和区划技术导则》《海浪灾害风险评估和区划技术导则》《海冰灾害风险评估和区划技术导则》《海啸灾害风险评估和区划技术导则》《海平面上升风险评估和区划技术导则》《海岸侵蚀监测技术规程》《海岸侵蚀灾害损失评估技术规程》《海洋溢油生态损害评估技术导则》《红树林植被恢复技术指南》等。

目前广东省未发布海洋灾害应急管理相关的地方性技术标准规范。

三、存在的问题

广东省已初步建立海洋灾害应急管理"一案三制"体系,尤其是机构改革进一步明确和理顺海洋灾害应急管理体制机制,推动实现全灾种、全流程和全方位管理;但目前仍存在制约广东省海洋灾害应急管理发展的问题,主要表现在 4 个方面。

（一）法律法规、应急预案和标准规范不足

与其他自然灾害应急管理相比,海洋灾害应急管理缺少专门的法律法规,现有《海洋观测预报管理条例》也未规定海洋灾害的灾前防御、风险管理和应急处置等内容,难以规范政府部门的权力和职能以及社会公众的权利和义务,导致海洋灾害应急管理的无序和低效。

除热带气旋外,广东省对赤潮、海浪、海啸和海上溢油等其他海洋灾害未制订地方应急预案,也未将应急预案延伸和细化至地方层级,不能满足应急预案体系建设"横向到边"和"纵向到底"的要求;未针对地区实际制定相应的海洋灾害应急管理技术标准规范,风险管理、决策支持和调查评估等业务环节较薄弱。

（二）体制机制建设不足

海洋灾害是自然灾害的重要类型,但广东省海洋灾害应急管理的部门职能仍不够明确。例如,未明确广东省应急管理厅对海洋灾害应急管理的指导和协调职能,也未明确广东省自然资源厅对海洋灾害的监测、预警和防治职能。

适应新体制的海洋灾害应急管理机制仍不完善,尚未明确针对不同级别海洋灾害的工作流程、部门职能、应急措施和组织协调。

作为海洋灾害专业管理机构,广东省自然资源厅下设地质与海洋勘查防灾处,将原分属于国土和海洋部门的地质灾害应急管理和海洋灾害应急管理合并,但二者已建立的观测监测系统、预警预报系统、应急管理指挥系统和灾情调查评估系统等均相对独立,可能产生资源浪费的问题。

（三）技术支撑和成果转化不足

由于海洋灾害应急管理队伍建设较薄弱,广东省在海洋观测监测、预警预报和防灾减灾等方面缺少相应技术支撑,业务化进展缓慢;此外,缺少跨行业和跨部门业务协同和互联互通的综合平台,信息共享和传输不足。

海洋灾害应急管理的最终目的是保障沿海地区发展和促进海洋强省建设,但目前相关科研成果的业务化应用较少,对产品类型、服务对象、发布渠道和应用效果等缺乏系统谋划。

（四）全面参与不足

目前广东省海洋灾害应急管理的主体为各级政府、主管部门及其事业单位,而社会和市场的全面参与度不高,在观测预报、灾害防治、恢复重建和宣传教育等方面未充分发挥公众作用,并且在风险转移和损失补偿等方面未形成市场机制。

四、对策建议

（一）完善地方性法规等制度

根据《中华人民共和国突发事件应对法》的相关要求,结合广东省海洋灾害应急管理的实际情况和特点,积极推进《广东省海洋灾害防御条例》和《广东省海洋观测预报管理办法》等法规以及《广东省人民政府关于加强海洋灾害防御工作的意见》《广东省海洋观测基础设施建设及管理工作实施办法》《广东省加强海洋灾害预警报及应急管理工作的实施意见》等规范性文件的制定和发布,使海洋灾害应急管理有法可依。

由广东省自然资源厅牵头编制《广东省海洋灾害总体应急预案》《广东省风暴潮、海浪和海啸灾害应急预案》《广东省赤潮灾害应急预案》等,明确海洋灾害等级、相关部门职能和具体执行计划等;此外,继续完善部门内部的总体和专项应急预案,如修订《广东省自然资源厅海洋防御热带气旋应急预案》以及制订《广东省自然资源厅海洋灾害总体应急预案》《广东省自然资源厅赤潮灾害应急预案》《广东省自然资源厅海上溢油灾害应急预案》等,同时加强对地方各级相关部门制订海洋灾害应急预案的监督和指导,形成"横向到边"和"纵向到底"的应急预案体系。

由广东省自然资源厅制定《广东省海洋观测站点管理办法》《广东省海洋预报业务管理规定》《广东省海洋灾情调查评估和报送规定》等系统内部管理规定,指导和规范全省和各级海洋灾害管理部门开展业务工作。积极推进广东省海洋灾害应急管理地方性技术标准规范的制定,充分发挥标准规范的支撑和指导作用。

(二)优化管理体制机制

推动将广东省海洋灾害应急管理纳入广东省政府年度管理绩效考核以及广东省国民经济和社会发展计划,尝试建立重大海洋灾害事故问责制度,切实落实各级政府海洋灾害应急管理的主体责任,奠定政府统一领导的工作基础。

成立广东省海洋灾害应急指挥部,作为广东省突发事件应急委员会下设专项应急指挥机构,明确其"战时"对海洋灾害应急管理的领导和协调职能,处理全省涉及面广、复杂程度高和不同灾害并行发生的情形。接受广东省减灾委员会"平时"的指导和监督,主动对标观测监测、预警预报、调查评估和统计报送等的程序和内容。进一步明确广东省应急管理厅的海洋灾害应急管理职能,充分发挥其在海洋灾害应急管理全流程的作用。完善海洋灾害应急管理各项业务的实施流程、责任主体、具体内容和主要措施,形成标准化、规范化和业务化的海洋灾害应急管理运行机制。

统一安排广东省海洋和地质灾害应急管理相关法规和应急预案的合法性审查、清理和制修订,构建适应新体制的海洋和地质灾害应急管理体系。有机整合海洋和地质灾害应急管理基础,统筹谋划海洋和地质灾害防治规划、设计方案和工程项目,同步推进灾害调查、预报和危险性评估等工作,形成"观测监测一套网""预警预报一个平台"和"调查评估一张图",促进成果集成和共享,充分发挥各自优势,实现综合管理。

(三)加强技术支撑和成果转化

建立"广东省海洋减灾中心"作为广东省海洋灾害应急管理的技术支撑单位,中心下设海洋观测监测室、海洋预警预报室、灾害调查统计室以及灾害风险管理和评估研究室等。建立"广东省海洋灾害观测预警粤东分中心"和"广东省海洋灾害观测预警粤西分中心",解决仪器设备分散和维护成本较高等问题。

组建广东省海洋灾害应急管理科技创新联盟,联合高校、科研院所和高新技术企业等建立综合科技支撑平台,加强对海洋灾害应急管理的基础理论研究和关键技术研发。完善海洋灾害应急管理的产、学、研协同创新机制,通过建设防灾减灾示范区等方式促进科研成果的集成、转化、应用、示范和推广。组建广东省海洋灾害应急管理"智库"即专家委员会,建立并实施海洋灾害应急管理专家咨询制度,提升科学决策水平。

围绕观测监测、预警预报、风险管理、应急响应和调查评估等海洋灾害应急管理各项业务工作,开发面向广东省各级政府、主管部门、企事业单位和社会公众等不同对象的海洋灾害应急管理服务产品,并在政府总体规划、行业安全生产、海洋资源开发利用、海洋生态环境保护修复和公众休闲娱乐等领域丰富产品形式和内容。针对海洋灾害应急管理的不同服务产品和各类服务对象,通过建立综合平台和网络系统以及细化和拓展产品发布渠道,提高产品发布和推广的时效性和精准性,解决产品应用"最后一公里"问题,切实树立服务意识和提升服务质量。

(四)提高社会和市场参与度

制定社会公众参与广东省海洋灾害应急管理的政策法规,明确、引导和规范公众参与的目标、方式、内容和程序等。建立由社会组织和志愿者等社会力量参与的协调服务平台和信息发布平台,确保供需平衡、效率优先和渠道通畅。完善社会公众参与的激励机制,对及时提供海洋灾害信息和积极投入海洋灾害救援的组织和个人进行表彰和奖励。加强对社会力量的教育和培训,大力普及海洋灾害应急管理的政策法规、基础理论和基本技能。鼓励企业参与海洋观测监测、预警预报和防灾减灾工作,通过市场化运作方式降低海洋灾害应急管理基础设施的运行和维护成本。

与渔业主管部门共同推进广东省"船东互保"工作,进一步规范行业规则和理赔机制,丰富和优化船舶险、货运险和保赔险等险种,扩大风险保障范围,提高船东会员的抗风险能力。鼓励商业保险公司拓展海洋灾害保险业务,根据广东省海洋灾害特点探索保险新模式和新种类。探索设立并运营"海洋灾害保险基金",集合政府机构、保险公司和社会公众的力量,研究和细化其资金来源、应用方向和管理细则等。研究并尝试发行海洋灾害风险证券,将风险转移至流动性和承受力较高的资本市场。

文章来源:原刊于《海洋开发与管理》2019 年 08 期,系中国海洋发展研究中心与中国海洋发展研究会联合设立项目 CAMAZD201703"广东省海岸带综合保护与利用体制机制研究"的研究成果。